零基础学 C 语言程序设计

宋　娟　编著

電子工業出版社
Publishing House of Electronics Industry
北京 • BEIJING

内容简介

本书以图文结合的方式由浅入深、系统地讲解了C语言的相关内容；并从实际生活中的数据出发，分析讲解如何使用C语言提取及处理数据。在实现数据处理的过程中，不断帮助读者学习和熟悉C语言的语法。本书还提供了大量实例，供读者实战演练，在第1～14章后还提供了大量习题用于巩固学习。另外，本书配套了大量的教学视频，以帮助读者学习本书内容。

本书全面涵盖了C语言的语法内容，并且从实际生活出发，从根本上让读者理解C语言语法的原理和C语言如何处理数据，从而轻松地学会C语言的语法与应用。

本书适合想全面学习C语言的工作人员、技术开发人员阅读，也适合参加相关C语言等级考试的读者使用。

图书在版编目（CIP）数据

零基础学C语言程序设计 / 宋娟编著. —北京：电子工业出版社，2022.1
ISBN 978-7-121-42311-6

Ⅰ. ①零…　Ⅱ. ①宋…　Ⅲ. ①C语言—程序设计　Ⅳ. ①TP312.8

中国版本图书馆CIP数据核字（2021）第226216号

责任编辑：雷洪勤　　文字编辑：靳　平
印　　刷：三河市鑫金马印装有限公司
装　　订：三河市鑫金马印装有限公司
出版发行：电子工业出版社
　　　　　北京市海淀区万寿路173信箱　邮编 100036
开　　本：787×1 092　1/16　印张：25.75　字数：659.2千字
版　　次：2022年1月第1版
印　　次：2022年9月第2次印刷
定　　价：89.80元

凡所购买电子工业出版社图书有缺损问题，请向购买书店调换。若书店售缺，请与本社发行部联系，联系及邮购电话：（010）88254888，88258888。

质量投诉请发邮件至zlts@phei.com.cn，盗版侵权举报请发邮件至dbqq@phei.com.cn。

本书咨询联系方式：leihq@phei.com.cn。

前　　言

从 C 语言诞生至今，已有快 50 年的历史了。在此期间，C 语言以其精练、接近硬件等特点在各种开发语言中经久不衰。目前，应用广泛的 Windows、Linux 和 UNIX 操作系统都是使用 C 语言编写的。C 语言不仅可以作为系统设计语言，还可以用于编写工作系统相关应用程序，以及不依赖计算机硬件的普通应用程序。

笔者结合自己多年的 C 语言开发经验和心得体会，花费了一年多的时间编写本书。希望各位读者能在本书的引领下跨入 C 语言开发大门，成为一名 C 语言开发高手。本书最大的特色就是结合大量的说明插图和多媒体教学视频，全面、系统、深入地介绍了 C 语言的开发技术，并以大量实例贯穿全书的讲解之中，最后还详细介绍了 C 语言的应用和经典例题。学完本书后，读者应该可以具备独立进行 C 语言编程的能力。本书在 C 语言中使用的变量均用正体表示，多位数也不加千分空。

本书特色

1．配备大量多媒体语音教学视频，学习效果好

作者专门录制了大量的配套多媒体语音教学视频，以便让读者更加轻松、直观地学习本书内容，提高学习效率。读者购买本书，可以在华信教育资源网站免费下载对应的视频和代码源文件。网址：http://www.hxedu.com.cn。

2．内容全面、系统、深入

本书全面涵盖 C 语言的基本知识点，从环境配置和数据表达开始，逐步过渡到基础语法、复杂数据处理等。为了方便读者整合所学内容，本书最后介绍了一个小游戏的开发过程。

3．提供大量习题

对于非在职的读者，学习 C 语言的最大问题是缺少练习和自我验证的机会。这导致大家一边学习后面的章节，一边忘记前面的内容。因此，全书提供了 400 多个习题，供大家练习和自我测试，相关参考答案请登录华信教育资源网下载。

4．贯穿大量的示例和技巧

为了方便读者彻底掌握 C 语言各个语法点的应用，全书添加了 200 多个示例。针对学习和开发中经常遇到的问题，本书还穿插了 100 多个注意事项和使用技巧。这些内容可以帮助读者更快速地掌握书中内容。

5．符合不同读者的需求

本书在充分考虑 C 语言自学人员及参加相关计算机等级考试读者需求的基础上，详细讲解程序的本质，以适合入门读者阅读；按照相关计算机等级考试大纲的要求，介绍考试专用开发环境 Visual C++ 2010 学习版的使用。

本书内容及体系结构

第 1 篇　概述篇（第 1～2 章）

本篇主要内容包括：计算机语言的概念、C 语言的环境搭建和 C 语言处理数据的原理等。通过本篇的学习，读者可以使用开发工具编写一个简单的关于数据的程序。

第 2 篇　基础语法篇（第 3～7 章）

本篇主要内容包括：数据运算、执行顺序、选择执行、循环结构及函数等。通过本篇的学习，读者可以掌握 C 语言的基础语法，并且可以编写一些具有一定功能的程序。

第 3 篇　复杂数据处理篇（第 8～12 章）

本篇主要内容包括：地址和指针，数组，字符串，结构体、共用体和枚举类型，文件及目录等。通过本篇的学习，读者可以对一些比较复杂的数据进行处理。

第 4 篇　高级语法篇（第 13～14 章）

本篇主要内容包括：变量存储和编译预处理等。通过本篇的学习，读者可以定义不同存储类型的变量，还可以编写各种预处理指令。

第 5 篇　案例篇（第 15 章）

本篇主要内容包括：迷宫游戏。通过本篇的学习，读者可以实现一个关于迷宫游戏的案例。

学习建议

- 坚持编程：编程需要大量地练习，如同学习英语一样，只有不停地练习，才能掌握英语的使用。
- 多问：如果遇到问题，就要积极地向别人请教。这样才可以让学到的知识更加扎实。
- 多看：要多看一些好的编程，才能掌握好编写程序的结构。
- 多想：在编程时要想想使用哪种程序结构，或者在看到好的程序时想想为什么要这样编写。

本书读者对象

- C 语言初学者。
- 想全面学习 C 语言开发技术的人员。
- C 语言专业开发人员。
- 利用 C 语言做开发的工程技术人员。
- C 语言的开发爱好者。
- 大中专院校相关专业的学生。
- 社会相关专业培训班的学员。

编著者

目　录

第1篇　概　述　篇

第 2 篇　基础语法篇

第3篇　复杂数据处理篇

第 4 篇 高级语法篇

第5篇 案 例 篇

第1篇 概 述 篇

第 1 章 C 语言程序

C 语言是一种通用的高级语言，是由丹尼斯·里奇在贝尔实验室为开发 UNIX 操作系统而设计的。本章将通过编写第一个 C 语言程序，为读者介绍编程语言、C 语言开发、构建开发环境、编写程序及代码构成等内容。

1.1 编 程 语 言

编程语言是一种人类和计算机都可以理解的语言。目前为止，编程语言分为 3 种，分别是机器语言、汇编语言和高级语言。下面依次介绍这 3 种语言。

1.1.1 机器语言

机器语言是第一代计算机语言，是使用二进制数表示的、计算机能直接识别和执行的一种机器指令的集合。机器语言是计算机的设计者通过计算机的硬件结构赋予计算机的操作功能。二进制是计算机默认的计数方式。计算机处理的数据都会转化为二进制数。

1. 二进制数的表示

二进制数是用 0 和 1 两个数码来表示的数。二进制数的基数为 2，并且每个二进制数都会用括号括起来表示，如图 1.1 所示。

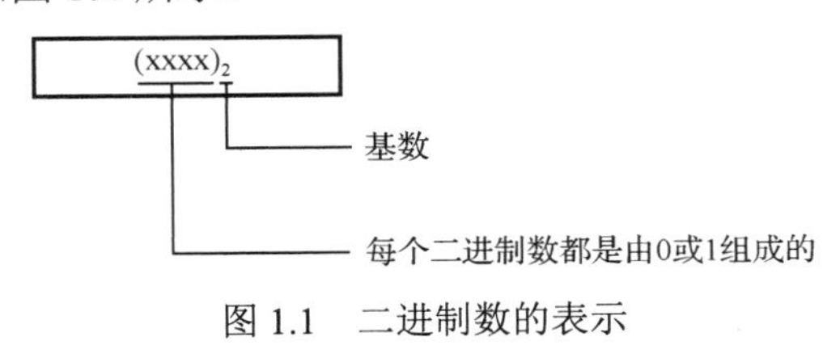

图 1.1 二进制数的表示

二进制数 1001 的表示如下：

$(1001)_2$

2. 二进制数的进位规则

二进制数的进位规则为"逢 2 进 1"，即在两个二进制数相加时，低位满 2 就向高位进上一个 1，而进上去的 1 在对应的高位进行运算时被用到。两个二进制数的加法运算如图 1.2 所示。

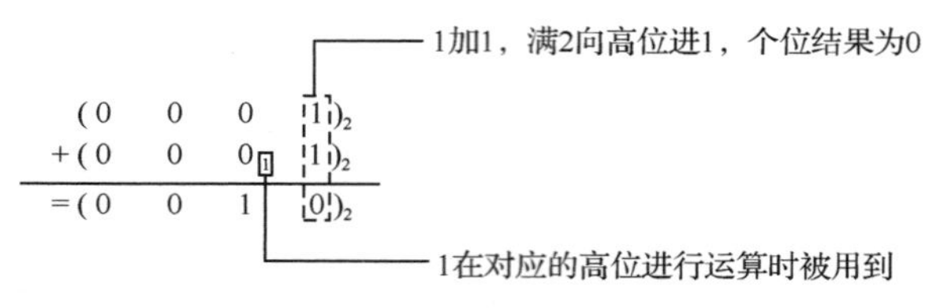

图 1.2　两个二进制数的加法运算

3. 二进制数的借位规则

二进制数的借位规则为“借 1 当 2”，即在两个二进制数相减且被减数的低位小于减数的低位时，被减数的低位向被减数的高位借 1。这个 1 被看成 2 加在被减数的低位上，再减去减数的低位。被减数的低位向被减数的高位借走的 1 在对应高位运算时被用到。两个二进制数的减法运算如图 1.3 所示。

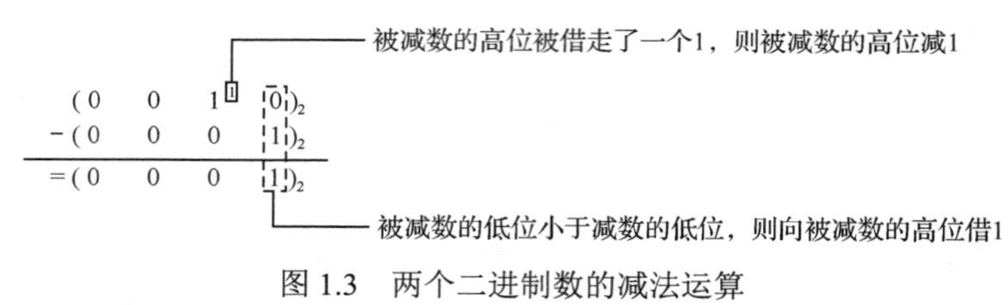

图 1.3　两个二进制数的减法运算

1.1.2　汇编语言

汇编语言又称符号语言，是一种用于计算机、微处理器、微控制器或其他可编程器件的低级语言。在汇编语言中，用助记符代替机器指令的操作码，用地址符号或标号代替指令或操作数的地址。使用汇编语言编写的程序一般都是较为简练的小程序。这些小程序在执行方面有一定的优势，但代码较为冗长，容易在编写时出错。

1.1.3　高级语言

高级语言是一种独立于机器，面向过程或对象的语言。高级语言是参照数学语言而设计的近似于日常会话的语言。高级语言并不是特指的某一种具体的语言，而是包括很多编程语言，如流行的 Java、C++、C#、Pascal、Python、Lisp、Prolog、FoxPro、易语言等。C 语言也是一种高级语言。

1.2　C 语言开发

C 语言是一种面向过程的、抽象化的通用程序设计语言，广泛应用于底层开发。C 语言能以简易的方式编译、处理低级存储器。

1.2.1　C 语言的发展

C 语言发展史如表 1.1 所示。

表 1.1　C语言发展史

时　　间	事　　件
1972 年	C 语言诞生
1982 年	建立 C 语言的标准
1989 年	第一个完整的 C 语言标准——“C89”标准诞生
1990 年	“C90”标准诞生
1999 年	“C99”标准诞生
2011 年	“C11”标准诞生
2017 年	“C17”标准诞生
2018 年	“C18”标准诞生

1.2.2　C 语言的特点

以下是 C 语言的优点。

1. 语言简洁

9 类控制语句和 32 个关键字是 C 语言所具有的基础特性。这使得 C 语言在计算机应用程序编写中具有广泛的适用性。C 语言不仅可以适合被广大编程人员使用并提高其工作效率，同时还能够支持其他高级语言编程，避免了高级语言切换的烦琐。

2. 具有结构化的控制语句

C 语言是一种结构化的语言，提供的控制语句也是结构化的，如 for 语句、if...else 语句和 switch 语句等。这些语句可以用于实现函数的逻辑控制，方便面向过程的程序设计。

3. 丰富的数据类型

C 语言不仅具有传统的字符型、整型、浮点型、数组型等数据类型，还具有其他编程语言所不具备的数据类型。其中，指针型数据的使用最为灵活。可以通过编程对各种数据类型的数据进行计算。

4. 丰富的运算符

C 语言包含 34 个运算符，并将赋值、括号等也作为运算符，这使 C 语言的表达式类型和运算符类型非常丰富。

5. 可对物理地址进行直接操作

C 语言允许对硬件内存地址进行直接读/写，以此可以实现汇编语言的主要功能，并可直接操作硬件。C 语言不但具备高级语言所具有的良好特性，又包含了许多低级语言的优势，故在系统软件编程领域有着广泛的应用。

6. 代码具有较好的可移植性

C 语言是面向过程的编程语言。用户在进行 C 语言编程时只要关注所被解决问题的本身，而不用花费过多的精力去了解相关硬件。针对不同的硬件环境，C 语言实现相同功能时的代码基本一致。这就意味着，在一台计算机上编写的 C 程序无须被改动或仅被进行少量改动便可以在另一台计算机上轻松运行，从而极大地减少了程序移植的工作强度。

7. 可生成高质量、执行效率高的目标代码

因为 C 语言可以生成高质量、执行效率高的目标代码，所以通常被应用于对目标代码质量和执行效率要求较高的嵌入式系统程序的编写。

以下是 C 语言的缺点。

1. 数据的封装性弱

C 语言数据的封装性弱，从而使 C 语言在数据的安全性上有很大缺陷，这也是 C 和 C++ 的一大区别。

2. 语法不太严格

C 语言对变量的类型约束不严格，尤其对数组下标越界不做检查等，这样就会影响程序的安全性。从应用的角度，C 语言比其他高级语言较难被掌握。

1.3 构建开发环境

每种编程语言都必须有对应的开发环境。所谓开发环境（Software Development Environment，SDE）是指在基本硬件和宿主软件的基础上，为支持系统软件和应用软件的工程化开发、维护而使用的一组软件。开发环境由软件工具和环境集成机制构成。其中，前者为软件开发的相关过程、活动和任务提供支持；后者为工具集成和软件的开发、维护、管理提供统一的支持。下面就介绍如何构建 C 语言的开发环境。

1.3.1 下载、安装 Visual Studio

Visual Studio 全称为 Microsoft Visual Studio（简称 VS），是美国微软公司的开发工具包系列产品。VS 是一个基本完整的开发工具集，包括了整个软件生命周期中所需要的大部分工具，如 UML 工具、代码管控工具、集成开发环境（IDE）等。本小节就介绍 Visual Studio 2019 的下载和安装。

1. Visual Studio 2019 的下载

（1）打开浏览器，在地址栏中输入 Visual Studio 的官网地址 http://www.visualstudio.com/，打开 Visual Studio 官网首页，如图 1.4 所示。

（2）在 Visual Studio 官网首页中，单击“下载”选项，进入下载页面，此时就可以看到 Visual Studio 2019 安装启动器文件，如图 1.5 所示。

（3）在下载页面中，提供了很多与 Visual Studio 2019 安装启动器文件相关版本。单击相关版本下面的“免费试用”按钮，就可以开始下载相关版本的 Visual Studio 2019 安装启动器文件，并且会进入如图 1.6 所示的页面。

图 1.4　Visual Studio 官网首页

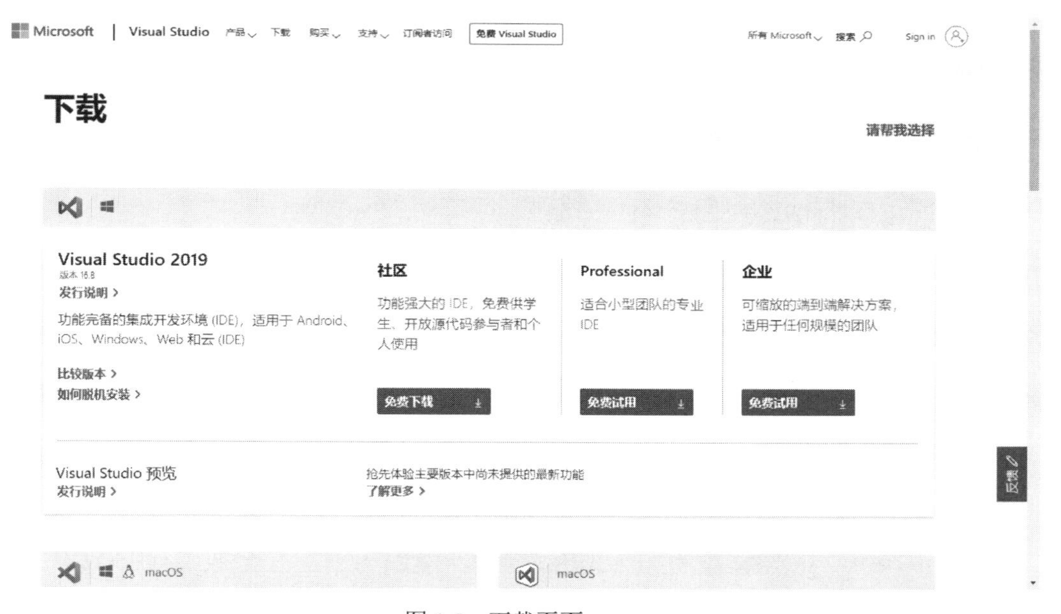

图 1.5　下载页面

（4）当 Visual Studio Enterprise 2019 安装启动器文件被下载完成后，就会在指定的位置找到 Visual Studio Enterprise 2019 安装启动器文件。

2. Visual Studio 2019 安装

（1）双击下载的 Visual Studio Enterprise 2019 安装启动器文件，会弹出“Extracting files”对话框。

图 1.6　Visual Studio 2019 安装启动器文件下载页面

（2）一段时间后，“Extracting files”对话框会消失，此时会弹出“Visual Studio Installer”对话框，如图 1.7 所示。

图 1.7　“Visual Studio Installer”对话框

（3）单击“继续（C）”按钮，开始下载 Visual Studio 2019 相关文件，如图 1.8 所示。

图 1.8　开始下载

（4）一段时间后，会弹出“正在安装—Visual Studio Enterprise 2019—16.9.3”对话框，如图 1.9 所示。

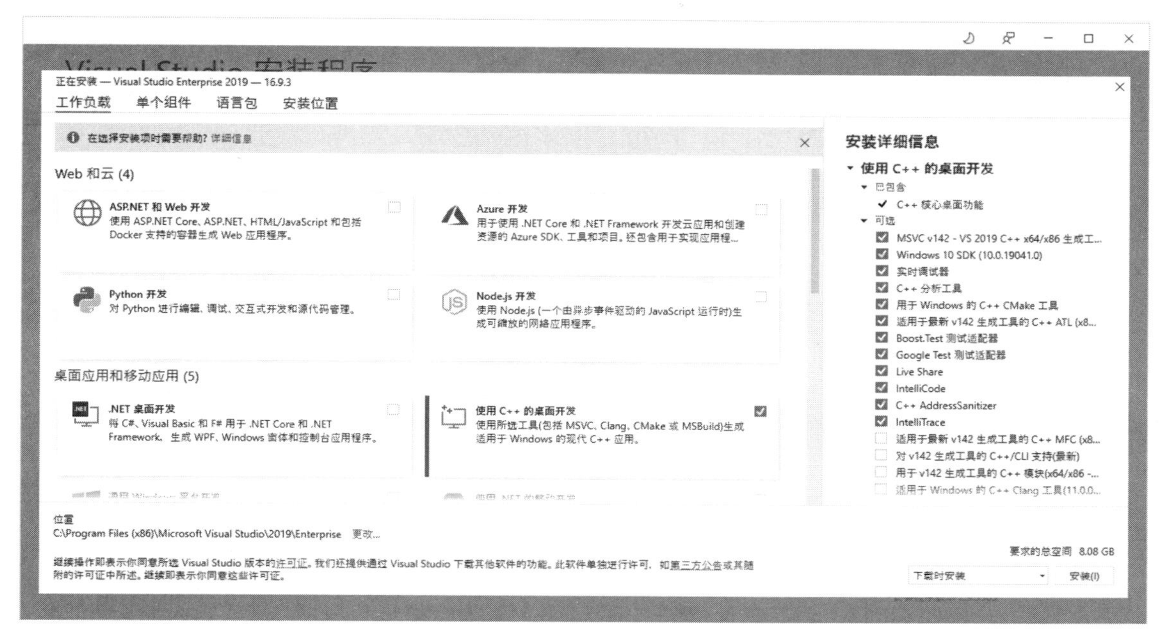

图 1.9　“正在安装—Visual Studio Enterprise 2019—16.9.3”对话框

（5）在“正在安装—Visual Studio Enterprise 2019—16.9.3”对话框中，有 4 个选项卡，可以根据个人需求，选择某个选项卡中的组件，这里强制要选择 1 个组件。

（6）单击“安装（I）”按钮，会看到 Visual Studio 2019 的安装，如图 1.10 所示，这个安装过程需要很长的时间。

图 1.10　Visual Studio 2019 的安装

（7）安装完成后，会看到如图 1.11 所示的页面。

图 1.11　已安装的页面

1.3.2　下载、安装 Visual C++ 2010

在有的 C 语言考试中，使用的开发环境是 Visual C++ 2010，即 Visual Studio 2010。

1. Visual C++ 2010 的下载

在 Visual Studio 官网中，最老的版本为 Visual Studio 2012。如果要下载 Visual C++ 2010 的安装包，则只能在第三方网站上进行下载。

2. Visual C++ 2010 的安装

（1）双击 Visual C++ 2010 安装包（本书的安装包是一个.iso 的镜像文件），会打开 Visual C++ 2010 安装包的文件夹，如图 1.12 所示。

图 1.12　Visual C++ 2010 安装包的文件夹

（2）双击 Setup HTML 应用程序，会弹出“Visual Studio 2010 学习版安装程序”对话框，如图 1.13 所示。

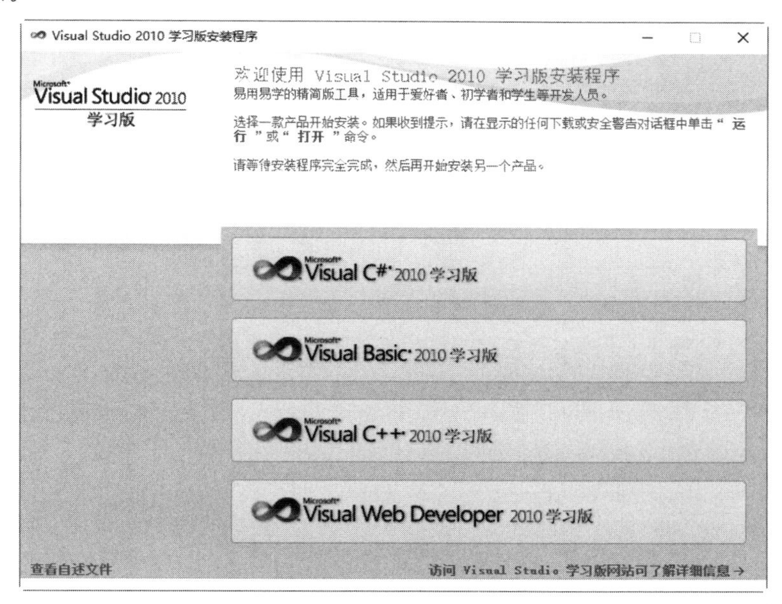

图 1.13　“Visual Studio 2010 学习版安装程序”对话框

（3）单击“Visual C++ 2010 学习版”选项，弹出“安装程序”对话框，如图 1.14 所示。

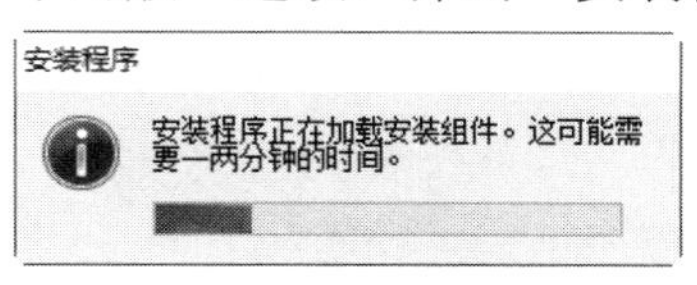

图 1.14　“安装程序”对话框

（4）一段时间后，弹出“Microsoft Visual C++ 2010 学习版 安装程序——欢迎使用安装程序”对话框，如图 1.15 所示。

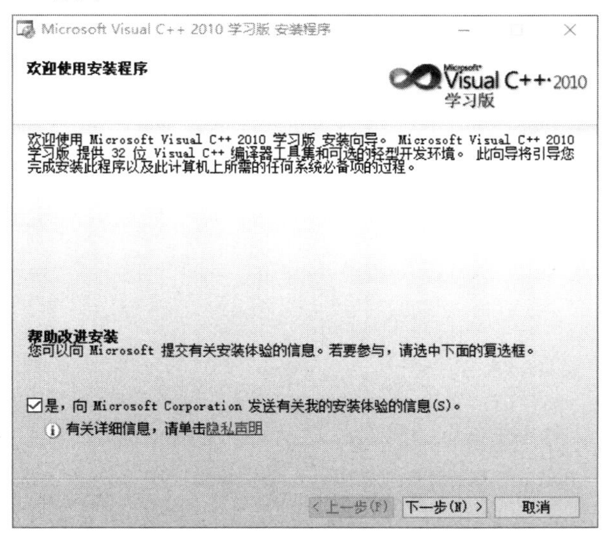

图 1.15　“Microsoft Visual C++ 2010 学习版 安装程序——欢迎使用安装程序”对话框

（5）选中“是，向 Microsoft Corporation 发送有关我的安装体验的信息(s)。”复选框，单击“下一步(N)”按钮，弹出“Microsoft Visual C++ 2010 学习版 安装程序——许可条款”对话框，如图 1.16 所示。

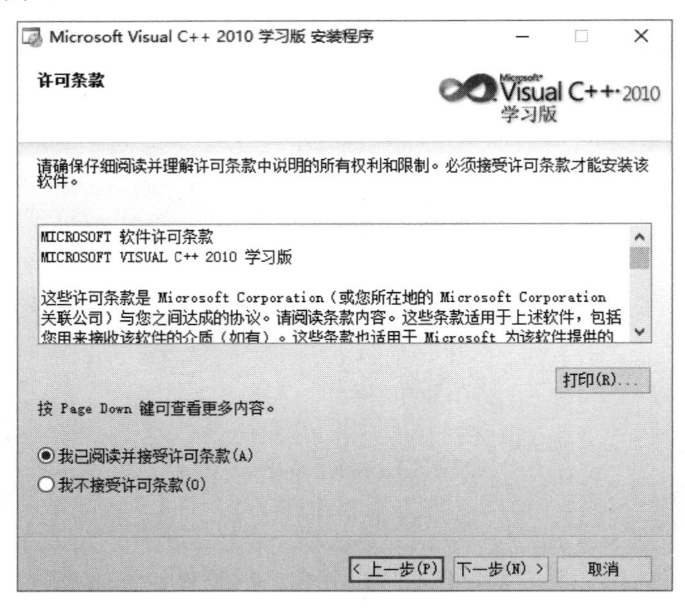

图 1.16　“Microsoft Visual C++ 2010 学习版 安装程序——许可条款”对话框

（6）选中“我已阅读并接受许可条款(A)”复选框，单击“下一步(N)”按钮，弹出“Microsoft Visual C++ 2010 学习版 安装程序——安装选项”对话框，如图 1.17 所示。

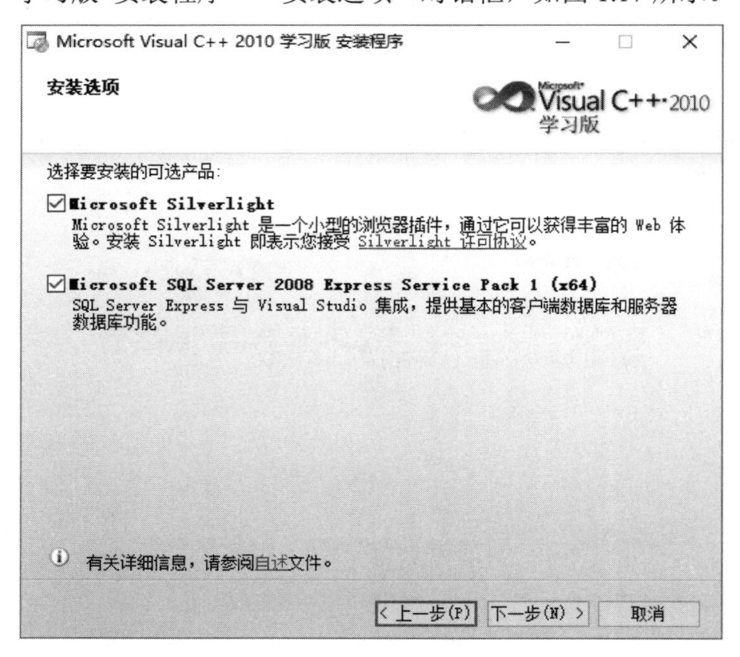

图 1.17　“Microsoft Visual C++ 2010 学习版 安装程序——安装选项”对话框

（7）选择默认安装，单击“下一步(N)”按钮，弹出“Microsoft Visual C++ 2010 学习版 安装程序——目标文件夹”对话框，如图 1.18 所示。

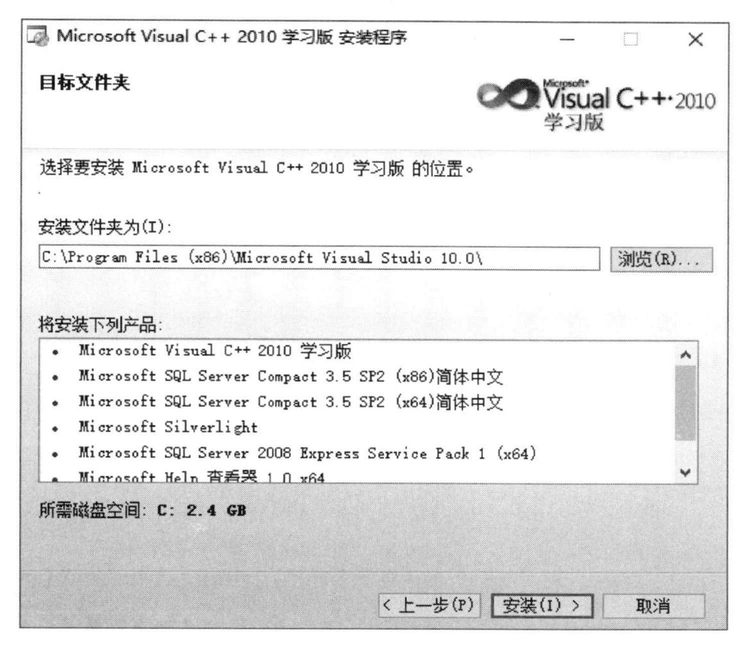

图 1.18　“Microsoft Visual C++ 2010 学习版 安装程序——目标文件夹”对话框

（8）选择默认的安装文件夹位置，单击“安装(I)”按钮，弹出“Microsoft Visual C++ 2010 学习版安装程序——安装进度”对话框，如图 1.19 所示。

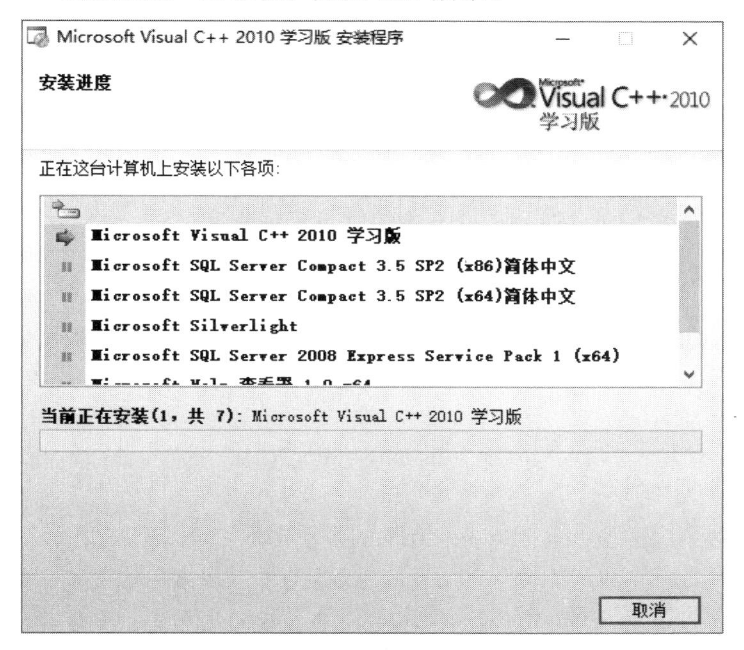

图 1.19　“Microsoft Visual C++ 2010 学习版 安装程序——安装进度”对话框

（9）在安装完成之后，弹出“Microsoft Visual C++ 2010 学习版安装程序——安装完成”对话框，如图 1.20 所示。

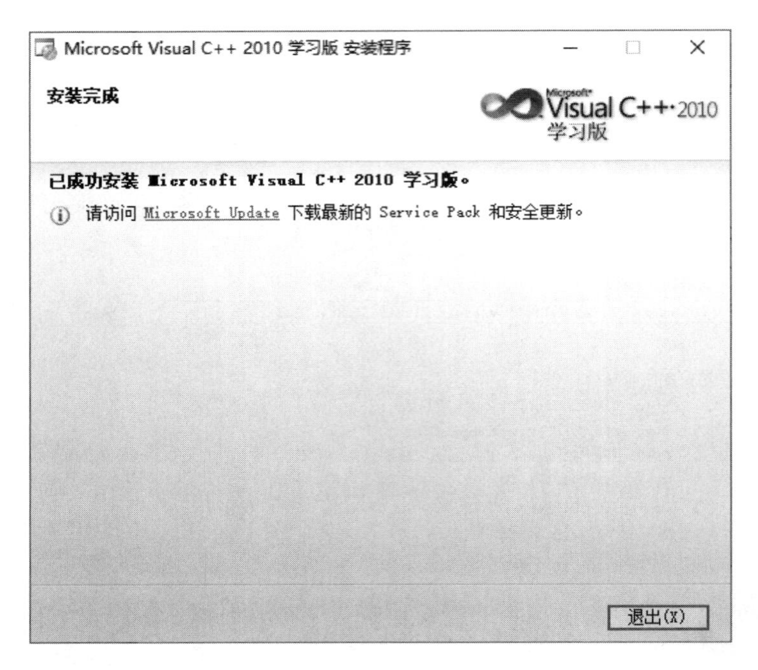

图 1.20 “Microsoft Visual C++ 2010 学习版 安装程序——安装完成”对话框

1.4 编 写 程 序

在构建好开发环境之后，就可以在该环境中编写程序了。本节将讲解在 Visual Studio 2019 和 Visual C++2010 中编写及运行程序。

1.4.1 使用 Visual Studio 2019

下面将讲解如何在 Visual Studio 2019 中编写及运行程序。

1. 首次启动 Visual Studio 2019

在安装完成 Visual Studio 2019 之后，就可以启动 Visual Studio 2019 了。如果是首次启动 Visual Studio 2019，必须对 Visual Studio 2019 进行一些设置。以下是首次启动 Visual Studio 2019 的具体操作步骤。

（1）在开始菜单中，找到并单击“Visual Studio 2019”选项，打开 Visual Studio 2019 的 Logo 界面，如图 1.21 所示。

（2）一段时间后，出现 Visual Studio 2019 的登录界面，如图 1.22 所示。单击“以后再说。”按钮，打开环境启动的界面，如图 1.23 所示，在这里可以根据自己的需求进行选择。

（3）单击“启动 Visual Studio(S)”按钮，打开“我们正为第一次使用做准备”界面，如图 1.24 所示。这时，必须等待软件自动配置完成以后才可以正常使用 Vsiual Studio 2019。

图 1.21　Visual Studio 2019 的 Logo 界面　　图 1.22　Visual Studio 2019 的登录界面

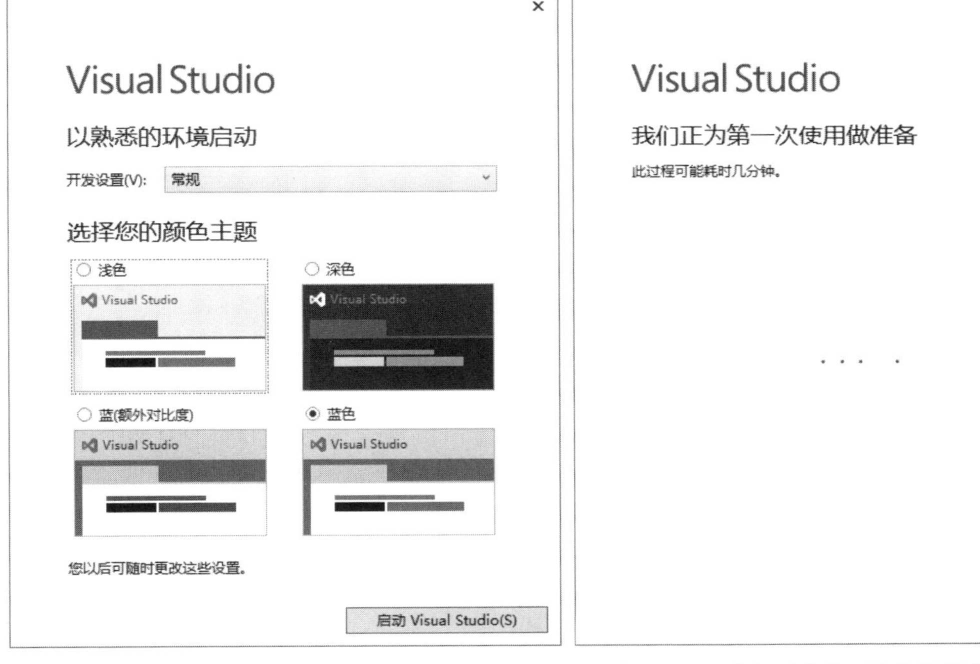

图 1.23　环境启动的界面　　图 1.24　“我们正为第一次使用做准备”界面

（4）等待一段时间后，就会出现 Visual Studio 2019 的起始界面，如图 1.25 所示。

注意：如果不是第一次启动 Visual Studio 2019，在打开或启动 Visual Studio 2019 后，首先会打开 Visual Studio 2019 的 Logo 界面，等待一段时间后，就会出现 Visual Studio 2019 的起始界面。

Visual Studio 2019

打开最近使用的内容(R)

使用 Visual Studio 时，你打开的任何项目、文件夹或文件都将显示在此处供您快速访问。

可固定任何频繁打开的对象，使其始终位于列表顶部。

开始使用

连接到 Codespace(E)
创建和管理云助力的开发环境

克隆存储库(C)
从 GitHub 或 Azure DevOps 等联机存储库获取代码

打开项目或解决方案(P)
打开本地 Visual Studio 项目或 .sln 文件

打开本地文件夹(F)
导航和编辑任何文件夹中的代码

创建新项目(N)
选择具有代码基架的项目模板以开始

继续但无须代码(W) →

图 1.25　Visual Studio 2019 的起始界面

2. 创建项目

通过创建项目，可以很好地将 C 语言开发中使用的文件保存起来，并帮助用户管理程序文件和资源文件。以下就是创建一个 HelloWorld 项目的具体操作步骤。

（1）在 Visual Studio 2019 的起始界面，单击“创建新项目(N)”选项，弹出“创建新项目”对话框，如图 1.26 所示。

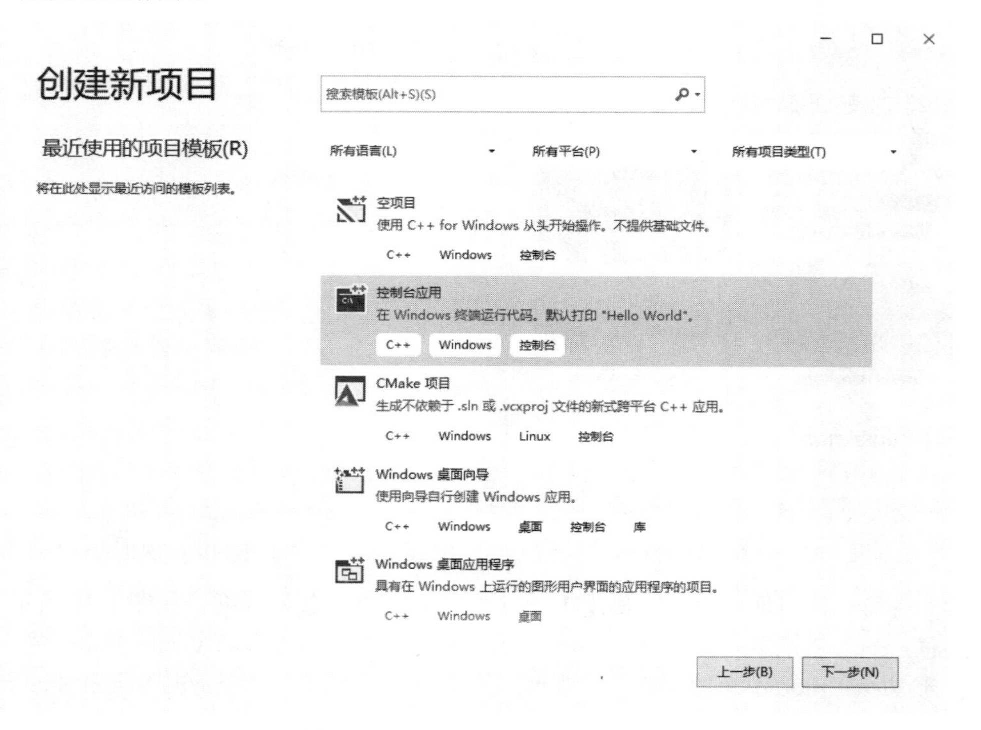

图 1.26　“创建新项目”对话框

（2）选择“控制台应用”选项，弹出“配置新项目”对话框，输入项目名称“HelloWorld”，如图 1.27 所示。

图 1.27　“配置新项目”对话框

（3）单击“创建（C）”按钮，弹出“Microsoft Visual Studio”对话框，如图 1.28 所示。

图 1.28　“Microsoft Visual Studio”对话框

（4）一段时间后，“HelloWorld”项目就被创建好了，如图 1.29 所示。

3. 编写程序

创建好项目之后，此时项目支持的是 C++语言。我们要编写的是 C 语言程序，所以要完成以下的步骤。

（1）在“解决方案资源管理器”中，单击“源文件”前方的三角形，此时会打开“源文件”文件夹，如图 1.30 所示。

（2）右击“HelloWorld.cpp”文件，在弹出的快捷菜单中选择“重命名”菜单命令，将“HelloWorld.cpp”文件改名为“HelloWorld.c”文件，如图 1.31 所示。

图 1.29 创建的“HelloWorld”项目

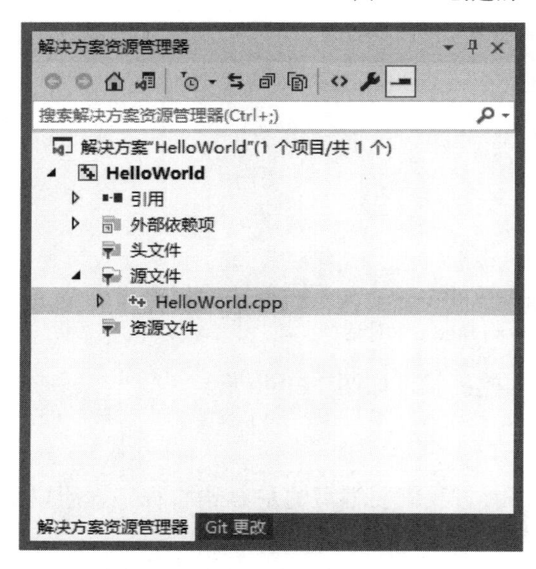

图 1.30 打开“源文件”文件夹

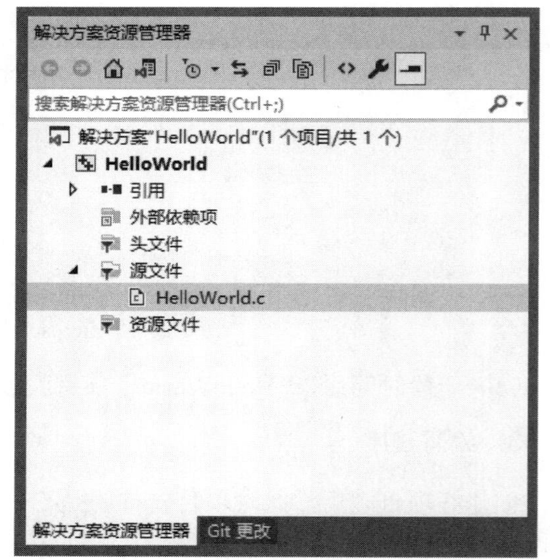

图 1.31 重命名

（3）删除“HelloWorld.c”文件中的内容，编写如下的程序：

```
#include<stdio.h>
int main()
```

```
{
    printf("Hello,World\n");
    return 0;
}
```

该程序的功能是输出一个字符串“Hello，World”。

4. 运行程序

编写好程序后，就可以运行程序了。单击工具栏中的“运行”按钮，如图 1.32 所示，然后会弹出“Microsoft Visual Studio 调试控制台”对话框。在此对话框中会显示程序的执行结果，如图 1.33 所示。

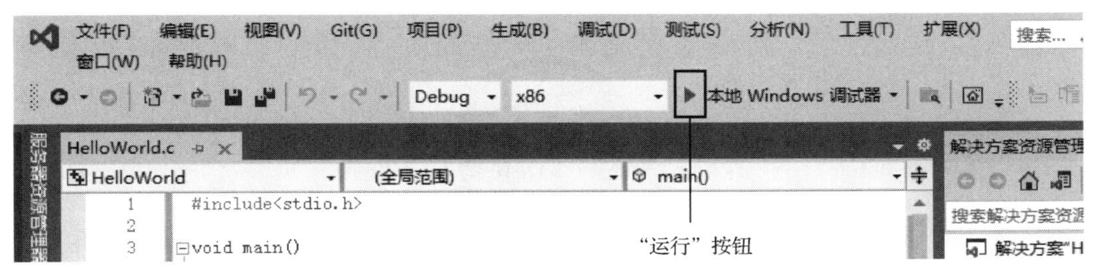

图 1.32　“运行”按钮

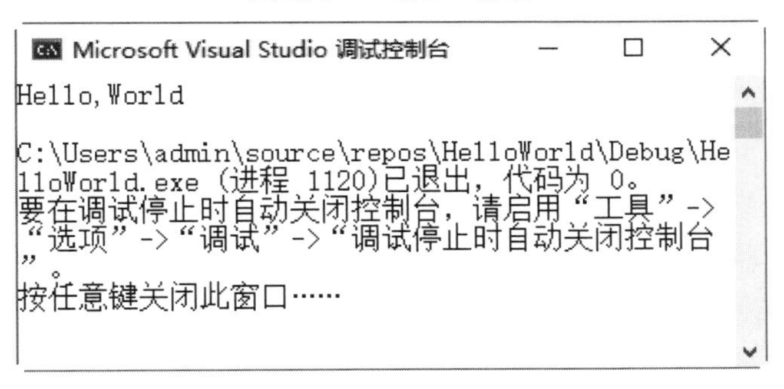

图 1.33　“Microsoft Visual Studio 调试控制台”对话框

1.4.2 使用考试版 Visual C++2010

下面将讲解如何在 Visual C++2010 中编写及运行程序。

1. 首次启动 Visual C++2010

在安装完成 Visual C++2010 之后，就可以启动 Visual C++2010 了。以下是首次启动 Visual C++2010 的具体操作步骤。

（1）在开始菜单中，找到并单击“Microsoft Visual C++ 2010 Express”选项，打开 Visual C++2010 的 Logo 界面，如图 1.34 所示。

（2）一段时间后，出现“Microsoft Visual C++ 2010 学习版”对话框，如图 1.35 所示。

（3）一段时间后，又出现“起始页-Microsoft Visual C++ 2010 学习版”对话框，如图 1.36 所示。

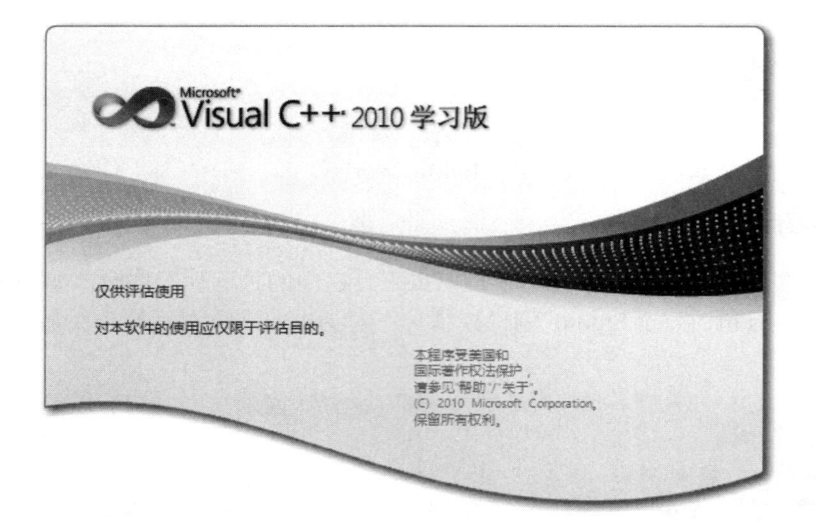

图 1.34　Visual C++2010 的 Logo 界面

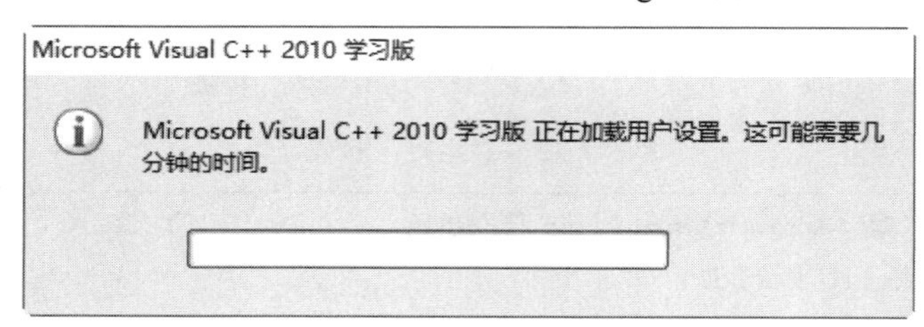

图 1.35　“Microsoft Visual C++ 2010 学习版”对话框

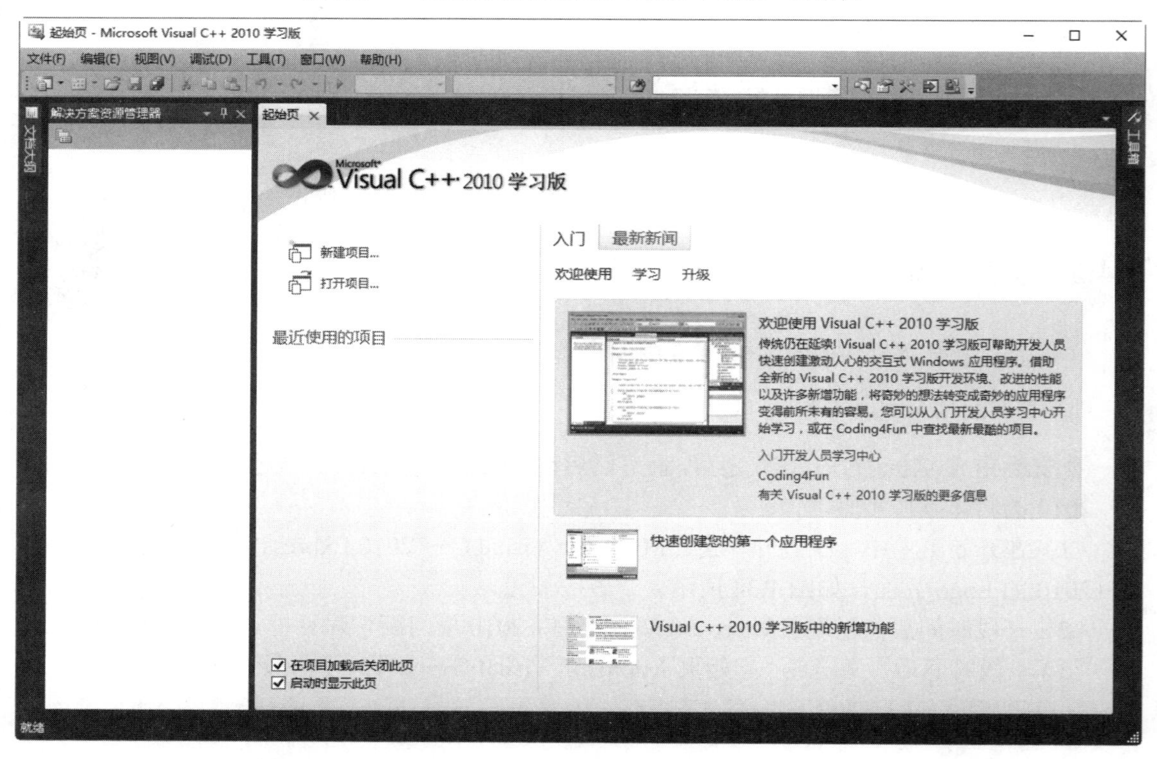

图 1.36　“起始页-Microsoft Visual C++ 2010 学习版”对话框

注意： 如果不是第一次启动 Visual Studio C++ 2010，在打开或启动 Microsoft Visual C++ 2010 后，首先会打开 Visual Studio C++ 2010 的 Logo 界面，等待一段时间后，就会出现“起始页-Microsoft Visual C++ 2010 学习版”对话框。

2. 创建项目

在 Visual C++2010 开发环境编写程序之前，也要创建项目。下面是创建“HelloWorld”项目的具体操作步骤。

（1）在“起始页-Microsoft Visual C++ 2010 学习版”对话框中，单击“新建项目…”按钮，弹出“新建项目”对话框，如图 1.37 所示。

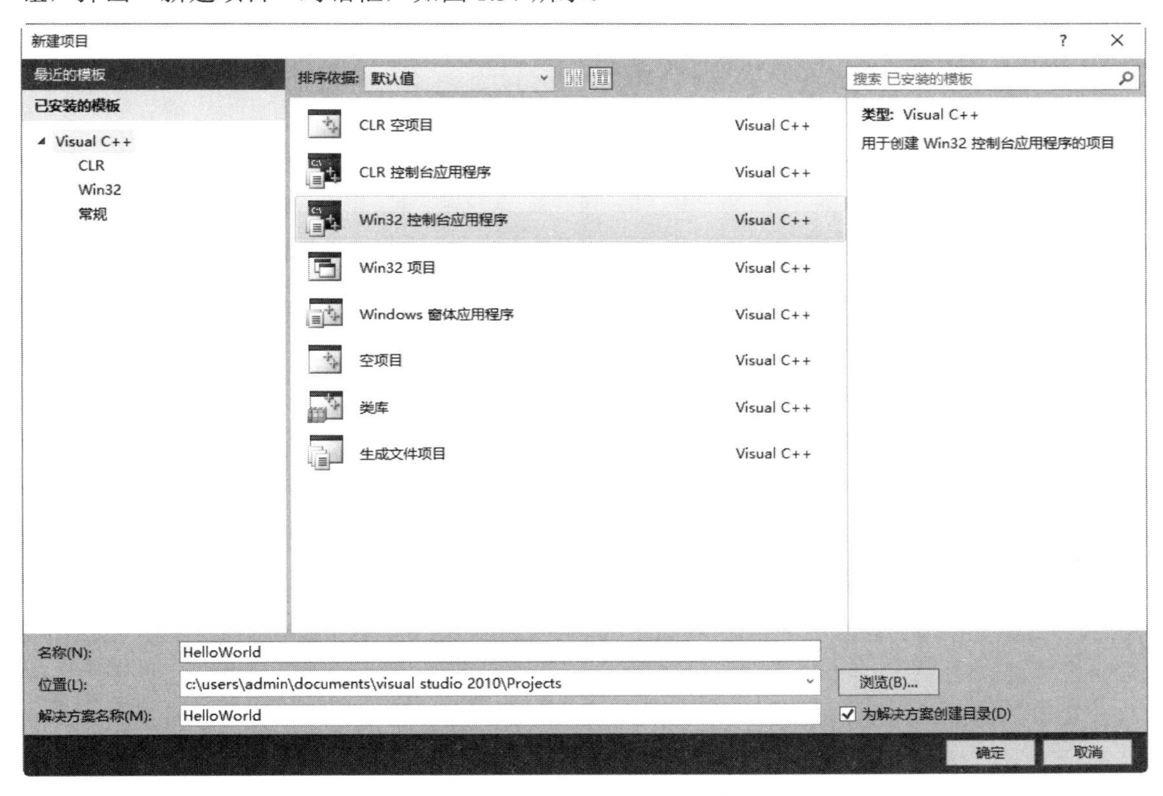

图 1.37　“新建项目”对话框

（2）在“新建项目”对话框中，选中“Win32 控制台应用程序”选项，在“名称（N）”文本框中输入“HelloWorld”，单击“确定”按钮，弹出“Win32 应用程序向导-HelloWorld——欢迎使用 Win32 应用程序向导”对话框，如图 1.38 所示。

（3）单击“下一步”按钮，弹出“Win32 应用程序向导-HelloWorld——应用程序设置”对话框，如图 1.39 所示。

（4）在“应用程序类型”选区中，选中“控制台应用程序（O）”单选设置，在“附加选项”选区中，选中“空项目（E）”复选框，单击“完成”按钮，此时“HelloWorld”项目就被创建好了，如图 1.40 所示。

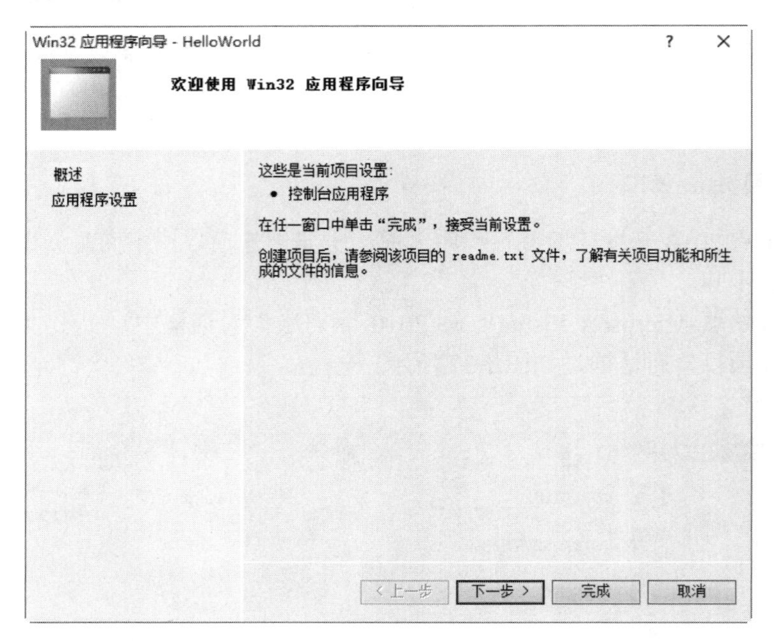

图 1.38　“Win32 应用程序向导-HelloWorld——欢迎使用 Win32 应用程序向导”对话框

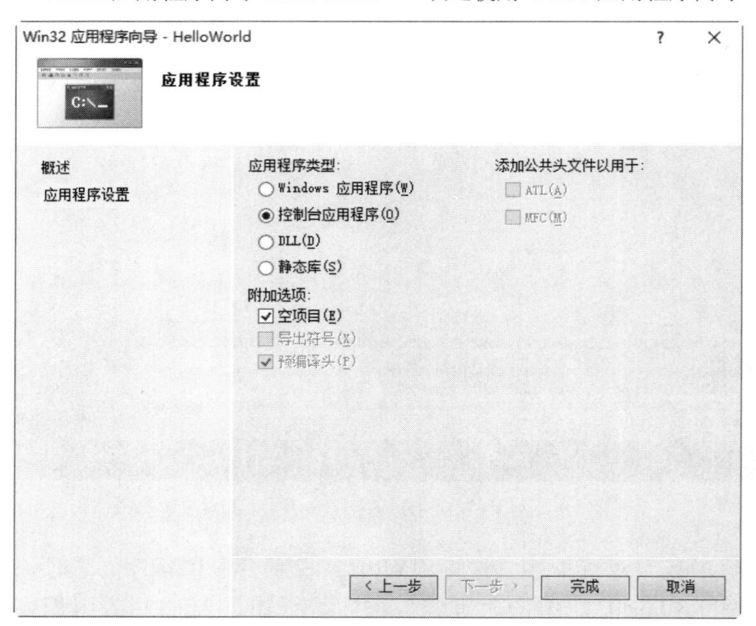

图 1.39　“Win32 应用程序向导-HelloWorld——应用程序设置”对话框

3. 编写程序

创建好项目之后，如果要编写程序，还要在“源文件”文件夹中添加一个.c 文件，所以要完成以下的步骤。

（1）右击“源文件”文件夹，在弹出的快捷菜单中选择“添加(D)|新项目(W)...”菜单命令，如图 1.41 所示。弹出“添加新项-HelloWorld”对话框，如图 1.42 所示。

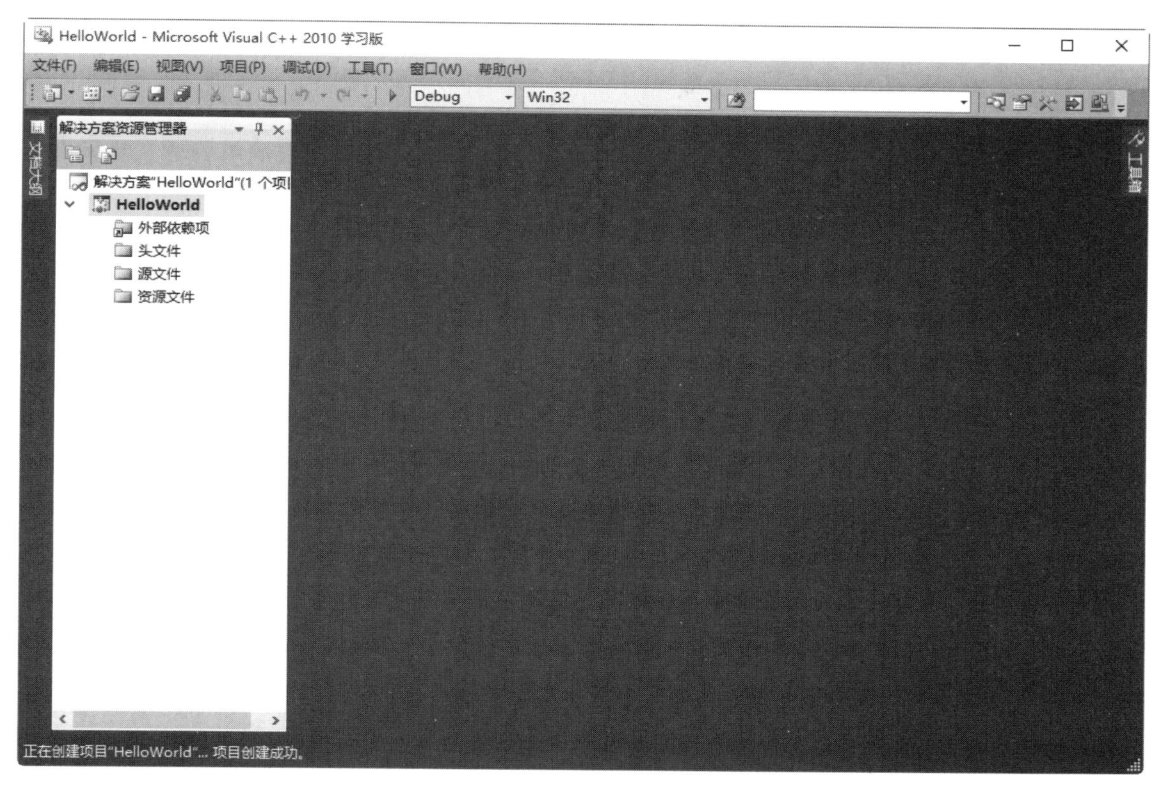

图 1.40　创建的“HelloWorld”项目

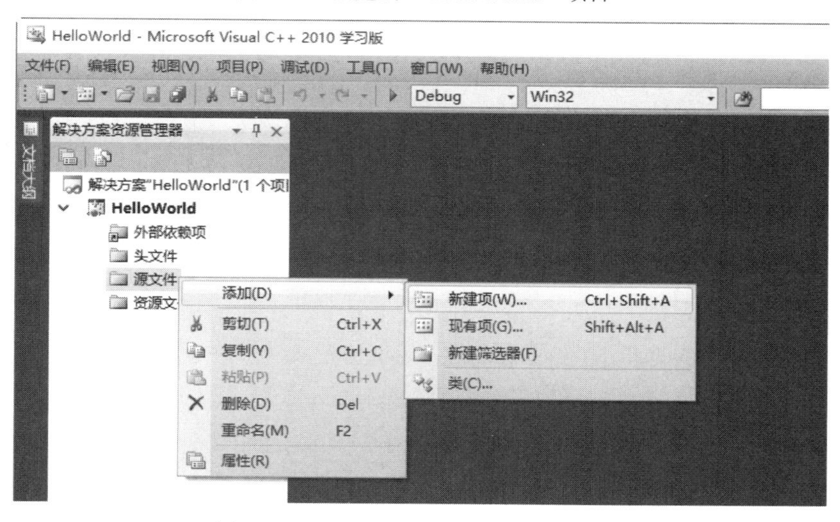

图 1.41　选择“添加|新项目”菜单命令

（2）选择“C++ 文件(.cpp)”选项，在“名称（N）”文本框中输入“HelloWorld.c”，单击“添加（A）”按钮，此时一个名为“HelloWorld.c”的文件就被添加到了“源文件”文件夹中，如图 1.43 所示。

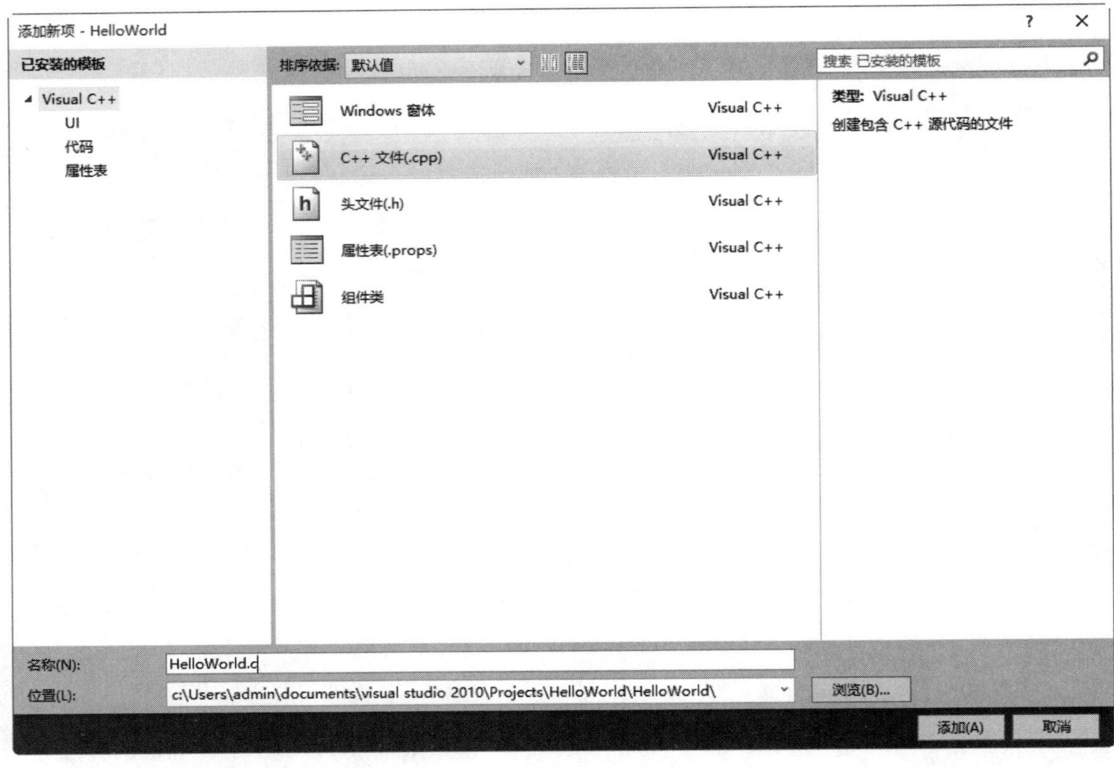

图 1.42　“添加新项-HelloWorld”对话框

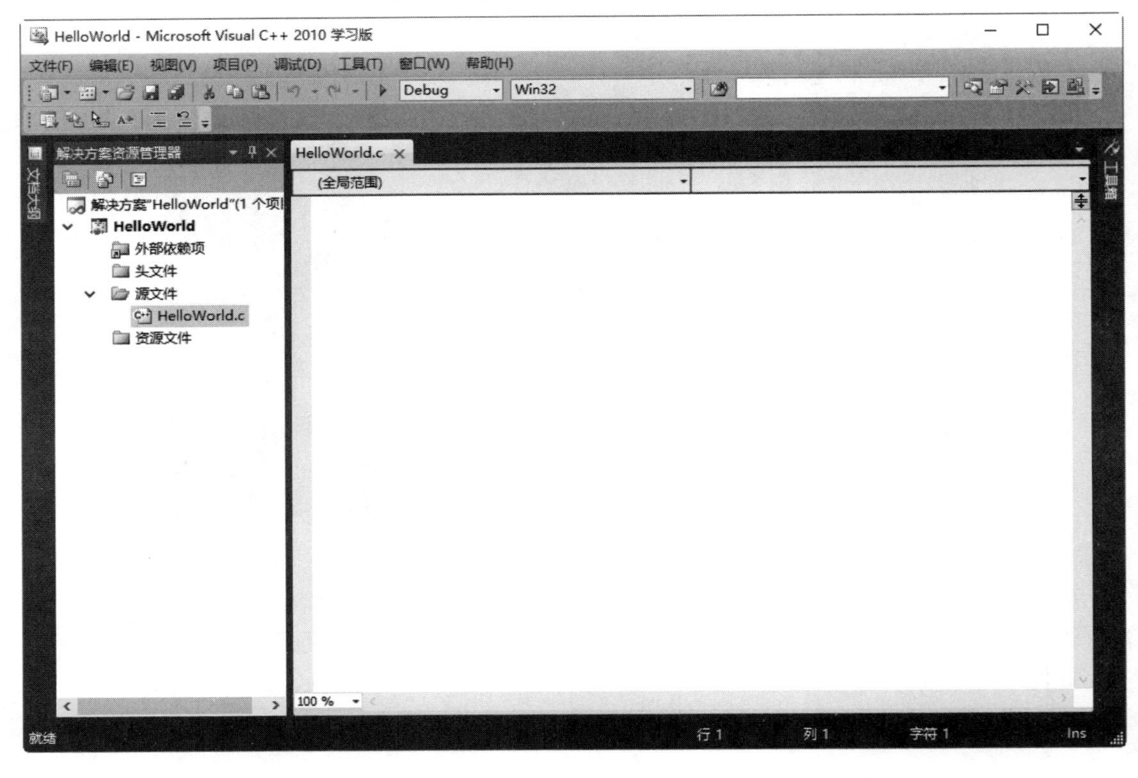

图 1.43　“HelloWorld.c”文件被添加到“源文件”文件夹

（3）添加了“HelloWorld.c”文件后，就可以在该文件中添加程序了。

程序如下：

```
#include<stdio.h>
#include <conio.h>
int main()
{
        printf("Hello,World\n");
        getch();
        return 0;
}
```

该程序的功能是输出字符串“Hello,World”。

4. 运行程序

程序编写无误后，就可以运行程序了。单击工具栏中的“运行”按钮，如图 1.44 所示，然后会弹出“Microsoft Visual C++ 2010 学习版”对话框，如图 1.45 所示。单击“是（Y）”按钮，在弹出的对话框中会显示程序的执行结果，如图 1.46 所示。

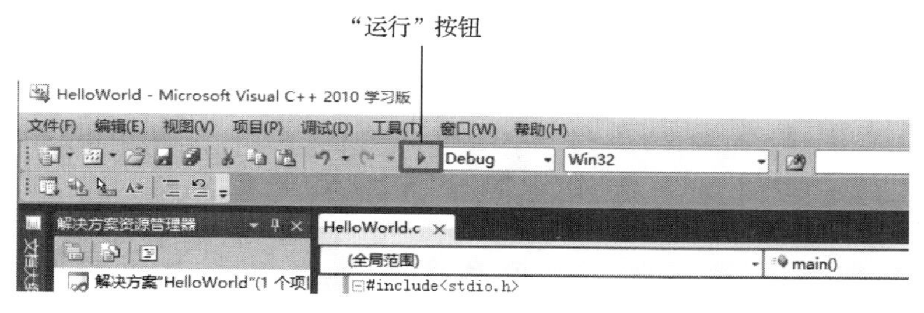

图 1.44　运行按钮

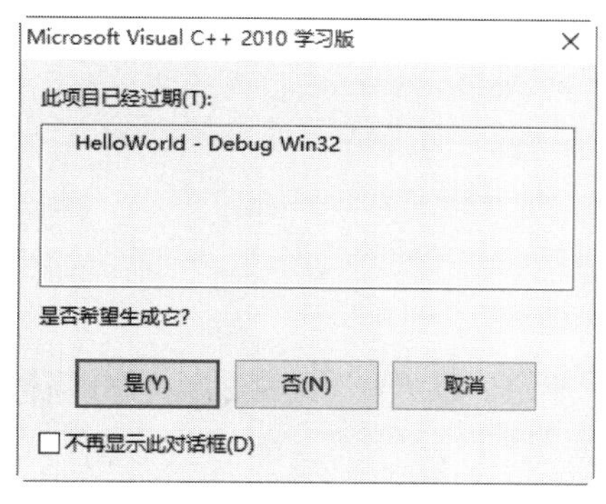

图 1.45　“Microsoft Visual C++ 2010 学习版”对话框

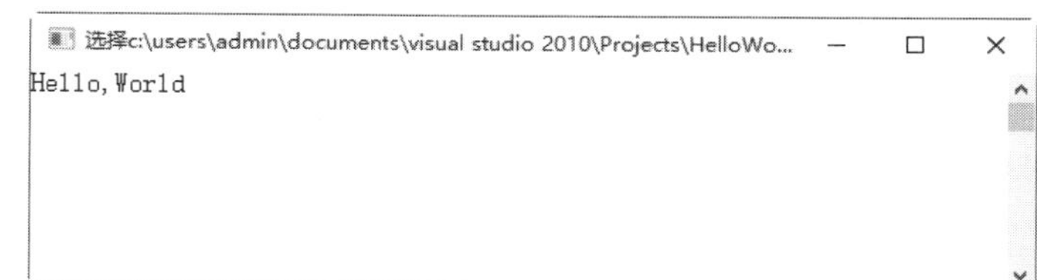

图 1.46　显示程序的执行结果

1.5　C 语言程序的结构及注释

1.5.1　C 语言程序的结构

一个 C 语言程序包含一个或多个源文件。一个源文件可以包含一个或多个函数。一个 C 语言程序必须有且只有一个主函数，即 main()。C 语言程序的结构如图 1.47 所示。

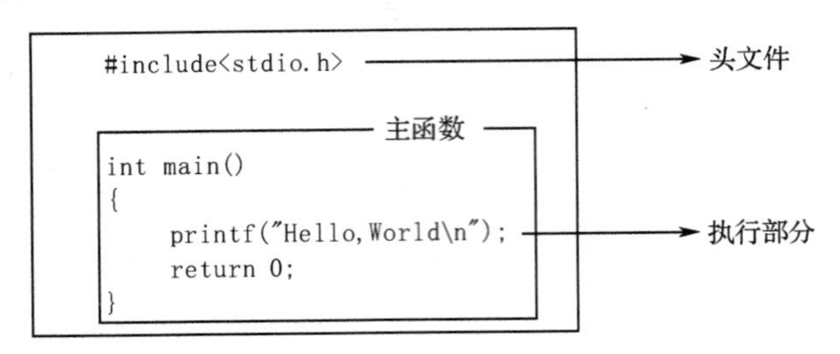

图 1.47　C 语言程序的结构

下面对图 1.47 中的 C 语言程序的结构进行介绍。

- 第一行代码：#include <stdio.h> 是预处理器指令，告诉 C 编译器在实际编译之前要包含 stdio.h 文件。
- 第二行代码：int main() 是主函数，程序从这里开始执行。
- 第三行代码：printf("Hello, World\n")是 C 语言中的一个常用函数，会在屏幕上显示消息“Hello, World”。
- 第四行代码：return 0 终止主函数，并返回值 0。

1.5.2　C 语言程序的注释

在 C 语言中，注释有单行注释和多行注释两种。下面将对这两种注释进行介绍。

1. 单行注释

单行注释是指只有一行的注释。单行注释以“//”开始，如图 1.48 所示。

```
#include<stdio.h>
int main()
{
    printf("Hello,World\n");     //输出字符串"Hello，World"
    return 0;
}
```

图 1.48　单行注释

2. 多行注释

多行注释是指将一行或更多行叙述文字插入在以“/*”开始、以“*/”结束的注释分隔符中的注释。如图 1.49 所示。

```
#include<stdio.h>
/*此程序的功能是输出字符串Hello,World
其中，main()是主函数，一个源程序必须有且只有一个主函数
printf(...)是C中另一个可用的函数，会在屏幕上显示消息"Hello，World"*/
int main()
{
    printf("Hello,World\n");
    return 0;
}
```

图 1.49　多行注释

1.6　小　　结

通过本章的学习，要掌握以下的内容：

- 机器语言作为第一代计算机语言，是用二进制代码表示的，是一种能被计算机直接识别和执行的指令集合。
- 二进制数是用 0 和 1 两个数码来表示的。二进制数的基数为 2，并且每个二进制数都会用括号括起来表示。
- 汇编语言又称符号语言，是一种用于电子计算机、微处理器、微控制器或其他可编程器件的低级语言。
- 高级语言是一种独立于机器、面向过程或对象的语言。高级语言是参照数学语言而设计的近似于日常会话的语言。
- C 语言具有语言简洁，结构化的控制语句，丰富的数据类型，丰富的运算符，可对物理地址进行直接操作，代码可移植性较好，可生成高质量、执行效率高的目标代码等特点。
- Visual Studio 全称为 Microsoft Visual Studio（简称 VS），是美国微软公司的开发工具包系列产品。
- 在有的 C 语言考试中，使用的开发环境是 Visual C++ 2010，即 Visual Studio 2010。
- 一个 C 语言程序可以包含一个或多个源文件。一个源文件中可以包含一个或多个函数。一个 C 语言程序必须有且只有一个主函数，即 main()。
- 在 C 语言中，注释有单行注释和多行注释两种。

1.7　习　　题

一、填空题

1．机器语言作为第一代计算机语言，是用____进制数表示的、计算机能直接识别和执行的一种机器指令的集合。

2．编程语言分为 3 种，分别是____、汇编语言和____。

3．二进制的进位规则为“逢____进一”。

4．二进制的借位规则为“借一当____”。

5．汇编语言又称____语言，是一种用于电子计算机、微处理器、微控制器或其他可编程器件的____语言。

6．C 语言诞生于____年 11 月。

7．开发环境的简称是____。

8．目前，Visual Studio 的最新版本为____。

9．在 C 语言考试中，使用的开发环境为____。

10．一个 C 语言程序必须有且只有一个____函数，即 main()。

11．在 C 语言中，有____行注释和____行注释。

二、选择题

1. 下面说法中正确的是（　　）。
   A．C 语言程序总是从第一个定义的函数开始执行的
   B．在 C 语言程序中，要调用的函数必须在 main()中被定义
   C．C 语言程序总是从 main()开始执行的
   D．在 C 语言程序中，main()必须放在程序的开始部分
2. C 语言程序从（　　）开始执行。
   A．第一条可执行语句　　B．第一个函数
   C．主函数　　D．包含文件中的第一个函数
3. 下面二进制数表示正确的是（　　）。
   A．1001　　B．(1001)　　C．$(1001)_2$　　D．$(1002)_2$
4. 下面程序中有（　　）处错误。

```
#include<stdio.h>
int main()
{
    printf("Hello\n");
    return 0;
}
```

   A．无错误　　B．1　　C．2　　D．3
5. 在 Visual Studio 2019 中，如果要创建 C 语言程序的项目，就要在“创建新项目”对话框中选择（　　）项目。
   A．空项目　　B．控制台应用
   C．CMake 项目　　D．Windows 桌面应用程序
6. 下面程序的运行结果是（　　）。

```
#include<stdio.h>
int main()
{
    printf("    Hello tom\n");
    return 0;
}
```

   A．Hello tom　　B．Hello t　　C．Hellot　　D．Hello

三、简答题

简述 C 语言的优点。

四、编程题

在下面横线上填写适当的代码，以使下面的程序实现输出字符串“Hello, C”。

```
#include<____>
int ____()
{
    printf("____\n");
    return 0;
```

```
}
```

五、操作题

1．在 Visual Studio 2019 中，创建一个 MyC 项目。
2．在 Visual C++2010 中，创建一个 MyC 项目。

第2章 数　　据

计算机的世界就是数据的世界。从计算机角度看世界，所有的东西都可以用数据进行描述。因此，数据是计算机运算的根本和目标。本章将详细讲解如何寻找数据，然后在C语言中表示这些数据。

2.1 数据在哪里

如果使用C语言编写程序来解决问题，首先就要寻找数据。在生活中，小到个人工资，大到火箭的发射轨迹都涉及了数据。本节将讲解如何寻找、分析和整理这些数据。

2.1.1 数据的形式

数据会以不同的形式存在于计算机之中。数据的形式大概分为以下3种。

1. 文件数据

文件数据是最直观的，是以文件的形式单独存在的。这种数据是用户可以直接看到的。只要用户直接打开数据，计算机的主机就会读取该数据，并将其转化为二进制数进行运算，然后将运算结果通过显示器反馈给用户。

例如，计算机中的文档、图片、电影、歌曲等数据都是可以被用户直接看到的单独文件数据，如图2.1所示。

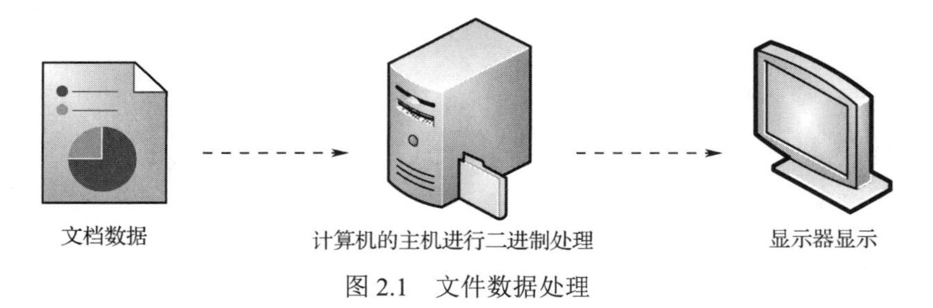

图2.1　文件数据处理

2. 网络数据

网络数据是存放于网络服务器端的数据。用户要通过浏览器将网络数据下载到计算机中，然后计算机对其进行读取并运算，从而显示器显示出网页内容。

例如，用户可以浏览网站上的图片、文字等可见的网络数据，但在浏览过程中，浏览器下载或上传的网络请求数据及加密数据，对于用户都是不可见的，如图2.2所示。

3. 应用程序数据

应用程序数据是将多种数据集合为一个可执行文件形式的数据。当打开这个可执行文件后，计算机会读取可执行文件中存放的数据，然后将其转化为二进制数进行运算，最终将运算结果通过显示器反馈给用户。

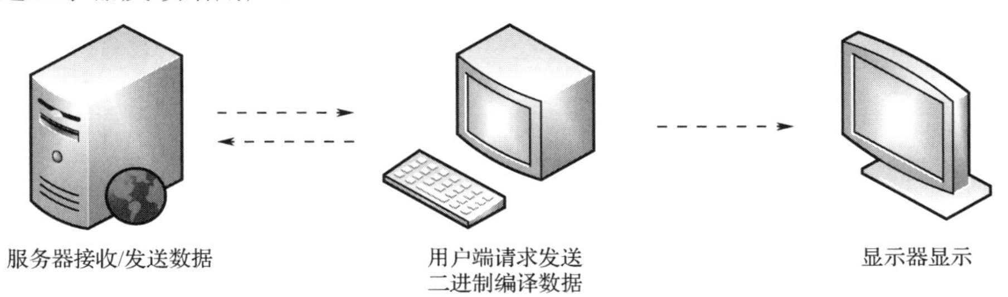

图 2.2　网络数据处理

例如，在玩电子设备上的游戏时，整个游戏中的数据传递和使用过程都是不可见的，而且用户只能看到每次操作后的运算结果，如图 2.3 所示。

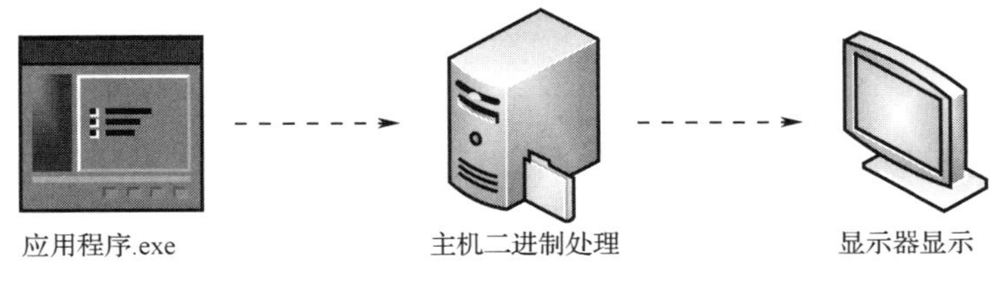

图 2.3　应用程序数据处理

总之，无论数据以何种形式存在，只要拥有正确的获取方式，就能得到对应的数据。

2.1.2　寻找数据

寻找数据就和寻找矿藏一样，有的数据轻而易举就可以被发现，而有的数据就要通过分析已知条件才能被获取得到。根据寻找数据的难度，可以将数据分为以下 3 种。

1. 显而易见的数据

大多数的数据都是简单的、显而易见的，而且在我们的举手投足之间就可以被找到。

例如，小明的体重为 25kg，这类数据就是显而易见的，可以被直接提取到，如图 2.4 所示。

小明重25kg

图 2.4　显而易见的数据

2. 隐藏于生活常识中的数据

有一些数据要借助生活常识才能被获取到。例如，小明想要知道北京到长春的火车时刻表。这类数据就是隐藏在生活常识之中的，如表 2.1 所示。

表 2.1　隐藏于生活常识中的数据

数据寻找的特点	数　　据
显而易见	北京到长春是有火车的
隐藏于生活常识	火车发车时刻表（要查阅 12306 网站）

3. “看不到”的数据

还有一些数据，对于人们来说是看不到的，但是确实存在。想要获取这类数据的过程往往非常复杂。

例如，通过遥控器可以控制电视机换台。在这条信息中，只有专业的人员经过分析，才能获取遥控器发送的数据，而普通人是无法获取到的，如表 2.2 所示。

表 2.2　“看不到”的数据

数据寻找的特点	数　　据
显而易见	按下遥控器相应按钮，电视能换台
隐藏于生活常识	遥控器里面有发射器对准电视就会换台（要查阅说明书）
看不见	遥控器是如何构成的、电视机是如何接收数据的等

总而言之，就像做题一样，如果想要找到答案，首先要获取到题目中有用的数据，然后才是解答题目。所以，获取到准确的数据是解决问题的第一步，也是最重要的一步。

2.1.3　数据的分类

获取数据是为了使用数据，而将数据分类能让人们更好的使用数据。例如，在超市售卖的商品中，薯片、巧克力、糖果都属于休闲食品，而锅、碗、瓢、盆属于厨房用品。这样分类后，可以方便人们选购商品。

1. 数据是否已知

根据数据是否已知，可以将数据划分为以下两类。

- 已知数据是值已经确定的。例如，买了 10 个苹果，10 就是已知数据。在 C 语言中，已知数据可以用字面量、直接数或常量表示。
- 未知数据是数据存在但不确定具体值的。例如，有一堆煤炭，我们不知道其重量，但是其确实存在。在 C 语言中，这种数据可以使用变量表示。

2. 数据类型

数据不同，其包含的信息也不同。这些信息可能是整数、小数、文本、状态等多种类型，如年龄（整数）、价格（小数）、名字（文本）。在 C 语言中，对应不同数据类型的数据有不同的表示方法。

2.2　整　　数

整数是最常见的、最简单的数据形式。在 C 语言中，我们不仅要学习如何表示整数，还要掌握其存放方式。

2.2.1 整数的进制表示

进制是一种计数方式。它决定了数字的表示方式及进位方式。在 C 语言中，整数可以使用 4 种进制进行表示。这 4 种进制分别是二进制、八进制、十进制与十六进制。

1. 用二进制表示整数

在用二进制表示整数时，要为整数添加一个前缀“0b”，如图 2.5 所示。将用二进制表示的整数称为二进制数。

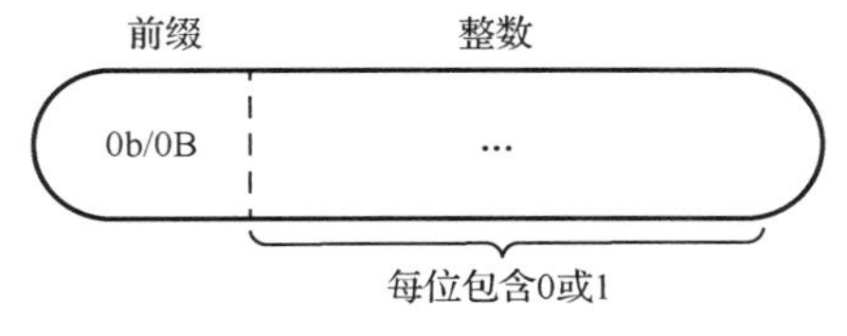

图 2.5 用二进制表示整数

2. 用八进制表示整数

二进制是计算机中最先使用的进制。随着计算机处理的数据越来越大，程序员使用二进制表示和读取数据也越来越麻烦，于是便产生了八进制。例如，有些游戏有 8 个大关卡，每个大关卡有 8 个小关卡，这些都符合“逢八进一”的规则，如图 2.6 所示。

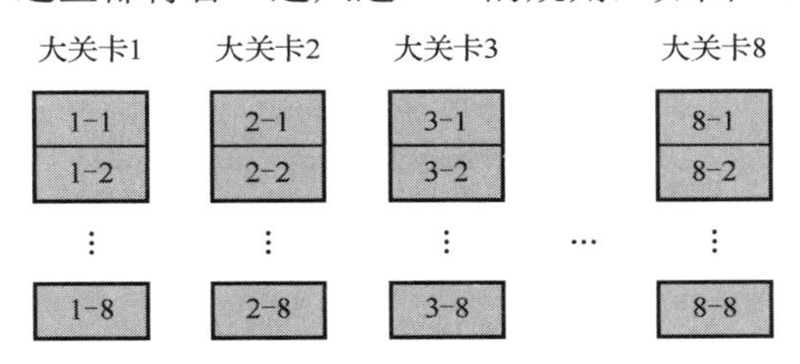

图 2.6 关卡符合“逢八进一”的规则

在用八进制表示整数时，要为整数添加一个前缀数字“0”，如图 2.7 所示。将用八进制表示的整数称为八进制数。八进制数的每位可以使用 0～7，遵循“逢八进一”的规则。

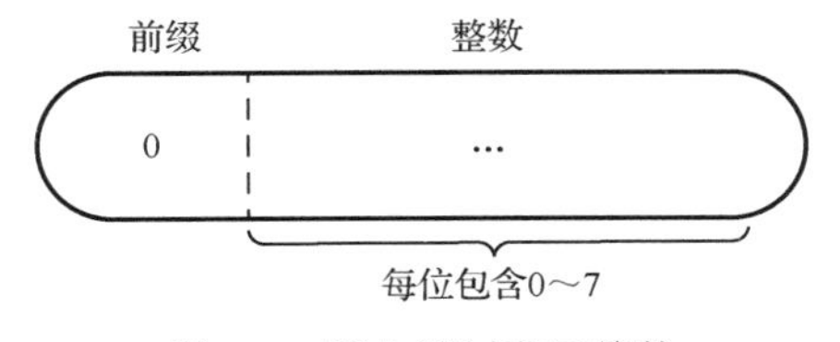

图 2.7 用八进制表示整数

【示例 2-1】输出一个八进制数。

程序如下：

```
#include <stdio.h>
int main()
{
	printf("输出八进制数：%o",06);
```

```
        getch();
        return 0;
    }
```

运行程序，输出以下内容：

```
输出八进制数：6
```

从程序运行结果可以看出，输出的八进制数 6 没有前缀，这样就无法与十进制数进行区分。为了解决这个问题，使用%#o 占位符可以使输出的八进制数带前缀。

【示例 2-2】输出带前缀的八进制数。

程序如下：

```
#include <stdio.h>
int main()
{
    printf("输出带前缀的八进制数：%#o",06);
    getch();
    return 0;
}
```

运行程序，输出以下内容：

```
输出带前缀的八进制数：06
```

注意：使用%o 占位符可以使输出的八进制数不带前缀；使用%#o 占位符可以使输出的八进制数带前缀 0。

助记：%o 中的字母 o 来源于英文单词 octal（意思为八进制的）。

二进制数转换为八进制数就是将二进制数从右向左每 3 位合并为 1 位。下面将一个二进制数 111111 转换为八进制数 77，如图 2.8 所示。

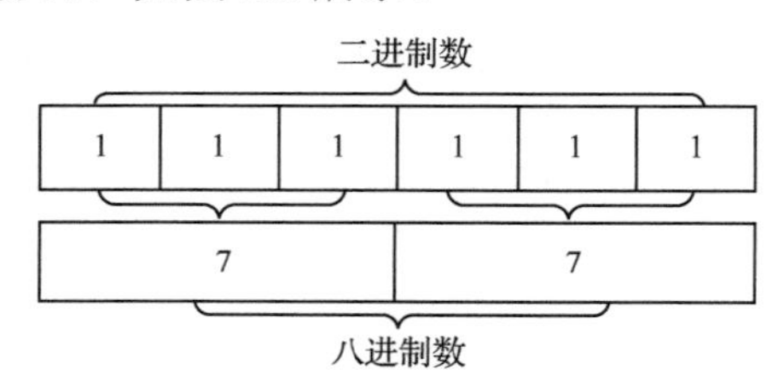

图 2.8　二进制数转换为八进制数

在转换时，有时会发现二进制数的位数无法以 3 位为单元进行分隔，此时就必须使用 0 来补位。下面将一个二进制数 10011011 转换为八进制数 233，如图 2.9 所示。

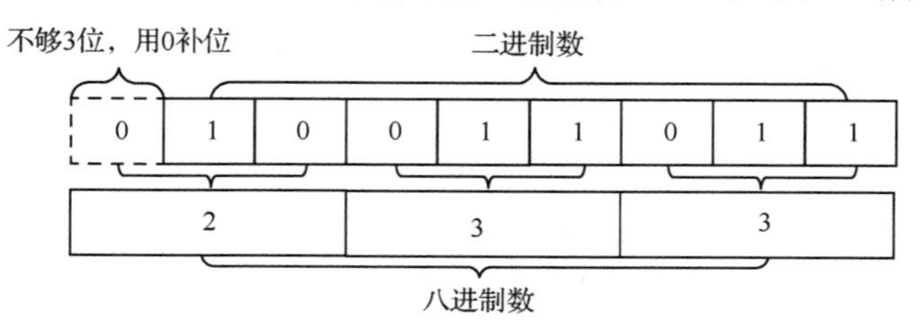

图 2.9　二进制数转换为八进制数

八进制数向二进制数转换的思路是八进制数的 1 位转换为二进制数的 3 位，而运算的顺序是从低位向高位依次进行。下面将一个八进制数 17 转换为二进制数 1111，如图 2.10 所示。

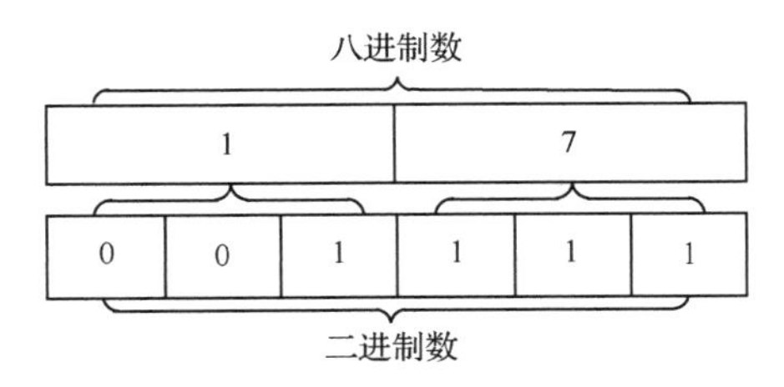

图 2.10 八进制数转换为二进制数

3. 用十进制表示整数

由于人有 10 个手指头，而十进制相对符合人的人体构造，所以十进制是人们最常用的进制。假如人和小鸡一样有 8 个指头，如图 2.11 所示，那么可能现在人们最常用的就是八进制。

图 2.11 小鸡有 8 个指头

将用十进制表示的整数称为十进制数。十进制数的每位可以使用 0～9，遵循“逢十进一”的规则。由于十进制数有负值，所以不能以数字“0”开始，但可以以负号开始，如图 2.12 所示。

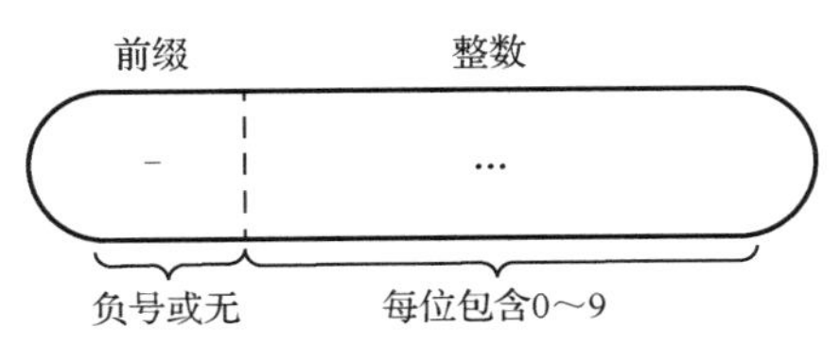

图 2.12 用十进制表示整数

【示例 2-3】输出一个十进制数。

程序如下：

```
#include <stdio.h>
int main()
{
    printf("输出十进制数：%d\n", 100);
    getch();
    return 0;
}
```

运行程序，输出以下内容：

```
输出十进制数：100
```

助记：%d 中的字母 d 来源于英文单词 decimal（意思为十进制的）。

十进制数转换为二进制数会使用到辗除法。辗除法就是“除模取余”法。“除模取余”就是指将一个进制数转化成另一个进制数时，另一个进制数就是模，用将要转化的进制数除以模，取其余数即可。下面将十进制数 19 转换为二进制数 10011，如图 2.13 所示。

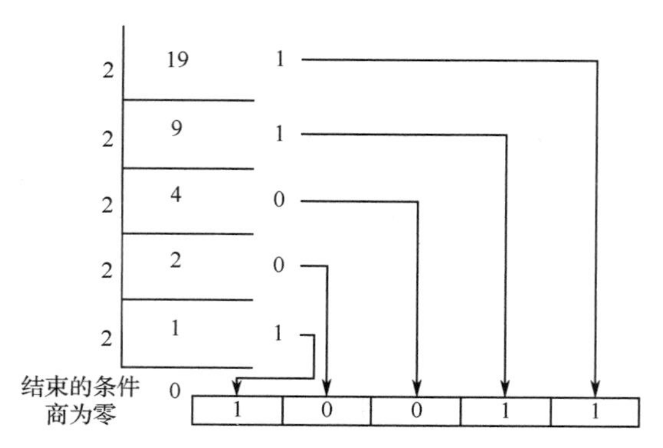

图 2.13　十进制数转换为二进制数

4. 用十六进制表示整数

随着计算机处理的数据不断增加，人们发现使用八进制也无法满足人们的需求，因此程序员创造出了十六进制。将用十六进制表示的整数称为十六进制数。例如，颜色的表示分为 RGB 模式与 CMYK 模式。其中，CMYK 模式就是使用 6 位十六进制数来表示颜色的，如#FF0000。

在用十六进制表示整数时，要在整数前加“0X”或“0x”，如图 2.14 所示。十六进制数的每位可以使用 0～9、A～F，遵循“逢十六进一”的规则。

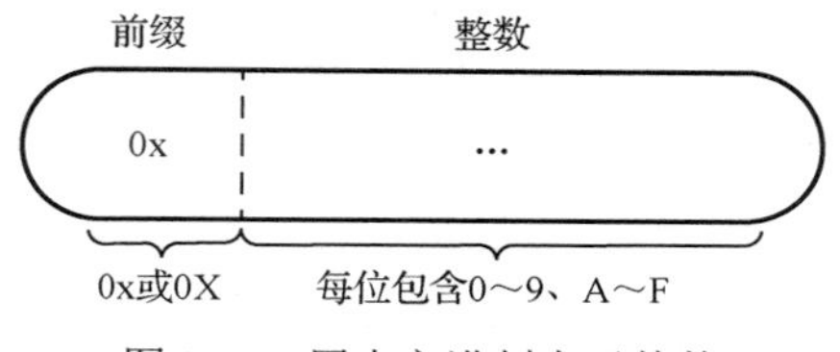

图 2.14　用十六进制表示整数

【示例 2-4】输出一个十六进制数。

程序如下：

```
#include <stdio.h>
int main()
{
        printf("输出十六进制数 5D：%x", 0x5D);
        getch();
        return 0;
}
```

运行程序，输出以下内容：

```
输出十六进制数：5d
```

从程序运行结果可以看出，输出的十六进制数 5d 没有前缀，如果想要在其前加前缀，就要使用%#x 占位符。

助记：%x 中的字母 x 来源于英文单词 hex（意思为十六进制）。

【示例 2-5】输出一个带前缀的十六进制数。

程序如下：

```
#include <stdio.h>
int main()
{
```

```
    printf("输出带前缀的十六进制数：%#x",0x5D);
    getch();
    return 0;
}
```

运行程序，输出以下内容：

```
输出带前缀的十六进制数：0x5d
```

从程序运行结果可以看出，输出的十六进制数0x5d带前缀，但其字母部分d为小写。如果想要输出字母部分为大写的带前缀的十六进制数，就要使用占位符%#X。

【示例 2-6】输出字母部分为大写的带前缀的十六进制数。

程序如下：

```
#include <stdio.h>
int main()
{
    printf("输出字母部分为大写的带前缀的十六进制数：%#X\n",0x5D);
    getch();
    return 0;
}
```

运行程序，输出以下内容：

```
输出字母部分为大写的带前缀的十六进制数：0x5D
```

注意：使用%x占位符可以使输出的十六进制数不带前缀且字母部分为小写。使用%X占位符可以使输出的十六进制数不带前缀且字母部分为大写。使用%#x占位符可以使输出的十六进制数带前缀0x且字母部分为小写。使用%#X占位符可以使输出的十六进制数带前缀0X且字母部分为大写。

二进制数转换为十六进制数就是将二进制数从右向左每4位合并为1位。下面将一个二进制数10101100转换为十六进制数0xAC，如图2.15所示。

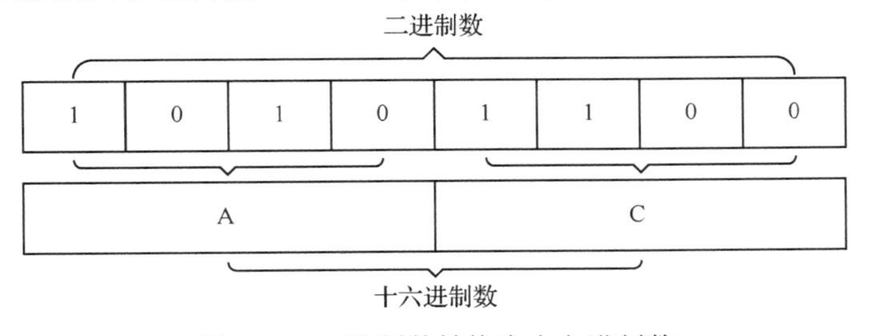

图 2.15 二进制数转换为十六进制数

在转换时，有时会发现二进制数无法以4位为单元进行分隔，此时就要使用0来补位。例如，下面将一个二进制数11011转换为十六进制数0x1B，如图2.16所示。

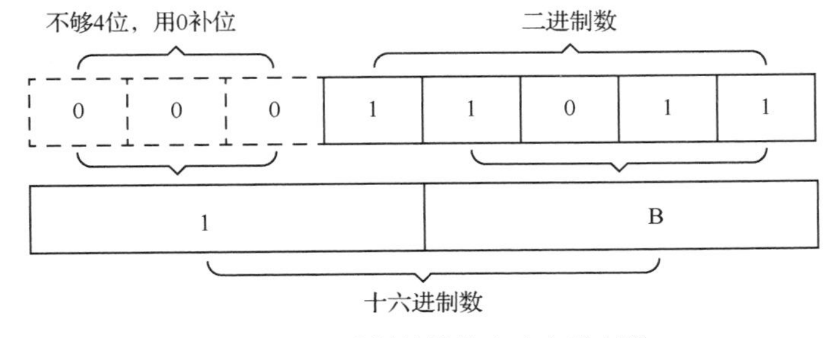

图 2.16 二进制数转换为十六进制数

在十六进制数转换为二进制数时，要把十六进制数的 1 位转换成二进制数的 4 位，而运算的顺序是从低位向高位依次进行的。下面将十六进制数 73 转换为二进制数，如图 2.17 所示。

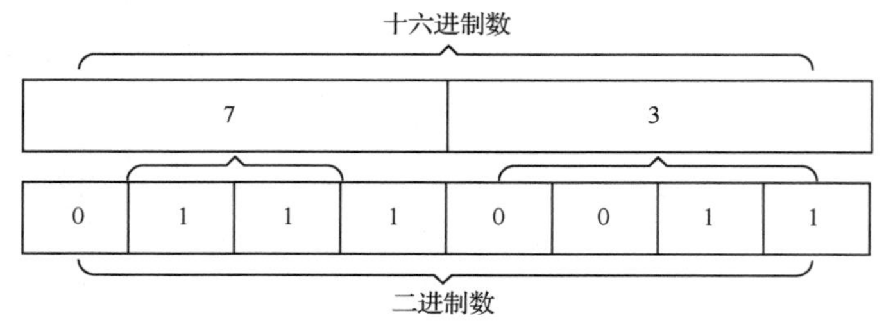

图 2.17　十六进制数转换为二进制数

助记：二进制数、八进制数、十进制数及十六进制数之间的转换如表 2.3 所示。

表 2.3　二进制数、八进制数、十进制数及十六进制数之间的转换

二 进 制 数	八 进 制 数	十六进制数	十 进 制 数
0	00	0x0	0
1	01	0x1	1
10	02	0x2	2
11	03	0x3	3
100	04	0x4	4
101	05	0x5	5
110	06	0x6	6
111	07	0x7	7
1000	010	0x8	8
1001	011	0x9	9
1010	012	0xA	10
1011	013	0xB	11
1100	014	0xC	12
1101	015	0xD	13
1110	016	0xE	14
1111	017	0xF	15

2.2.2　整数类型

整数类型大体分为有符号整数类型和无符号整数类型。由于计算机的存储空间是有限的，所以在处理整数时要控制整数所占的存储空间大小。根据整数所占存储空间大小，有符号整数类型又分为整型、短整型、长整型 3 种。无符号整数类型又分为无符号整型、无符号短整型、无符号长整型 3 种。

1. 有符号整数类型

1）整型

在 C 语言中，整型是整数的默认保存类型，使用说明符 int 表示。一个整型数据占 4 个字节，如图 2.18 所示。

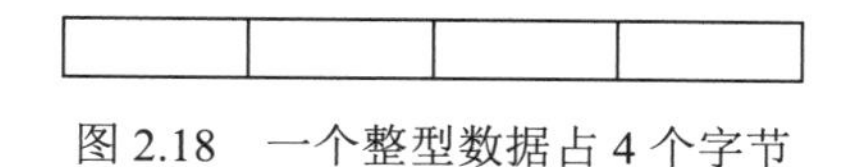

图 2.18　一个整型数据占 4 个字节

由于存储空间有限，整型数据的取值范围是-2^{31}～($2^{31}-1$)，即-2 147 483 648～2 147 483 647，如图 2.19 所示。

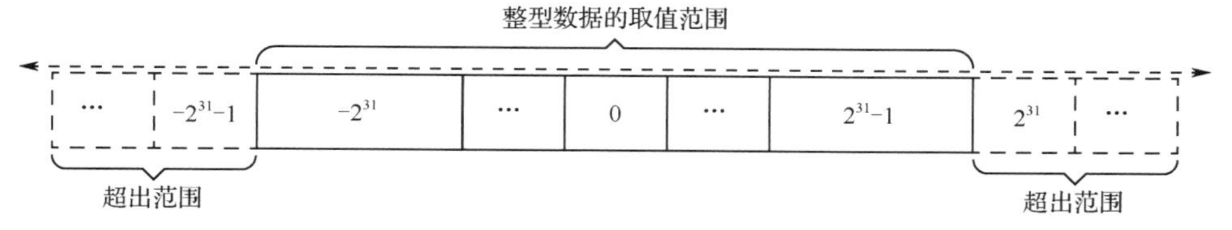

图 2.19　整型数据的取值范围

【示例 2-7】 输出整数的字节长度，判断整数是否会被默认保存为整型。

程序如下：

```
#include <stdio.h>
int main()
{
	printf("整数 315 的字节长度为：%d",sizeof(315));
	getch();
	return 0;
}
```

运行程序，输出以下内容：

```
整数 315 的字节长度为：4
```

【示例 2-8】 输出一个整型数据占几个字节。

程序如下：

```
#include <stdio.h>
int main()
{
	printf("一个整型数据占%d 个字节",sizeof(int));
	getch();
	return 0;
}
```

运行程序，输出以下内容：

```
一个整型数据占 4 个字节
```

助记： int 来源于英文单词 integer（意思为整数）。

2）短整型

短整型是较小整数的保存类型，使用说明符 short 表示。一个短整型数据占 2 个字节，如图 2.20 所示。

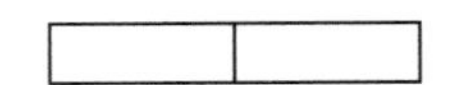

图 2.20　一个短整型数据占 2 个字节

短整型数据的取值范围是-2^{15}～（$2^{15}-1$），即−32 768～32 767，如图 2.21 所示。

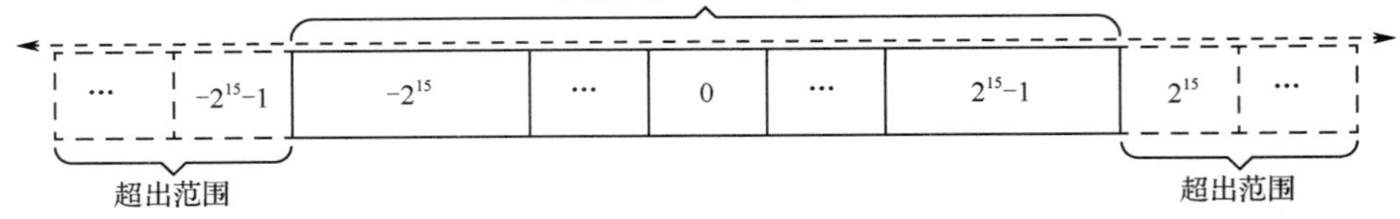

图 2.21　短整型数据的取值范围

【示例 2-9】输出一个短整型数据占几个字节。

程序如下：

```
#include <stdio.h>
int main()
{
    printf("一个短整型数据占%d 个字节", sizeof(short));
    getch();
    return 0;
}
```

运行程序，输出以下内容：

```
一个短整型数据占 2 个字节。
```

助记： short 的意思为短的。

3）长整型

长整型是较大整数的保存类型，使用说明符 long 表示。一个长整型数据占 4 个字节，如图 2.22 所示。

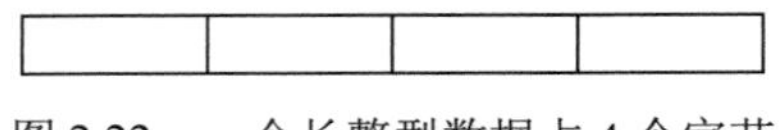

图 2.22　一个长整型数据占 4 个字节

长整型数据的取值范围是-2^{31}～（$2^{31}-1$），即−2 147 483 648～2 147 483 647，如图 2.23 所示。

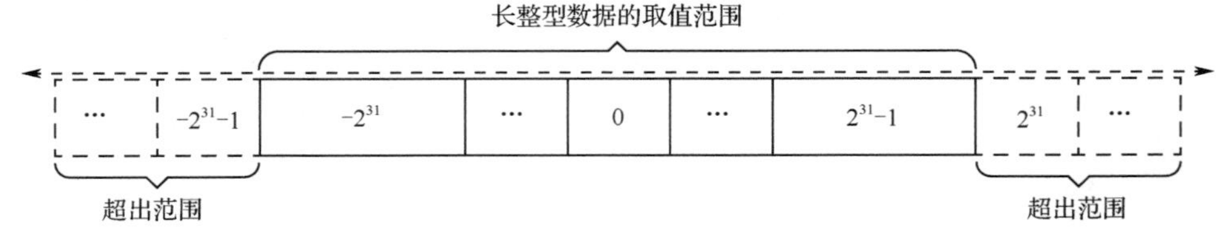

图 2.23　长整型数据的取值范围

【示例 2-10】输出一个短整型数据占几个字节。

程序如下：

```
#include <stdio.h>
int main()
{
    printf("一个短整型数据占%d 个字节", sizeof(long));
```

```
        getch();
        return 0;
}
```

运行程序，输出以下内容：

```
一个短整型数据占 4 个字节。
```

长整型数据要在数字后面加字母 l 或 L，如 355L。

【示例 2-11】输出带 L 后缀的长整型数据的字节长度。

程序如下：

```
#include <stdio.h>
int main()
{
        printf("888L 的长度为：%d",sizeof(888L));
        getch();
        return 0;
}
```

运行程序，输出以下内容：

```
888L 的长度为：4
```

助记：long 的意思为长的。

2. 无符号整数类型

无符号整数类型数据只包含正数，这样就能将二进制数的符号位作为整数位。无符号整数类型数据比有符号整数类型数据的取值范围大一倍，如图 2.24 所示。

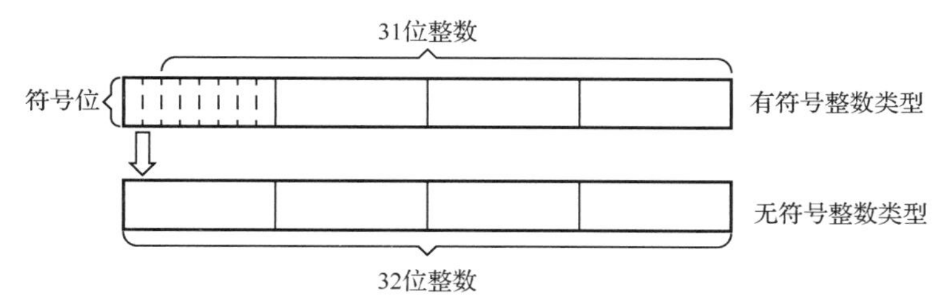

图 2.24 无符号整数类型数据比有符号整数类型数据的取值范围扩大一倍

在有符号整数类型说明符前添加前缀 unsigned，即构成对应的无符号整数类型说明符。在无符号整数类型数据后要加后缀字母 u 或 U。

1）无符号整型

无符号整型使用说明符 unsigned int 表示。一个无符号整型数据占 4 个字节。无符号整型数据的取值范围为 0～4 294 967 295。

2）无符号短整型

无符号短整型使用说明符 undigned short 表示。一个无符号短整型数据占 2 个字节。无符号短整型数据范围为 0～65 535。

3）无符号长整型

无符号长整型使用说明符 unsigned long 表示。无符号长整型数据占 4 个字节。无符号长整型数据范围为 0～4 294 967 295。

当处理的数据只有正整数时，此时使用无符号整数类型数据可以更好地利用计算机的存储空间，从而提高计算效率。

注意： 随着时间推移，新增了很多编译器。这些编译器都能对 C 语言进行编译，导致不同编译器下的整数类型数据长度会有不同，以上的讲解都是基于 Visual C++6.0 与 Visual Studio 2010 进行讲解的。

助记： unsigned 的意思为无符号的。

总结前面讲解的所有整数类型，如表 2.4 所示。

表 2.4　6 种整数类型

整数类型名称	所占字节/个	取 值 范 围
短整型（short）	2	-32 768～32 767
整型（int）	4	-2 147 483 648～2 147 483 647
长整型（long）	4	-2 147 483 648～2 147 483 647
无符号短整型（unsigned short）	2	0～65 535
无符号整形（unsigned int）	4	0～4 294 967 295
无符号长整型（unsigned long）	4	0～4 294 967 295

2.3 小　　数

小数是我们经常要处理的一种数据，如人的身高、体重、肩宽等数据都会使用到小数。C 语言也支持小数形式的数值。

2.3.1 小数的表示

在日常生活中，我们常常会使用到小数，如苹果的单价是 3.3 元、身高是 1.7m 等。在 C 语言中，小数的表示分为小数形式与指数形式。

1. C 语言的小数形式

C 语言的小数形式包含整数位、小数点与小数位 3 个部分，如图 2.25 所示。其中，小数点部分是必须存在的；整数位和小数位部分要至少存在一个。

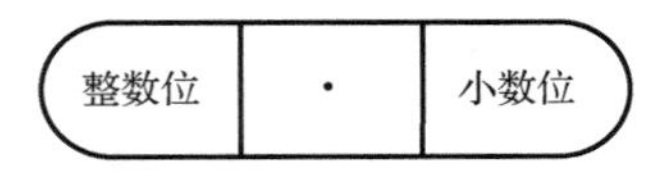

图 2.25　C 语言的小数形式

【示例 2-12】 输出一个省略整数位的小数。

程序如下：

```
#include <stdio.h>
int main()
{
	printf("省略整数位的小数：%f",.233);
	getch();
	return 0;
}
```

运行程序，输出以下内容：

```
省略整数位的小数：0.233000
```

【示例 2-13】输出一个省略小数位的小数。

程序如下：

```
#include <stdio.h>
int main()
{
	printf("省略小数位的小数：%f",233.);
	getch();
	return 0;
}
```

运行程序，输出以下内容：

```
省略小数位的小数：233.000000
```

2. C 语言的指数形式

指数形式又称科学记数法，是一种记数方式。当遇到的数据位数十分大时，使用科学记数法可以方便读/写。

例如，月球的质量约为 73 420 000 000 000 000 000 000kg。这样书写月球的质量不但麻烦，而且容易出错。如果使用科学计数法，则月球的质量可以被书写为 7.342×10^{22}kg。这样书写月球的质量不但不容易出错，而且指数 22 可以直接反映出月球的量级，给人以更直观的感觉，如图 2.26 所示。

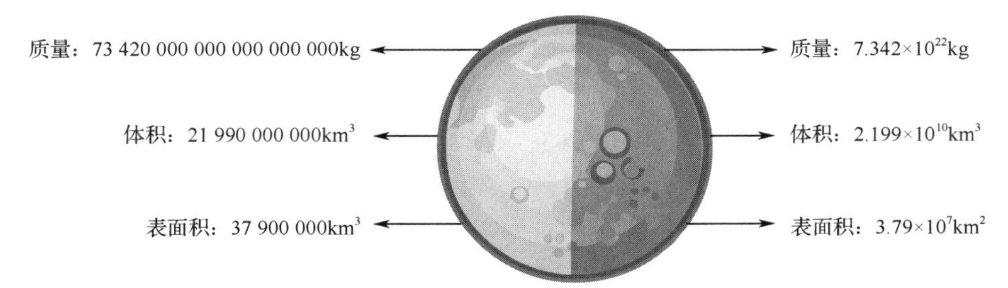

图 2.26　数据不同表示法的效果

C 语言的指数形式包含数字、E/e 与整数 3 个部分，如 1.8E−5。其中，数字部分不做要求；E/e 部分代替科学记数法中的底数 10；整数部分代替科学记数法中的指数，指数可以是正数也可以是负数，如图 2.27 所示。

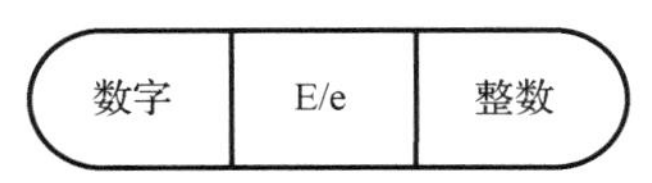

图 2.27　C 语言的指数形式

助记：C 语言的指数形式中的字母 e/E 来源于英文单词 exponent（意思为指数）。

【示例 2-14】将指数形式的小数以小数形式输出。

程序如下：

```
#include <stdio.h>
int main()
{
```

```
        printf("小数形式的小数：%f",1.8E-5);
        getch();
        return 0;
}
```

运行程序，输出以下内容：

```
小数形式的小数：0.000018
```

助记：%f 中的字母 f 来源于英文词组 floating point（意思为浮点数）。

如果想要输出指数形式的小数，可以使用 printf 提供的%e 或%E。其中，使用%e 可以使输出的 E/e 部分为小写 e；使用%E 可以使输出的 E/e 部分为大写 E。

助记：%e 或%E 中的字母 e/E 来源于英文单词 exponent（意思为指数）。

【示例 2-15】输出指数形式为小写 e 的小数。

程序如下：

```
#include <stdio.h>
int main()
{
        printf("指数形式为小写 e 的小数：%e",0.000002);
        getch();
        return 0;
}
```

运行程序，输出以下内容：

```
指数形式为小写 e 的小数：2.000000e-006
```

【示例 2-16】输出指数形式为大写 E 的小数。

程序如下：

```
#include <stdio.h>
int main()
{
        printf("指数形式为大写 E 的小数：%E",1800.36);
        getch();
        return 0;
}
```

运行程序，输出以下内容：

```
指数形式为大写 E 的小数：1.800360E+003
```

3. 不精确性

在保存数据时，计算机都是将其以二进制进行处理的。人们在输入数据时，一般输入的是十进制数。所以，当计算机进行运算时，要先将十进制数转换为二进制数再对其进行处理。大部分小数在进行二进制转换时，都无法实现精确的转换，只能取近似值，导致计算机存储的小数是不精确的。

【示例 2-17】输出一个小数。

程序如下：

```
#include <stdio.h>
int main()
{
        printf("小数：%f",0.123456789123);
```

```
    getch();
    return 0;
}
```

运行程序，输出以下内容：

```
小数：0.123457
```

在日常生活中，小数的不精确性问题并不影响实际计算。毕竟，日常计算的小数位数比较少。例如，1.86 元的收款一般都会为 1.9 元，0.06 被四舍五入了。但是当涉及精准运算时，就要规避小数的不精确性问题。

2.3.2　小数类型

在 C 语言中，按小数的存储方式，将小数分为单精度类型与双精度类型。

1. 双精度类型

当存储的小数数值大，而且要求精度比较高时，可以使用双精度类型存储小数。例如，对于精密定位的数据，就可使用双精度类型存储小数。双精度类型是浮点数的默认存储类型，使用 double 表示。一个双精度类型小数占 8 个字节，如图 2.28 所示。

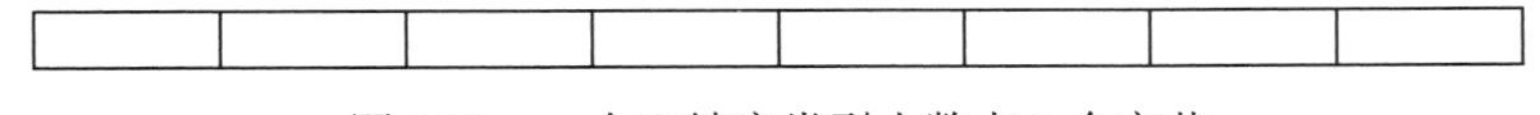

图 2.28　一个双精度类型小数占 8 个字节

助记：double 的意思为两倍的。

【示例 2-18】验证双精度类型小数占用的字节长度。

程序如下：

```
#include <stdio.h>
int main()
{
    printf("双精度类型小数占%d 个字节",sizeof(double));
    getch();
    return 0;
}
```

运行程序，输出以下内容：

```
双精度类型小数占 8 个字节
```

【示例 2-19】验证默认保存的小数占用的字节长度。

程序如下：

```
#include <stdio.h>
int main()
{
    printf("默认保存的小数占%d 个字节",sizeof(0.12345678));
    getch();
    return 0;
}
```

运行程序，输出以下内容：

```
默认保存的小数占 8 个字节
```

从程序运行结果可以看出，小数在计算机中会被默认保存为 8 个字节，属于双精度类型。

双精度类型小数的取值范围为（-1.7×10^{-308}）～（1.7×10^{308}），可以精确保存到小数点后 15～16 位，如图 2.29 所示。

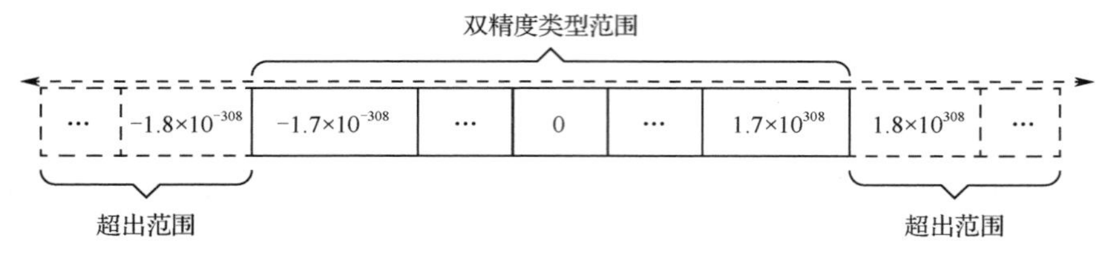

图 2.29　双精度类型范围

【示例 2-20】输出一个 23 位的小数。

程序如下：

```
#include <stdio.h>
int main()
{
        printf("输出小数：%.20f",0.12345678901234567890123);
        getch();
        return 0;
}
```

运行程序，输出以下内容：

```
输出小数：0.12345678901234568000
```

从程序运行结果可以看出，输出的双精度类型小数只能精确到了小数点后的第 16 位。

注意： %.20f 是指输出小数点后 20 位。

2. 单精度类型

双精度类型小数占用的存储空间较大。如果存储的小数数值比较小，就可以使用单精度类型存储小数。例如，普通小家电的售价基本在 1 万元以内，整数位和小数位加起来最多 6 位，这时就可以使用单精度类型进行存储。单精度类型使用 float 表示。一个单精度类型小数占 4 个字节，如图 2.30 所示。

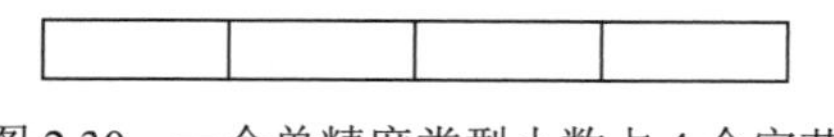

图 2.30　一个单精度类型小数占 4 个字节

注意： 在单精度小数后要加后缀字母 f 或 F。

助记： float 的意思为浮动。

【示例 2-21】验证一个单精度类型小数占几个字节。

程序如下：

```
#include <stdio.h>
int main()
{
        printf("一个单精度类型小数占%d 个字节",sizeof(float));
        getch();
        return 0;
}
```

运行程序，输出以下内容：

一个单精度类型小数占 4 个字节

单精度类型小数的取值范围为（-3.4×10^{-38}）～（3.4×10^{38}），且精确保存到小数点后 6～7 位，如图 2.31 所示。

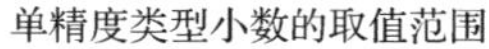

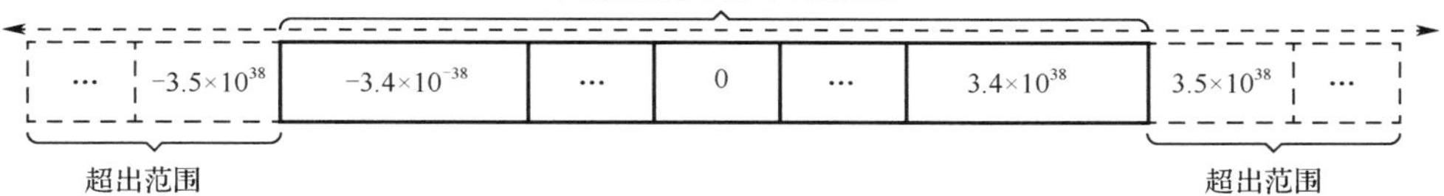

图 2.31　单精度类型小数的取值范围

【示例 2-22】输出一个 9 位的单精度类型小数。

程序如下：

```
#include <stdio.h>
int main()
{
    printf("单精度类型小数：%.10f",0.123456789f);
    getch();
    return 0;
}
```

运行程序，输出以下内容：

```
单精度类型小数：0.1234567910
```

在小数后加字母 f，表示该小数为单精度类型。从程序运行结果可以看出，该小数只是精确输出小数点后的第 7 位。

注意：%.10f 是指输出小数点后 10 位。

总结前面讲解的所有小数类型，如表 2.5 所示。

表 2.5　小数类型

小数类型名称	所占字节/个	精确保留位数	取 值 范 围
单精度类型（float）	4	6～7	（-3.4×10^{-38}）～（3.4×10^{38}）
双精度类型（double）	8	15～16	（-1.7×10^{-308}）～（1.7×10^{308}）

2.4　文 本 数 据

除了数值数据，常见的数据还有文本数据，如人的名字、电话号码、商品的名称等。这些数据并不能直接用于计算，而是用于存储对应的信息。

2.4.1　单个字符

单个字符是最简单的文本数据。在生活中，经常使用单个字符。例如，图书馆都会以字符 A～Z 进行区域划分，将对应的图书放置在对应的区域以方便查找。在编程中，单个字符又称字符常量。在书写单个字符时，要使用英文单引号将对应的字符括起来，如'a'。单个字符的书写格式如图 2.32 所示。

图 2.32　单个字符的书写格式

【示例 2-23】输出一个字符 A。

程序如下：

```
#include <stdio.h>
int main()
{
    printf("字符：%c",'A');
    getch();
    return 0;
}
```

运行程序，输出以下内容：

```
字符：A
```

助记：%c 中的字母 c 来源于英文单词 character（意思为字母）。

2.4.2　转义字符

有些单个字符是无法直接书写的。例如，回车就是单个字符，而且是无法直接书写的。为了解决这个问题，C 语言引入了转义字符概念。转义字符由反斜线“\”与一个特定的字母组成。转义字符的书写格式如图 2.33 所示。

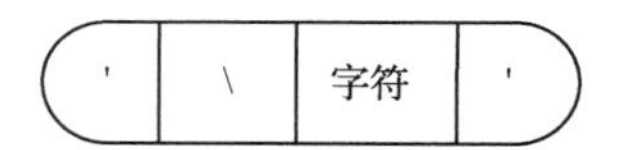

图 2.33　转义字符的书写格式

在编程中，有一些转义字符的使用率较高，如表 2.6 所示。

表 2.6　常用转义字符

转 义 字 符	含　　义	ASCII 值（十进制）
\b	退格，将当前位置移到前一列	9
\f	换页，将当前位置移到下页开头	12
\n	换行，将当前位置移到下一行开头	10
\r	回车，将当前位置移到本行开头	13
\t	水平制表（跳到下一个 TAB 位置）	9
\\	代表一个反斜线字符	92
\'	代表一个单引号（撇号）字符	39
\"	代表一个双引号字符	34
\?	代表一个问号	63

助记：\b 中的字母 b 来源于英文单词 backspace（意思为退格键）；\f 中的字母 f 来源于英文单词 formfeed（意思为换页）；\n 中的字母 n 来源于英文词组 new line（意思为下一行）；\r 中的字母 r 来源于英文单词 return（意思为回车）；\t 中的字母 t 来源于英文单词 table（意思为表格）。

【示例 2-24】使文本换行显示。

程序如下：

```
#include <stdio.h>
int main()
{
    printf("第一行回车%c 第二行",'\n');
    getch();
    return 0;
}
```

运行程序，输出以下内容：

```
第一行回车
第二行
```

从程序运行结果可以看出，回车字符并不可见，但让文本进行了换行操作。

2.4.3　字符存储

计算机只能存储二进制数，无法直接存储字符。所以，要将字符转换为数字，再转换为二进制数，以实现字符的存储。这种转化关系被人们称为编码。例如，使用 8 位二进制数表示的 ASCII 表就是一种编码格式。常见的大/小写字母、数字的 ASCII 值如表 2.7 所示。

表 2.7　常见的大/小写字母、数字的ASCII值

ASCII 值	字　符	ASCII 值	字符	ASCII 值	字符
48	0	49	1	50	2
51	3	52	4	53	5
54	6	55	7	56	8
57	9	65	A	66	B
67	C	68	D	69	E
70	F	71	G	72	H
73	I	74	J	75	K
76	L	77	M	78	N
79	O	80	P	81	Q
82	R	83	X	84	T
85	U	86	V	87	W
88	X	89	Y	90	Z
97	a	98	b	99	c
100	d	101	e	102	f
103	g	104	h	105	i
106	j	107	k	108	l
109	m	110	n	111	o
112	p	113	q	114	r

续表

ASCII 值	字　符	ASCII 值	字符	ASCII 值	字符
115	s	116	t	117	u
118	v	119	w	120	X
121	y	122	z		

在 C 语言中，将字符存储为字符类型，并使用 char 表示。每个字符占 1 个字节，如图 2.34 所示。

图 2.34　每个字符占 1 个字节

助记：char 来源于英文单词 character 的简写，而 character 的意思为字母。

2.4.4　多个字符

单个字符能存储的信息有限。大部分时候，要使用多个字符来存储信息，如人的名字、电话号码等。在 C 语言中，将一个或多个字符连在一起构成的字符序列称为字符串。在书写字符串时，要使用英文双引号将字符串括起来，如"abcd"。字符串的书写格式如图 2.35 所示。

"	多个字符	"

图 2.35　字符串的书写格式

为了标记字符串的结尾，系统会在每个字符串的结尾添加一个结束标识符，即\0。该标识符不会被输出，但会占 1 个字节。也就是说，如果字符串有 5 个字符，那么该字符串会占用 6 个字节。

例如，在字符串"abcde"中，a、b、c、d 和 e 各占 1 个字节，但结束标识符\0 也会占 1 个字节，所以这个字符串占 6 个字节，如图 2.36 所示。

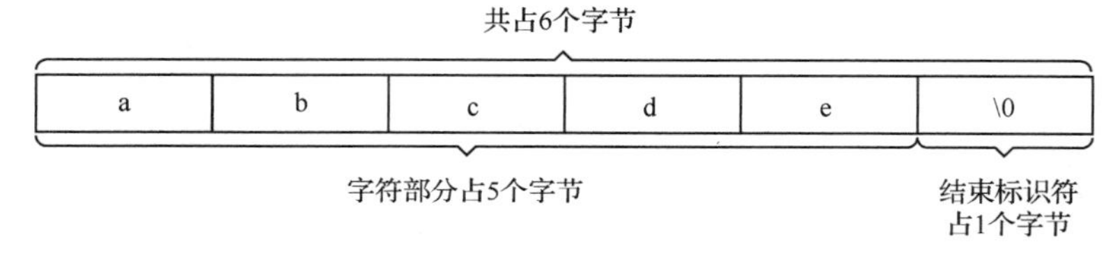

图 2.36　字符串占 6 个字节

2.5　状 态 数 据

数值数据主要用于各种计算，而文本数据主要用于存储某些信息。在这两者之间，还有一类数据称为状态数据。状态数据表示一种状态，如灯的开与关。状态数据具备文本数据的特性，用于存储信息。例如，灯开着，就意味着灯在发光。同时，状态数据还具备数值数据特点，可以用于计算。例如，现在按一下开关，灯处于打开状态，再按一下开关，灯就处于关闭状态。

对于状态数据，C 语言并没有提供特定的书写格式和存储方式。因此，状态数据必须被转化成数值数据或文本数据进行表示。为了便于计算，通常状态数据被转化为数值数据进行表示。例如，用 1 表示灯处于打开状态；用 0 表示灯处于关闭状态。

2.6　变化的数据

在处理的数据中，除了不变的数据，还存在大量的变化或未知的数据。这种数据是真实存在的，但是其具体的数值却是无法确定的。在 C 语言中，我们将这种数据称为变量。

2.6.1　变量的表示

在生活中，会遇到很多的未知数据。例如，你要去商店买衣服，这里的“衣服”就是对未知数据的一种指代。因为你不知道具体要买哪一件衣服，所以统一指代为衣服，这样就更容易表达和理解，如图 2.37 所示。

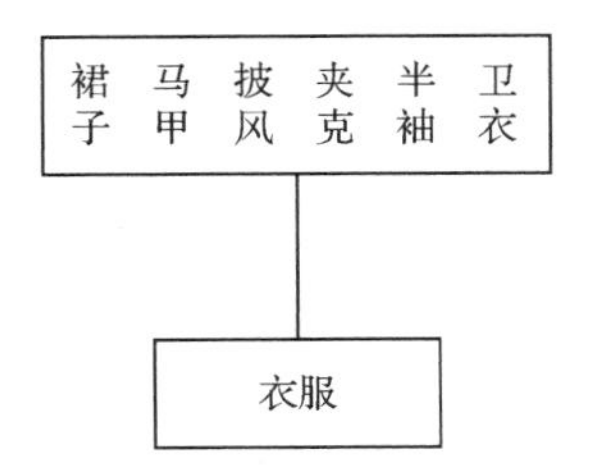

图 2.37　衣服指代要购买的东西

在 C 语言中，如果要处理的数据是确实存在的，但其值是不确定的，就要先给这个数据设置一个名字，用于指代这个数据。这样的数据称为变量，而设置的名称称为变量名。所以，变量只是指代的数据，而变量名只是数据的一个标签，并不会存储数据，如图 2.38 所示。

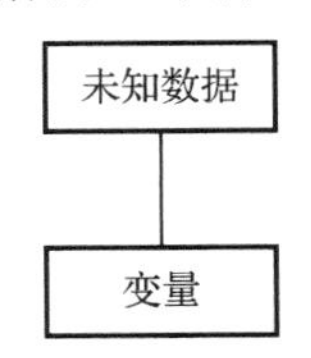

图 2.38　变量指代未知数据

2.6.2　命名方式

在生活中，人们会按照一定的规范，对所有物体进行命名，从而方便人们交流。同样，在 C 语言中，设置的变量名也要遵循一定的规范。

1．命名规范

在生活中，人们一般会以百家姓开头，再结合一到两个字组成一个名字，如张三、李四、王五六，这就是人名默认的起名规则。在 C 语言中，存在类似的规范，并将符合这个规范的名称称为标识符。变量名就是一种标识符。标识符的命名规范如下：

- ❑ 标识符只能由字母、数字和下画线（_）组成。
- ❑ 标识符的第一个字符只能是字母或下画线。
- ❑ 标识符中的字母是要区分大/小写的，即标识符 A 和 a 会被计算机识别为两个标识符。
- ❑ 标识符的长度最长不得超过 31 个字符。

2. 关键字

在 C 语言中，有一部分标识符被 C 语言本身使用了，并将这些标识符称为关键字。常见的关键字如表 2.8 所示。

在编写程序时，用户设置的标识符不能与关键字重复，否则会被计算机当作关键字处理，最终导致程序出错。

表 2.8　常见的关键字

关　键　字	关　键　字	关　键　字	关　键　字
auto	double	int	struct
break	else	long	switch
case	enum	register	typedef
char	extern	union	const
float	short	unsigned	continue
for	signed	void	default
goto	volatile	do	if
while	static	return	sizeof

3. 命名建议

在对标识符命名时除了要遵循命名规范外，还要尽量做到“见名知意”。这是因为标识符不只是给计算机“看”的，也是给编程人员看的。标识符做到“见名知意”，会方便编程人员之间的沟通。

例如，为一个姓名变量设置变量名为 name，为年龄变量设置变量名为 age。这些变量名都可以清晰地表明了变量所指代的是何种数据。如果随意将这些变量命名为 a683、_8a5，就很难理解这些变量了。命名对比如图 2.39 所示。

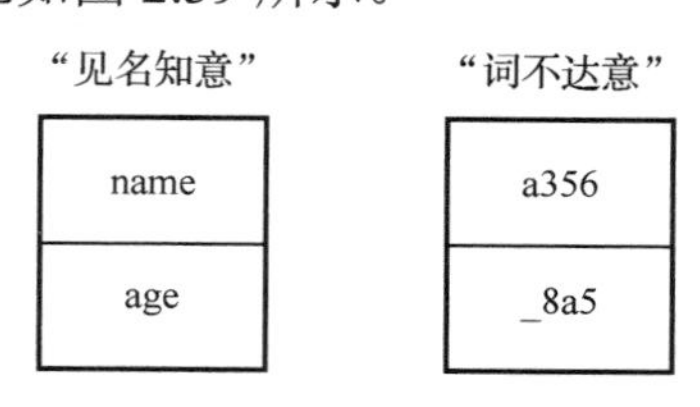

图 2.39　命名对比

注意：由于汉字同音字太多，所以不建议使用汉语拼音作为变量名。尽量用英文命名变量名，这样会使程序代码的可读性更高，也有利于养成良好的变量命名习惯。

助记：name 的意思为名字；age 的意思为年龄。

2.6.3　声明变量

每个人在上学的第一节课可能都会经历一个过程，那就是自我介绍。自我介绍就是在告知同学和老师自己的信息，这就是一种声明行为。

在 C 语言中，也存在类似的声明行为。当为某个数据设置一个变量名后，要在程序中声明该变量。这个声明的目的就是告知计算机，这个标识符指代的数据可以被使用了。声明变量的语法包含数据类型与变量名两个部分，如图 2.40 所示。

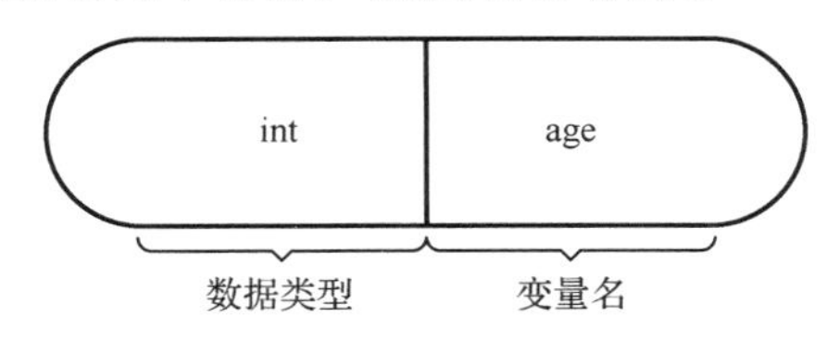

图 2.40　声明变量的语法

指定数据类型是告知计算机该数据的存储方式。所以，根据数据类型的不同，我们可以知道该数据的存储方式及取值范围。在 C 语言中，基本数据类型如表 2.9 所示。

表 2.9　基本数据类型

数 据 类 型	所占字节/个	存 储 方 式	取 值 范 围
整型（int）	4	保存整数	-2^{31}～（2^{31}-1）
短整型（short）	2		-2^{15}～（2^{15}-1）
长整型（long）	4		2^{31}～（2^{31}-1）
双精度类型（double）	8	保存小数	-1.7×10^{-308}～1.7×10^{308}
单精度类型（float）	4		-3.4×10^{-38}～3.4×10^{38}
字符类型（char）	1	保存字符	

【示例 2-25】声明年龄变量 age。

程序如下：

```
#include <stdio.h>
int main()
{
	int age;
	getch();
	return 0;
}
```

如果多个变量属于同一个数据类型，则用户可以将其一次性全部声明。每个变量名之间要使用逗号分隔。例如，int a,b 声明了两个变量 a 与 b，其数据类型均为整型。

【示例 2-26】一次性声明两个变量 a 和 b。

程序如下：

```
#include <stdio.h>
int main()
{
```

```
    int a,b;
    getch();
    return 0;
}
```

2.7 小　　结

通过本章的学习，要掌握以下的内容：

- 计算机中的数据形式有3种，分别为文件数据、网络数据及应用程序数据。
- 一般开发者可以根据寻找数据的难度，将数据分为显而易见的数据、隐藏于生活常识中的数据及“看不到”的数据。
- 可以根据“数据是否已知”和“数据类型”对数据进行划分。
- 在C语言中，整数可以使用二进制、八进制、十六进制及十进制4种进制来表示。
- 在C语言中，提供整型、短整型和长整型3种类型来保存有符号整数。
- 小数类型分为双精度类型和单精度类型两种。
- 在编程中，单个字符又称字符常量。在书写单个字符时，要使用英文单引号将对应的字符括起来。
- 转义字符由反斜线“\”与一个特定的字母组成。
- 在C语言中，将字符存储为字符类型，并使用char表示。
- 变量只是指代的数据，而变量名只是数据的一个标签，并不会存储数据。
- 声明变量的语法包含数据类型与变量名两个部分。

2.8 习　　题

一、填空题

1．短整型用英文字母____表示。
2．一个双精度类型小数在内存中占____个字节。
3．一个单精度类型小数在内存中占____个字节。
4．？的转义字符书写格式为____。
5．字符L的ASCII值为____。
6．在C语言中，整数可以使用____、八进制、____及十进制4种进制来表示。
7．计算机中的数据形式有3种，分别为____数据、网络数据及____数据。
8．有符号整数类型可以分为3种，即整型、____、____。
9．printf提供的用来显示字符的格式符是____。
10．在C语言中，小数的表示分为____形式与____形式。
11．字符B对应的ASCII值是____。

二、选择题

1．八进制数的每一位可以使用（　　）个整数。

A．8　　B．10　　C．11　　D．16

2．下面整数的十进制写法错误的是（　　）。

A．666　　B．123　　C．085　　D．654

3．下面整数的十六进制写法正确的是（　　）。

A．d085　　B．010　　C．0X66　　D．100

4．int 类型占（　　）个字节。

A．4　　B．3　　C．2　　D．1

5．长整型的范围为（　　）。

A．-2^{23} 到 0　　B．-2^{15} 到 $2^{15}-1$　　C．-2^{31} 到 2^{31}　　D．-2^{31} 到 $2^{31}-1$

6．下面的数字可以用无符号整型保存的是（　　）。

A．10000000000000　　B．1.5

C．1　　D．−1

7．下面选项不属于小数的是（　　）。

A．5.0　　B．.3　　C．1.　　D．.

8．下面选项属于字符常量的是（　　）。

A．'1'　　B．t1　　C．'ad'　　D．'1s'

9．字符串“sad5d1a4f”在内存中占（　　）字节。

A．9 个　　B．10 个　　C．2 个　　D．1 个

10．下面标识符错误的是（　　）。

A．4ac　　B．A3　　C．_name　　D．A_c32

11．下面不属于 C 语言关键字的是（　　）。

A．name　　B．int　　C．long　　D．short

12．下面不是转义字符的是（　　）。

A．\b　　B．\\　　C．\r　　D．\\’

13．在下列选项中，正确的 C 语言标识符是（　　）。

A．%x　　B．a+b　　C．a123　　D．123

14．在下列四组字符串中，都可以用作 C 语言程序中的标识符的是（　　）。

A．print　_3d　db8　aBc　　B．I\am　one_half　start$it　3pai

C．str_1　Cpp　pow　while　　D．Pxq　My->book　line#　His.age

15．在 C 语言中，简单数据类型包括（　　）。

A．整型、实型、逻辑型　　B．整型、实型、逻辑型、字符型

C．整型、字符型、逻辑型　　D．整型、实型、字符型

16．在 C 语言中，字符型数据在内存中以（　　）形式存放。

A．原码　　B．BCD 码　　C．反码　　D．ASCII

17．在 C 语言中，字符 c 对应的 ASCII 值是（　　）。

A．66　　B．67　　C．99　　D．100

18．'\072'对应的字符是（　　）。

A．a　　B．?　　C．:　　D．!

19．一个整型数据占（　　）个字节。

A．4　　B．5　　C．6　　D．7

20．下面程序的运行结果是（　　）。

```
#include <stdio.h>
int main()
{
    printf("%o", 03);
    return 0;
}
```

A．3　　B．03　　C．4　　D．5

21．下面程序的运行结果是（　　）。

```
#include <stdio.h>
int main()
{
    printf("%#x", 0x6B);
    return 0;
}
```

A．6b　　B．0x6b　　C．6B　　D．0x6B

22．在 C 语言中，字符类型使用（　　）表示。

A．int　　B．float　　C．char　　D．double

23．下面程序的运行结果是（　　）。

```
#include <stdio.h>
int main()
{
    printf("%.2f", 12.123456f);
    return 0;
}
```

A．12.12　　B．12.123　　C．12.123456　　D．12

24．下面合法的八进制数是（　　）。

A．0　　B．018　　C．-077　　D．0.10

25．下面程序的运行结果是（　　）。

```
#include <stdio.h>
int main()
{
    printf("%E", 18.36);
    return 0;
}
```

A．1.836000E+01　　B．18.36

C．1.836000e+01　　D．1.836000e+02

26．不合法的十六进制数是（　　）

A．oxff　　B．0Xabc　　C．0x11　　D．0x19

27．下面程序的运行结果是（　　）。

```
#include <stdio.h>
int main()
{
    printf("\tHello\nWorld");
    return 0;
}
```

A．?Hello World　　B．Hello　　C．Hello World　　D．HelloWorld

28．八进制数在进行加法运算时，遵循（　　）规则。

A．逢八进一　　B．逢二进一　　C．逢十进一　　D．逢十六进一

29．下面程序的运行结果是（　　）。

```
#include <stdio.h>
int main()
{
    printf("%d", sizeof(360));
    return 0;
}
```

A．360　　B．4　　C．8　　D．2

30．C语言编译程序的功能是（　　）。

A．执行一个C语言编写的源程序

B．把C语言源程序编程成ASCII

C．把C语言源程序翻译成机器代码

D．把C语言源程序与系统提供的库函数组合成一个二进制执行文件

31．下面程序的运行结果是（　　）。

```
#include <stdio.h>
int main()
{
    printf("%d", 'A');
    return 0;
}
```

A．36　　B．A　　C．'A'　　D．65

32．下面对命名规范介绍错误的是（　　）。

A．标识符只能用字母、数字和下画线（_）组成

B．标识符的第一个字符只能是字母或下画线

C．标识符中的字母是要区分大/小写的，即标识符A和a会被计算机识别为两个标识符

D．标识符可以使用关键字

33．下面程序的运行结果是（　　）。

```
#include <stdio.h>
int main()
{
    printf("%d", 'A');
    return 0;
}
```

A．36　　B．A　　C．'A'　　D．65

34．下面程序的运行结果是（　　）。

```
#include <stdio.h>
int main()
{
    printf("%o", 0b111101);
```

```
    return 0;
}
```

A．75　　B．76　　C．075　　D．076

35．下面程序的运行结果是（　　）。

```
#include <stdio.h>
int main()
{
    printf("%d", 0b11111);
    return 0;
}
```

A．31　　B．32　　C．33　　D．34

三、简答题

1．八进制数转化为二进制数的转换思路。

2．二进制数转化为八进制数的转换思路。

四、编程题

1．以下的变量声明还可以怎么写？

```
int peopleNumber;
int step;
float leftEyeVision;
int age;
float rightEyeVision;
```

2．使用转义字符输出以下内容：

```
H
        H
                H
```

第 2 篇　基础语法篇

第 3 章　数 据 运 算

数据运算是计算机的核心功能。程序的本质就是将用户提供的数据按照特定的方式进行处理，从而实现预期的功能。本章将详细讲解数据常见的基础运算方式。

3.1　运 算 基 础

运算的本质是根据已有数据，进行各种运算处理，得到新的数据。所以，运算的基础就是数据。在数据的表示方法中，声明的变量只是一个空的指代，并没有和具体的数据进行关联。如果要使用变量，就要把数据和变量进行关联，让指代具体化。本节将详细讲解如何将变量和数据进行关联。

3.1.1　变量赋值

赋值就是将变量和数据进行关联，明确变量的指代关系。例如，当人们说去买衣服，这里的衣服是一个泛指。衣服的好坏是无法评价的。只有将衣服买回来，这件衣服才是一个具体的东西。这样才能与朋友评价这件衣服的好坏。

同理，声明变量只是告诉程序有一个数据，但数据还未知，还要将获取的值赋给变量，建立明确的指代关系，这样才能参与后续的处理。在 C 语言中，变量获取值的方式有以下两种。

1. 用户输入

用户输入是常见的变量赋值方式。获取用户输入值（简称输入值）的方式有很多种，在这里使用函数 scanf()获取输入值，并将其赋给变量。函数 scanf()的语法，如下：

```
scanf("占位符",&变量名)
```

在函数 scanf()中包含占位符、&及变量名 3 个部分。这 3 个部分都是必须存在的。函数 scanf()常用的占位符如表 3.1 所示。

表 3.1　函数scanf()常用的占位符

占　位　符	意　　义
%c	把输入值解释成一个字符
%d	把输入值解释成一个十进制数
%e，%E	把输入值解释成一个浮点数，以科学记数法表示

续表

占　位　符	意　　义
%f，%F	把输入值解释成一个浮点数，以十进制记数法表示
%g，%G	根据输入值不同自动选择%f 或%e。%e 格式在指数小于-4 及大于或等于精度时使用
%a，%A	把输入值解释成一个浮点数，以十六进制记数法表示
%i	把输入值解释成一个有符号十进制数
%o	把输入值解释成一个有符号八进制数
%p	把输入值解释成一个指针
%s	把输入值解释成一个字符串
%u	把输入值解释成一个无符号十进制数
%x，%X	把输入值解释成一个无符号十六进制数
%hd，%hi	把输入值存储在一个 short int 变量中
%ho，%hx，%hu	把输入值存储在一个 unsigned short int 变量中
%ld，%li	把输入值存储在一个 long 变量中
%lo，%lx，%lu	把输入值存储在一个 unsigned long 变量中
%le，%lf，%lg	把输入值存储在一个 double 变量中

【示例 3-1】使用函数 scanf()获取输入值并将其赋给变量。

程序如下：

```
#include <stdio.h>
int main()
{
	int Age;
	printf("输入宝宝的年龄，输入完成后按回车键\n");
	scanf("%d",&Age);
	printf("宝宝年龄是%d 岁",Age);
	getch();
	return 0;
}
```

运行程序，输出以下内容：

```
输入宝宝的年龄，输入完成后按回车键
3
宝宝年龄是 3 岁
```

在上面程序中，用户输入数字 3 后按回车键，函数 scanf()会将获取到的数字 3 赋给变量 Age。这样就将变量指向了数字 3。

函数 scanf()除了可以获取单个输入值，还可以获取多个输入值。函数 scanf()获取多个输入值的语法如图 3.1 所示。scanf()语法中的占位符个数和变量名个数是相同的。如果占位符为 3 个，变量名也要有 3 个，而且占位符的类型要与变量的一致。

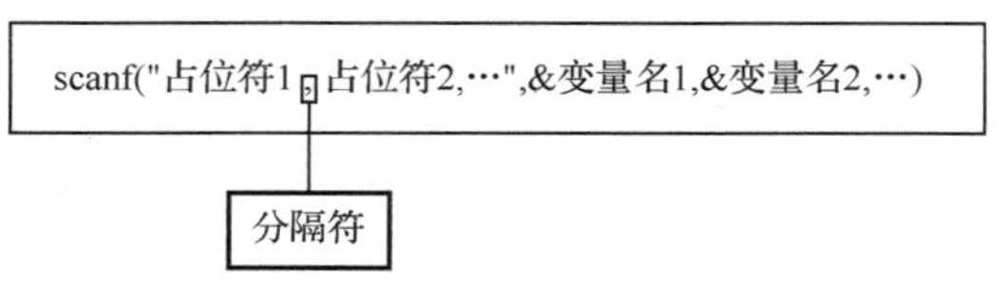

图 3.1　函数 scanf()获取多个输入值的语法

这里的分隔符可以是任何符号，但是在程序中使用了什么符号作为分隔符，那么在用户输入值时就要使用什么符号分隔值，并且要注意中/英文输入法要一致。例如，如果在程序中使用中文逗号作为分隔符，那么用户在输入两个数字时也要使用中文逗号分隔这两个数字，而不能使用英文逗号分隔这两个数字。

【示例 3-2】使用函数 scanf()获取多个输入值并将其赋给对应变量。

程序如下：

```
#include <stdio.h>
int main()
{
        float height;
        float weight;
        printf("输入宝宝的身高和体重，用空格分隔，完成后按回车键\n");
        scanf("%f %f",&height,&weight);
        printf("宝宝身高是%0.2f 厘米，体重是%0.2f 斤",height,weight);
        getch();
        return 0;
}
```

运行程序，输出以下内容：

```
输入宝宝的身高和体重，用空格分隔，完成后按回车键
100.5 31.5
宝宝身高是 100.50 厘米，体重是 31.50 斤
```

在上面程序中，获取了用户输入的“100.5”“空格”“31.5”后按回车键，函数 scanf()会将获取到的输入值分别赋给变量 height 与 weight。这样就将变量 height 与 weight 分别指向了数据“100.5”与“31.5”。

2. 等号赋值

在声明变量后，可以使用运算符等号（=）为变量赋值。等号为变量赋值的语法如图 3.2 所示。

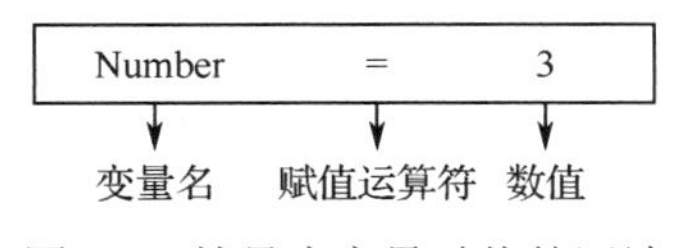

图 3.2　等号为变量赋值的语法

【示例 3-3】先声明变量，再为变量赋值。

程序如下：

```
#include <stdio.h>
int main()
{
        int Number;
        Number=3;
        printf("坐%d 路公交车可以回家",Number);
        getch();
        return 0;
}
```

运行程序，输出以下内容：

```
坐 3 路公交车可以回家
```

等号还可以直接在变量声明中为变量赋值。等号在变量声明中为变量赋值如图 3.3 所示。

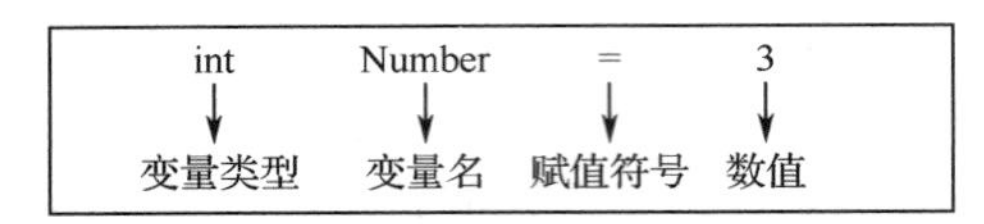

图 3.3　等号在变量声明中为变量赋值

【示例 3-4】等号在变量声明中为变量赋值。

程序如下：

```
#include <stdio.h>
int main()
{
    int distance=100;
    printf("1 米等于%d 厘米",distance);
    getch();
    return 0;
}
```

运行程序，输出以下内容：

```
1 米等于 100 厘米
```

当使用等号为变量赋值时，等号是 C 语言的一种运算符，其作用就是将某个数值赋给特定的变量，所以又将等号称为赋值运算符，等号两侧的变量和数值称为操作数，并可以表示如下：

```
操作数 1 = 操作数 2
```

将操作数的个数称为元或目。根据操作数的个数，运算符被分为 3 种类型，分别为一元运算符、二元运算符、三元运算符，也可以称为一目运算符、二目运算符与三目运算符。赋值运算符属于二目运算符。

3.1.2　表达式

表达式是由数值、运算符等按照特定规则排列构成的组合。例如，distance=100 就是一个表达式，将该表达式称为赋值表达式。赋值表达式包含了操作数（distance、100）与赋值运算符（=）两部分。

1. 最简单的表达式

在 C 语言中，最简单的表达式就是常数和变量，但在程序中不能直接书写常数或变量。如果直接在程序中书写常数是没有任何意义的。如果在程序中直接书写变量，程序运行时会提示变量未被定义。

【示例 3-5】直接在程序中书写常数与变量。

程序如下：

```
#include <stdio.h>
int main()
{
    123;
    age;
```

```
    getch();
    return 0;
}
```

运行程序，输出以下错误信息：

```
c:\users\administrator\documents\visual studio 2010\projects\2.1\2.1\2.1.c(5): error C2065: "age": 未声明的标识符
```

2. 表达式的值

表达式的值是指表达式运算后的值。在赋值运算中，将数值赋给变量就是一次运算。

【示例 3-6】输出表达式的值。

程序如下：

```
#include <stdio.h>
int main()
{
    int age;
    printf("表达式的值为：%d",age=10);
    getch();
    return 0;
}
```

运行程序，输出以下内容：

```
表达式的值为：10
```

3. 表达式的数据类型

和变量一样，表达式也有数据类型之分。表达式的数据类型是根据运算的值来确定的。例如，int age=10，那么 age=10 表达式的数据类型就是 int。

3.1.3 多个表达式

表达式不仅可以单个使用，还可以利用运算符逗号（,）让多个表达式组合起来使用，并将这个组合起来使用的表达式称为逗号表达式。

逗号表达式的语法如下：

```
表达式 1，表达式 2，表达式 3…
```

在逗号表达式中，运算是按从左向右的顺序进行的。整个逗号表达式的值、数据类型都与最后运算的子表达式的值、类型一致。

【示例 3-7】输出逗号表达式的值。

程序如下：

```
#include <stdio.h>
int main()
{
    int a=0,b=0,c=0;
    printf("逗号表达式的值为%d",(a=3,b=4,c=5));
    getch();
    return 0;
}
```

运行程序，输出以下内容：

```
逗号表达式的值为5
```

从程序运行结果可以看出，逗号表达式的值为最后一个表达式的值。

【示例 3-8】验证逗号表达式的数据类型。

程序如下：

```
#include <stdio.h>
int main()
{
	int a=0,b=0;
	double c=0;
	printf("逗号表达式的运算结果占%d 个字节",sizeof((a=3,b=4,c=5)));
	getch();
	return 0;
}
```

运行程序，输出以下内容：

```
逗号表达式的运算结果占 8 个字节
```

从程序运行结果可以看出，逗号表达式的运算结果为双精度类型，与最后一个表达式的运算结果的数据类型一致。

3.2 数值处理

在C语言中，数值处理包括整数、小数的各种运算处理，如算术运算、扩展赋值、增量/减量运算、正/负运算等。本节将详细讲解这些运算处理方式，以及对运算时所出现的各种问题的处理。

3.2.1 算术运算

算术运算又称四则运算，包括加法、减法、乘法和除法。在数学中，我们会通过加号、减号、乘号和除号实现这几种运算。在C语言中，提供了对应的运算符，如加法运算符（+）、减法运算符（-）、乘法运算符（*）、除法运算符（/），以及其他运算符。下面依次讲解这几种运算符的使用。

1. 加法运算符

加法运算符（+）是二目运算符，拥有两个操作数。该运算符可以让两个数值或变量进行相加运算。

加法运算符的语法如下：

```
操作数1 + 操作数2
```

2. 减法运算符

减法运算符（-）是二目运算符，拥有两个操作数。该运算符可以让两个数值或变量进行相减运算。

减法运算符的语法如下：

```
操作数 1 - 操作数 2
```

3. 乘法运算符

乘法运算符（*）是二目运算符，拥有两个操作数。该运算符可以让两个数值或变量进行相乘运算。

乘法运算符的语法如下：

```
操作数 1 * 操作数 2
```

【示例 3-9】将两个变量进行加法、减法及乘法运算后的结果赋给变量。

程序如下：

```
#include <stdio.h>
int main()
{
	int a=3,b=10;
	a=5+3;
	printf("加法运算后 a 的值为：%d\n",a);
	a=b-3;
	printf("减法运算后 a 的值为：%d\n",a);
	a=a*b;
	printf("乘法运算后 a 的值为：%d\n",a);
	getch();
	return 0;
}
```

运行程序，输出以下内容：

```
加法运算后 a 的值为：8
减法运算后 a 的值为：7
乘法运算后 a 的值为：70
```

在进行运算时，如果运算结果超出了对应变量可存储数值的最大范围后，就会出现溢出错误。一旦出现溢出错误后，输出的运算结果将变成一个随机数。

【示例 3-10】将两个整型变量进行乘法运算，而运算结果超出整型变量的范围。

程序如下：

```
#include <stdio.h>
int main()
{
	int a=3333333,b=1000000000000;
	a=a*b;
	printf("乘法运算后 a 的值为：%d\n",a);
	getch();
	return 0;
}
```

运行程序，输出以下内容：

```
乘法运算后 a 的值为：-417968128
```

4. 除法运算符

除法运算符（/）属于双目运算符，拥有两个操作数。该运算符可以让两个数字或变量进行相除运算。除法运算符的语法如图 3.4 所示。

操作数1 / 操作数2

不能为0

图 3.4　除法运算符的语法

【示例 3-11】将两个变量相除的运算结果赋给变量。

程序如下：

```
#include <stdio.h>
int main()
{
        float a=5,b=3;
        a=a/b;
        printf("a 的值为：%f",a);
        getch();
        return 0;
}
```

运行程序，输出以下内容：

```
a 的值为：1.666667
```

注意：由于除法运算不一定是整除运算，所以存放除法运算的结果变量，一般会声明为小数类型。

另外，在除法运算中，要注意操作数 2，也就是除数不能为 0；特别要注意当除数为一个变量时，该变量的取值一定不能为 0；如果操作数 2 为 0，程序运行时会出现错误。

【示例 3-12】验证在除法运算中，当操作数 2 为 0 时，运行程序时会出现错误信息。

程序如下：

```
#include <stdio.h>
int main()
{
        int a=5,b=0;
        a=a/b;
        printf("a 的值为：%d\n",a);
        getch();
        return 0;
}
```

运行程序，输出以下错误信息：

```
xxx.exe 中的 0x005413f0 处有未经处理的异常: 0xC0000094: Integer division by zero
```

5. 求余运算符

求余运算符（%）属于二目运算符，拥有两个操作数，且两个操作数只能为整数。该运算符可以让两个数字或变量进行求余运算。求余运算符的语法如图 3.5 所示。

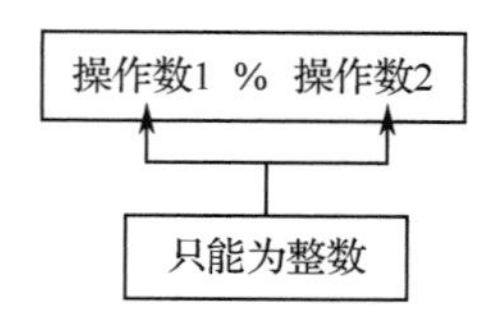

图 3.5　求余运算符的语法

求余运算在生活中十分常用。

【示例 3-13】770 个员工去旅游，每辆大客车上能坐 48 人，为了节约资源，利用求余运算计算出除了坐满人的大客车外，还要雇用一个几人座的小汽车以使剩余的人坐下。

程序如下：

```
#include <stdio.h>
int main()
{
    int staff=770,bus=48,car=0;
    car=staff%bus;
    printf("雇用一个%d 人座的小汽车",car);
    getch();
    return 0;
}
```

运行程序，输出以下内容：

```
雇用一个 2 人座的小汽车
```

（1）在求余运算时，如果操作数 1 为正整数，操作数 2 为负整数，则运算结果为正整数。

【示例 3-14】将正整数与负整数进行求余运算。

程序如下：

```
#include <stdio.h>
int main()
{
    int a=0;
    a=500%-3;
    printf("余数为%d",a);
    getch();
    return 0;
}
```

运行程序，输出以下内容：

```
余数为 2
```

（2）在求余运算时，如果操作数 1 为负整数，操作数 2 为正整数，则运算结果为负数。

【示例 3-15】将负整数与正整数进行求余运算。

程序如下：

```
#include <stdio.h>
int main()
{
    int a=0;
    a= -500%7;
    printf("余数为%d",a);
    getch();
    return 0;
}
```

运行程序，输出以下内容：

```
余数为-3
```

（3）在求余运算时，如果两个操作数都为负整数，则运算结果为正整数。

【示例 3-16】将负整数与负整数进行求余运算。

程序如下：

```
#include <stdio.h>
int main()
{
    int a=0;
    a= -300%-9;
    printf("余数为%d",a);
    getch();
    return 0;
}
```

运行程序，输出以下内容：

```
余数为-3
```

注意：编译器不同，会导致求余运算结果的符号位不同。

3.2.2　扩展赋值运算

可以发现，在进行算数运算时，有些表达式中操作数 1 与表达式结果相同，如图 3.6 所示。

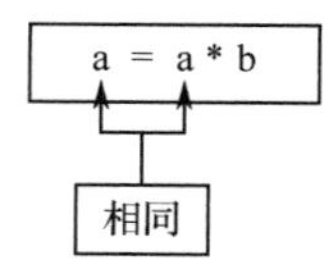

图 3.6　操作数 1 与表达式结果相同

显然，a=a*b 这种写法有些重复。在 C 语言中，为了提高运算效率和简化书写，提供了扩展赋值运算符，又称复合赋值运算符。扩展赋值运算符如表 3.2 所示。

表 3.2　扩展赋值运算符

运　算　符	名　　称	用　　法	说　　明	等 效 形 式
+=	加法赋值运算符	a+=b	a+b 的值放在 a 中	a=a+b
-=	减法赋值运算符	a-=b	a-b 的值放在 a 中	a=a-b
*=	乘法赋值运算符	a*=b	a*b 的值放在 a 中	a=a*b
/=	除法赋值运算符	a/=b	a/b 的值放在 a 中	a=a/b
%=	求余赋值运算符	a%=b	a%b 的值放在 a 中	a=a%b

【示例 3-17】使用加法赋值运算符进行求和运算。

程序如下：

```
#include <stdio.h>
int main()
{
    int a=100;
    a+=10;
    printf("a 的值为：%d",a);
    getch();
    return 0;
}
```

运行程序，输出以下内容：

```
a 的值为：110
```

3.2.3　增量/减量运算

老师在点名时一般是按照学号的顺序进行的。如果想要在程序中按照学号读取学生时，那么指向学号的变量就会不断加一。如果使用加法运算符，程序会十分麻烦。为了对应这种问题，C 语言提供了专门的运算符号，将其称为增量运算符与减量运算符。

1. 增量运算符

增量运算符（++）属于一目运算符，拥有一个操作数，且操作数必须是整数和小数类型的变量。该运算符可以让变量进行自加运算。根据运算符使用的位置，该运算符有以下两种语法形式。

（1）前缀增量运算符会让操作数自增 1 后再参与其他运算，其语法如下：

```
++ 操作数
```

【示例 3-18】使用前缀增量运算符进行运算。

程序如下：

```
#include <stdio.h>
int main()
{
	int i=100;
	printf("i 的值为：%d",++i);
	getch();
	return 0;
}
```

运行程序，输出以下内容：

```
i 的值为：101
```

对于 printf("运算后 i 的值为：%d",++i);这行代码，首先 i 变量会进行自增，然后才会参与输出，所以输出结果为 101，如图 3.7 所示。

printf("运算后i的值为：%d",++i); ⇒ 拆分
1 i=i+1; ⇒ i=101
2 printf("运算后i的值为：%d",i); ⇒ i=101

图 3.7　printf("运算后 i 的值为：%d",++i);这行代码的分步运行

（2）后缀增量运算符会让操作数参与运算后，操作数的值再自增 1，其语法如下：

```
操作数 ++
```

【示例 3-19】使用后缀增量运算符进行运算。

程序如下：

```
#include <stdio.h>
int main()
{
	int i=100;
	printf("i 的值为：%d\n",i++);
```

```
        printf("i 的值为：%d\n",i);
        getch();
        return 0;
}
```

运行程序，输出以下内容：

```
i 的值为：100
i 的值为：101
```

对于 printf("运算后 i 的值为：%d",i++);这行代码，首先输出变量 i，然后进行变量 i 的自加运算，所以第一次输出结果为 100，第二次输出结果为 101，如图 3.8 所示。

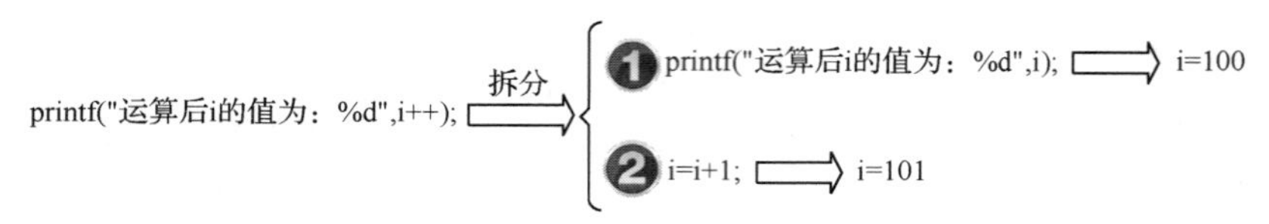

图 3.8　printf("运算后 i 的值为：%d",i++);这行代码的分步运行

2. 减量运算符

减量运算符（--）属于一目运算符，拥有一个操作数，且操作数必须是整数和小数类型的变量。该运算符可以让变量进行自减运算。根据运算符使用的位置，该运算符有两种语法形式。

（1）前缀减量运算符会让操作数自减 1 后再参与其他运算，其语法如下：

```
-- 操作数
```

【示例 3-20】使用前缀减量运算符进行运算。

程序如下：

```
#include <stdio.h>
int main()
{
        int i=100;
        printf("i 的值为：%d",--i);
        getch();
        return 0;
}
```

运行程序，输出以下内容：

```
i 的值为：99
```

对于 printf("运算后 i 的值为：%d",++i);这行代码，首先 i 变量会进行自减，然后才会参与输出，所以输出结果为 99，如图 3.9 所示。

printf("运算后i的值为：%d",--i);　拆分
① i=i-1;　⟹　i＝99
② printf("运算后i的值为：%d",i);　⟹　i=99

图 3.9　printf("运算后 i 的值为：%d",++i);这行代码的分步运行

（2）后缀减量运算符会让操作数参与其他运算后，操作数的值再自减 1，其语法如下：

```
操作数 --
```

【示例 3-21】使用后缀增量运算符进行运算。

程序如下：

```
#include <stdio.h>
int main()
{
	int i=100;
	printf("i 的值为：%d\n",i--);
	printf("i 的值为：%d\n",i);
	getch();
	return 0;
}
```

运行程序，输出以下内容：

```
i 的值为：100
i 的值为：99
```

对于 printf("运算后 i 的值为：%d",i--);这行代码，首先输出变量 i，然后进行变量 i 的自减运算，所以第一次输出结果为 100，第二次输出的结果为 99，如图 3.10 所示。

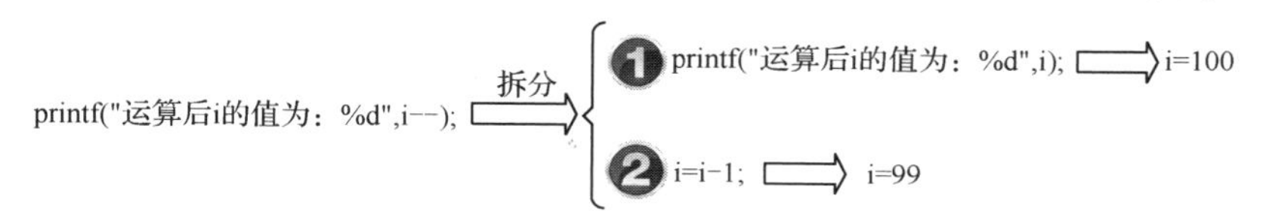

图 3.10　printf("运算后 i 的值为：%d",i--);这行代码的分步运行

3. 增量/减量运算符的使用建议

由于增量/减量运算符会涉及多个加号或减号的使用，所以在一个表达式中要尽量避免多次出现同一类运算。

【示例 3-22】使用多个增量运算符的运算。

程序如下：

```
#include <stdio.h>
int main()
{
	int i=100;
	i=i+++i++;
	printf("i 的值为：%d\n",i);
	getch();
	return 0;
}
```

运行程序，输出以下内容：

```
i 的值为：202
```

对于 i=i+++i++;这行代码，就多次使用了自增运算符，而且还与加法运算符混用。这种书写方法不但可读性极低，而且经不同编译器的运算，其结果会不同。所以，一定要尽量避免这种书写方法。

3.2.4 正/负运算

生活中所接触的数据会有盈亏之分。例如，对于公司来说，花费的金额就是负数，而盈

利的金额就属于正数。在C语言中，使用正/负运算符用于数字的正/负运算。正/负运算符包含两个符号“+”与“-”。

1. 正运算符

正运算符（+）属于一目运算符，拥有一个操作数。该运算符一般用于格式上的对齐，并不能让负数变为正数。

正运算符的语法如下：

```
+ 操作数
```

【示例 3-23】验证使用正运算符无法改变数的值。

程序如下：

```
#include <stdio.h>
int main()
{
    int a=-1;
    a=+a;
    printf("a 的值为：%d",a);
    getch();
    return 0;
}
```

运行程序，输出以下内容：

```
a 的值为：-1
```

从程序运行结果可以看出，正运算符并没有改变变量a的值。所以，正运算符一般用于格式上的对齐，如下所示：

```
int a = -1;
int b = +1;
```

2. 负运算符

负运算符（-）属于一目运算符，拥有一个操作数。负运算符可以让数字进行负运算。

负运算符的语法如下：

```
- 操作数
```

【示例 3-24】使用负运算符改变值的正/负。

程序如下：

```
#include <stdio.h>
int main()
{
    int a=-1;
    int b=1
    printf("a 的值为：%d\n",-a);
    printf("b 的值为：%d\n",-b);
    getch();
    return 0;
}
```

运行程序，输出以下内容：

```
a 的值为：1
b 的值为：-1
```

从程序运行结果可以看出，负运算符将变量 a、b 的值进行了正/负改变。

3.2.5　数据类型不一致的处理

在捐款时，有人会捐 100 元（整数），而有人会捐 1.5 元（小数）。如果让计算机计算这些捐款，就会涉及整数与小数的相加问题。也就是说，两个数据类型的数字进行相加，涉及了数据类型不一致问题。对此，在 C 语言中，规定了以下 3 种针对数据类型不一致的处理方式。

1. 自动转换

在生活中，我们会先把大米放入袋子中，再将多袋大米放入汽车中，最后将几车的大米放到火车车厢中。这都是根据大米的量放置到合适的容器中，如图 3.11 所示。

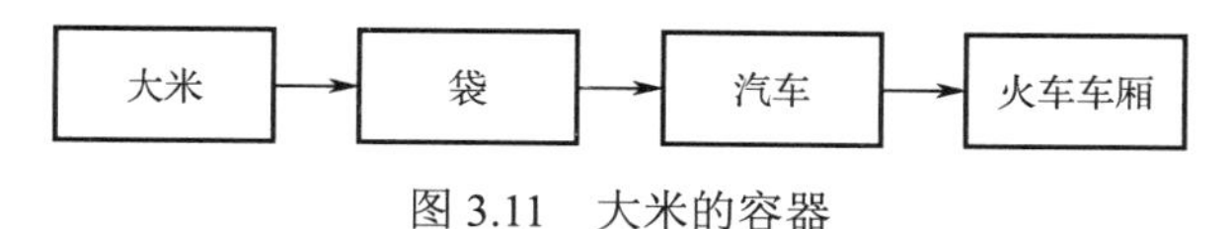

图 3.11　大米的容器

C 语言的自动转换过程也是一样的。在 C 语言中，规定在表达式中如果出现数据类型不同的情况，都必须转换为同一类型数据才能进行运算，而自动转换的方向是由所占存储单元少的数据类型向所占存储单元多的数据类型转换。自动转换规则如图 3.12 所示。

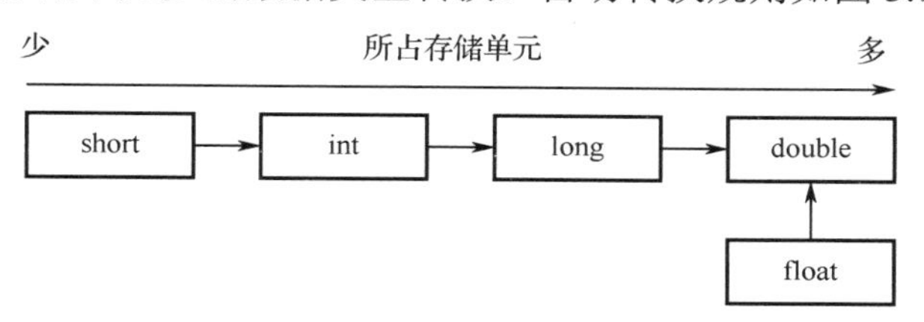

图 3.12　自动转换规则

【示例 3-25】 输出表达式的值占几个字节。

程序如下：

```
#include <stdio.h>
int main()
{
    short b=5;
    int a=2;
    printf("占%d 个字节",sizeof(a+b));
    getch();
    return 0;
}
```

运行程序，输出以下内容：

```
占 4 个字节
```

从程序运行结果可以看出，表达式 a+b 的值占 4 个字节，这说明数值在计算时被自动转换为 int 类型。

注意： 当赋值运算符（=）左、右两侧操作数的数据类型不同时，一定是将右侧操作数的数据类型转换为左侧操作数的数据类型。如果左侧操作数所占存储单元少于右侧操作数所占存储单元，则会出现数据丢失的情况。

【示例 3-26】演示当赋值运算符左侧操作数所占存储单元少于右侧操作数所占存储单元时发生数据丢失的情况。

程序如下：

```
#include <stdio.h>
int main()
{
	short b=32767;
	int a=100;
	b=a+b;
	printf("输出%d",b);
	getch();
	return 0;
}
```

运行程序，输出以下内容：

```
输出-32669
```

从程序运行结果可以看出，程序运行输出的值明显是错误的，这是因为在存储数据时发生了溢出的情况，即发生了数据丢失的情况。

2. 小数运算

在 C 语言中，双精度类型是小数的默认存储方式。在表达式中如果出现了单精度和双精度两种类型的小数时，计算机会默认将其全部转换为双精度类型来进行运算和保存。

【示例 3-27】输出表达式的值占几个字节。

程序如下：

```
#include <stdio.h>
int main()
{
	float b=5;
	double a=2;
	printf("占%d 个字节",sizeof(a+b));
	getch();
	return 0;
}
```

运行程序，输出以下内容：

```
占 8 个字节
```

从程序运行结果可以看出，表达式 a+b 的值占 8 个字节，这说明数值在计算时自动转换为 double 类型。

3. 强制转换

强制转换又称手动转换。有时为了节约存储空间或其他目的，程序员要将数值手动转换为指定的数据类型。例如，表达式 3.2+3.3 的值会被自动存储为双精度类型，而为了节约空间，程序员可以将其强制转换为单精度类型，这样将节省很多存储空间。

强制转换的语法如下：

```
(类型说明符)(表达式)
```

在该语法中，类型说明符的小括号是必须存在的，而表达式的小括号是可以不加的，但一定不要因为不写小括号而产生歧义，如图 3.13 所示。

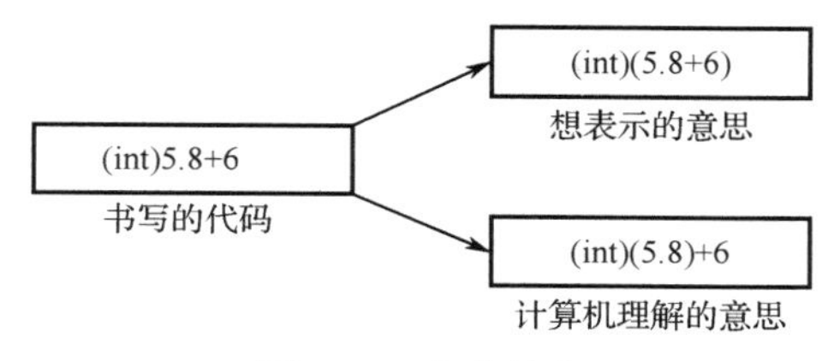

图 3.13　产生歧义

【示例 3-28】输出表达式的值占几个字节。

程序如下：

```
#include <stdio.h>
int main()
{
	double b=5;
	double a=2;
	printf("占%d 个字节",sizeof((int)(a+b)));
	getch();
	return 0;
}
```

运行程序，输出以下内容：

```
占 4 个字节
```

从程序运行结果可以看出，表达式 a+b 的值占 4 个字节，这说明数值在计算时被强制转换为 int 类型。

注意：如果将所占存储单元多的数据类型转换为所占存储单元少的数据类型，可能会导致溢出问题。

3.2.6　运算优先等级

在小学数学中，我们都知道算数的运算优先规则。在 C 语言中也一样，当遇到复杂的带有多个运算符的表达式时，就要注意遵守运算符的运算规则，该规则包含优先级与结合性两部分。

1. 优先级

在算术运算中，当遇到不同优先级的运算符时要遵循运算符优先级的先后顺序来进行运算。++与--的优先级是最高的；+与-的优先级是最低的；使用()可以改变运算的顺序。运算符优先级如图 3.14 所示。

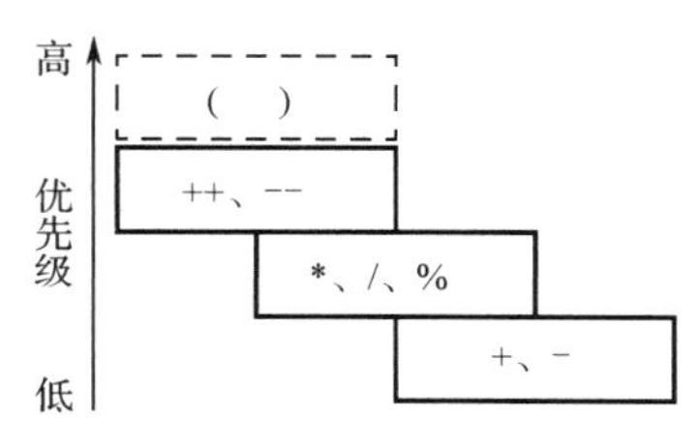

图 3.14　运算符优先级

【示例 3-29】输出表达式的值。

程序如下：

```
#include <stdio.h>
int main()
{
        int a=9;
        printf("表达式的值为%d",5-8*++a);
        getch();
        return 0;
}
```

运行程序，输出以下内容：

```
表达式的值为-75
```

在上面程序中，表达式的运算顺序如图 3.15 所示。

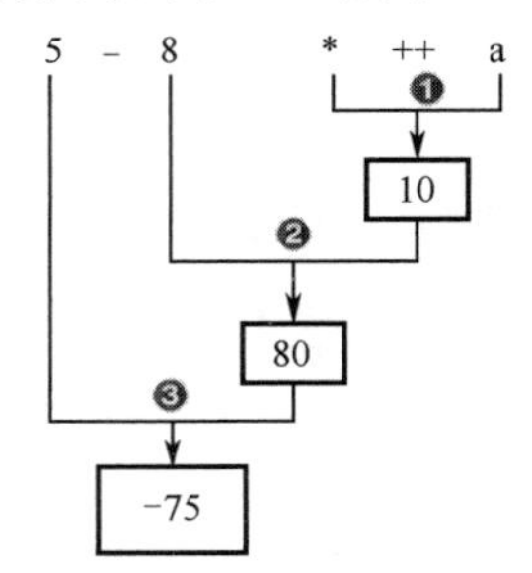

图 3.15　表达式的运算顺序

2. 结合性

在表达式中，如果所有的运算符优先级相同时，就要遵循运算符结合性来进行运算。运算符结合性分为左结合与右结合。左结合的执行顺序是从左向右，如四则运算符都是左结合的。右结合的执行顺序是从右向左，如增量运算符是右结合的。

【示例 3-30】输出表达式的值。

程序如下：

```
#include <stdio.h>
int main()
{
        int a=3;
        int b=4;
        printf("表达式的值为%d",50-2*++a*++b);
        getch();
        return 0;
}
```

运行程序，输出以下内容：

```
表达式的值为 10
```

在上面程序中，表达式的运算顺序如图 3.16 所示。

注意：在书写表达式时一定要注意运算符优先级问题，这样才能让计算机正确表示表达式的运算顺序。

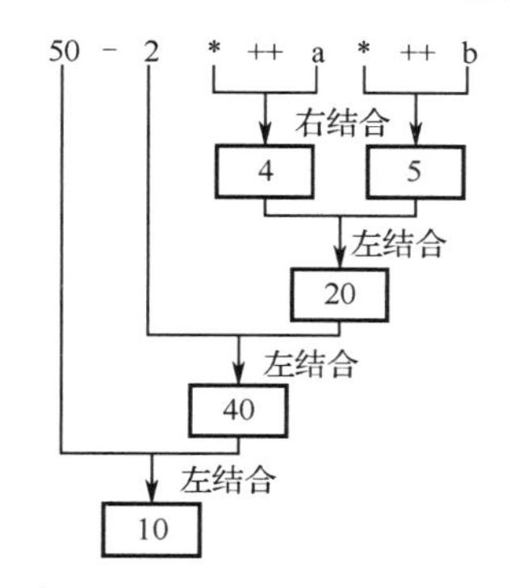

图 3.16 表达式的运算顺序

3.2.7 数值比较

在上体育课时，同学们会按照个子高低进行排队。在这里，就涉及了身高的比较问题。在 C 语言中，提供数值比较的专用运算符——数值比较运算符。

数值比较运算符属于二目运算符，拥有两个操作数，可以用于两个操作数的比较。将使用数值比较运算符构建的表达式称为关系表达式。

关系表达式的语法如下：

```
操作数 1 比较运算符 操作数 2
```

在 C 语言中，提供了 6 个数值比较的运算符，如表 3.3 所示。

表 3.3 数值比较运算符

运 算 符	名 称	功 能
<	小于	判断左侧操作数是否小于右侧操作数：如果小于，返回值为 1；否则，返回值为 0
<=	小于或等于	判断左侧操作数是否小于或等于右侧操作数：如果小于或等于，返回值为 1；否则，返回值为 0
>	大于	判断左侧操作数是否大于右侧操作数：如果大于，返回值为 1；否则，返回值为 0
>=	大于或等于	判断左侧操作数是否大于或等于右侧操作数：如果大于或等于，返回值为 1；否则，返回值为 0
==	等于	判断左侧操作数是否等于右侧操作数：如果相等，返回值为 1；否则，返回值为 0
!=	不等于	判断左侧操作数是否不等于右侧操作数：如果不相等，返回值为 1；否则，返回值为 0

【示例 3-31】比较两个数的大小。

程序如下：

```
#include <stdio.h>
int main()
{
    printf("比较的结果为%d",8<10);
    getch();
    return 0;
}
```

运行程序，输出以下内容：

```
比较的结果为 1
```

在上面程序中，返回值为 1，表示 8 确实小于 10。

注意：由于小数类型的数值有保留小数点后精确位位数的问题，所以对有些值的判断会出现误差。

【示例 3-32】比较两个小数的大小。

程序如下：

```
#include <stdio.h>
int main()
{
    float a=3.000000008;
    float b=3.000000009;
    printf("比较的结果为%d",a<b);
    getch();
    return 0;
}
```

运行程序，输出以下内容：

```
比较的结果为 0
```

在上面程序中，变量 a 的值 3.000 000 008 明显是比变量 b 的值 3.000 000 009 小，返回值应该为 1，但返回值却为 0，表示变量 a 是大于或等于变量 b 的。这里就是因为单精度类型小数只精确保留小数点后 6～7 位，从而出现判断错误。

3.3 位 运 算

计算机的运算基础是二进制数的运算。所以在 C 语言中，也提供关于二进制数的运算符，并将其称为位运算符。一个字节（byte）由 8 位（bit）组成，即 8bit=1byte。本节将详细讲解各种位运算符的使用。

3.3.1 位逻辑运算

在二进制数运算中，会涉及逻辑处理的运算。在 C 语言中，位逻辑运算符包括取反运算符（～）、位与运算符（&）、位或运算符（|）、位异或运算符（^）4 种，如表 3.4 所示。

表 3.4 位逻辑运算符

运 算 符	名 称
～	取反运算符
&	位与运算符
|	位或运算符
^	位异或运算符

1. 取反运算符

取反运算符（～）属于一目运算符，拥有一个操作数。

取反运算符的语法如下：

```
~ 操作数
```

取反运算符可以将数值转换为二进制数后按位取反，即 0 变为 1，1 变为 0。取反运算如图 3.17 所示。

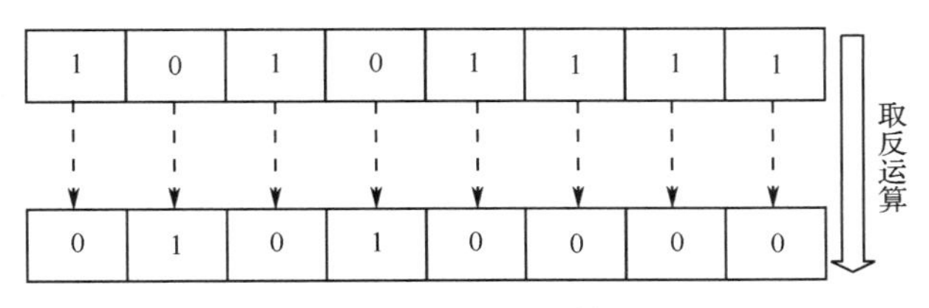

图 3.17　取反运算

【示例 3-33】将 1 进行取反运算并输出结果。

程序如下：

```
#include <stdio.h>
int main()
{
	printf("取反的结果为%d",~1);
	getch();
	return 0;
}
```

运行程序，输出以下内容：

```
取反的结果为-2
```

在上面程序中，十进制数 1 的二进制数为 00000001，将这个二进制数取反运算后变为 11111110，即十进制-2。

2. 位与运算符

位与运算符（&）属于二目运算符，拥有两个操作数。

位与运算符的语法如下：

```
操作数 1 & 操作数 2
```

位与运算符可以将数值转换为二进制数后按位进行与运算。其运算规则是将两个二进制数的对应位的值进行比较，如果这两个对应位的值都为 1 时，则运算结果为 1，否则运算结果为 0。位与运算如图 3.18 所示。

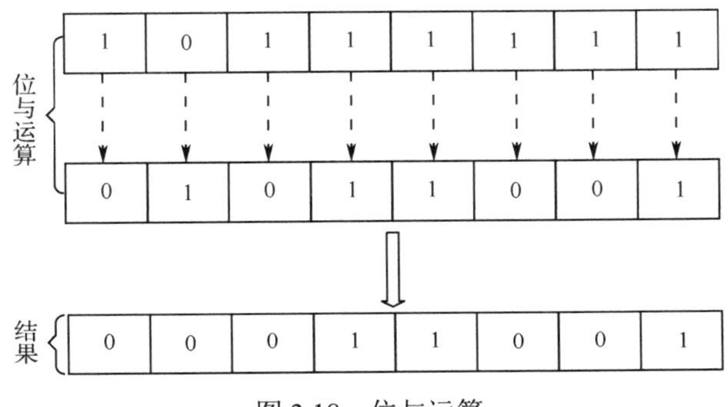

图 3.18　位与运算

【示例 3-34】进行位与运算并输出结果。

程序如下：

```
#include <stdio.h>
int main()
{
    printf("位与运算的结果为%d",1&2);
    getch();
    return 0;
}
```

运行程序，输出以下内容：

```
位与运算的结果为0
```

在上面程序中，十进制数1的二进制数为01，十进制数2的二进制数为10，将这两个二进制数按位进行与运算，其结果为二进制数00，即十进制数0，如图3.19所示。

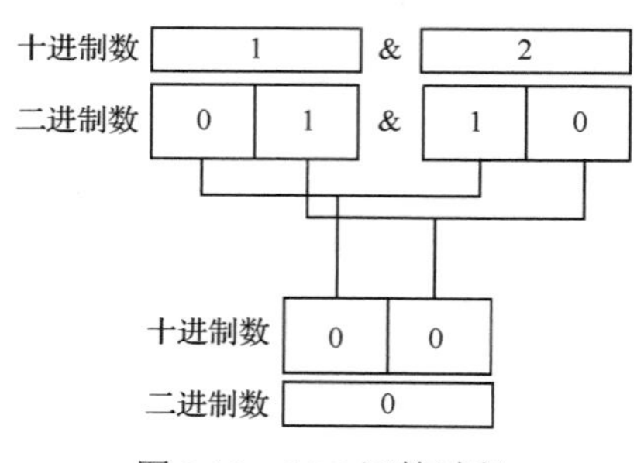

图3.19　1&2运算过程

3. 位或运算符

位或运算符（|）属于二目运算符，拥有两个操作数。

位或运算符的语法如下：

```
操作数1 | 操作数2
```

位或运算符可以将数值转换为二进制数后按位进行或运算。其运算规则是将两个二进制数的对应位的值进行比较，如果这两个对应位的值都为0时，则运算结果为0，否则运算结果为1。位或运算如图3.20所示。

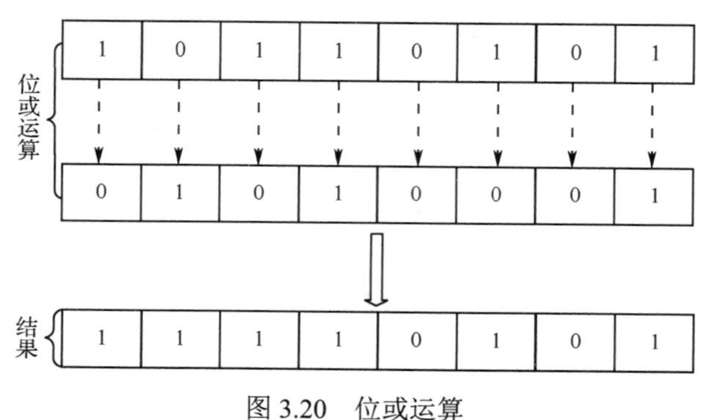

图3.20　位或运算

【示例3-35】进行位或运算并输出结果。

程序如下：

```
#include <stdio.h>
int main()
{
    printf("位或运算的结果为%d",1|2);
```

```
        getch();
        return 0;
}
```

运行程序，输出以下内容：

```
位或运算的结果为3
```

在上面程序中，十进制数 1 的二进制数为 01，十进制数 2 的二进制数为 10，将这两个二进制数按位进行或运算，其结果为二进制数 11，即十进制数 3，如图 3.21 所示。

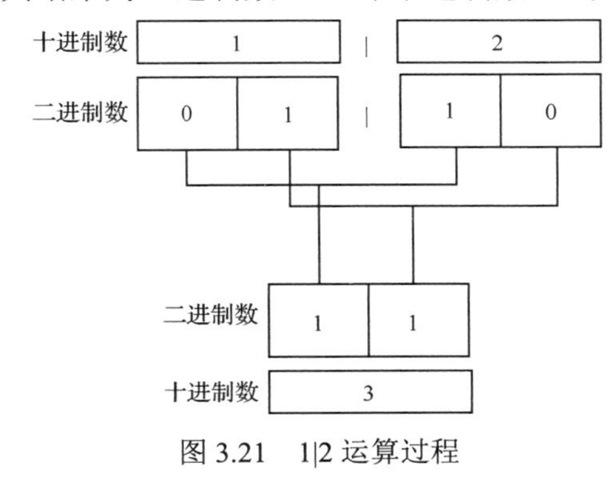

图 3.21　1|2 运算过程

4. 位异或运算符

位异或运算符（^）属于二目运算符，拥有两个操作数。

位异或运算符的语法如下：

```
操作数 1 ^ 操作数 2
```

位异或运算符可以将数值转换为二进制数后按位进行位异或运算。其运算规则是将两个二进制数的对应位的值进行比较，如果这两个对应位的值相同时，则运算结果为 0，否则运算结果为 1，如图 3.22 所示。

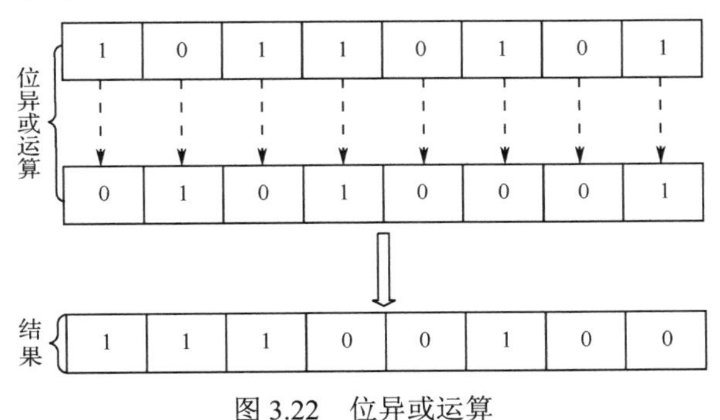

图 3.22　位异或运算

【示例 3-36】进行位异或运算并输出结果。

程序如下：

```
#include <stdio.h>
int main()
{
        printf("位异或运算的结果为%d",2^3);
        getch();
        return 0;
}
```

运行程序，输出以下内容：

```
位异或运算的结果为 1
```

在上面程序中，十进制数 2 的二进制数为 10，十进制数 3 的二进制数为 11，将这两个二进制数按位进行异或运算，其结果为二进制数 01，即十进制数 1，如图 3.23 所示。

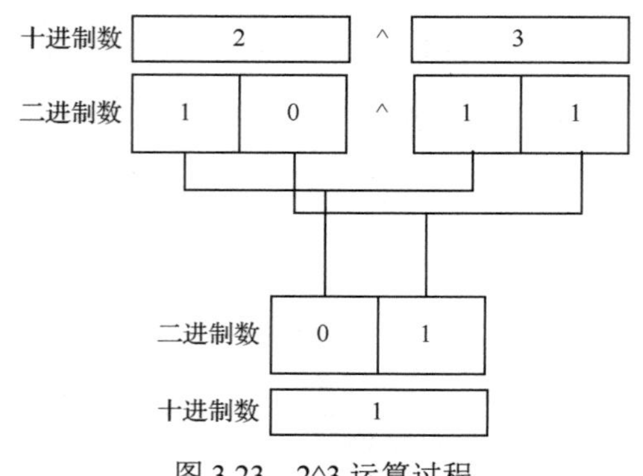

图 3.23　2^3 运算过程

3.3.2　移位运算

在 C 语言中，移位运算符包括左移运算符与右移运算符两种，如表 3.5 所示。

表 3.5　移位运算符

运　算　符	名　　称
<<	左移运算符
>>	右移运算符

1. 左移运算符

左移运算符（<<）属于二目运算符，拥有两个操作数，且操作数 1 表示要左移的数值，操作数 2 表示要左移的位数。

左移运算符的语法如下：

```
操作数 1 << 操作数 2
```

左移运算符可以将数值转换为二进制数后按位进行左移运算。其运算规则是将二进制数向左移动，右侧空下的位用 0 补全。例如，表达式 11100100<<4 表示将 11100100 左移 4 位，结果为 01000000，如图 3.24 所示。

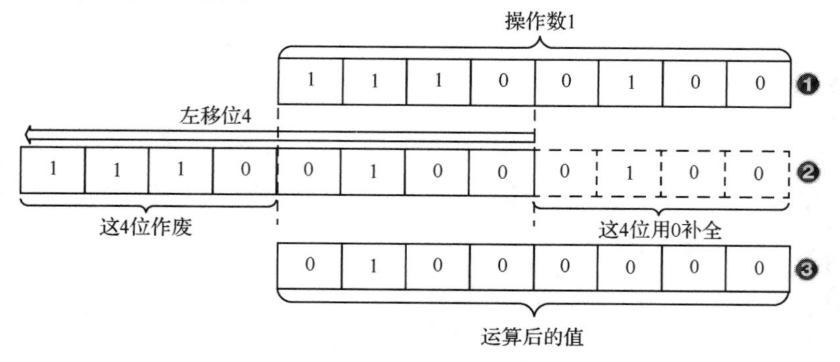

图 3.24　11100100<<4 运算过程

【示例 3-37】进行左移运算并输出结果。

程序如下：

```
#include <stdio.h>
int main()
{
    printf("左移运算的结果为%d",1<<1);
    getch();
    return 0;
}
```

运行程序，输出以下内容：

```
左移运算的结果为 2
```

在上面程序中，十进制数 1 的二进制数为 00000001，将这个二进制数左移 1 位后变为 00000010，再转换为十进制数 2。

2. 右移运算符

右移运算符（>>）属于二目运算符，拥有两个操作数，且操作数 1 表示要右移的数值，操作数 2 表示要右移的位数。

右移运算符的语法如下：

```
操作数 1 >> 操作数 2
```

右移运算符可以将数值转换为二进制数后按位进行右移运算。其运算规则是将二进制数向右移动，左侧空下的位用 0 补全。例如，表达式 11100100>>4 表示将 11100100 右移 4 位，结果为 00001110，如图 3.25 所示。

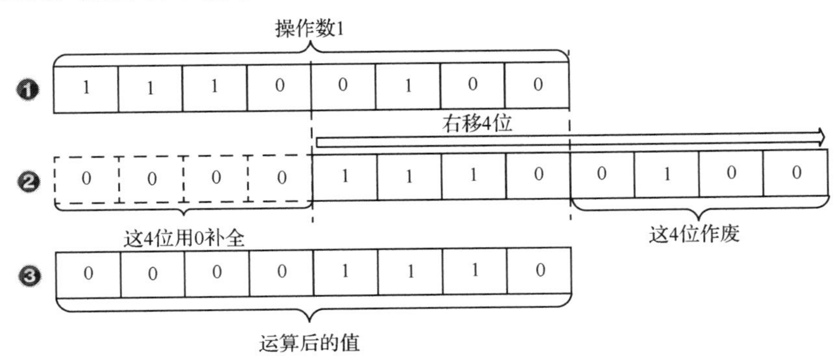

图 3.25　11100100>>4 运算过程

【示例 3-38】进行右移运算并输出结果。

程序如下：

```
#include <stdio.h>
int main()
{
    printf("右移运算的结果为%d",4>>1);
    getch();
    return 0;
}
```

运行程序，输出以下内容：

```
右移运算的结果为 2
```

在程序中，十进制数 4 的二进制数为 00000100，将这个二进制数右移 1 位后变为 00000010，再转换为十进制数 2。

3.3.3 位运算优先级

当书写同一个表达式中，如果同时出现多个位运算符，一定要注意运算符优先级。位运算符优先级如图 3.26 所示。

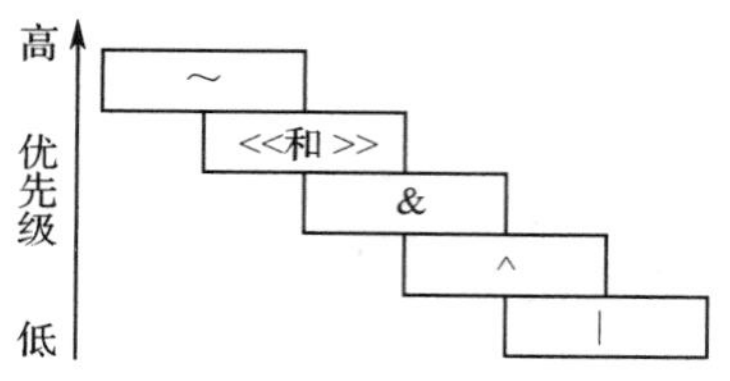

图 3.26 位运算优先级

在位运算中，除了取反运算符（～）为右结合的，其他几个位运算符都为左结合的。

【示例 3-39】输出包含多个位运算符的表达式的值。

程序如下：

```
#include <stdio.h>
int main()
{
        printf("表达式的值为%d", 2|4>>1);
        getch();
        return 0;
}
```

运行程序，输出以下内容：

```
表达式的值为 2
```

在上面程序中，表达式的运算顺序，如图 3.27 所示。

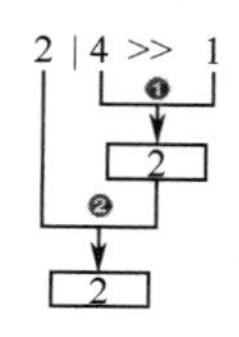

图 3.27 表达式的运算顺序

3.3.4 位运算扩展赋值运算

在 C 语言中，提供了 5 种位运算扩展赋值运算符，如表 3.6 所示。位运算扩展赋值运算符是将位运算符与赋值运算符结合使用的。所有的运算扩展赋值运算符都是右结合的。

表 3.6 位运算扩展赋值运算符

运 算 符	名 称	示 例	等 效 形 式
&=	位与赋值运算符	a&=b	a=a&b
|=	位或赋值运算符	a|=b	a=a|b
^=	位异或赋值运算符	a^=b	a=a^b

续表

运算符	名称	示例	等效形式
<<=	左移赋值运算符	a<<=b	a=a<<b
>>=	右移赋值运算符	a>>=b	a=a>>b

【示例 3-40】输出包含位运算扩展赋值运算符的表达式的值。

程序如下：

```
#include <stdio.h>
int main()
{
    int a=3;
    int b=4;
    printf("表达式的值为%d", b>>=a);
    getch();
    return 0;
}
```

运行程序，输出以下内容：

```
表达式的值为 0
```

3.4 文本处理

文本数据包含很多文本信息。文本信息可以用于区分和记载数据。在 C 语言中，文本数据会以字符类型被存放。字符类型数据首先要被转换为整数类型数据，然后才能对其进行运算。所以，字符类型数据运算的本质就是字符对应的 ASCII 值的运算。

【示例 3-41】比较字符 A 与字符 b 的大小。

程序如下：

```
#include <stdio.h>
int main()
{
    printf("比较的结果为%d",'A'<'b');
    getch();
    return 0;
}
```

运行程序，输出以下内容：

```
表达式的值为 1
```

在上面程序中，返回值为 1，表示字符 A 小于字符 b。这是因为字符 A 的 ASCII 值为 65，字符 b 的 ASCII 值为 98，65 是小于 98 的。

注意：char 类型数据要先被转换为 int 类型数据后，才能对其进行计算。

3.5 状态处理

状态数据一般用于存放某种状态。一般状态包括真或假两种状态。在编程中，默认使用 1 表示真，使用 0 表示假。在 C 语言中，提供了 4 种对状态数据进行处理的运算符。本节将详细讲解状态处理要使用到的运算符。

3.5.1 条件运算符

条件运算符（?:）属于三目运算符，拥有 3 个操作数，并根据操作数 1 的状态选择运算值。如果操作数 1 的状态为真，则运算值为操作数 2；如果操作数 1 的状态为假，则运算值为操作数 3。条件运算符的语法如图 3.28 所示。

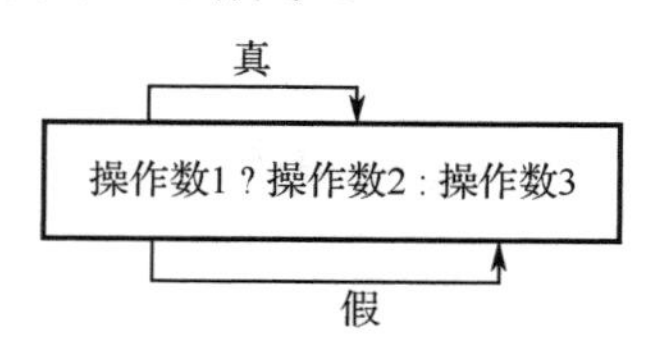

图 3.28　条件运算符的语法

【示例 3-42】使用条件运算符。

程序如下：

```
#include <stdio.h>
int main()
{
	printf("%d 比较大",10>7?10:7);
	getch();
	return 0;
}
```

运行程序，输出以下内容：

```
10 比较大
```

在上面程序中，由于操作数 1 为表达式 10>7，而该表达式的状态为真，所以该程序的运行结果为操作数 2，即 10。

3.5.2 逻辑运算符

有时我们会看到这样的场景：一个小队的队长发布一条任务后，队员们会挨个儿进行回复，如果全部队员都回复了“是”，这个小队才会出发执行该任务，但只要有一个队员回复“否”，就会暂停执行该任务。在这里就涉及多次判断是否符合条件，并要进行多次回复的情况，如图 3.29 所示。

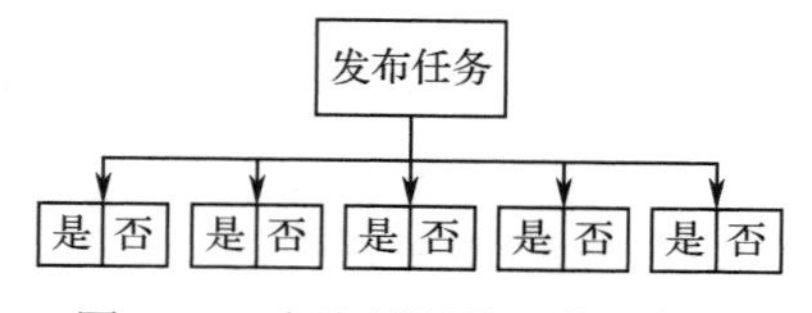

图 3.29　多次判断是否符合条件

在 C 语言中，提供了 3 种逻辑运算符，即逻辑与、逻辑或及逻辑非。逻辑运算符可以用于判断是否符合条件，然后进行逻辑运算。

1. 逻辑与运算符

逻辑与运算符（&&）属于二目运算符，拥有两个操作数。

逻辑与运算符的语法如下。

```
操作数 1 && 操作数 2
```

其中，操作数 1 与操作数 2 都属于条件表达式。如果这两个操作数的状态都为真，则运算值为 1（表示真），否则运算值为 0（表示假）。

【示例 3-43】使用逻辑与运算符。

程序如下：

```
#include <stdio.h>
int main()
{
    printf("运算结果为%d",10>7&&8>7);
    getch();
    return 0;
}
```

运行程序，输出以下内容：

```
运算结果为 1
```

在上面程序中，操作数 1 为表达式 10>7，而该表达式的状态为真；操作数 2 为表达式 8>7，而该表达式的状态为真。所以，表达式 10>7&&8>7 的运算结果为 1（表示真）。

2. 逻辑或运算符

逻辑或运算符（||）属于二目运算符，拥有两个操作数。

逻辑或运算符的语法如下：

```
操作数 1 || 操作数 2
```

其中，操作数 1 与操作数 2 都属于条件表达式。如果这两个操作数中至少有一个操作数的状态为真，则运算值为 1（表示真）。如果这两个操作数的状态都为假，则运算值为 0（表示假）。

【示例 3-44】使用逻辑或运算符运算。

程序如下：

```
#include <stdio.h>
int main()
{
    printf("运算结果为%d",7>7||10>7);
    getch();
    return 0;
}
```

运行程序，输出以下内容：

```
运算结果为 1
```

在上面程序中，操作数 1 为表达式 7>7，而该表达式的状态为假；操作数 2 为表达式 10>7，而该表达式的状态为真。所以，表达式 7>7||10>7 的运算结果 1（表示真）。

3. 逻辑非运算符

逻辑非运算符“!”属于一目运算符，拥有一个操作数。

逻辑非运算符的语法如下：

```
! 操作数
```

其中，操作数属于条件表达式。如果这个操作数的状态为真，则运算值为 0（表示假）。如果这个操作数的状态为假，则运算值为 1（表示真）。

【示例 3-45】使用逻辑非运算符。

程序如下：

```
#include <stdio.h>
int main()
{
        printf("运算结果为%d",!(8<10));
        getch();
        return 0;
}
```

运行程序，输出以下内容：

```
运算结果为 0
```

在上面程序中，由于操作数 1 为表达式 8<10，而该表达式的状态为真。所以，表达式 8<10 的运算结果为 0（表示假）。在书写!(8<10)时，必须要加小括号，否则计算机会认为是!8。

注意：将使用逻辑运算符连接起来的表达式称为逻辑表达式。逻辑运算的真值表如表 3.7 所示。

表 3.7　逻辑运算的真值表

a	b	!a	!b	a&&b	a||b
真（true）	真（true）	假（false）	假（false）	真（true）	真（true）
真（true）	假（false）	假（false）	真（true）	假（false）	真（true）
假（false）	真（true）	真（true）	假（false）	假（false）	真（true）
假（false）	假（false）	真（true）	真（true）	假（false）	假（false）

4．短路原则

在 C 语言中，提供了短路原则，以减少逻辑与运算符、逻辑或运算符的运算量。短路原则是指如果通过第 1 个操作数就能得出运算结果，计算机就不会再对第 2 个操作数的状态真假进行判断，而会直接得出运算结果。

例如，在逻辑或运算中，如果操作数 1 的状态为真，则计算机就不会再去判断操作数 2 的状态真假，而会执行短路原则，直接得出运算结果为 1（表示真），如图 3.30 所示。

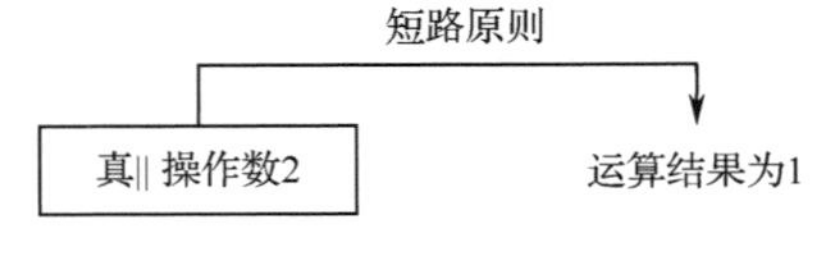

图 3.30　短路原则

在生活中，我们也常常会使用到短路原则。例如，当我们考驾照（机动车驾驶证）时，如果不满足年龄必须大于或等于 18 岁的这个条件，则无法参加驾照考试。

5．逻辑运算优先级

在表达式中，如果同时出现多个逻辑运算符，一定要注意逻辑运算符优先级。逻辑运算

符优先级如图 3.31 所示。逻辑非运算符（!）为右结合的，逻辑与运算符（&&）、逻辑或运算符（||）为左结合的。

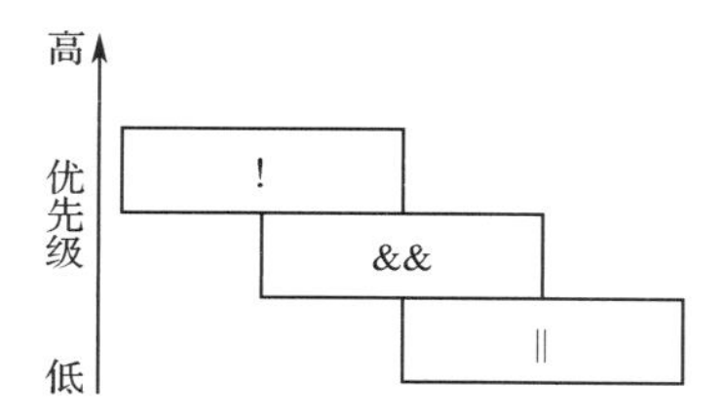

图 3.31　逻辑运算符优先级

3.6　运算符总结

上面我们已经学习了多个 C 语言的运算符，为了更好地学习理解这些内容，本节将对运算符进行总结。

3.6.1　运算符优先级汇总

运算符优先级决定了计算机的运算顺序。只有正确使用运算符，才能保证计算机的正确识别和运算。运算符优先级汇总如表 3.8 所示。

表 3.8　运算符优先级汇总

优　先　级	运　算　符	功 能 说 明	结　合　性
1	()	改变优先级	从左至右
2	++	自增 1 运算	从右至左
	--	自减 1 运算	
	!	逻辑非运算	
	~	按位取反	
	+、-	取正数，取负数	
3	*	乘法运算	从左至右
	/	除法运算	
	%	求余运算	
4	+	加法运算	从左至右
	-	减法运算	
5	<<	左移位	从左至右
	>>	右移位	
6	<	小于	从左至右
	<=	小于或等于	
	>	大于	
	>=	大于或等于	

续表

<table>
<tr><th>优 先 级</th><th>运 算 符</th><th>功 能 说 明</th><th>结 合 性</th></tr>
<tr><td rowspan="2">7</td><td>==</td><td>相等</td><td rowspan="2">从左至右</td></tr>
<tr><td>!=</td><td>不等于</td></tr>
<tr><td>8</td><td>&</td><td>按位与</td><td>从左至右</td></tr>
<tr><td>9</td><td>^</td><td>按位异或</td><td>从左至右</td></tr>
<tr><td>10</td><td>|</td><td>按位或</td><td>从左至右</td></tr>
<tr><td>11</td><td>&&</td><td>逻辑与</td><td>从左至右</td></tr>
<tr><td>12</td><td>||</td><td>逻辑或</td><td>从左至右</td></tr>
<tr><td>13</td><td>?:</td><td>条件运算</td><td>从右向左</td></tr>
<tr><td rowspan="12">14</td><td>=</td><td>赋值运算</td><td rowspan="12">从右至左</td></tr>
<tr><td>+=</td><td>加后赋值</td></tr>
<tr><td>-=</td><td>减后赋值</td></tr>
<tr><td>*=</td><td>乘后赋值</td></tr>
<tr><td>/=</td><td>除后赋值</td></tr>
<tr><td>%=</td><td>求余后赋值</td></tr>
<tr><td>&=</td><td>按位与后赋值</td></tr>
<tr><td>^=</td><td>按位异或后赋值</td></tr>
<tr><td>|=</td><td>按位或后赋值</td></tr>
<tr><td><<=</td><td>左移后赋值</td></tr>
<tr><td>>>=</td><td>右移后赋值</td></tr>
<tr><td>15</td><td>,</td><td>逗号运算</td><td>从左至右</td></tr>
</table>

3.6.2 数据类型转换规则

在 C 语言中，当对操作数进行计算或存储时，都要保证所有操作数的数据类型相同。如果操作数的数据类型不同，就要对操作数进行数据类型转换。在对操作数进行数据类型转换时，一定要注意以下规则。

（1）如果参与运算的操作数的数据类型不同，则要先将其转换成同一个数据类型，才能进行运算。

（2）必须是所占存储单元少的数据类型向所占存储单元多的数据类型转换，并保证数据类型转换后的数据精度不降低。这就好比一般要将房子换成更大的房子，而不要换成更小房子一样。

（3）若两种数据类型所占的字节数相同，且一种数据类型有符号，另一种数据类型无符号，则要将有符号数据类型转换成无符号数据类型。

（4）所有的小数运算都是以双精度类型进行的。

（5）当 char 类型和 short 类型数据参与运算时，必须将它们都转换成 int 类型后再进行运算。

（6）在赋值运算中，当赋值运算符两边操作数的数据类型不同时，计算机会自动将右边操作数的数据类型转换为左边操作数的数据类型。在这个转换过程中，如果左边操作数所占存储单元少于右侧操作数所占存储单元，则会降低转换后数据的精度，并丢失部分数据。

（7）数据类型在强制转换时，要注意强制转换后的数据所占存储单元的多少，避免存储时数据发生溢出，造成数据丢失。

在 C 语言的中，数据型转换方向如图 3.32 所示。

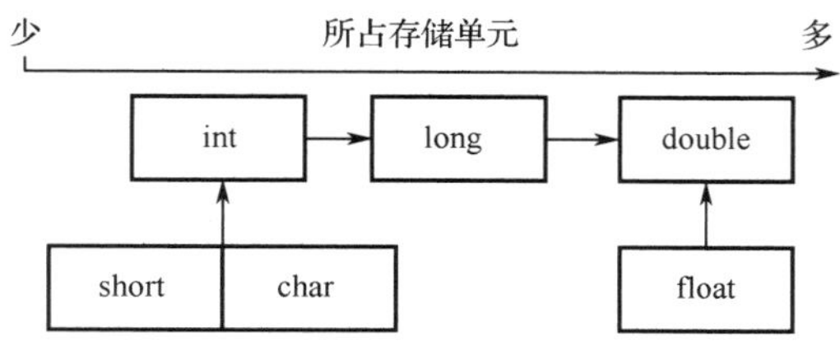

图 3.32　数据类型转换方向

3.7 小　　结

通过本章的学习，要掌握以下的内容：

- 在 C 语言中，获取值的方法包括两种，分别为用户输入和等号赋值。
- 赋值表达式包含了操作数与赋值运算符两部分。
- 在 C 语言中，数值处理包括算术运算、扩展赋值（复合赋值）运算、增量/减量运算、正/负运算等。在运算过程中，会存在数据类型不一致及多个运算符的情况。
- 在 C 语言中，位运算包含位逻辑运算、移位运算及位运算扩展赋值运算等。在位运算过程中，会存在多个位运算符的情况。
- 字符类型数据的运算的本质就是字符对应的 ASCII 值的运算。
- 在 C 语言中，对状态数据进行处理的运算符包含条件运算符和逻辑运算符。

3.8 习　　题

一、填空题

1. 10001101&01011101 的运算结果为____。
2. 10101001|11001001 的运算结果为____。
3. a=a*b 使用扩展运算符的写法为____。
4. 在 C 语言中，获取值的方法包括两种，分别为____和____。
5. 表达式包含了____与____两部分。
6. 字符类型数据的运算的本质就是字符对应的____值的运算。
7. 加法运算符“+”属于____目运算符，拥有____个操作数。
8. “++”和“--”属于____目运算符。
9. C 语言规定在表达式中如果出现数据类型不同时，都必须转换为____类型后才能进行运算。
10. 在算术运算中，____与--的优先级是最高的。
11. 将使用数值比较运算符构建的表达式称为____表达式。

12．在位运算符中，除了____是右结合的外，其他的都是左结合的。

二、选择题

1．下面程序的运行结果是（　　）。

```
#include <stdio.h>
int main()
{
    int i=33;
    printf("%d",i++);
    getch();
    return 0;
}
```

A．33　　B．32　　C．0　　D．34

2．下面可以强制转换的表达式是（　　）。

A．float 3.5　　B．int (8+6.5)　　C．8.6 int　　D．(double)(7)

3．下面程序的运行结果是（　　）。

```
#include <stdio.h>
int main()
{
    float a = -5, b = 3;
    a = a / b;
    printf("%f", a);
    return 0;
}
```

A．−1.666667　　B．1.666667　　C．1.6　　D．−1.6

4．表达式 3*5−6%4+5 的值为（　　）。

A．55　　B．11　　C．18　　D．37

5．～00001111 的运算结果为（　　）。

A．11110000　　B．10101010　　C．01010101　　D．00000000

6．10111^10101 的运算结果为（　　）。

A．11110　　B．10100　　C．01010　　D．00010

7．下面程序的运行结果是（　　）。

```
#include <stdio.h>
int main()
{
    int a = 5, b = -3;
    a = a % b;
    printf("%d", a);
    return 0;
}
```

A．2　　B．−2　　C．1　　D．−4

8．10111>>2 的运算结果为（　　）。

A．11110　　B．10100　　C．00101　　D．00010

9．3|2&4<<2 的运算结果为（　　）。

A．0　　B．1　　C．2　　D．3

10．8>10&&9<10 的结果为（　　）。

A．0　　B．1　　C．2　　D．3

11．下面程序的运行结果是（　　）。

```
#include <stdio.h>
int main()
{
    int a = 1, b = 3;
    int c;
    c = (a - 1) && (b--);
    printf("%d,%d", b,c);
    return 0;
}
```

A．3,0　　B．3,2　　C．3,3　　D．1,0

12．8=10||12<10 的运算结果为（　　）。

A．1　　B．2　　C．3　　D．0

13．!(12<10)的运算结果为（　　）。

A．1　　B．2　　C．3　　D．0

14．下面程序的运行结果是（　　）。

```
#include <stdio.h>
int main()
{
    int x = 3, y = 4, z, s;
    z = y || x--;
    s = x ^ y;
    printf("%d,%d\n", x, s);
    return 0;
}
```

A．3,6　　B．3,7　　C．2,6　　D．2,7

15．在 C 语言中，关系表达式和逻辑表达式的值是（　　）。

A．0　　B．0 或 1　　C．1　　D．T 或 F

16．下面程序的运行结果是（　　）。

```
#include <stdio.h>
int main()
{
    int a, b, x, y;
    a = 5;
    b = 6;
    x = ++a;
    y = b++;
    printf("%d,%d", x, y);
    return 0;
}
```

A．6,5　　B．6,7　　C．5,7　　D．6,6

17．下面表达式的值为4的是（　　）。

A．(int)(11.0/3+0.5)　　B．11.0/3

C．(float)11/3　　D．11/3

18．下面右操作数不可以为0的运算符是（　　）。

A．+　　B．-　　C．*　　D．/

19．设整型变量 a=2，则执行下列语句后，float类型变量b的值不为0.5的是（　　）。

A．b=1/(float)a　　B．b=(float)(1/a)　　C．b=1/(a*1.0)　　D．b=1.0/a

20．若有 int x=3，而执行 y = x++ * 4 后的结果是（　　）。

A．x为3，y为12　　B．x为3，y为16

C．x为4，y为12　　D．x为4，y为16

21．若有 int i=6，j=5；则下面表达式的值不是float类型的是（　　）。

A．i*j/10.0　　B．i*j/10　　C．i*j+10.0　　D．i*j*10.0

22．下面程序的运行结果是（　　）。

```
#include <stdio.h>
int main()
{
    printf("%d\n", 'A' + 12 * 6 / 3 % 5 - 6);
    return 0;
}
```

A．63　　B．64　　C．65　　D．66

23．下面程序的运行结果是（　　）。

```
#include <stdio.h>
int main()
{
    int i, j, k, a, b;
    a = 5;
    b = 7;
    i = (a == b) ? ++a : --b;
    j = a++;
    k = b;
    printf("%d,%d,%d\n", i, j, k);
    return 0;
}
```

A．6,5,6　　B．5,5,5　　C．7,5,5　　D．5,8,8

24．如果变量x为long int类型，并已被正确赋值，下面表达式中能将x的百位上的数字提取出的是（　　）。

A．x/10%100　　B．x%10/100　　C．x%100/10　　D．x/100%10

25．在C语言中，以（　　）作为字符串结束标志。

A．\n　　B．' '　　C．0　　D．\0

26．下面两个操作数必须是整数的运算符是（　　）。

A．+　　B．-　　C．%　　D．/

27．若“int n; float f=13.8;”，则执行“n=(int)f%3”后，n的值是（　　）。

A．1　　B．4　　C．4.333333　　D．4.6

28．在 C 语言中，表达式 5%2 的运算结果是（　　）。

A．2.5　　B．4　　C．4.333333　　D．4.6

29．如果“int a=3,b=4;”，则条件表达式“a<b? a:b”的值是（　　）。

A．3　　B．4　　C．0　　D．1

三、找错题

1．在下面程序中，有一处错误，请指出。

```
#include <stdio.h>
int main()
{
	int x;
	printf("%d", x);
	return 0;
}
```

2．在下面程序中，有一处错误，请指出。

```
#include <stdio.h>
int main()
{
	x;
	return 0;
}
```

3．在下面程序中，有一处错误，请指出。

```
#include <stdio.h>
int main()
{
	int a = 10, z;
	float b = 3;
	z = a % b;
	printf("%d", z);
	return 0;
}
```

四、编写题

1．在下面横线上填写适当的代码，以实现通过用户输入的方式为变量 a 指定值。

```
#include <stdio.h>
int main()
{
	int a = 0;
	printf("输入 a 的值\n");
	__scanf("%d", &a)__;
	printf("a 的值为：%d", a);
	return 0;
}
```

2．编写程序：将 1100 瓶饮料，每 12 瓶饮料一组进行打包，计算最终会有几瓶饮料无法打包。

3．使用条件运算符实现比较字符 B 和 d 的大小，并输出较小的字符。

第4章　执 行 顺 序

执行顺序是指在程序中每行代码执行的先后顺序。这就像在生活中，搭乘公交车时要遵守先下后上的顺序；买东西排队时要遵守有先来后到的顺序。在程序中，也要遵循类似的顺序，即从上向下的执行顺序。本章将详细讲解程序中有关执行顺序的内容。

4.1　语　　句

在C语言中，程序的执行部分是由语句组成的。程序的功能也是由执行语句实现的。我们在小学语文中学习过的句子与C语言中的语句是类似的。一句话表达一个意思，而一个语句执行一个功能。在C语言中，语句可以分为表达式语句与空语句。

4.1.1　表达式语句

表达式语句由表达式与分号组成。表达式是表达式语句的内容，分号是表达式语句的结束符号。

表达式语句的语法如下：

```
表达式;
```

其中，分号为英文分号，必不可少。

在程序中，表达式代表值，语句代表动作。一定要注意书写准确的语句，不要写无用的或会产生歧义的语句，否则会导致计算机读取或理解语句时出错。就像与人进行书信交流一样，用词一定要准确，不要让对方产生误会。

【示例4-1】编写并运行一些语句。

程序如下：

```
#include <stdio.h>
int main()
{
    float a=0;
    5+3;
    a;
    printf("这是提示你正在使用输出语句");
    getch();
    return 0;
}
```

运行程序，输出以下内容：

```
这是提示你正在使用输出语句
```

在上面程序中，语句“5+3；”与语句“a；”都是合法的语句，但是没有任何意义。在编写程序时，一定要尽量避免出现这类没有任何意义的语句。

4.1.2　空语句

空语句是指只有一个分号的语句。这种语句是符合语法规则的。从逻辑的角度来说，空语句是无须使用的，但从语法的角度来说，空语句是可以使用的。空语句一般可以在特定的地方起占位的作用。

空语句的语法如下：

```
;
```

【示例 4-2】编写一个空语句。

程序如下：

```
#include <stdio.h>
int main()
{
    ;
    printf("空语句不会输出任何内容");
    getch();
    return 0;
}
```

运行程序，输出以下内容：

```
空语句不会输出任何内容
```

在上面程序中，空语句“;”不会使程序报错，即程序可以正常运行。至于空语句的占位作用，我们会在后面的讲解中接触到。在这里，我们只要理解空语句的概念即可。

4.2　语　句　块

语句块的作用和作文中段落的作用是一样的。段落可以通过放在一起的多个句子表达一个中心思想。在 C 语言中，语句块可以通过放在一起的一条或多条语句表达一个执行动作。本节将详细讲解语句块构成及嵌套的相关内容。

4.2.1　语句块结构

语句块又称复合语句或块语句，是由一条或多条语句与大括号组成的。在 C 语言中，使用左大括号表示语句块的开始，使用右大括号表示语句块的结束。语句块的语法如图 4.1 所示。

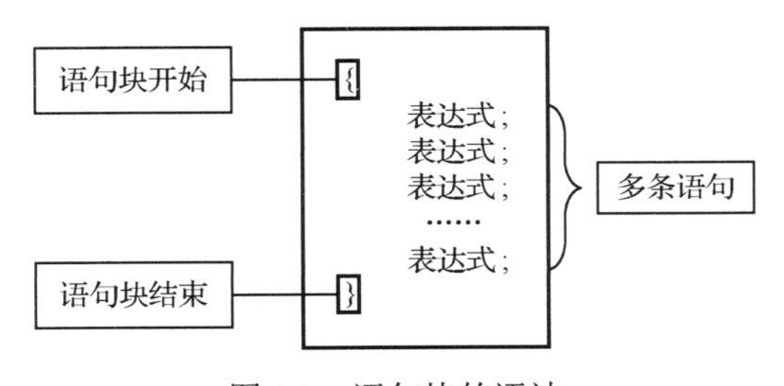

图 4.1　语句块的语法

注意：为了提高程序的读/写效率，一般会将大括号对齐，大括号的多条语句也要对齐。

【示例 4-3】编写一个输出语句块。

程序如下：

```
#include <stdio.h>
int main()
{
        {
          printf("输出数字 1");
          printf("输出数字 2");
          printf("输出数字 3");
        }
        getch();
        return 0;
}
```

运行程序，输出以下内容：

```
输出数字 1
输出数字 2
输出数字 3
```

在上面程序中，将 3 条输出语句用大括号括起来，就构成一个语句块。

4.2.2 语句块嵌套

语句块嵌套是指一个语句块包含另外一个语句块，它们之间形成嵌套关系。语句块嵌套的语法如图 4.2 所示。

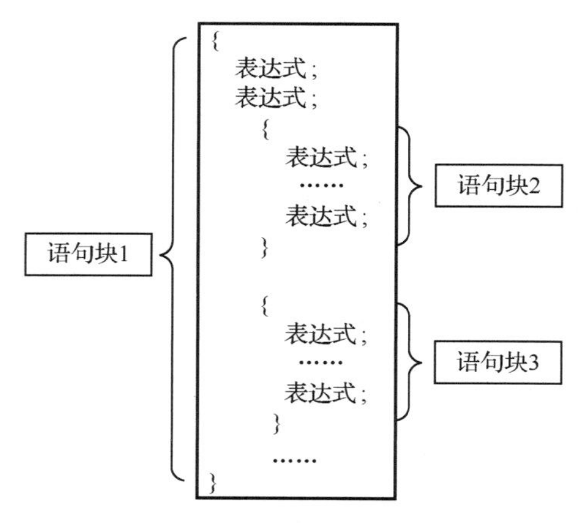

图 4.2 语句块嵌套的语法

【示例 4-4】编写一个语句块嵌套。

程序如下：

```
#include <stdio.h>
int main()
{
        {                                                   //语句块 1 开始
              printf("输出班级 3 班\n");
```

```
        {                                           //语句块 2 开始
            printf("输出学号 01\n");
            printf("输出学号 02\n");
            printf("输出学号 03\n");
        }                                           //语句块 2 结束
        {                                           //语句块 3 开始
            printf("输出名字张三\n");
            printf("输出名字李四\n");
            printf("输出名字王五\n");
        }                                           //语句块 3 结束
    }                                               //语句块 1 结束
    getch();
    return 0;
}
```

运行程序，输出以下内容：

```
输出班级 3 班
输出学号 01
输出学号 02
输出学号 03
输出名字张三
输出名字李四
输出名字王五
```

在上面程序中，整个大语句块输出的都是关于一个班级的内容：首先输出一个班级，然后分别输出学号与名字。3 个语句块形成了嵌套关系，都用于输出班级的相关内容。

4.3　顺序执行

顺序执行就是按照语句的先后顺序依次执行。在生活中，顺序执行无处不见，如排队买票、排队打饭等。在 C 语言中，语句执行默认为顺序执行。本节将详细讲解顺序执行的相关内容。

4.3.1　流程图

流程图用于展示程序的语句执行顺序。通过绘制流程图，可以帮助程序员梳理编写程序的思路。在生活中，如果人们要处理的事务较多，则可以绘制一个时间表格合理安排自己的时间，从而避免生活的混乱。

编写程序也一样，当面对一大堆数据无从下手时，绘制一张好的流程图可以帮助程序员快速厘清思路，从而使程序员更好地去编写程序。简单的流程图图 4.3 所示。

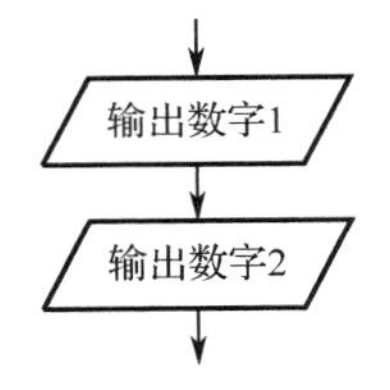

图 4.3　简单的流程图

在绘制流程图时，要使用特定的图形与文字对流程进行说明。流程图中常用的图形如表 4.1 所示。

表 4.1　流程图中常用的图形

名　称	作　用	图　形
起止框	表示程序的开始与结束	
判定框	表示两个数的比较，如 a>b 的判断	
执行框	表示执行运算，如 a=b+c 的运算	
输入/输出框	表示数值的输入及输出，如 scanf()输入、printf()输出	
流程线	表示程序执行流程	

【示例 4-5】小明要去买鸡蛋，鸡蛋 4 元一斤，问 100 元能买几斤鸡蛋？

根据已知条件，我们可以画出流程图，如图 4.4 所示。

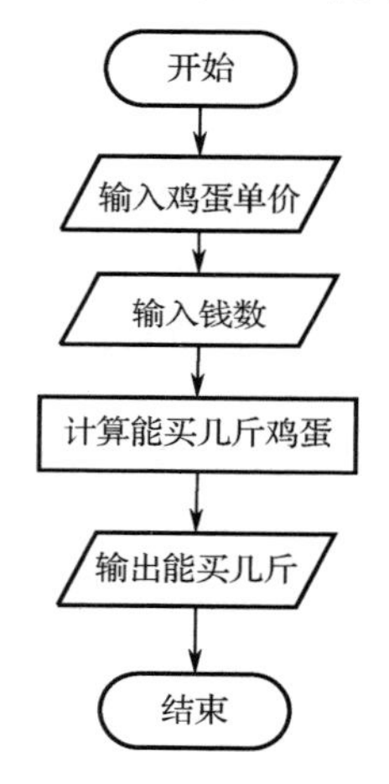

图 4.4　示例 4-5 的流程图

根据已知条件与流程图，编写程序如下：

```
#include <stdio.h>
int main()
{
    int a=0;
    int b=0;
    int c=0;
    printf("输入每斤鸡蛋多少钱，按回车键确认\n");
    scanf("%d",&a);
    printf("输入小明有多少钱，按回车键确认\n");
    scanf("%d",&b);
    c=b/a;
    printf("可以买%d 斤鸡蛋\n",c);
    getch();
```

```
    return 0;
}
```

运行程序，输出以下内容：

```
输入每斤鸡蛋多少钱，按回车键确认
4
输入小明有多少钱，按回车键确认
100
可以买 25 斤鸡蛋
```

在上面程序中，语句会按顺序执行，语句执行顺序与流程图展示的是相符合的。如果在执行语句时发现语句执行顺序与流程图展示的出现了偏差，那么我们可以从出现偏差的地方快速找到问题。所以，计算机处理的逻辑关系越复杂，流程图就越有存在的价值。

4.3.2　调试

调试程序可以让程序员详细地了解程序执行的过程。在遇到程序出现编译错误时，可以通过调试程序快速排查程序中的错误。

1. 简单调试

简单调试就是在程序指定位置加入输出语句，通过输出语句标明程序执行的位置。

【示例 4-6】输出 b 的值。

程序如下：

```
#include <stdio.h>
#include <conio.h>
int main()
{
    int a=10;
    int b=11;
    int c=12;
    a=b+c;
    c=a+b;
    printf("b 的值%d\n",b);
    getch();
    return 0;
}
```

如果想要简单调试程序，只要将 printf 语句加在程序中即可。

修改的程序如下：

```
#include <stdio.h>
#include <conio.h>
int main()
{
    int a=10;
    printf("这是第 1 行代码\n");
    int b=11;
    printf("这是第 2 行代码\n");
    int c=12;
```

```
        printf("这是第 3 行代码\n");
        a=b+c;
        printf("这是第 4 行代码\n");
        c=a+b;
        printf("这是第 5 行代码\n");
        printf("b 的值%d\n",b);
        printf("这是第 6 行代码\n");
        getch();
        return 0;
}
```

运行程序，输出以下内容：

```
这是第 1 行代码
这是第 2 行代码
这是第 3 行代码
这是第 4 行代码
这是第 5 行代码
b 的值 11
这是第 6 行代码
```

从程序运行结果可以清楚地看出语句执行的顺序，还能清楚地看出程序指定位置的语句是否被执行过。通过简单调试还可以输出程序中变量或变量类型，从而确定运算结果是否正确。

再次修改的程序如下：

```
#include <stdio.h>
#include <conio.h>
int main()
{
        int a=10;
        int b=11;
        int c=12;
        a=b+c;
        printf("a 的值%d\n",a);
        c=a+b;
        printf("c 的值%d\n",c);
        printf("b 的值%d\n",b);
        getch();
        return 0;
}
```

运行程序，输出以下内容：

```
a 的值 23
c 的值 34
b 的值 11
```

通过简单调试，可以在程序运行结果中清楚地看到变量 a 与 c 的值。

2. 编译器的调试功能

除了通过在程序中添加输出语句进行简单调试程序外，还可以通过编译器的调试功能进行程序调试。通过编译器的调试功能调试程序不用在程序中添加输出语句，这样程序调试起来更加简洁、高效。

通过编译器的调试功能可以看到程序的执行过程。可以使用 F10 键（快捷键）或“调试(D)|逐过程(F10)”菜单命令实现编译器的调试功能。

【示例 4-7】调试程序。

程序如下：

```
#include <stdio.h>
int main()
{
    int a=10;
    int b=11;
    int c=12;
    a=b+c;
    c=a+b;
    return 0;
}
```

按 F10 键后，开始调试程序，其步骤如图 4.5～图 4.12 所示。

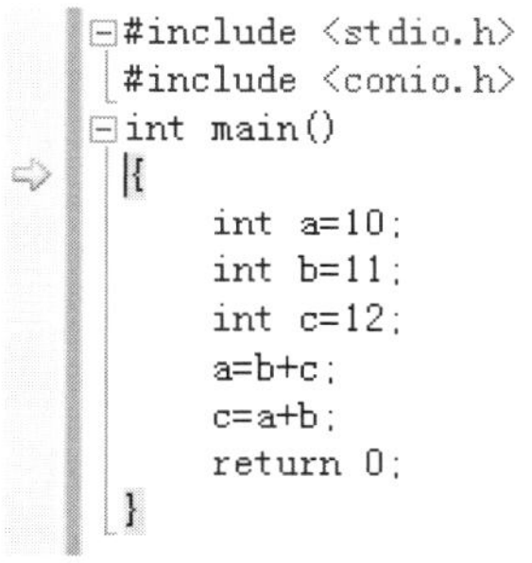

```
#include <stdio.h>
#include <conio.h>
int main()
{
    int a=10;
    int b=11;
    int c=12;
    a=b+c;
    c=a+b;
    return 0;
}
```

图 4.5　第 1 次按 F10 键

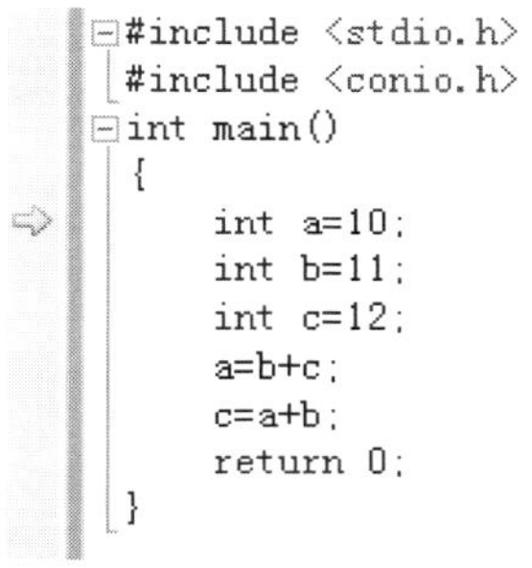

```
#include <stdio.h>
#include <conio.h>
int main()
{
    int a=10;
    int b=11;
    int c=12;
    a=b+c;
    c=a+b;
    return 0;
}
```

图 4.6　第 2 次按 F10 键

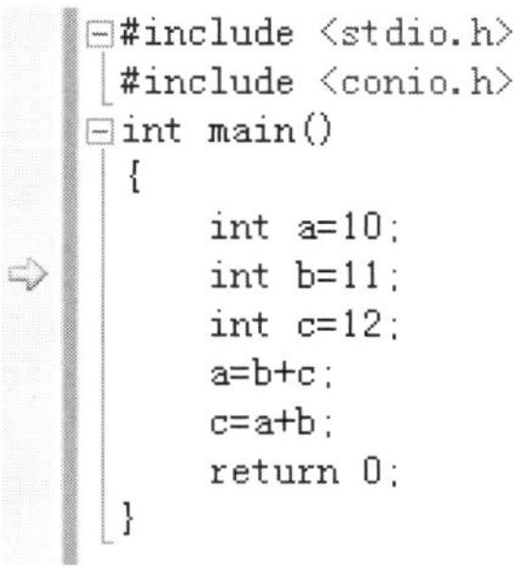

```
#include <stdio.h>
#include <conio.h>
int main()
{
    int a=10;
    int b=11;
    int c=12;
    a=b+c;
    c=a+b;
    return 0;
}
```

图 4.7　第 3 次按 F10 键

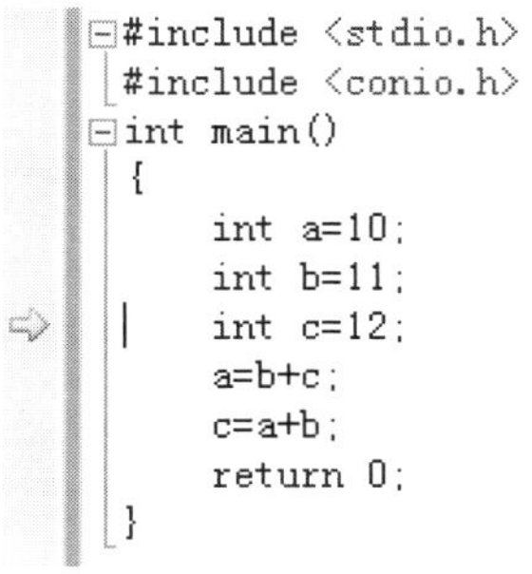

```
#include <stdio.h>
#include <conio.h>
int main()
{
    int a=10;
    int b=11;
    int c=12;
    a=b+c;
    c=a+b;
    return 0;
}
```

图 4.8　第 4 次按 F10 键

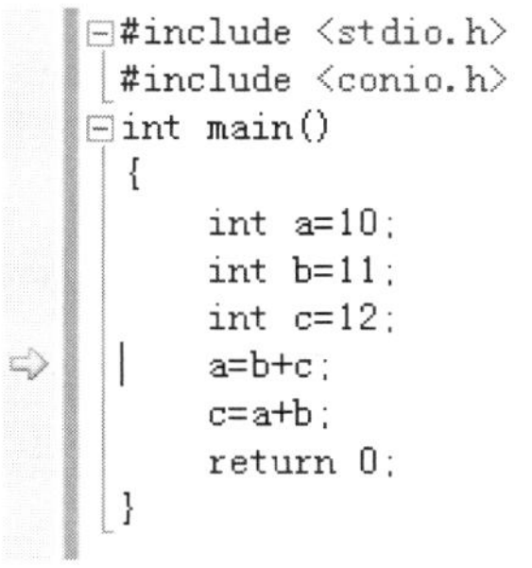

```
#include <stdio.h>
#include <conio.h>
int main()
{
    int a=10;
    int b=11;
    int c=12;
    a=b+c;
    c=a+b;
    return 0;
}
```

图 4.9　第 5 次按 F10 键

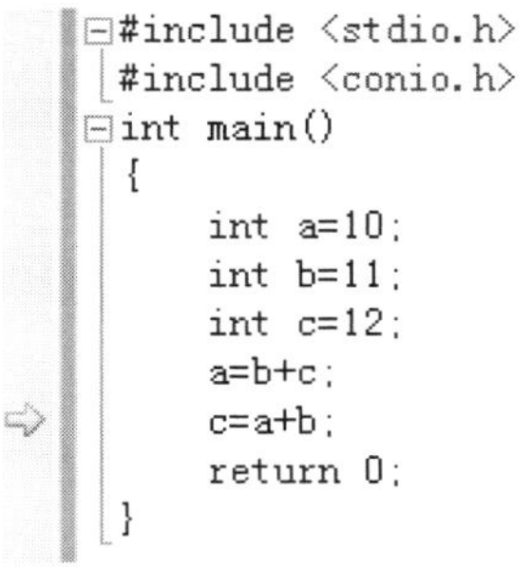

```
#include <stdio.h>
#include <conio.h>
int main()
{
    int a=10;
    int b=11;
    int c=12;
    a=b+c;
    c=a+b;
    return 0;
}
```

图 4.10　第 6 次按 F10 键

```c
#include <stdio.h>
#include <conio.h>
int main()
{
    int a=10;
    int b=11;
    int c=12;
    a=b+c;
    c=a+b;
    return 0;
}
```

图 4.11　第 7 次按 F10 键

```c
#include <stdio.h>
#include <conio.h>
int main()
{
    int a=10;
    int b=11;
    int c=12;
    a=b+c;
    c=a+b;
    return 0;
}
```

图 4.12　第 8 次按 F10 键

在对程序进行调试时，每次按 F10 键，程序都会运行一行代码，且代码左侧的调试箭头会向下移动一行。如果调试的程序中有变量，那么在“自动窗口”中会显示变量的值及类型，如图 4.13 所示。

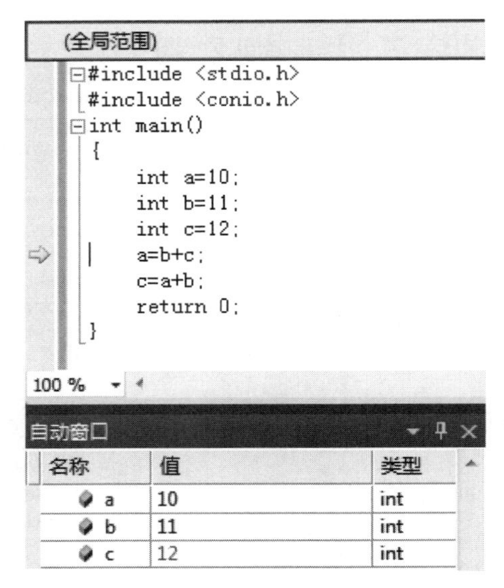

图 4.13　显示变量的值与类型

4.4　小　　结

通过本章的学习，要掌握以下内容：

- 在 C 语言中，程序的执行部分是由语句组成的。程序的功能也是由执行语句实现的。
- 表达式语句由表达式与分号组成。表达式是表达式语句的内容，分号为表达式语句的结束符号。
- 空语句是指只有一个分号的语句。
- 语句块又称复合语句或块语句。语句块由一条或多条语句与大括号组成。
- 语句块嵌套是指一个语句块包含另外一个语句块，它们之间形成嵌套关系。
- 流程图可以用于展示程序的语句执行顺序。通过绘制流程图可以帮助程序员梳理编写程序的思路。
- 顺序执行就是按照语句的先后顺序依次执行。

- 调试程序可以让程序员详细地了解程序执行的过程，也可以快速地排查程序中的错误。在C语言中，对程序的调试分为简单调试(加入输出语句)和编译器的调试功能。

4.5 习　　题

一、填空题

1．在C语言中，程序的执行部分是由____组成的。
2．表达式语句由____与____组成的。
3．语句的结束符号是____。
4．空语句是指只有一个____的语句。
5．在C语言中，语句块可以通过放在一起的____条或____条语句表达一个执行动作。
6．语句块由____条或____条语句与____组成。
7．在C语言中，语句执行默认为____执行。

二、选择题

1．若已知变量x和y均为float类型，则下列输入语句正确的是（　　）。

A．scanf(“%f%f”,x,y);　　B．scanf(“%f%f”,&x,&y);
C．scanf(“%d%d”,&x,&y);　　D．scanf(“%c%c”,&x,&y);

2．下面程序的运行结果是（　　）。

```
#include <stdio.h>
int main()
{
    char x = 'c';
    x--;
    printf("%c,%d", x, x);
    return 0;
}
```

A．b,98　　B．c,99　　C．b,99　　D．c,98

3．以下程序正确的是（　　）。

A．
```
#include <stdio.h>
{
        printf(“A\n”);

}
```
B．
```
int main()
{
    printf(“A\n”);
    return 0;
}
```
C．
```
#include <stdio.h>
int main()
{
        printf(“A\n”);

}
```
D．
```
#include <stdio.h>
int mian()
{
    printf(“A\n”);
    return 0;
}
```

4．下面程序的运行结果是（　　）。

```
#include <stdio.h>
int main()
```

```
{
    int x = 1, y = 2, t;
    char a = 'b', b = 'g', c, d;
    t = x;
    x = y;
    y = t;
    c = ++a;
    d = b--;
    printf("%d,%d,%c,%c", x, y, c, d);
}
```

A．2,1,c,g　　B．1,2,b,g　　C．2,1,g,c　　D．1,2,c,g

5．设有两个数 a 与 b，要将这两个数交换，则下面语句正确的是（　　）。

A．a=b;b=a;　　B．b=a;a=b;　　C．t=a;a=b;b=t;　　D．a=b;t=a;b=t;

6．下面程序的运行结果是（　　）。

```
#include <stdio.h>
int main()
{
    int x = 015;
    printf("%d", ++x);
    return 0;
}
```

A．13　　B．14　　C．15　　D．20

7．下面程序的运行结果是（　　）。

```
#include <stdio.h>
int main()
{
    int x = 5;
    printf("%\n", x);
    return 0;
}
```

A．5　　B．%　　C．没有输出　　D．编译出错

8．下面对语句块描述错误的是（　　）。

A．语句块可以通过放在一起的一条或多条语句表达一个执行动作

B．语句块又称复合语句或块语句

C．语句块由一条或多条语句与大括号组成

D．语句块不可以实现嵌套

9．下面程序的运行结果是（　　）。

```
#include <stdio.h>
int main()
{
    float x = 5.5;
    printf("%.1f,%.1f", x, ++x);
    return 0;
}
```

A．5.5,6.5　　B．6.5,5.5　　C．6.5,6.5　　D．5.5,5.5

10．下面对流程图的描述错误的是（　　）。

A．流程图可以用于展示程序的语句执行顺序

B．通过绘制流程图可以帮助程序员梳理编写程序的思路

C．在绘制流程图过程中，要使用特定的图形与文字对流程进行说明

D．流程图对程序员毫无帮助

11．下面程序的运行结果是（　　）。

```
#include <stdio.h>
int main()
{
    int a = 5, b = 6, t;
    t = a;
    a = b;
    b = t;
    printf("%d,%d", a,b);
    return 0;
}
```

A．5,6　　B．6,5　　C．6,6　　D．5,5

12．下面程序的运行结果是（　　）。

```
#include <stdio.h>
int main()
{
    int x = 3, y = 4, z, s;
    z = y || x--;
    s = x ^ y;
    printf("%d,%d\n", x, s);
    return 0;
}
```

A．3,6　　B．3,7　　C．3,8　　D．7,7

13．若 a、b、c、d 都是 int 类型变量，且初始值为 0，下面不正确的赋值语句是（　　）。

A．a=b=c=100;　　B．d++　　C．d=(c=22)-(b++)　　D．c+b

14．下面选项中不是 C 语言语句的是（　　）。

A．{int I;i++;}　　B．;　　C．a=5,c=10　　D．{;}

15．下面程序的运行结果是（　　）。

```
#include <stdio.h>
int main()
{
    int x, y, z;
    x = 14;
    y = 15;
    z = 16;
    printf("%d\n", x + y - z);
    return 0;
}
```

A．13　　B．14　　C．15　　D．16

16．下面合法的 C 语言赋值语句是（　　）。

A．a=b=58　　B．k=int(a+b)　　C．a=58,b=58　　D．–i;

17．下面程序的运行结果是（　　）。

```
#include <stdio.h>
int main()
{
    int x, y, z;
    x = 0;
    y = 0;
    z = 0;
    z = (x -= x - 5), (x = y, y + 3);
    printf("%d,%d,%d\n", x,y,z);
    return 0;
}
```

A．3,0,−10　　B．0,0,5　　C．−10,3,−10　　D．3,0,3

18．在下列 C 语言用户标识符中，合法的是（　　）。

A．3ax　　B．x　　C．case　　D．−e2

19．下面程序的运行结果是（　　）。

```
#include <stdio.h>
int main()
{
    int x, y;
    x = 1;
    y = (x = x + 2, x = x * 3, x - 5);
    printf("%d", y);
    return 0;
}
```

A．3　　B．4　　C．5　　D．6

三、找错题

下面程序在运行时出现如图 4.14 所示的错误信息。请指出该错误是什么造成的。

```
#include <stdio.h>
int main()
{
    printf("Hello,tom")
    return 0;
}
```

图 4.14　错误信息

四、编程题

1．在下面横线上填写适当的代码，以实现输入两个整数，并计算和输出这两个整数的平方和。

```
#include <stdio.h>
int main()
{
        int a, b, s;
        printf("请输入 a,b 的值：");
        scanf("%d%d", ____);
        s = ____;
        printf("%d", s);
        return 0;
}
```

2．在下面横线上填写适当的代码，以实现两个变量的交换。

```
#include <stdio.h>
int main()
{
        int a, b, c;
        a = 3;
        b = 4;
        printf("交换前两个变量的值分别为 a=%d，b=%d\n", a, b);
        c = a;
        ____;
        b = c;
        printf("交换后两个变量的值分别为 a=%d，b=%d\n", a, b);
        return 0;
}
```

第 5 章　选 择 执 行

选择执行是程序执行的一种重要方式。例如，在生活中，我们常常会做很多的选择，在特定的情况下做某些事情。同理，在使用计算机处理数据时，也会面临选择的问题。为了解决这类问题，C 语言提供了专门的语句用于选择处理数据，如 if 选择语句、if-else 选择语句及 switch 选择语句等。

5.1　选择执行概述

选择执行是指我们面对多个选项时，选择其中的一个选项，并执行规定的相关内容。在 C 语言处理数据时，会大量使用选择执行。

5.1.1　什么是选择执行

选择执行是指根据条件执行特定的操作。例如，在生活中，选择穿什么颜色的衣服，选择吃什么午饭，选择何种出行方式，都是选择执行的一种具体表现。下面就介绍在 C 语言中如何从数据中找到条件并表示条件。

1. 寻找条件

寻找条件即从要处理的数据中找到影响执行的条件。这些条件都是一些特定的数值或状态。例如，从公民中选出年满 18 岁的人服兵役，而“18 岁”就是数值条件；对开车的人进行酒驾检测，如果这个人是无证驾驶或饮酒驾驶，都要被处罚，否则就被放行，这里“是否有驾驶证”及“是否饮酒驾驶”就是状态条件。

2. 表示条件

在 C 语言中，从数据中找到的条件还不能直接被使用，而是将条件转换为对应的表达式后才能被使用。

（1）对于数值条件，可以被转换为比较表达式。例如，将上面提到的“18 岁”这个条件转换为 a>=18。其中，a 表示征兵的范围；18 表示 18 岁的分界线，如图 5.1 所示。

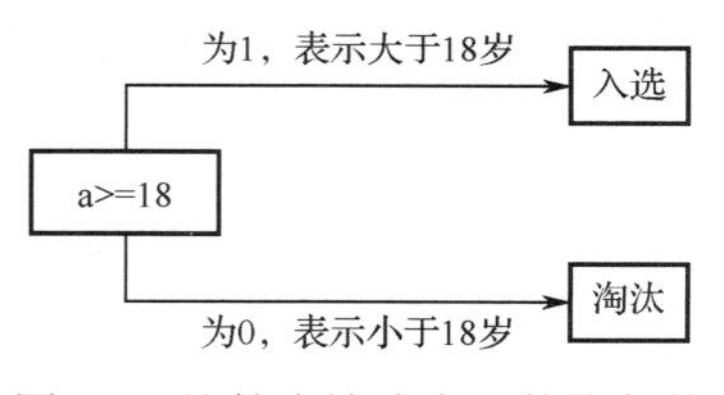

图 5.1　比较表达式表示数值条件

（2）对于状态条件，如果是单个状态条件，可以被转换为比较表达式或逻辑表达式。例如，用程序判断一个人是否说谎，这里“说谎”与“没说谎”都为状态条件；在编写程序中，这句话应该被理解为“判断一个人说谎是否为真”。

例如，可以规定 a=1 表示没说谎，a=0 表示说谎。这样状态条件可以转换为等于表达式 a==1。如果 a==1 的值为 1，表示 a 为 1，意味着没说谎；如果 a==1 的值为 0，表示 a 为 0，意味着说谎了，如图 5.2 所示。

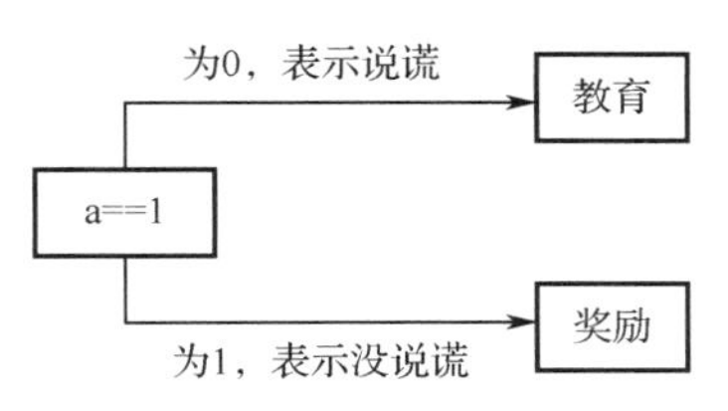

图 5.2 等于表达式表示状态条件

上述情况也可以被转换为逻辑非表达式!(a==0)。这时，如果!(a==0)的值为 1，表示 a 为 1，意味着没说谎；如果!(a==0)的值为 0，表示 a 为 0，意味着说谎，如图 5.3 所示。

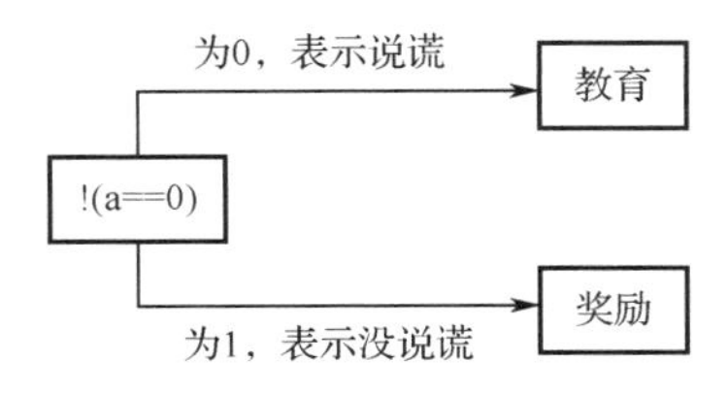

图 5.3 逻辑非表达式表示状态条件

（3）有时会遇到两个状态条件都要使用的情况。例如，对于酒驾检测，可以规定 a 代表驾驶员是否处于持证驾驶状态，b 代表驾驶员是否处于非饮酒的驾驶状态。其中，1 表示合法；0 表示不合法。这样就将两个状态条件转换为逻辑表达式为 a&&b。只有当 a 与 b 都是合法状态时，驾驶员才能被放行，否则就要被处罚，如图 5.4 所示。

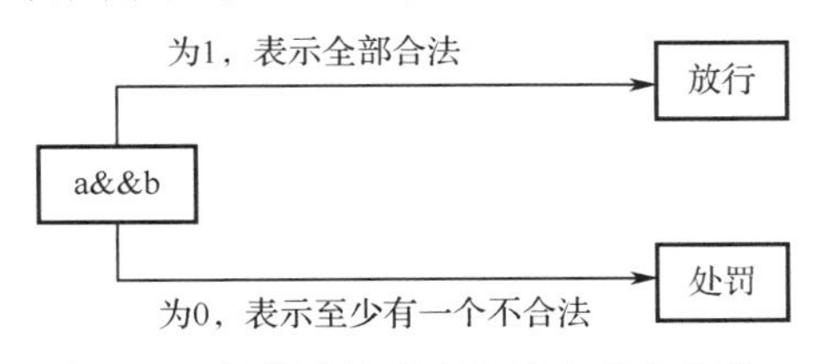

图 5.4 逻辑表达式表示两个状态条件

3. 数值比较的陷阱

对于数值条件中的数值比较，一定要注意小数的比较。由于小数有精确表示的问题，所以会将多余的小数位进行截取后再保留，这样会导致小数在比较时出现错误的情况。例如，C 语言会认为 float 类型小数 7.500000007 与 7.500000009 是相等的，这是因为 float 类型小数只能被精确保留到小数点后的 6 到 7 位。

【示例 5-1】比较两个小数的大小。

程序如下：

```
#include <stdio.h>
#include <conio.h>
int main()
{
    printf("比较的结果为%d",7.500000007f<7.500000009f);
    getch();
```

```
    return 0;
}
```

运行程序，输出以下内容：

```
比较的结果为 0
```

“比较的结果为 0”表示 7.500000007 小于 7.500000009 是不成立的，这就是因为 float 类型小数只能被精确保留到小数点后的 6 到 7 位。

4. 状态规则的制定

在对状态条件进行判断时，一定要注意状态是没有值的。所以，一定要将状态转化为值之后才能进行值的比较。一般情况下，C 语言会规定“状态为真”时用数字 1 表示，“状态为假”时用数字 0 表示，如表 5.1 所示。

表 5.1　常用的状态值

状 态 条 件	状态/状态值	状态/状态值
灯的开关	开/1	关/0
门的开关	开/1	关/0
是否说谎	说谎/0	没说谎/1

从表 5.1 可以看出，每个状态条件都具有两个状态，而这两个状态不是“真”就为“假”。但是，我们实际要处理的状态条件，有时候会具有多个状态。例如，车辆行驶方向具有 4 个状态，包括前进、倒退、左转及右转。此时，我们要将这 4 个状态分别转换为 1、2、3、4，如表 5.2 所示。

表 5.2　车辆行驶方向的状态值及表达式

车辆行驶方向状态	状　态　值	表　达　式
前进	1	a==1
后退	2	a==2
左转	3	a==3
右转	4	a==4

在编写程序时一定要注意，由于状态值是由程序员规定的，所以程序注释要说清楚状态值到底代表的是什么状态，便于自己日后阅读和其他人阅读，例如：

```
int a=0;            //这里的 0 表示说谎
int b=1;            //这里的 1 表示诚实
```

5.1.2　流程图

在流程图中，条件判断要用判断框来表示。判断框是菱形的。在判断框中可以书写具体的判断条件，如图 5.5 所示。

图 5.5　判断框

选择执行的流程图包含了判断框，以及真、假判断流程线。一个简单的选择执行的流程图如图 5.6 所示。

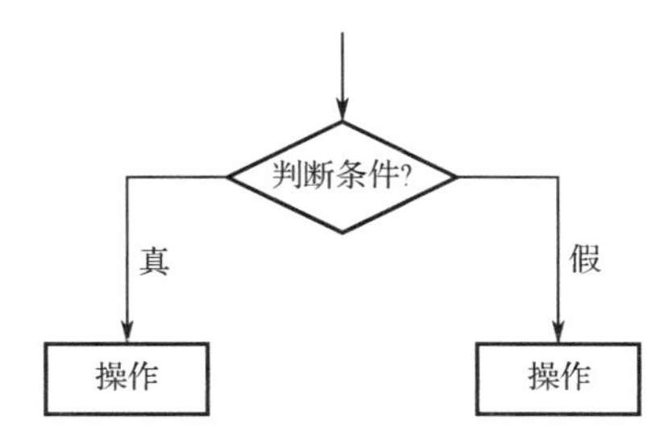

图 5.6　一个简单的选择执行的流程图

在图 5.6 中，程序首先会执行判断框中的判断条件，然后根据判断条件的真或假，选择执行对应的操作。

注意：一般情况下，判断框的左侧流程线被默认为判断结果为真的流程线，判断框的右侧流程线被默认为判断结果为假的流程线。

5.2　if 选择语句

if 选择语句是 C 语言为选择执行的专用语句，适用于处理简单的选择执行。本节将详细介绍如何使用 if 选择语句实现选择执行。

5.2.1　语句结构

if 选择语句又称 if 语句，由一个 if 条件（表达式）和一个语句组成，只有一个分支。对于 if 语句来说，当条件为真时，执行语句。if 语句的语法如图 5.7 所示。

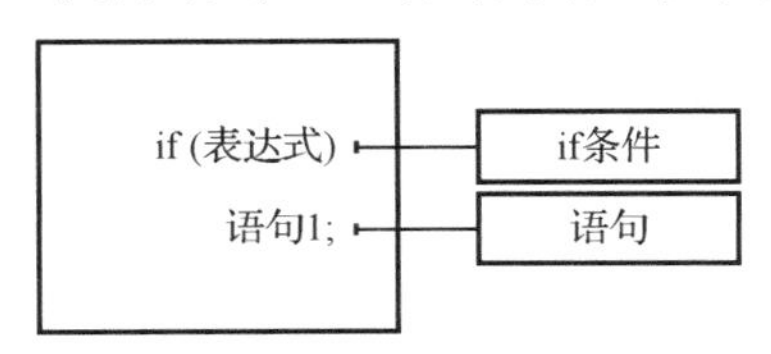

图 5.7　if 语句的语法

助记：if 的意思为如果。

在 if 语句中，if 条件一般为关系表达式或逻辑表达式，而在特殊情况下可以为算术表达式或赋值表达式；语句是一个单行语句。

注意：在 if 语句中，if 条件与语句之间不能有其他代码存在；if 条件不是语句，所以 if 条件这行代码后不能加分号，而语句这行代码后必须加分号。

5.2.2　流程图

if 语句的流程图如图 5.8 所示。

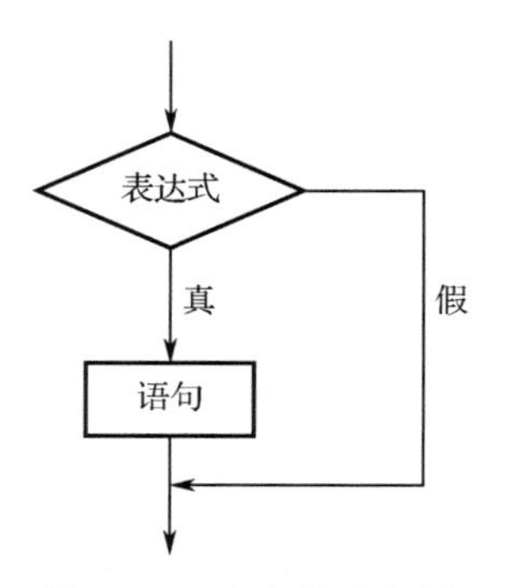

图 5.8　if 语句的流程图

从图 5.8 中可以看出，if 语句的运行顺序会根据表达式的真、假进行变化；如果表达式为真，则执行语句；如果表达式为假，则不执行语句。

【示例 5-2】下面使用 if 语句判断 a 的值是否大于或等于 8。

程序如下：

```
#include <stdio.h>
#include <conio.h>
int main()
{
	int a=10;
	if(a>=8)
		printf("a 大于或等于 8\n");
	printf("这是程序的语句\n");
	getch();
	return 0;
}
```

为了方便调试，这里使用断点调试方式。断点调试方式只要为某一行代码添加断点，然后运行程序时会直接运行到断点位置。添加断点十分简单，只要单击指定代码前的空白处即可。

上面程序中使用到了 if 语句，下面通过添加断点及逐行调试程序的方法来查看代码的运行顺序。

（1）在 if 语句前添加断点，添加成功后会出现一个标记（此标记在屏幕上显示为红色的），如图 5.9 所示。

（2）开始运行程序，程序会直接运行到断点位置，此时在屏幕上的红色标记中会出现一个黄色箭头，如图 5.10 所示。

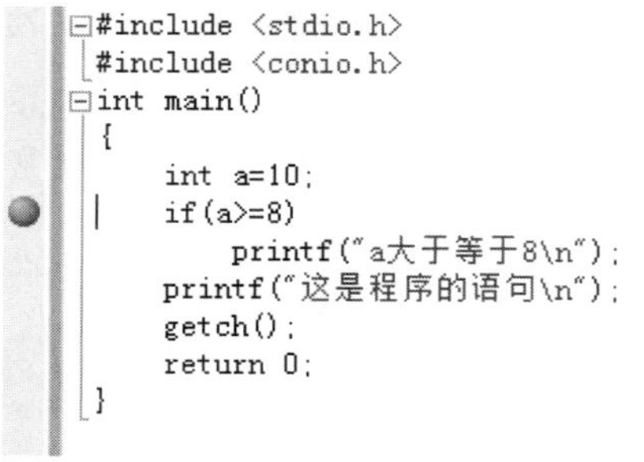

```
#include <stdio.h>
#include <conio.h>
int main()
{
	int a=10;
	if(a>=8)
		printf("a大于等于8\n");
	printf("这是程序的语句\n");
	getch();
	return 0;
}
```

图 5.9　添加断点

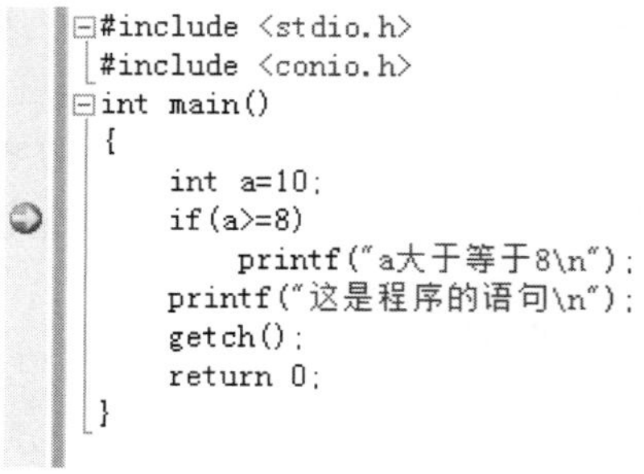

```
#include <stdio.h>
#include <conio.h>
int main()
{
	int a=10;
	if(a>=8)
		printf("a大于等于8\n");
	printf("这是程序的语句\n");
	getch();
	return 0;
}
```

图 5.10　程序运行至断点位置

（3）按 F10 键进行逐行调试程序，如图 5.11 和图 5.12 所示。

```
#include <stdio.h>
#include <conio.h>
int main()
{
    int a=10;
    if(a>=8)
        printf("a大于或等于8\n");
    printf("这是程序的语句\n");
    getch();
    return 0;
}
```

图 5.11　第 1 次按 F10 键后的程序

```
#include <stdio.h>
#include <conio.h>
int main()
{
    int a=10;
    if(a>=8)
        printf("a大于或等于8\n");
    printf("这是程序的语句\n");
    getch();
    return 0;
}
```

图 5.12　第 2 次按 F10 键后的程序

从图 5.11 和图 5.12 中可以看出，由于 a 的值为 10，if 语句的表达式为真，所以程序运行了“printf("a 大于或等于 8\n");”这行代码。接下来我们修改 a 的值为 3，让 if 语句的表达式为假。

修改的程序如下：

```
#include <stdio.h>
#include <conio.h>
int main()
{
    int a=3;
    if(a>=8)
        printf("a 大于等于 8\n");
    printf("这是程序的语句\n");
    getch();
    return 0;
}
```

通过逐行调试修改的程序，再次查看这段修改的程序的运行过程，如图 5.13 和图 5.14 所示。

```
#include <stdio.h>
#include <conio.h>
int main()
{
    int a=3;
    if(a>=8)
        printf("a大于或等于8\n");
    printf("这是程序的语句\n");
    getch();
    return 0;
}
```

图 5.13　修改的程序运行至断点位置

```
#include <stdio.h>
#include <conio.h>
int main()
{
    int a=3;
    if(a>=8)
        printf("a大于或等于8\n");
    printf("这是程序的语句\n");
    getch();
    return 0;
}
```

图 5.14　第 1 次按 F10 键后的修改的程序

从图 5.13 和图 5.14 中可以看出，由于 a 的值为 3， if 语句的表达式为假，所以直接跳过了 printf("a 大于等于 8\n");这行代码，而直接执行了 printf("这是程序的语句\n");这行代码。从这两次程序调试中可以清楚地看出，只有当 if 语句的表达式为真时，才会执行其下面的语句。

5.2.3　使用语句块

if 语句中的语句可以为一个语句块。使用语句块，可以将多行代码放置在一起进行执行，就像将一类事务放在一起处理一样。语句块从左大括号开始到右大括号结束。当 if 语句中的表达式为真时，执行 if 语句中的语句块所有语句。if 语句中的语句块语法如图 5.15 所示。

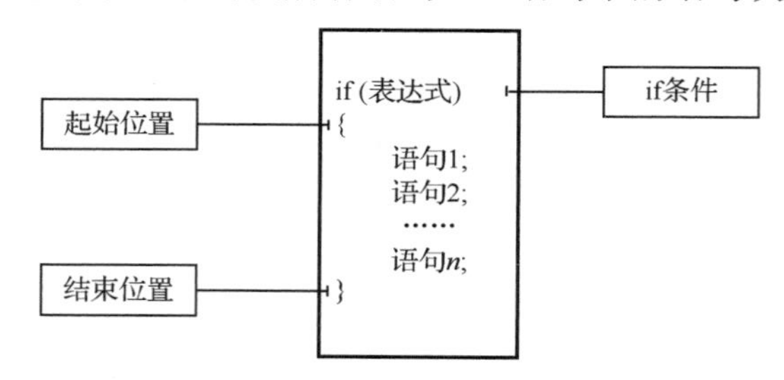

图 5.15　if 语句中的语句块语法

注意：if 语句中的语句块必须与大括号配合使用，否则会造成逻辑错误。

【示例 5-3】下面在 if 语句中使用语句块输出 8 岁儿童标准身高、体重等信息。

程序如下：

```
#include <stdio.h>
#include <conio.h>
int main()
{
        int age=8;
        if(age==8)
        {
                printf("年龄 8 岁\n");
                printf("性别男\n");
                printf("标准身高：121.6～132.2cm\n");
                printf("标准体重：22.2～30.0kg\n");
        }
        printf("看到这行代表已跳出语句块\n");
        getch();
        return 0;
}
```

运行程序，输出以下内容：

```
年龄 8 岁
性别男
标准身高：121.6～132.2cm
标准体重：22.2～30.0kg
看到这行代表已跳出语句块
```

从上面程序中可以看出，当 if 条件“age==8”为真时，会执行 if 语句中的语句块所有语句，一直到跳出该语句块。

5.2.4　多 if 语句的组合使用

为了进行复杂的条件判断，常常要同时使用多个 if 语句，这就是多 if 语句的组合使用。在生活中，我们常常会遇到先做出多个判断后才能得到想要的结果。例如，想要去某个地方旅游，需要不断判断方向才能到达目的地。多 if 语句的组合使用可以分为连续使用 if 语句和嵌套使用 if 语句。接下来我们将详细讲解这两种多 if 语句的组合使用。

1. 连续使用 if 语句

连续使用 if 语句是指将多个 if 语句依次放在程序中，其语法如下：

```
if(表达式 1)
{
    语句 1/语句块 1;
}
if(表达式 2)
{
    语句 2/语句块 2;
}
  ……
if(表达式 n)
{
    语句 n/语句块 n;
}
```

连续使用 if 语句会依次判断表达式的真、假，如果表达式为真，则执行对应语句；如果表达式为假，则对下一个 if 语句的表达式进行判断；依次类推，直到程序结束。连续使用 if 语句的流程图如图 5.16 所示。

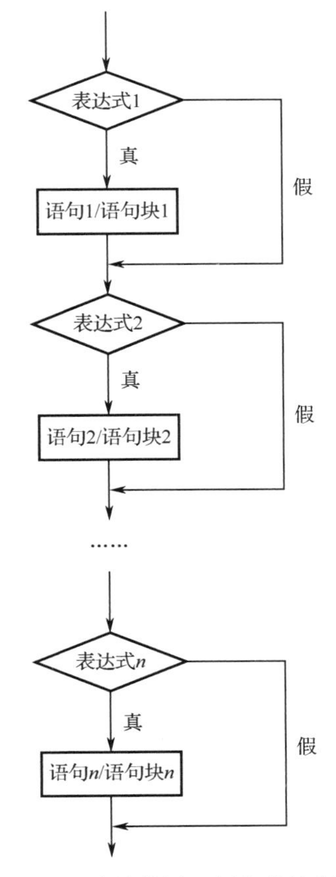

图 5.16　连续使用 if 语句的流程图

注意：如果 if 语句中的语句是一行的，建议使用大括号将其括起来形成一个小的语句块。这样可以提高程序的可读性。

【示例 5-4】 通过连续使用 if 语句判断完成订单的多少并发放对应奖金。发放奖金标准如表 5.3 所示。

表 5.3 发放奖金标准

完成订单数量	发放奖金金额
超过 1000 件（包含 1000 件）	10 000 元
超过 500 件，不到 1000 件（包含 500 件）	5000 元
超过 100 件，不到 500 件（包含 100 件）	1000 元
不到 100 件	没有奖金

从表 5.3 中可以看出，奖金发放分为 4 个档次，所以需要 4 个 if 语句。其中，完成订单数量就是 if 语句的 if 条件，而发放奖金就是 if 语句的语句块。接下来我们用变量 number 代表订单数量，并将发放奖金标准进行转换，如表 5.4 所示。

表 5.4 转换后的发放奖金标准

完成订单数量	发放奖金金额
number>=1000	10 000 元
number>=500&& number<1000	5000 元
number>=100&& number<500	1000 元
不到 100 件	没有奖金

注意：在转换完成订单数量这个 if 条件时，一定要注意划分界限的值，是否需要加等于号或是否为多个条件。例如，将“超过 1000 件(包含 1000 件)”转换为“number>=1000”。

根据表 5.4，分别将 if 条件及语句块部分带入 4 个 if 语句进行程序的编写。

程序如下：

```
#include <stdio.h>
#include <conio.h>
int main()
{
    int number=0;
    printf("请输入今年完成订单数量，按回车键结束\n");
    scanf("%d",&number);
    if(number>=1000)
    {
        printf("你的奖金为 10000 元\n");
    }
    if(number>=500&&number<1000)
    {
```

```
        printf("你的奖金为 5000 元\n");
    }
    if(number>=100&&number<500)
    {
        printf("你的奖金为 1000 元\n");
    }
    if(number<100)
    {
        printf("你没有奖金，请再接再厉！\n");
    }
    getch();
    return 0;
}
```

运行程序，输出以下内容：

```
请输入今年完成订单数数，按回车键结束
360
你的奖金为 1000 元
```

从上面程序中可以看出，当输入一个值之后，程序会按顺序判断每个 if 条件，如果 if 条件为真，则执行对应语句块，否则不执行对应语句块。

2. 嵌套使用 if 语句

嵌套使用 if 语句是指将多个 if 语句相互嵌套后，形成“父子”关系后，放在程序中。在嵌套使用 if 语句时，要将子级 if 语句嵌套至父级 if 语句的语句块中，其语法如下：

```
if(表达式 1)
{
    语句 1/语句块 1;
    if(表达式 2)
    {
        语句 2/语句块 2;
        if(表达式 3)
        {
            语句 3/语句块 3;
             ……
            语句 n/语句块 n;

        }
    }
}
```

在嵌套使用 if 语句时，如果父级 if 语句的 if 表达式为真，则执行父级 if 语句的语句/语句块或对子级 if 语句的表达式进行判断；如果父级 if 语句的表达式为假，则不对子级 if 语句的表达式进行判断，直接退出当前 if 语句；依次类推，直到程序结束。嵌套使用 if 语句的流程图如图 5.17 所示。

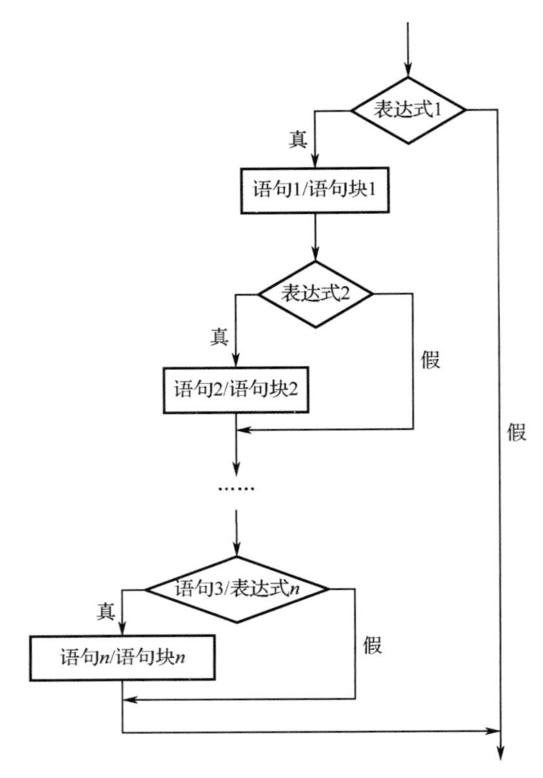

图 5.17　嵌套使用 if 语句的流程图

【示例 5-5】使用嵌套 if 语句实现答题游戏。

程序如下：

```
#include <stdio.h>
#include <conio.h>
int main()
{
    int a=0,b=0,c=0,d=0;
    printf("第 1 题：一天有多少小时？按回车键结束\n");
    scanf("%d",&d);
    if(d==24)
    {
        printf("答对了\n");
        printf("第 2 题：一年有几个月？按回车键结束\n");
        scanf("%d",&c);
        if(c==12)
        {
            printf("答对了\n");
            printf("第 3 题：一年有多少天？按回车键结束\n");
            scanf("%d",&b);
            if(b==365||b==366)
            {
                printf("答对了\n");
                printf("第 4 题：一年有多少小时？按回车键结束\n");
```

```
                    scanf("%d",&b);
                    if(b==8760||b==8784)
                    {
                        printf("答对了，恭喜你完成了所有测验\n");
                    }
                }
            }
        }
        getch();
        return 0;
}
```

运行程序，输出以下内容：

```
第 1 题：一天有多少小时？按回车键结束
24
答对了
第 2 题：一年有几个月？按回车键结束
12
答对了
第 3 题：一年有多少天？按回车键结束
365
答对了
第 4 题：一年有多少小时？按回车键结束
8784
答对了，恭喜你完成了所有测验
```

从上面程序中可以看出，只有当 if 条件为真时，才能进入更深层的 if 语句之中；当 if 条件为假时，则直接退出程序。

5.3　if-else 选择语句

if-else 选择语句是两个 if 选择语句在连续使用时的另一种写法。它是基于一个表达式指定两个选择的语句。本节将详细讲解 if-else 选择语句的分支、流程图及嵌套使用。

5.3.1　语句结构

if-else 选择语句可以拥有两个分支。两个分支分别对应自己要执行的语句或语句块，其语法如下：

```
if(表达式)
{
    语句 1/语句块 1;
}
else
{
    语句 2/语句块 2;
}
```

助记：else 的意思为否则。

if-else 选择语句会根据 if 条件的真、假进行分支的选择，如果表达式为真，则执行语句 1/语句块 1；如果表达式为假，则执行语句 2/语句块 2。

5.3.2 流程图

if-else 选择语句的流程图，如图 5.18 所示。

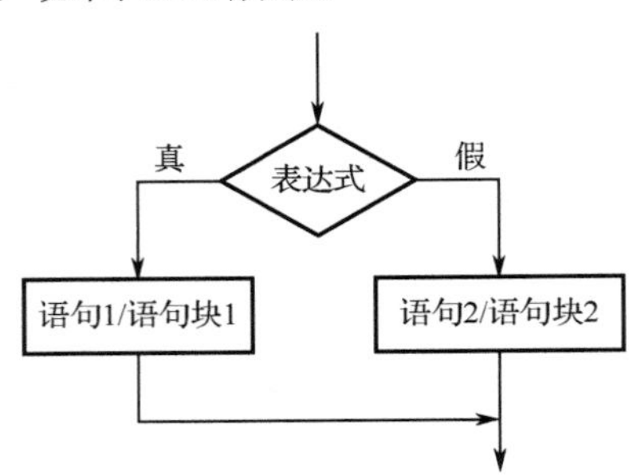

图 5.18 if-else 选择语句的流程图

从图 5.18 中可以看出，if-else 选择语句的运算顺序会根据表达式的真、假进行变化；当表达式为真时，执行语句 1/语块 1；如果表达式为假，则执行语句 2/语句块 2。

【示例 5-6】验证 if-else 选择语句的执行过程。

程序如下：

```
#include <stdio.h>
#include <conio.h>
int main()
{
	int result=0;
	printf("请输入 3+5 的结果，按回车键结束\n");
	scanf("%d",&result);
	if(result==8)
	{
		printf("回答正确\n");
	}
	else
	{
		printf("回答错误\n");
	}
	getch();
	return 0;
}
```

从上面程序中可以看出，7 到 14 行的代码为 if-else 选择语句。接下来我们使用调试功能验证一下该 if-else 选择语句的执行过程。

如果输入的答案为 8，那么运行程序，输出以下内容：

```
请输入 3+5 的结果，按回车键结束
8
回答正确
```

输入正确答案时的程序调试过程如图 5.19 所示。

```
if(result==8)
{
    printf("回答正确\n");
}
else
{
    printf("回答错误\n");
}
getch();
return 0;
}
```

（1）调试第 7 行的代码

```
if(result==8)
{
    printf("回答正确\n");
}
else
{
    printf("回答错误\n");
}
getch();
return 0;
}
```

（b）调试第 9 行的代码

```
if(result==8)
{
    printf("回答正确\n");
}
else
{
    printf("回答错误\n");
}
getch();
return 0;
}
```

（c）调试第 11 行的代码

```
if(result==8)
{
    printf("回答正确\n");
}
else
{
    printf("回答错误\n");
}
getch();
return 0;
}
```

（d）调试第 15 行的代码

图 5.19　输入正确答案时的程序调试过程

从图 5.19 中我们可以看出，如果表达式为真，对执行了“printf("回答正确\n");”语句块。

如果输入的答案不为 8，那么运行程序，输出以下内容：

```
请输入 3+5 的结果，按回车键结束
7
回答错误确
```

输入错误答案时的程序调试过程如图 5.23～图 5.25 所示。

```
if(result==8)
{
    printf("回答正确\n");
}
else
{
    printf("回答错误\n");
}
getch();
return 0;
}
```

（a）调试第 7 行的代码

```
if(result==8)
{
    printf("回答正确\n");
}
else
{
    printf("回答错误\n");
}
getch();
return 0;
}
```

（b）调试第 13 行的代码

```
if(result==8)
{
    printf("回答正确\n");
}
else
{
    printf("回答错误\n");
}
getch();
return 0;
}
```

（c）调试第 15 行的代码

图 5.20　输入错误答案时的程序调试过程

从图 5.20 中可以看出，如果表达式条件为假，则执行了“printf("回答错误\n");”语句块。

5.3.3　嵌套使用 if-else 选择语句

嵌套使用 if-else 选择语句是将多个 if-else 选择语句相互嵌套后形成“父子”关系，以进行复杂的条件判断。在嵌套使用 if-else 选择语句时，必须将子级的 if-else 选择语句嵌套至父级 if-else 选择语句的语句/语句块中，其语法如下：

```
if (表达式 1)
{
    语句 1/语句块 1;
    if(表达式 2)
    {
        语句 3/语句块 3;
    }
    else
    {
        语句 4/语句块 4;
    }
}
else
{
    语句 2/语句块 2;
    if(表达式 3)
    {
        语句 5/语句块 5;
    }
    else
    {
        语句 6/语句块 6;
    }
}
```

在嵌套使用 if-else 选择语句时，先判断表达式，如果表达式为真，则执行 if 条件下面的语句/语句块或子级的 if-else 选择语句；如果表达式为假，则执行 else 下面的语句/语句块或子级的 if-else 选择语句；依次类推，直到程序结束。嵌套使用 if-else 选择语句的流程图如图 5.21 所示。

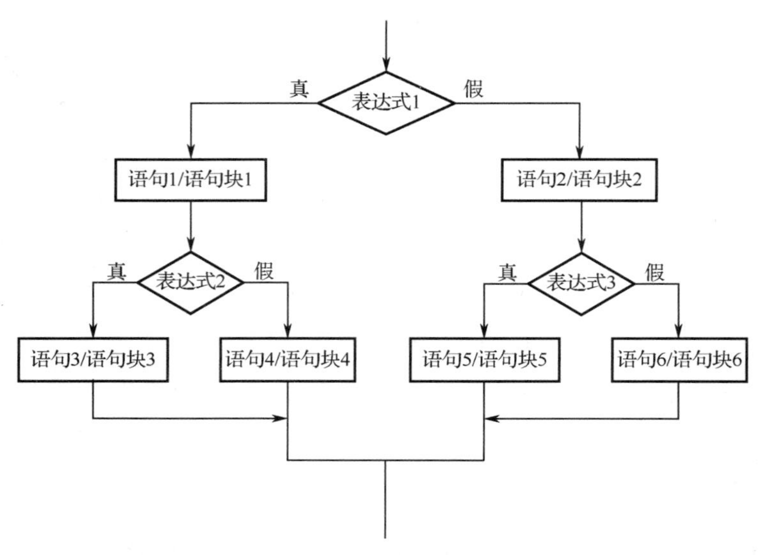

图 5.21　嵌套使用 if-else 选择语句的流程图

【示例 5-7】通过嵌套使用 if-else 选择语句，实现对分数的等级划分。具体要求：先判断学生的分数是否及格，然后输出分数的等级。分数的等级划分如表 5.5 所示。

表 5.5　分数等级划分

分　　数	等　　级
超过 75 分（包含 75）	A
超过 60 分但不到 75 分（包含 60）	B
超过 25 分（包含 25）	C
不到 25 分	D

注意：等级 C 与 D 的同学需要补考。

从题目中，我们知道要分两步完成分数等级划分：第一步是判断学生的分数是否及格；第二步输出分数的等级。从表 5.5 中可以看出，分数是 if 条件，而等级是要执行的语句/语句块。我们使用变量 result 代表分数，将表进行转换，如表 5.6 所示。

表 5.6　转换后的分数等级划分

分　　数	大 等 级	分　　数	小 等 级
result>=60	及格	result>=75	A
		result>=60&& result<75	B
result<60	不及格	result>=25&&result<60	C
		result<25	D

从表 5.6 可以看出，及格与不及格的判断要使用第一个 if-else 选择语句；A 与 B 的判断要使用第二个 if-else 选择语句；C 与 D 的判断要使用第三个 if-else 选择语句，并且要将第二个、第三个 if-else 选择语句嵌套到第一个 if-else 选择语句中。根据这个思路，编写的程序如下：

```
#include <stdio.h>
#include <conio.h>
int main()
{
    int result=0;
    printf("请输入你的考试成绩，按回车键结束\n");
    scanf("%d",&result);
    if(result>=60)
    {
        printf("恭喜！你及格了\n");
            if(result>=75)
            {
                printf("你的评价是 A\n");
            }
            else
            {
                printf("你的评价是 B\n");
            }
    }
    else
```

```
        {
              printf("抱歉！ 你没有及格\n");
                        if(result>=25)
                        {
                              printf("你的评价是 C\n");
                        }
                        else
                        {
                              printf("你的评价是 D\n");
                        }
        }
        getch();
        return 0;
}
```

运行程序，输出以下内容：

```
请输入你的考试成绩，按回车键结束
50
抱歉！ 你没有及格
你的评价是 C
```

在上面程序中，利用两层 if-else 选择语句进行嵌套使用，将分数划分为两个大等级和 4 个小等级，即首先判断是否及格，然后输出分数的具体等级。

5.4 if-else-if 选择语句

if-else-if 选择语句是多个 if 选择语句在连续使用时的另一种写法。它可以做出多个选择的语句。本节将详细讲解 if-else-if 选择语句的分支、流程图。

5.4.1 语句结构

if-else-if 选择语句可以拥有多个分支。多个分支分别对应各自要执行的语句或语句块。

if-else-if 选择语句的语法如下：

```
if (表达式 1)
{
    语句 1/语句块 1;
}
else if(表达式 2)
{
    语句 2/语句块 2;
}
else if(表达式 3)
{
    语句 3/语句块 3;
}
……
else if(表达式 n-1)
```

```
{
    语句 n-1/语句块 n-1;
}
else
{
    语句 n/语句块 n;
}
```

if-else-if 选择语句首先会对表达式 1 进行判断，当表达式 1 为真时，则执行语句 1/语句块 1；当表达式 1 为假时，对表达式 2 进行判断，当表达式 2 为真时，则执行语句 2/语句块 2；当表达式 2 为假时，对表达式 3 进行判断，依次类推。

5.4.2 流程图

if-else-if 选择语句的流程图如图 5.22 所示。

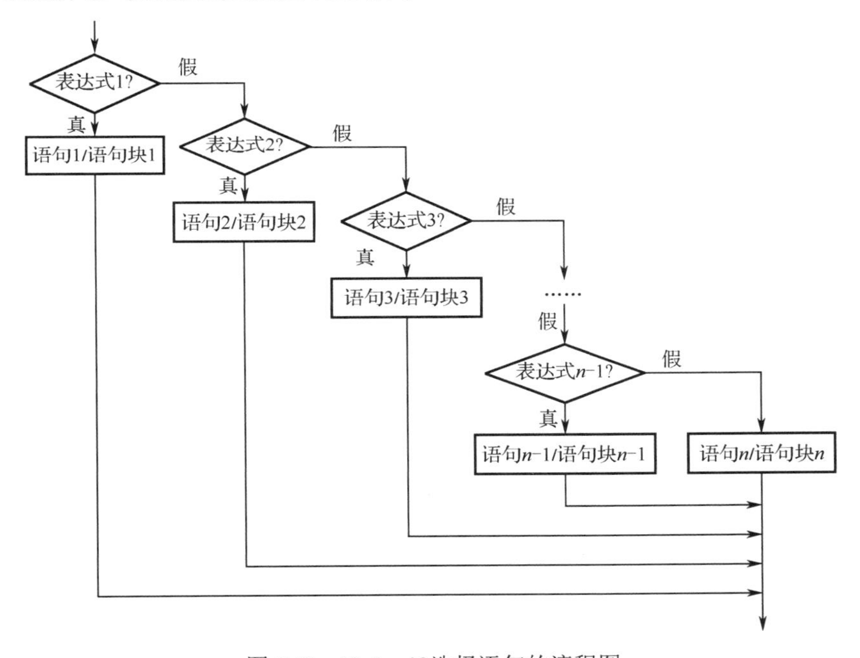

图 5.22 if-else-if 选择语句的流程图

【示例 5-8】下面使用 if-else-if 选择语句来验证产品档次。

程序如下：

```
#include <stdio.h>
#include <conio.h>
int main()
{
    int passrate;
    printf("输入产品合格率:");
    scanf("%d", &passrate);
    if (passrate >= 90)
        printf("优秀\n");
    else if (passrate >= 80)
```

```
        printf("良好\n");
    else if (passrate >= 70)
        printf("中等\n");
    else if (passrate >= 60)
        printf("合格\n");
    else
        printf("不合格\n");
    return 0;
}
```

如果输入的答案为 70，那么运行程序，输出以下内容：

```
输入产品合格率:70
中等
```

5.5 switch 选择语句

switch 选择语句是多个选择的连续使用。它是基于一个条件指定多个选择的语句。在生活中，我们经常要对多种分支的数据进行处理。例如，在大超市中的洗衣粉可以分为十几种，人们要根据衣服类型从中选择一种。本节将详细讲解 switch 选择语句的语法相关内容。

5.5.1 语句结构

switch 选择语句又称 switch 语句，包含条件表达式、case 分支的常量表达式及 case 分支的语句三部分。

switch 语句的语法如下：

```
switch(条件表达式)
{
    case 常量表达式 1:
     语句 1;
    case 常量表达式 2:
     语句 2;
    case 常量表达式 3:
     语句 3;
    ……
    case 常量表达式 n:
     语句 n;
}
```

switch 语句将条件表达式的值依次与 case 分支的常量表达式的值进行比较，如果这两个值相等，则从当前 case 分支的语句开始，顺序执行后面所有的 case 分支的语句；如果这两个值不相等，则将条件表达式的值再与下一个 case 分支的常量表达式的值进行比较，依次类推，直到程序结束。

对于 switch 语句，一定要注意以下几点。

（1）switch 语句的条件表达式必须是 int、short、long、char 类型。

（2）switch 语句后面可以跟多个 case 分支，但要合理地组合顺序。

（3）switch 语句的所有 case 分支的语句都可以被省略，但是最后一个 case 分支的语句不可以被省略。

（4）case 分支由 case 关键字、常量表达式及冒号组成，其中 case 关键字与常量表达式之间有一个空格，而且常量表达式中不能有变量存在。

（5）case 分支的语句可以包含多条语句，并可以不使用大括号来分隔 case 分支的语句。

switch 语句的流程图如图 5.23 所示。

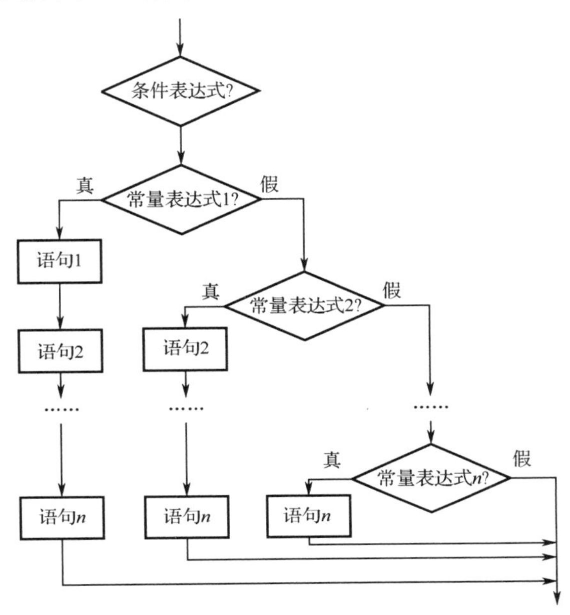

图 5.23　switch 语句的流程图

【示例 5-9】使用 switch 语句输出高一的学生转学后要读几年级。

程序如下：

```
#include <stdio.h>
#include <conio.h>
int main()
{
    int grade=1;
    switch(grade){
        case 1:
            printf("你要读高一\n");
        case 2:
            printf("你要读高二\n");
        case 3:
            printf("你要读高三\n");
    }
    getch();
    return 0;
}
```

运行程序，输出以下内容：

```
你要读高一
你要读高二
你要读高三
```

在上面程序中可以看出，“年级”作为条件表达式，其值为 1，与第一个 case 子句的常量表达式的值相等，所以输出该学生要从高一开始一直读到高三，共 3 个年级。

助记：switch 的意思为开关、转换器。case 的意思为例、事例。

5.5.2 default 分支

从 switch 语句中可以发现，如果 switch 语句中条件表达式的值与所有 case 分支的常量表达式的值都不相等，则程序会直接跳出 switch 语句范围，没有任何提示。此时，我们无法直接判断出程序是否执行过 switch 语句。所以，C 语言为 switch 语句提供了一个 default 分支。

switch 语句增加 default 分支后的语法如下：

```
switch(条件表达式)
{
    case 常量表达式 1:
         语句 1;
    case 常量表达式 2:
         语句 2;
    case 常量表达式 3:
         语句 3;
         ……
    case 常量表达式 n:
         语句 n;
    default:
         语句 n+1;
}
```

default 分支为 switch 语句的一个默认分支语句。default 分支不受 switch 语句的条件表达式的值的影响，默认为执行状态。default 分支通常放在 switch 语句中的末尾。增加 default 分支的 switch 语句的流程图如图 5.24 所示。

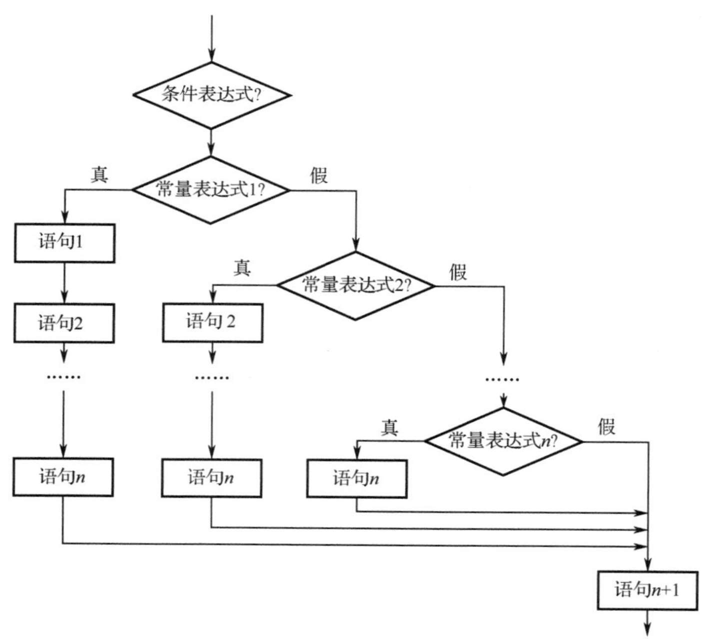

图 5.24　增加 default 分支的 switch 语句的流程图

【示例 5-10】使用 switch 语句判断学生的年龄是否符合上高中的年龄要求。高中为 3 个年级，高一学生的年龄要求为 16 岁，高二学生的年龄要求为 17 岁，高三学生的年龄要求为 18 岁。

从题目中可知，高中可以分为 3 个年级，并且对每个年级学生都有年龄要求。所以，如果使用 switch 语句，则学生年龄就作为 switch 语句的条件表达式，3 个年级就代表有 3 个 case 分支，每个年级要求的学生年龄就是 case 分支的常量表达式。使用变量 age 代表学生年龄，我们可以将已知信息转换如下：

```
switch（age）
case 16    高一
case 17    高二
case 18    高三
```

如果输入的学生年龄不符合上高中的年龄要求，就要输出一个温馨提示，也就是要添加一个 default 分支。

```
default    不满足入学年龄
```

根据上面的思路，编写程序如下：

```
#include <stdio.h>
#include <conio.h>
int main()
{
        int age=0;
        printf("输入你的年龄，按回车键确定");
        scanf("%d",&age);
       switch(age){
                case 16:
                        printf("你要读高一\n");
                case 17:
                        printf("你要读高二\n");
                case 18:
                        printf("你要读高三\n");
                default:
                        printf("对不起你的年龄不符合我校招生要求\n");
        }
        getch();
        return 0;
}
```

运行程序，输入年龄为 5，输出以下内容：

```
对不起你的年龄不符合我校招生要求
```

从上面程序中可以看出，5 岁的学生不符合所有 case 分支的条件，所以输出 default 分支的语句“对不起你的年龄不符合我校招生要求”。

注意：在一个 switch 语句中只可以有一个 default 分支，否则程序就会出错，例如：

```
#include <stdio.h>
#include <conio.h>
int main()
{
        int grade=2;
```

```
    switch(grade){
        case 1:
                printf("你需要读高一\n");
         default:
                printf("你好\n");
         case 2:
                printf("你需要读高二\n");
        case 3:
                printf("你需要读高三\n");
         default:
                printf("祝你学习愉快\n");
    }
    getch();
    return 0;
}
```

运行程序，输出以下错误信息：

```
error C2048: default  多于一个
```

助记：default 的意思为默认。

5.5.3　break 分支

如果只想执行符合条件的 case 分支后不再执行其他语句，此时就要使用 break（跳出）分支。switch 语句的完整语法如下：

```
switch(条件表达式)
{
    case  常量表达式 1:
            语句 1;
            break;
    case  常量表达式 2:
            语句 2;
            break;
    case  常量表达式 3:
            语句 3;
            break;
    ……
    case  常量表达式 n:
            语句 n;
            break;
    default:
            语句 n+1;
            break;
}
```

在 switch 语句中，break 分支可以存在于每个 case 分支中。当程序运行时，只要运行到 break 分支时，程序会立即跳出 switch 语句范围。含 break 分支的 swich 语句的流程图如图 5.25 所示。

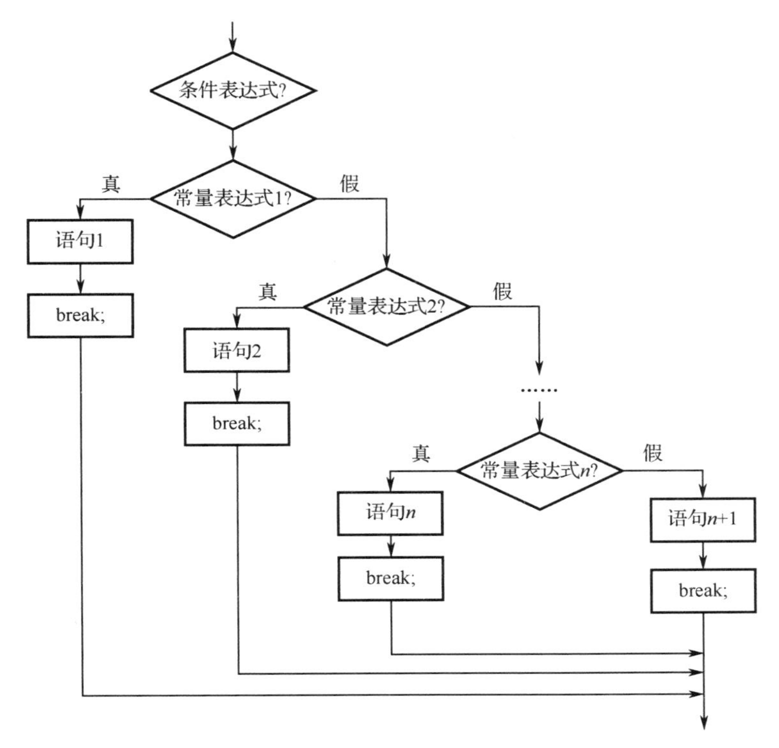

图 5.25　含 break 分支的 switch 语句的流程图

从图 5.25 中可以看出，每当程序运行遇到 break 分支时，就会直接跳出整个 switch 语句范围。

助记：break 的意为间断，打破。

【示例 5-11】使用 switch 语句来实现对分数的等级划分。

程序如下：

```
#include <stdio.h>
#include <conio.h>
int main()
{
        int Number=0;
        printf("请输入你的分数，按回车键结束\n");
        scanf("%d",&Number);
       switch(Number/10)
        {
              case 10:
                         printf("你的分数为 A+\n");
                         break;
               case 9:
                         printf("你的分数为 A\n");
                         break;
                case 8:
                         printf("你的分数为 B\n");
                         break;
                case 7:
```

```
                printf("你的分数为 C\n");
                break;
            case 6:
                printf("你的分数为 D\n");
                break;
            default:
                printf("你的分数为 E,不及格\n");
                break;
        }
        printf("这里已经跳出 switch 语句范围");
        getch();
        return 0;
}
```

运行程序，输出以下内容：

```
请输入你的分数，按回车键结束
100
你的分数为 A+
这里已经跳出 switch 语句范围
```

从上面程序中可以看出，程序会获取输入的分数，然后 switch 语句的条件表达式会取得一个整除 10 后的值。这个值会依次与 case 分支的常量表达式的值进行比较，如果这两个值相等，则执行 case 分支的语句，一直执行到 break 分支后跳出 switch 语句范围。

5.6 小　　结

通过本章的学习，要掌握以下的内容：

- ❑ 选择执行是指根据条件执行特定的操作。
- ❑ 在流程图中，条件判断是用判断框表示的。判断框是菱形的。在 C 语言中，提供了 3 种选择执行的语句，分别为 if 选择语句、if-else 选择语句、if-else-if 选择语句及 switch 选择语句。
- ❑ if 选择语句由一个 if 条件与一个语句/语句块组成。
- ❑ if-else 选择语句是两个 if 选择语句在连续使用时另一种写法。它是基于一个表达式指定两个选择的语句。
- ❑ if-else-if 选择语句是多个 if 选择语句在连续使用时的另一种写法。它是可以做出多个选择的语句。
- ❑ switch 选择语句是多个选择的连续使用。它是基于一个条件指定多个选择的语句。

5.7 习　　题

一、填空题

1．选择执行是指根据____执行特定的操作。

2．if 选择语句由一个 if____和一个语句/语句块组成，只有一个分支。

3．在 C 语言中，用____表示逻辑值“真”，用____表示逻辑值“假”。

4．if-else 选择语句是两个____选择语句在连续使用时的另一种写法，且该语句拥有____分支。

5．if-else-if 选择语句可以拥有____个分支。

6．在 C 语言中，比较运算符“!=”的优先级比“<=”____。

7．在 C 语言中，布尔逻辑运算符“&&”的优先级比“||”____。

8．在 C 语言中，比较运算符“==”比布尔逻辑运算符“&&”的优先级____。

9．在 C 语言中，布尔逻辑运算符____的优先级高于算术运算符。

10．switch 选择语句包含条件表达式、____分支及语句 3 部分。

二、选择题

1．下面运算符中优先级最高的是（　　）。

A．!　　B．%　　C．-=　　D．&&

2．下面程序的运行结果是（　　）。

```
#include <stdio.h>
int main()
{
        int a, b;
        a = 5;
        b = 7;
        if (a > b)
                printf("a 大于 b\n");
        if (a < b)
                printf("b 大于 a\n");
        return 0;
}
```

A．a 大于 b　　B．b 大于 a　　C．无输出　　D．编译错误

3．下面运算符中优先级最低的是（　　）。

A．||　　B．!=　　C．<=　　D．+

4．下面程序的运行结果是（　　）。

```
#include <stdio.h>
int main()
{
        int a, b, c;
        a = 2;
        b = -1;
        c = 2;
        if (a > b)
        {
                if (b < 0)
                        c = 0;
        }
        else
        {
                c++;
        }
```

```
    printf("%d\n",c);
    return 0;
}
```

A．0　　B．1　　C．2　　D．3

5．x≥y≥z 在 C 语言中应该使用的表达式是（　　）。

A．(x>=y)&&(y>=z)　　B．(x>=y)AND(y>=x)

C．(x>=y>=z)　　D．(x>=y)&(y>=x)

6．下面程序的运行结果是（　　）。

```
#include <stdio.h>
int main()
{
    int a, b, c, d;
    a = 4;
    b = 3;
    c = 2;
    d = 1;
    printf("%d\n",(a<b?a:d<b?d:a));
    return 0;
}
```

A．0　　B．1　　C．2　　D．3

7．如果 a、b、c 都是整型变量，且 a=3、b=4、c=5，则下面值为 0 的表达式是（　　）。

A．a&&b　　B．a<=b　　C．a||b+c&&b-c　　D．!((a<b)&&!c||1)

8．使用（　　）能正确表示下面程序的数学函数关系。

```
#include <stdio.h>
int main()
{
    int x, y;
    y = -1;
    scanf("%d", &x);
    if (x != 0) {
        if (x > 0)
            y = 1;
    }
    else
    {
        y = 0;
    }
    return 0;
}
```

A．

$$y=\begin{cases}-1 & (x<0)\\ 0 & (x=0)\\ 1 & (x>0)\end{cases}$$

B．

$$y=\begin{cases}1 & (x<0)\\ -1 & (x=0)\\ 0 & (x>0)\end{cases}$$

C.

$$y=\begin{cases}0 & (x<0)\\ -1 & (x=0)\\ 1 & (x>0)\end{cases}$$

D.

$$y=\begin{cases}-1 & (x<0)\\ 1 & (x=0)\\ 1 & (x>0)\end{cases}$$

9．下面程序的运行结果是（　　）。

```
#include <stdio.h>
int main()
{
    int k = -3
    if (k <= 0)
    {
        printf("****\n");
    }
    else
    {
        printf("&&&&\n");
    }
    return 0;
}
```

A．****　　B．&&&&　　C．****&&&&　　D．有语法错误

10．下面程序的运行结果是（　　）。

```
#include <stdio.h>
int main()
{
    int x = 10, a = 2, z = 1;
    switch (a)
    {
        case 0:
            z++;
            break;
        case 1:
            z--;
            break;
        case 2:
            z = x;
            break;
        default:
            z = 0;
    }
    printf("%d",z);
    return 0;
}
```

A．0　　B．1　　C．10　　D．2

11．在下面的选项中，与 if（A）中的（A）等价的表达式是（　　）。

A．(A==0)　　B．(!A=0)　　C．(A!=0)　　D．都不正确

12．下面正确的程序是（　　）。

A．
```
#include <stdio.h>
int main()
{
        int a = 1, b = 10;
        switch (a)
        {
                case b:
                        a++;
                        break;
                case b + 1:
                        a--;
                        break;
                case b - 1:
                        break;
        }
        return 0;
}
```

B．
```
#include <stdio.h>
int main()
{
        int a = 1, b;
        switch (a)
        {
                case a == 1:
                        b = a;
                        break;
                case a > 1:
                        a--;
                        break;
                case a < 1:
                        break;
        }
        return 0;
}
```

C．
```
#include <stdio.h>
int main()
{
        int a = 1, b = 10;
        switch (a)
        {
                case 1:
                        a++;
                        break;
                case 3 - 2:
                        a--;
                        break;
                case 10:
                        break;
        }
        return 0;
}
```

D．
```
#include <stdio.h>
int main()
{
        int a = 1;
        switch (a)
        {
                case 1:
                        a++;
                        break;
                case 2:
                        a--;
                        break;
                case 10:
                        break;
        }
        return 0;
}
```

三、编程题

1．在下面横线上填写适当的代码，以实现通过使用if选择语句判断25岁是否属于成年的年龄。

```
#include <stdio.h>
#include <conio.h>
int main()
{
    int age=25;
    if(____)
        printf("恭喜你，%d 岁已经成年了！ \n",age);
    getch();
```

```
    return 0;
}
```

2．在下面横线上填写适当的代码，以实现通过使用 if 选择语句输入两个 10 以内的数字，并输出它们的和与差。

```
#include <stdio.h>
#include <conio.h>
int main()
{
    int a=0,b=0,h=0,c=0;
    printf("输入两个 10 以内的数，以空格分隔，按回车键结束\n");
    scanf("%d %d",&a,&b);
    if(____&&____)
    {
        h=a+b;
        c=a-b;
        printf("%d 与%d 的和为%d\n",a,b,h);
        printf("%d 与%d 的差为%d\n",a,b,c);
    }
    getch();
    return 0;
}
```

3．在下面横线上填写适当的代码，以实现通过嵌套使用 if 语句判断某人是否能被体育专业招生录取。该专业招生要求的身高为 180cm，高考分数为 400 分。

```
#include <stdio.h>
#include <conio.h>
int main()
{
    float height=0,score=0;
    printf("输入你的身高，按回车键结束\n");
    scanf("%f",&height);
    if(____>=180)
    {
        printf("你的身高符合体育专业招生的要求\n");
        printf("输入你的高考分数，按回车键结束\n");
        scanf("%f",&score);
        if(____>=400)
        {
            printf("你的高考分数符合体育专业招生的要求\n");
            printf("恭喜你,你被体育专业招生录取了！ \n");
        }
    }
    if(____)
    {
        printf("抱歉，你的身高不符合体育专业招生的要求\n");
    }
    getch();
    return 0;
}
```

4．在下面横线上填写适当的代码，以实现通过使用 switch 选择语句根据某学生年龄输出应该读初中的几年级。要求读初 1 的学生年龄为 13 岁，读初 2 的学生年龄为 14 岁，读初 3 的学生年龄为 15 岁，共 3 个年级。

```
#include <stdio.h>
#include <conio.h>
int main()
{
    int age=0;
    printf("请输入你的年龄，按回车键结束\n");
    scanf("%d",&age);
    switch(____)
    {
        case ____:
            printf("你应该读初 1\n");
            break;
        case ____:
            printf("你应该读初 2\n");
            break;
        case ____:
            printf("你应该读初 3\n");
            break;
        default:
            printf("你的年龄不适合上初中的要求\n");
            break;
    }
    getch();
    return 0;
}
```

5．在下面横线上填写适当的代码，以实现通过使用嵌套 if-else 选择语句判断身高为 180cm 的成年人是否肥胖，判断标准为大于 90 公斤属于体重超标，即肥胖。

```
#include <stdio.h>
#include <conio.h>
int main()
{
    int height=0,weight=0;
    printf("输入你的身高，按回车键结束\n");
    scanf("%d",&height);
    if(____)
    {
        printf("输入你的体重，单位为公斤，按回车键结束\n");
        scanf("%d",&weight);
        if(____)
        {
            printf("你的体重已经超标，请注意！\n");
        }
        else
        {
```

```
                    printf("你的体重没有超标\n");
                }
        }
        else
        {
            printf("你的身高不能参加本次测试\n");
        }
        getch();
        return 0
}
```

6．编写程序，以实现通过使用 if-else 选择语句判断分数是否达到本科分数线（本科分数线为 510 分）。

7．编写程序，以实现通过连续使用 if 选择语句判断输入的语文、数学成绩是否及格。

第 6 章　循 环 结 构

循环结构是 C 语言支持的基本结构之一。在程序中，有连续重复执行的操作都可以使用这种结构，以简化程序。为了实现循环结构，C 语言提供了 3 种语句，分别为 for 循环语句、while 循环语句和 do-while 循环语句。本章将详细讲解如何在 C 语言中使用循环结构。

6.1　循环结构概述

循环结构是针对重复操作的专有结构。在计算机处理的数据中，存在大量的重复操作。本节将讲解如何从数据中发现重复操作，并转换为计算机可处理的循环结构。

6.1.1　什么是循环执行

循环执行是循环结构的核心，表现为反复执行一个或一组操作。在编程中，如果想要从数据处理中发现循环执行，就要分析程序的执行结果与数据的处理过程。

1. 分析程序的执行结果

大部分程序在处理数据后，都有明确的执行结果。从程序的执行结果的表现形式和数据构成，往往可以找到重复执行的“痕迹”。

2. 分析数据的处理过程

部分程序处理数据后没有明确的结果，或者结果非常简单，无法对其进行分析。这个时候，可以分析数据的处理过程，从中发现重复操作的规律。例如，小明执行从 A 点走到 B 点的任务，从结果来看，只能看到小明发生了位置改变，但分析执行任务的过程，我们可以发现小明要不断重复执行向前走的动作。

3. 避免无限循环

对于循环执行，一定要注意循环操作的终止条件，避免出现无意义的无限循环，也就是死循环。终止条件用于限制循环操作的无限执行，规定什么时候结束循环操作。如果不添加限制条件，则会导致循环执行出错或出现其他问题。

例如，如果不规定小明走路的起点和终点，一直让小明循环执行走的行为，最终小明会被活活累死。在一般情况下，循环执行一定要避免出现无限循环。

6.1.2　循环结构的构成

循环结构由 4 部分组成，包括初始化部分、判断部分、循环部分及迭代部分。下面将对这 4 个部分进行详细讲解。

1. 初始化部分

初始化部分用来描述循环操作前的各种基本情况。在程序中，初始化部分一般由各种初始条件和额外计数器组成。在 C 语言中，计数器一般使用变量 i、j、k 表示。完成准确的初始化才能保证循环执行的正常开始。

2. 判断部分

判断部分又称终止部分，用来在每次进行循环操作之前或者之后判断是否完成目标任务。例如，在行走任务中，每次前进一点，小明都要判断是否到达 B 点。如果小明到达 B 点，就终止小明循环执行走的行为；如果小明没有到达 B 点，小明要继续重复执行走的行为。

3. 循环部分

循环部分是指反复执行的操作部分。其中，操作可能是极其简单的操作，也可以是非常复杂的操作。

4. 迭代部分

迭代部分用于修改关键状态，而该状态参与判断部分的处理。例如，在行走任务中，小明的位置就是关键状态。小明每走一步，都要更新当前位置。一旦当前位置和 B 点重合，就说明行走任务完成了。如果缺失这个部分，就可能造成无限循环。例如，小明闭着眼睛走，不去了解自己的位置，即使到达 B 点，也不会停止下来。

6.1.3　流程图

循环结构作为基本结构，也有对应的流程图，如图 6.1 所示。

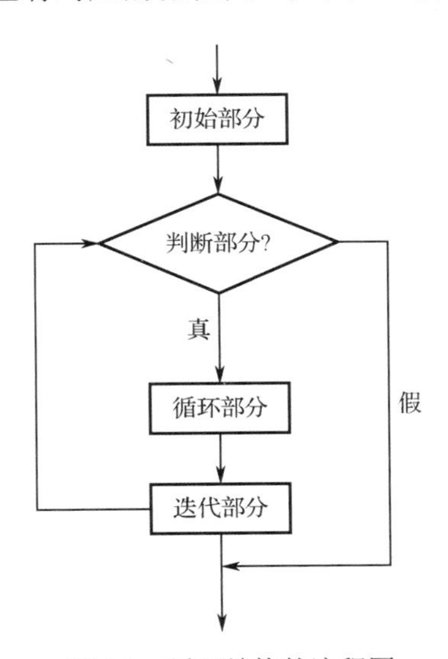

图 6.1　循环结构的流程图

从图 6.1 中可以看出，首先从初始部分进入循环语句，然后进入判断部分进行判断。如果判断部分的判断结果为假，跳出循环语句。如果判断部分的判断结果为真，则进入循环部分。执行完循环部分后，进入迭代部分。然后，再次进入判断部分进行判断。依次类推，根据判断部分的判断结果选择跳出循环语句或者再次进入循环语句。

6.2 for 循环语句

当型循环是最常用的循环结构形式。在这种形式中，当满足条件时，执行循环语句；当不满足条件时，跳出循环语句。在 C 语言中，最为严格的、功能最强的当型循环语句为 for 循环语句。本节将讲解如何使用 for 循环语句构建循环结构。

6.2.1 语句结构

for 循环语句又称 for 语句，由初始条件、判断条件、迭代条件及循环体 4 部分组成。

for 循环语句的语法如下：

```
for(初始条件;判断条件;迭代条件)
{
    循环体
}
```

- 初始条件可以初始化循环环境，用于确定具体的起始循环环境。
- 判断条件用于判断是否满足条件，如果满足条件，则执行循环体，否则结束循环语句。例如，判断墙体高度是否小于指定高度，如果墙体高度小于指定高度，就继续砌墙，否则停止砌墙。
- 迭代条件用于改变参与判断条件的值。只有判断条件的值不断改变，才能推动程序执行循环语句，避免陷入死循环。例如，每执行一次砌墙操作，墙体高度都会增加一点，逐步接近指定高度。
- 循环体就是指循环执行的具体内容。例如，砌墙的具体步骤包括放水泥沙、磨平、放砖头等。

初始条件、判断条件与迭代条件都可以由多个表达式组成，其语法如下：

```
for(表达式 1,表达式 2,...;表达式 1,表达式 2,...;表达式 1,表达式 2,...)
{
    循环体
}
```

注意：如果 for()后面直接添加分号，则表示循环体为空语句。

每个表达式之间要用逗号隔开，每个条件之间必须使用分号隔开。其中，循环体可以是一个语句，也可以多个语句构成的语句块。如果循环体是一个语句，可以不使用大括号将该语句括起来。

6.2.2 流程图

for 循环语句在每次循环时都要做一次条件判断，如果判断结果为假，则跳出循环语句；如果判断结果为真，则进入循环语句。for 循环语句的流程图如图 6.2 所示。

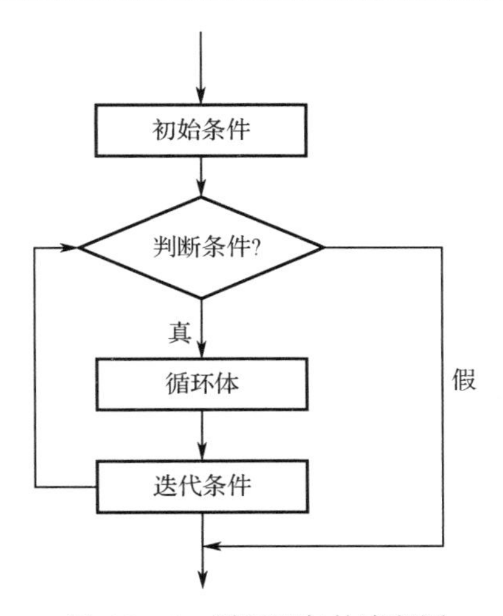

图 6.2 for 循环语句的流程图

从图 6.2 中可以看出，首先从初始条件进入 for 循环语句。然后进入判断条件，进行判断，如果判断结果为假（false），跳出 for 循环语句；如果判断结果为真（true），则进入循环体。执行循环体后，进入迭代条件以改变参与判断条件的值。随后再次进入判断条件进行判断，依次类推，根据判断结果选择跳出 for 循环语句或者再次进入 for 循环语句。

【示例 6-1】使用 for 循环语句输出 3 行#号。

根据题目分析，现有已知数据分别为 for 循环语句、#号、3 行。从预期结果可以分析，明显存在重复操作的规律，可以使用循环结构达到该题目要求。分析 for 循环语句的构成，总结如下：

- 初始条件：从第一行开始输出“i=1”。
- 判断条件：输出 3 行“i<4 或者 i<=3”。
- 迭代条件：一行一行输出，使用自加运算“i++”。
- 循环体：输出一个#号并换行 printf("#\n")。

程序如下：

```
#include <stdio.h>
#include <conio.h>
int main()
{
    int i;
    for(i=1;i<4;i++)
    {
        printf("#\n");
    }
    getch();
    return 0;
}
```

运行程序，输出以下内容：

```
#
#
#
```

在上面程序中，“i”表示行数；“i=1”为初始条件，表示从第一行开始输出；“i<4”为判断条件，输出的行数必须小于 4。“i++”为迭代条件，表示每输出一行，行数加一，从而推动程序的执行；“printf("#####\n");”为循环体，输出#，完成循环执行的具体内容。

下面我们通过添加输出语句的方式调试该程序，详细了解一下这段程序中 for 循环语句的执行过程。修改后的程序如下：

```
#include <stdio.h>
#include <conio.h>
int main()
{
        int i;
        for(i=1;i<4;i++)
        {
                printf("#\n");
                printf("这是第%d 次循环\n",i);
        }
        printf("i 的值为%d,已跳出 for 循环语句\n",i);
        getch();
        return 0;
}
```

运行程序，输出以下内容：

```
#
这是第 1 次循环
#
这是第 2 次循环
#
这是第 3 次循环
i 的值为 4,已跳出 for 循环语句
```

从上面输出结果中可以看出，循环体被执行 3 次。当要执行第 4 次循环体时，由于 i 的值为 4，不小于 4（不满足条件），因此退出 for 循环语句。

6.2.3 简化形式

for 循环语句的简化形式是指将小括号中的初始条件与迭代条件省略，只保留判断条件，其语法如下：

```
for(;判断条件;)
{
      循环体
}
```

这里将初始条件与迭代条件省略，并不是真正的省略，而将它们隐含在其他代码中，例如：

```
#include <stdio.h>
#include <conio.h>
int main()
{
        int i=0;
        for(;i<4;)
        {
                printf("******\n");
```

```
            i++;
        }
        getch();
        return 0;
}
```

其中，初始条件作为独立的赋值语句位于 for 语句的前面；迭代条件则位于循环体内部。这两部分的位置改变并不影响程序的运行结果。

运行程序，输出以下内容：

```
******
******
******
******
```

注意：当 for 循环语句的循环体是单条语句时，可以省略“{}”。

6.3 while 循环语句

在 C 语言中，while 循环语句实际上就是 for 循环语句简化形式的另外一种写法，也属于当型循环语句。本节将讲解如何使用 while 循环语句实现循环结构。

6.3.1 语句结构

while 循环语句是指当判断条件成立时，执行指定语句。

while 循环语句的语法如下：

```
while(判断条件)
{
    循环体
}
```

其中，判断条件可以为关系表达式（隐式关系表达式）或逻辑表达式，用于控制循环的次数。循环体可以为语句或语句块，为循环语句执行的具体内容。

注意：判断条件不可以被省略。

6.3.2 循环方式

while 循环语句在每次循环时都要做一次条件判断，如果判断结果为假，则跳出 while 循环语句；如果判断结果为真，则再次进入循环体。while 循环语句的流程图如图 6.3 所示。

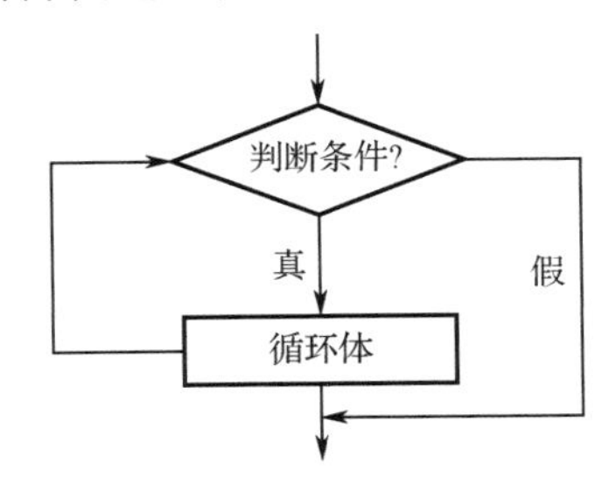

图 6.3 while 循环语句的流程图

从图 6.3 中可以看出，while 循环语句首先进入判断条件，进行判断，如果判断结果为假，则跳出 while 循环语句；如果判断结果为真，则进入循环体。执行完循环体后，再次进入判断条件，进行判断。依次类推，根据判断条件的判断结果选择跳出 while 循环语句或再次进入循环体。

【示例 6-2】通过 while 循环语句计算 1 到 100 之间数的和。

（1）我们在日常计算 1 到 100 之间数的和时，要列出等式 1+2+3+…+100=?，而等式的计算过程如下：

```
1+2=3
3+3=6
6+4=10
......
4950+100=5050
```

（2）如果我们用变量 sum 表示每次运算的和，将以上计算过程转化如下：

```
sum=0
sum=sum+1
sum=sum+2
sum=sum+3
......
sum=sum+100
```

（3）通过分析执行过程可以发现，赋值表达式右边的操作数是一个加法表达式。其中，第二个操作数依次为 1 到 100，这里使用变量 i 代替第二个操作数。

变化后的语句如下：

```
sum=0
i=1; sum=sum+i
i=2; sum=sum+i
i=3; sum=sum+i
......
i=100;   sum=sum+i
```

（4）在上面语句中，i 在不断加一，我们可以使用自加运算符对其进行简化。简化后的语句如下：

```
sum=sum+i
i++
```

（5）上面语句就形成了循环体。此时，再添加一个 while 循环语句，上面语句变化如下：

```
while(   )
{
      sum=sum+i
      i++
}
```

（6）由于要使 i 累加到 100，所以 while 循环语句的判断条件为 i<=100。添加判断条件后的语句如下：

```
while（i<=100）
{
      sum=sum+i
      i++
}
```

这样，1 到 100 之间数的求和的整个程序如下：

```
#include <stdio.h>
#include <conio.h>
int main()
{
    int i=1,sum=0;
    while(i<=100)
    {
        sum=sum+i;
        i++;
    }
    printf("1 到 100 的和为：%d",sum);
    getch();
    return 0;
}
```

运行程序，输出以下内容：

```
1 到 100 的和为：5050
```

从上面程序中可以看出，i 代表 1 到 100 之间的数字；i<=100 为判断条件，每次循环都要对这个条件进行判断；只要 i 的值没有超出 100，就可进入循环体。

下面通过添加输出语句的方式调试该程序，详细了解一下这段程序中 while 循环语句的执行过程。修改后的程序如下：

```
#include <stdio.h>
#include <conio.h>
int main()
{

    int i=1,sum=0;
    while(i<=100)
    {
        sum+=i;
        printf("这是第%d 次循环\n",i);
        printf("当前的和为%d\n",sum);
        i++;
    }
    printf("1 到 100 的和为：%d",sum);
    getch();
    return 0;
}
```

运行程序，输出以下内容：

```
这是第 1 次循环
当前的和为 1
这是第 2 次循环
当前的和为 3
......
这是第 100 次循环
当前的和为 5050
1 到 100 的和为：5050
```

从上面程序运行结果中可以看出，程序经过了 100 次循环后计算出最终结果为 5050。

6.4 do-while 循环语句

直到型循环是常用的循环结构形式。它是先运行循环体，再进行条件判断。在这种形式中，如果满足条件，则再次运行循环体；如果不满足条件，则跳出循环语句。简而言之，直到型循环就是先执行后判断。本节将讲解如何使用 do-while 循环语句构建循环结构。

6.4.1 语句结构

do-while 循环语句是指先执行循环体，直到判断条件不满足时结束循环。do-while 循环语句的语法如下：

```
do
{
    循环体
}while(判断条件);
```

其中，循环体可以是单条语句或语句块，会被直接执行；判断条件可以是关系表达式（隐式关系表达式）或逻辑表达式，且不可以被省略；判断条件后的分号代表 do-while 循环语句的结束，不可以被省略。

6.4.2 流程图

do-while 循环语句的流程图如图 6.4 所示。

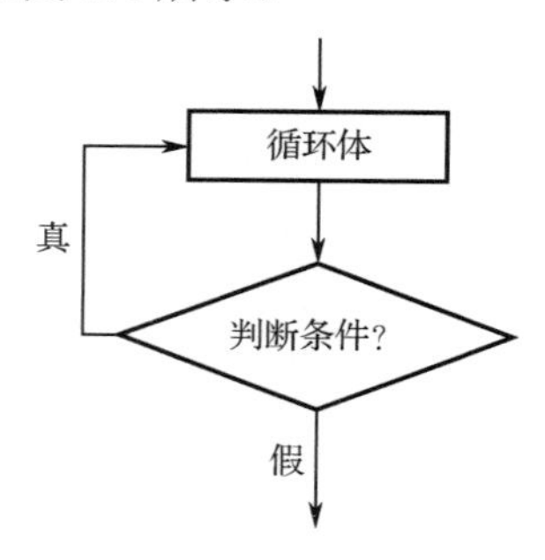

图 6.4　do-while 循环语句的流程图

do-while 循环语句会先执行循环体，然后对判断条件进行判断。根据判断结果选择是否再次执行循环体。

注意：do-while 循环语句中的循环体至少会被执行一次。

【示例 6-3】使用 do-whil e 循环语句输出数字 1 到 5。

（1）根据题目要求，写出最基本的语句如下：

```
printf("1\n");
printf("2\n");
printf("3\n");
printf("4\n");
printf("5\n");
```

（2）从上面语句执行过程可以看出，上面语句在反复执行输出操作，只是每次输出的内容在变化。将输出的内容用变量 a 表示后的语句如下：

```
a=1;printf("%d\n",a);
a=2;printf("%d\n",a);
a=3;printf("%d\n",a);
a=4;printf("%d\n",a);
a=5;printf("%d\n",a);
```

（3）从（2）中的语句可以看出，每次 a 的值都在逐步加 1，所以（2）中的语句可以进一步变化，变化后的语句如下：

```
a=1;
printf("%d\n",a);a++;
printf("%d\n",a);a++;
printf("%d\n",a);a++;
printf("%d\n",a);a++;
printf("%d\n",a);a++;
```

（4）这时，可以明显看到循环方式，套用 do-while 循环语句，修改后的语句如下：

```
a=1;
do{
    printf("%d\n",a);
    a++;
}
while()
```

（5）补充判断条件，就可以得到完整的程序如下：

```
#include <stdio.h>
#include <conio.h>
int main()
{
    int a=1;
    do
    {
        printf("%d\n",a);
        a++;
    }
    while(a<6);
    getch();
    return 0;
}
```

运行程序，输出以下内容：

```
1
2
3
4
5
```

下面通过添加输出语句的方式调试该程序，详细了解一下这段程序中 while 循环语句的执行过程。修改后的程序如下：

```
#include <stdio.h>
#include <conio.h>
```

```
int main()
{
        int a=1;
        do
        {
                printf("这是第%d 次循环\n",a);
                printf("%d\n",a);
                a++;
        }
        while(a<6);
        getch();
        return 0;
}
```

运行程序，输出以下内容：

```
这是第 1 次循环
1
这是第 2 次循环
2
这是第 3 次循环
3
这是第 4 次循环
4
这是第 5 次循环
5
```

从程序运行结果中可以看出，循环体被执行了 5 次。

6.5 循 环 跳 转

循环跳转是指在执行循环语句过程中跳出循环语句或跳转到指定位置。循环跳转是在一些特殊情况下的备用选择。例如，在流水线上，如果工人出现身体不舒服的情况，就要停止工人的当前工作，然后让其去医院就诊。在 C 语言中，循环跳转包含 3 种，分别为跳出循环、跳出当前循环及跳转到指定位置。本节将讲解这 3 种跳转方式。

6.5.1 跳出循环

跳出循环是指跳出当前的循环语句，不再执行循环语句。在 C 语言中，使用 break 语句来实现跳出循环。break 语句的执行过程如图 6.5 所示。

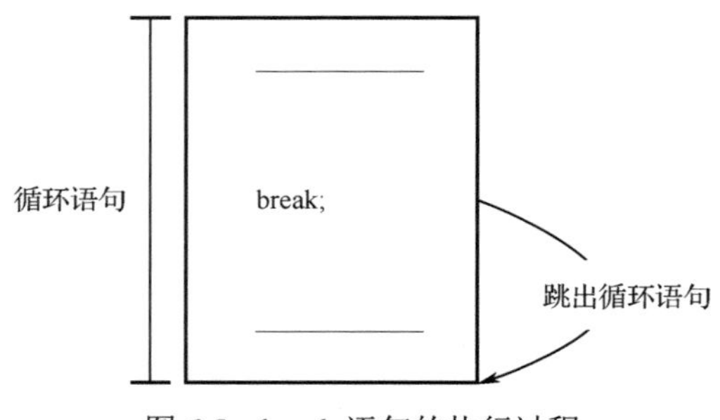

图 6.5 break 语句的执行过程

【示例 6-4】输出数字 1 到 5，当输出的数字为 3 时，跳出循环语句。

从题目中我们可以知道，输出 1 到 5 的数字要使用一个循环语句，而判断数字是否为 3，就要使用 if 选择语句，而且 if 选择语句要放在循环语句的循环体中。

程序如下：

```
#include <stdio.h>
#include <conio.h>
int main()
{
	int a=1;
	do
	{
		printf("%d\n",a);
		a++;
		if(a==3)
		{
			break;
		}
	}
	while(a<6);
	getch();
	return 0;
}
```

运行程序，输出以下内容：

```
1
2
```

从程序运行结果可以看出，程序没有输出 3 及之后的数字。

下面我们通过添加输出语句的方式调试该程序，详细讲解一下这段程序中的执行过程。

修改后的程序如下：

```
#include <stdio.h>
#include <conio.h>
int main()
{
	int a=1;
	do
	{
		printf("这是第%d 次循环\n",a);
		printf("%d\n",a);
		a++;
		if(a==3)
		{
			printf("a 的值为%d\n",a);
			break;
		}
	}
	while(a<6);
	getch();
```

```
        return 0;
}
```

运行程序，输出以下内容：

```
这是第 1 次循环
1
这是第 2 次循环
2
a 的值为 3
```

从程序运行结果可以看出，当 a 的值为 3 时，结束了循环。

6.5.2 跳出当前循环

跳出当前循环是指跳出本次循环语句，并尝试再次进入循环语句。在 C 语言中，使用 continue 语句来实现跳出当前循环。continue 语句的执行过程如图 6.6 所示。

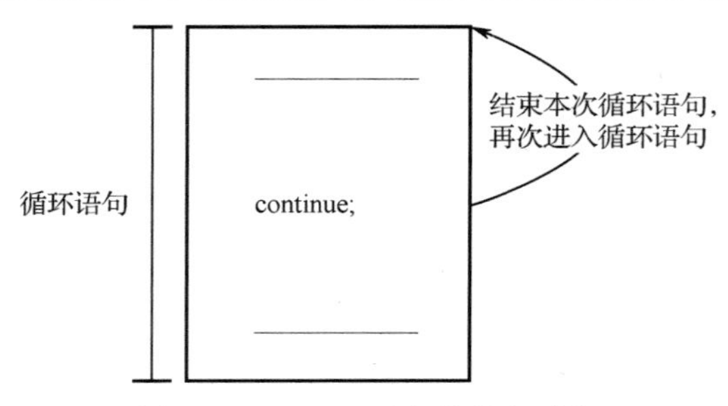

图 6.6 continue 语句的执行过程

【示例 6-5】 输出数字 1 到 5，但不输出数字 3。

程序如下：

```
#include <stdio.h>
#include <conio.h>
int main()
{
        int a=1;
        for(a=1;a<6;a++)
        {
                if(a==3)
                {
                        continue;
                }
                printf("%d\n",a);
        }
        while(a<6);
        getch();
        return 0;
}
```

运行程序，输出以下内容：

```
1
2
```

```
4
5
```

从程序运行结果可以看出，3 被跳过去了，没有被输出。

下面我们通过添加输出语句的方式调试该程序，详细了解这段程序中的执行过程。

修改后的程序如下：

```
#include <stdio.h>
#include <conio.h>
int main()
{
	int a=1;
	for(a=1;a<6;a++)
	{
		if(a==3)
		{
			printf("a 的值为%d\n",a);
			continue;
		}
		printf("%d\n",a);
		printf("这是第%d 次循环\n",a);
	}
	getch();
	return 0;
}
```

运行程序，输出以下内容：

```
1
这是第 1 次循环
2
这是第 2 次循环
a 的值为 3
4
这是第 4 次循环
5
这是第 5 次循环
```

从程序运行结果可以看出，循环体被执行了 5 次。但是，当进入第 3 次循环语句时，直接结束了本次循环，进入了下一次循环。

6.5.3 跳转到指定位置

跳转到指定位置是指直接跳转到一个预先指定位置。在 C 语言中，使用 goto 语句来实现跳转到指定位置。

goto 语句的语法如下：

```
goto  标号;

标号:
```

goto 语句由两部分组成：第一部分由关键字 goto 与标号组成，表示跳转到开始位置；第二部分由标号与冒号组成，表示跳转到目的地位置。

注意：标号是按标识符规定书写的符号；标号与冒号组成标号语句。

goto 语句的执行过程如图 6.7 所示。

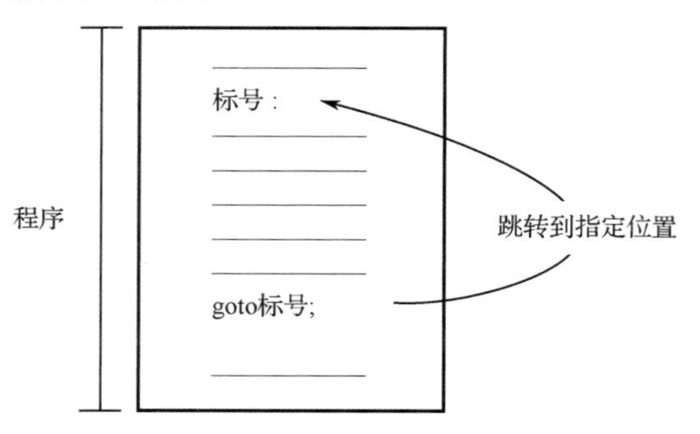

图 6.7　goto 语句的执行过程

从图 6.7 可以看出，当程序运行到 goto 与标号组成的语句时，会直接跳转到标号语句的位置继续运行。

【示例 6-6】使用 goto 语句输出 3 个星号。

goto 语句可以从程序中的一个位置跳转到另外一个位置，这就构成了一个循环。将输出星号的语句放在 goto 语句的中间，这样就能进行不断的循环，其语法如下：

```
表达式:
输出语句;
goto  表达式;
```

程序如下：

```
#include <stdio.h>
#include <conio.h>
int main()
{
	int i=0;
	b:
	if(i<=3)
	{
		printf("*");
		i++;
		goto b;
	}
	printf("\n");
	printf("已经输出了 3 个星号");
	getch();
	return 0;
}
```

运行程序，输出以下内容：

```
*
*
*
已经输出了 3 个星号
```

从程序运行结果中可以看出，通过 goto 语句会不断地重复执行 if 选择语句，从而输出“*”；当循环次数达到 100 次时，就无法再次进入 if 选择语句，从而结束 goto 语句的循环，顺序执行其他语句。

下面通过添加输出语句的方式调试该程序，详细讲解一下这段程序的执行过程。

修改后的程序如下：

```
#include <stdio.h>
#include <conio.h>
int main()
{
	int i=1;
	b:
	printf("i 的值为%d\n",i);
	if(i<=3)
	{
		printf("*\n");
		printf("这是第%d 次使用 goto 语句\n",i);
		i++;
		goto b;
	}
	printf("已经输出了 3 个星号");
	getch();
	return 0;
}
```

运行程序，输出以下内容：

```
i 的值为 1
*
这是第 1 次使用 goto 语句
i 的值为 2
*
这是第 2 次使用 goto 语句
i 的值为 3
*
这是第 3 次使用 goto 语句
i 的值为 4
已经输出了 3 个星号
```

从程序运行结果中可以看出，goto 语句被执行了 3 次；当第 4 次执行 goto 语句时，由于变量 i 的值不符合 if 条件，所以顺序执行语句“printf("已经输出了 3 个星号");”。

6.6 嵌套循环

嵌套循环是指为了完成复杂的循环，将多个循环语句进行相互嵌套。在 C 语言中，嵌套循环包括普通嵌套循环与复杂嵌套循环两种方式。本节将详细讲解这两种嵌套循环方式。

6.6.1 普通嵌套循环

普通嵌套循环就是将循环语句直接嵌套使用，循环语句之间互不影响。例如，月球绕着地球在一圈圈重复公转；地球绕着太阳在一圈圈重复公转。从公转的角度来看，地球绕着太阳的公转并不影响月球绕着地球的公转。普通嵌套循环的流程图如图 6.8 所示。

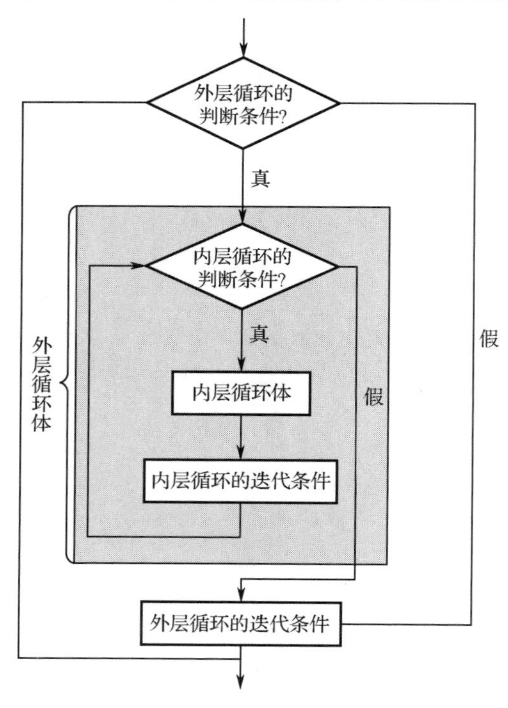

图 6.8 普通嵌套循环的流程图

【示例 6-7】输出 3 遍 1、2、3，每一遍之间使用分隔线分隔。

```
#include <stdio.h>
#include <conio.h>
int main()
{
    int i;
    int j;
    for(i=1;i<4;i++)
    {
        for(j=1;j<=3;j++)
        {
            printf("%d\n",j);
        }
        printf("-----------------\n");
    }
    printf("i 的值为%d,已跳出 for 循环语句\n",i);
    getch();
    return 0;
```

```
}
```

运行程序，输出以下内容：

```
1
2
3
-----------------
1
2
3
-----------------
1
2
3
-----------------
```

从上面程序中循环可以看出，该程序从外层 for 循环语句进入第 1 次外循环，随后执行内层 for 循环语句的 3 次内循环，之后开始执行外层 for 循环语句的第 2 次外循环，然后第 2 次执行内层 for 循环语句，依次类推，一直到外层 for 循环语句被执行完毕。

下面通过添加输出语句的方式调试该程序，详细了解这段程序的执行过程。

修改后的程序如下：

```
#include <stdio.h>
#include <conio.h>
int main()
{
        int i;
        int j;
        for(i=1;i<4;i++)
        {
                printf("第%d 次外循环\n",i);
                for(j=1;j<=3;j++)
                {
                        printf("%d\n",j);
                        printf("第%d 次内循环\n",j);
                }
                printf("-----------------\n");
        }
        getch();
        return 0;
}
```

运行程序，输出以下内容：

```
第 1 次外循环
1
第 1 次内循环
2
第 2 次内循环
3
第 3 次内循环
```

```
-----------------
第 2 次外循环
1
第 1 次内循环
2
第 2 次内循环
3
第 3 次内循环
-----------------
第 3 次外循环
1
第 1 次内循环
2
第 2 次内循环
3
第 3 次内循环
-----------------
```

从程序运行结果可以看出，在每次外循环时都会执行 3 次内循环；外循环和内循环互不影响。

6.6.2 复杂嵌套循环

复杂嵌套循环是指外层循环的迭代条件会影响到内层循环的判断条件。复杂嵌套循环与普通嵌套循环的执行流程是一样的。

注意：在使用复杂嵌套循环时，一定要避免死循环。

【示例 6-8】嵌套使用 for 循环语句输出九九加法表。

加法表如下：

```
1+1=2
1+2=3   2+2=4
1+3=4   2+3=5   3+3=6
1+4=5   2+4=6   3+4=7   4+4=8
1+5=6   2+5=7   3+5=8   4+5=9   5+5=10
1+6=7   2+6=8   3+6=9   4+6=10  5+6=11  6+6=12
1+7=8   2+7=9   3+7=10  4+7=11  5+7=12  6+7=13  7+7=14
1+8=9   2+8=10  3+8=11  4+8=12  5+8=13  6+8=14  7+8=15  8+8=16
1+9=10  2+9=11  3+9=12  4+9=13  5+9=14  6+9=15  7+9=16  8+9=17  9+9=18
```

从加法表中可以看出，每个等式都是由 3 个数字组成的。如果使用 3 个变量 i、j 与 result 将这 3 个数字进行替换，可以替换为 i+j=result。另外，i 与 j 的取值范围为 1 到 9 这 9 个数字，所以可以先通过 for 循环语句输出 i 与 j 的值。

程序如下：

```
#include <stdio.h>
#include <conio.h>
int main()
```

```
{
        int i,j=0;
        for(i=1;i<10;i++)
        {
                printf("i=%d",i);
        }
        printf("\n",i);
        for(j=1;j<10;j++)
        {
                printf("j=%d",j);
        }
        getch();
        return 0;
}
```

运行程序，输出以下内容：

```
i=1i=2i=3i=4i=5i=6i=7i=8i=9
j=1j=2j=3j=4j=5j=6j=7j=8j=9
```

从程序运行结果中可以看出，用两个 for 循环语句可以轻松地将 i 与 j 的值进行输出。

我们将程序进行修改，将 j 的 for 循环语句嵌套到 i 的 for 循环语句中。

修改的程序如下：

```
#include <stdio.h>
#include <conio.h>
int main()
{
        int i,j=0;
        for(i=1;i<10;i++)
        {
                for(j=1;j<10;j++)
                {
                        printf("j=%d",j);
                }
                printf("\ti=%d",i);
                printf("\n");
        }
        getch();
        return 0;
}
```

运行程序，输出以下内容：

```
j=1j=2j=3j=4j=5j=6j=7j=8j=9        i=1
j=1j=2j=3j=4j=5j=6j=7j=8j=9        i=2
j=1j=2j=3j=4j=5j=6j=7j=8j=9        i=3
j=1j=2j=3j=4j=5j=6j=7j=8j=9        i=4
j=1j=2j=3j=4j=5j=6j=7j=8j=9        i=5
j=1j=2j=3j=4j=5j=6j=7j=8j=9        i=6
j=1j=2j=3j=4j=5j=6j=7j=8j=9        i=7
j=1j=2j=3j=4j=5j=6j=7j=8j=9        i=8
j=1j=2j=3j=4j=5j=6j=7j=8j=9        i=9
```

从程序运行结果中可以明显发现，j 的值每行输出了 9 遍，而 i 的值每行只输出了一遍。我们再将“printf("i=%d",i);”移动到 j 的 for 循环语句的循环体中，让 i 的值也输出 9 次。程序如下：

```
#include <stdio.h>
#include <conio.h>
int main()
{
        int i,j=0;
        for(i=1;i<10;i++)
        {
                for(j=1;j<10;j++)
                {
                        printf("j=%d",j);
                        printf("i=%d\t",i);
                }
                printf("\n");
        }
        getch();
        return 0;
}
```

运行程序，输出以下内容：

```
j=1i=1  j=2i=1  j=3i=1  j=4i=1  j=5i=1  j=6i=1  j=7i=1  j=8i=1  j=9i=1
j=1i=2  j=2i=2  j=3i=2  j=4i=2  j=5i=2  j=6i=2  j=7i=2  j=8i=2  j=9i=2
j=1i=3  j=2i=3  j=3i=3  j=4i=3  j=5i=3  j=6i=3  j=7i=3  j=8i=3  j=9i=3
j=1i=4  j=2i=4  j=3i=4  j=4i=4  j=5i=4  j=6i=4  j=7i=4  j=8i=4  j=9i=4
j=1i=5  j=2i=5  j=3i=5  j=4i=5  j=5i=5  j=6i=5  j=7i=5  j=8i=5  j=9i=5
j=1i=6  j=2i=6  j=3i=6  j=4i=6  j=5i=6  j=6i=6  j=7i=6  j=8i=6  j=9i=6
j=1i=7  j=2i=7  j=3i=7  j=4i=7  j=5i=7  j=6i=7  j=7i=7  j=8i=7  j=9i=7
j=1i=8  j=2i=8  j=3i=8  j=4i=8  j=5i=8  j=6i=8  j=7i=8  j=8i=8  j=9i=8
j=1i=9  j=2i=9  j=3i=9  j=4i=9  j=5i=9  j=6i=9  j=7i=9  j=8i=9  j=9i=9
```

程序此次输出了九九乘法的两个加数。

下面我们将变量 i、j 与 result 组成等式 result=i+j，并将该等式加入代程序中。

程序如下：

```
#include <stdio.h>
#include <conio.h>
int main()
{
        int i,j;
        int result=0;
        for(i=1;i<10;i++)
        {
                for(j=1;j<10;j++)
                {
                        result=j+i;
                        printf("%d+%d=%d\t",j,i,result);
                }
```

```
            printf("\n");
        }
        getch();
        return 0;
}
```

运行程序，输出以下内容：

```
1+1=2   2+1=3   3+1=4   4+1=5   5+1=6   6+1=7   7+1=8   8+1=9   9+1=10
1+2=3   2+2=4   3+2=5   4+2=6   5+2=7   6+2=8   7+2=9   8+2=10  9+2=11
1+3=4   2+3=5   3+3=6   4+3=7   5+3=8   6+3=9   7+3=10  8+3=11  9+3=12
1+4=5   2+4=6   3+4=7   4+4=8   5+4=9   6+4=10  7+4=11  8+4=12  9+4=13
1+5=6   2+5=7   3+5=8   4+5=9   5+5=10  6+5=11  7+5=12  8+5=13  9+5=14
1+6=7   2+6=8   3+6=9   4+6=10  5+6=11  6+6=12  7+6=13  8+6=14  9+6=15
1+7=8   2+7=9   3+7=10  4+7=11  5+7=12  6+7=13  7+7=14  8+7=15  9+7=16
1+8=9   2+8=10  3+8=11  4+8=12  5+8=13  6+8=14  7+8=15  8+8=16  9+8=17
1+9=10  2+9=11  3+9=12  4+9=13  5+9=14  6+9=15  7+9=16  8+9=17  9+9=18
```

程序此次输出的结果比九九乘法表多了很多内容，而多出的内容都是在 j 的值大于 i 的值时输出的内容，如 3+2=5。这就意味着，j 的 for 循环语句不用输出 j>i 的值。

此时，我们将判断条件修改为 j<=i。修改的程序如下：

```
#include <stdio.h>
#include <conio.h>
int main()
{
        int i,j;
        int result=0;
        for(i=1;i<10;i++)
        {
                for(j=1;j<=i;j++)
                {
                        result=i+j;
                        printf("%d+%d=%d\t",j,i,result);
                }
                printf("\n");
        }
        getch();
        return 0;
}
```

运行程序，输出以下内容：

```
1+1=2
1+2=3   2+2=4
1+3=4   2+3=5   3+3=6
1+4=5   2+4=6   3+4=7   4+4=8
1+5=6   2+5=7   3+5=8   4+5=9   5+5=10
1+6=7   2+6=8   3+6=9   4+6=10  5+6=11  6+6=12
1+7=8   2+7=9   3+7=10  4+7=11  5+7=12  6+7=13  7+7=14
1+8=9   2+8=10  3+8=11  4+8=12  5+8=13  6+8=14  7+8=15  8+8=16
1+9=10  2+9=11  3+9=12  4+9=13  5+9=14  6+9=15  7+9=16  8+9=17  9+9=18
```

至此，程序输出了一个完整的九九加法表。

在程序中，我们使用到了两个 for 循环语句的复杂嵌套循环。其中，外层循环的 for 循环语句的迭代条件 i++发生的变化决定了内层循环的 for 循环语句的判断条件 j<=i 的具体值，从而影响到内层循环的 for 循环语句的循环次数。所以，复杂嵌套循环一定要注意外层循环的迭代条件与内层循环的判断条件之间的关系。

6.7 小　结

通过本章的学习，要掌握以下的内容：

- 循环执行就是反复执行一个或一组操作。
- 循环结构由 4 部分组成，包括初始化部分、循环部分、迭代部分及判断部分。
- 为了实现循环结构，C 语言提供了 for 循环语句、while 循环语句、do-while 循环语句 3 种语句。
- for 循环语句又称 for 语句，属于当型循环语句。对于 for 循环语句，当满足判断条件时，执行循环语句；当不满足判断条件时，跳出循环语句。
- while 循环语句是指当判断条件成立时，执行指定语句。判断条件用于控制循环的次数。循环体为循环语句执行的具体内容。
- do-while 循环语句是指先执行循环体，直到判断条件不满足时结束循环。其中，循环体至少会被执行一次；判断条件后的分号代表 do-while 循环语句的结束。
- 循环跳转是指在执行循环语句过程中跳出循环语句或跳转到指定位置。这种跳转是在一些特殊情况下的备用选择。C 语言提供了 break 语句、continue 语句及 goto 语句来实现循环跳转。
- 嵌套循环是指为了完成复杂的循环，将多个循环语句进行相互嵌套。

6.8 习　题

一、填空题

1．循环执行就是____执行一个或一组操作。

2．循环结构由 4 部分组成，包括____、循环部分、____及____。

3．当型循环就是当____条件时，执行循环语句；当____条件时，跳出循环语句的一种循环结构形式。

4．C 语言提供了 3 种循环语句，分别为____语句、____语句和 do-while 循环语句。

5．在 C 语句中，跳出循环使用____语句。

6．在 C 语句中，跳出当前循环使用____语句。

二、选择题

1．下面程序的功能是（　　）。

```
#include <stdio.h>
int main()
{
```

```
    int sum = 0;
    int a = 1;
    for (int i = 1;i <= 10;i++) {
        for (int y = 1;y <= i;y++) {
            a = a * y;
        }
        sum = sum + a;
    }
    printf("%d",sum);
     return 0;
}
```

A．求 1!+2!+3!+…10!　　B．求 1+2+3+…10

C．求 1*2*3*…10　　D．求 1!+2!+3!+4!

2．下面程序的运行结果是（　　）。

```
#include <stdio.h>
int main()
{
    int sum = 0;
    for (int i = 0;i <= 100;i += 2) {
        if (i % 2 == 0) {
            sum += i;
        }
    }
    printf("%d",sum);
     return 0;
}
```

A．2550　　B．2660　　C．2000　　D．500000

3．下面程序的运行结果是（　　）。

```
#include <stdio.h>
int main()
{
    int i;
    for (i = 1;i <= 3;i++)
    {
        if (i % 2)
            printf("+");
        else
            printf("*" );
    }
    return 0;
}
```

A．+++　　B．***　　C．+*+　　D．*+*

4．为了实现跳出当前循环，要使用（　　）语句。

A．for　　B．continue　　C．break　　D．while

5．下面程序的功能是（　　）。

```
#include <stdio.h>
```

```
int main()
{
    int a, b, c, i;
    for (i = 0;i <= 999;i++)
    {
        a = i / 100;
        b = i % 100 / 10;
        c = i % 10;
        if (a * 100 + b * 10 + c == a * a * a + b * b * b + c * c * c)
            printf("%d\n", i);
    }
    return 0;
}
```

A．输出 0 到 1000 的数　　B．输出 0 到 999 的数
C．输出 0 到 1000 的水仙花数　　D．输出 0 到 1000 的立方和

6．若通过键盘键入 abc*，下面程序的运行结果是（　　）。

```
#include <stdio.h>
int main()
{
    int x = 0, y = 0;
    char c;
    while ((c = getchar()) != '*')
    {
        switch (c)
        {
            case 'a':x++;
            case 'b':y++;
            case 'd':;
        }
    }
    printf("%d,%d\n", x, y);
    return 0;
}
```

A．1,1　　B．1,2　　C．2,2　　D．3,3

7．下面对 for 循环语句描述错误的是（　　）。

A．for 循环语句又称 for 语句

B．for 循环语句由初始条件、判断条件、迭代条件及循环体 4 部分组成

C．for 循环语句只做一次判断，如果判断结果为假，则跳出循环语句；循环结果为真，则进入循环语句

D．for 循环语句的初始条件、判断条件与迭代条件都可以由多个表达式组成，每个表达式之间要用逗号隔开

8．下面程序的功能是（　　）。

```
#include <stdio.h>
int main()
{
```

```
    int n = 0;
    do
    {
        printf("Please input n (>70):");
        scanf("%d", &n);
    } while (n <= 70);
    printf("n = %d\n", n);
    return 0;
}
```

A．输入数值　　B．输入一个大于 70 的整数，并将其输出

C．输出大于 70 的整数　　D．输入一个大于 70 的整数

9．下面程序中 while 循环语句被执行的次数为（　　）。

```
#include <stdio.h>
int main()
{
    int i=0;
    while (i==0)
    {
        printf("%d", i);
    }
    return 0;
}
```

A．一次　　B．两次　　C．无数次　　D．一次都不执行

10．下面程序中 for 循环语句执行的次数为（　　）。

```
#include <stdio.h>
int main()
{
    int i, j;
    for (i = 1, j = 3;(j < 6) || (i > 3);i++)
    {
        printf("*");
    }
    return 0;
}
```

A．一次　　B．六次　　C．无数次　　D．一次都不执行

11．下面程序运行后，b 的值为（　　）。

```
#include <stdio.h>
int main()
{
    int a = 2, b = 4;
    do
    {
        b = b - a;
        ++a;
        ++b;
    } while (b < 0);
```

```
    return 0;
}
```

A．2　　B．3　　C．4　　D．5

12．下面程序中 for 循环语句被执行的次数为（　　）。

```
#include <stdio.h>
int main()
{
    int x = 5;
    for (;x > 0;x--)
    {
        x--;
    }
    return 0;
}
```

A．5　　B．4　　C．3　　D．1

13．下面程序的运行结果是（　　）。

```
#include <stdio.h>
int main()
{
    int x;
    for (x = 1;x <= 10;x++)
    {
        if (x % 3 == 0)
            printf("%d", ++x);
    }
    return 0;
}
```

A．345　　B．678　　C．4710　　D．33

14．语句 while (!e);中的条件!e 相当于（　　）。

A．e==0　　B．e!=1　　C．e!=0　　D．～e

15．在 C 语言中，下面描述正确的是（　　）。

A．不能使用 do-while 循环语句构成的循环结构

B．必须用 break 语句才能退出 do-while 循环语句构成的循环结构

C．对 do-while 循环语句构成的循环结构，当判断条件表达式的值为非零时，结束循环

D．对 do-while 循环语句构成的循环结构，当判断条件表达式的值为零时，结束循环

16．下面程序的运行结果是（　　）。

```
#include <stdio.h>
int main()
{
    int s = 0, x = 5;
    while (x)
    {
        s = s + x;
        x--;
    }
```

```
    printf("%d", s);
    return 0;
}
```

A．14　　B．15　　C．16　　D．17

17．与下面语句的功能相同的语句是（　　）。

```
while (a)
{
    if (b) continue;
    c;
}
```

A．
```
while (a)
{
    if (!b) c;
}
```

B．
```
while(a)
{
    if(!b) break; c;
}
```

C．
```
while(c)
{
    if(b) c;
}
```

D．
```
while(a)
{
    if(b) break;c;
}
```

18．在 C 语言中，while 循环语句和 do-while 循环语句的主要区别是（　　）。

A．do-while 循环语句的循环体至少被无条件执行一次

B．while 循环语句的循环控制条件比 do-while 循环语句的循环控制条件严格

C．do-while 循环语句允许从外循环转到内循环

D．do-while 循环语句的循环体不能是复合语句

19．下面的程序运行后，c 的值是（　　）。

```
#include <stdio.h>
int main()
{
    int i, j, c = 1;
    for (i = 0;i < 4;i++)
    {
        for (j = 5;j > 0;j--) {
            c++;
        }
    }
    printf("%d", c);
    return 0;
}
```

A．20　　B．21　　C．24　　D．25

20．下面程序循环了（　　）次。

```
#include <stdio.h>
int main()
{
    int x = -1;
    do
    {
        x = x * x;
    } while (!x);

    return 0;
}
```

A．无限　　B．1　　C．2　　D．0

三、找错题

1．请指出下面程序中的 2 处错误。

```
#include <stdio.h>
int main()
{
    int i;
    for (i;i <= 100;i++)
    {
        printf("%d\n", i)
    }
    return 0;
}
```

2．请指出下面程序中的 3 处错误。

```
#include <stdio.h>
int main()
{
    do
    {
        printf("a 的值： %d\n", a);
        a = a + 1;
    } while (a < 20)
    return 0;
}
```

四、编程题

1．在下面横线上填写适当的代码，以实现使用 for 循环语句输出数字 1 到 100，要求每输出一个数字都要进行换行。

```
#include <stdio.h>
int main()
{
    int i;
    for(____;____;____)
    {
        printf("%d____",i);
    }
    return 0;
}
```

2．在下面横线上填写适当的代码，以实现使用 while 循环语句输出 1 到 10 之间数的乘积。

```
#include <stdio.h>
int main()
{
    int i = 1, result = 1;
    while (____)
```

```
    {
        result = ____;
        ____;
    }
    printf("1 到 10 之间数的积为：%d", result);
    return 0;
}
```

3．在下面横线上填写适当的代码，以实现使用复杂嵌套循环输出乘法表，乘法表如图 6.9 所示。

```
1×1=1
1×2=2   2×2=4
1×3=3   2×3=6    3×3=9
1×4=4   2×4=8    3×4=12   4×4=16
1×5=5   2×5=10   3×5=15   4×5=20   5×5=25
1×6=6   2×6=12   3×6=18   4×6=24   5×6=30   6×6=36
1×7=7   2×7=14   3×7=21   4×7=28   5×7=35   6×7=42   7×7=49
1×8=8   2×8=16   3×8=24   4×8=32   5×8=40   6×8=48   7×8=56   8×8=64
1×9=9   2×9=18   3×9=27   4×9=36   5×9=45   6×9=54   7×9=63   8×9=72   9×9=81
```

图 6.9　乘法表

```
#include <stdio.h>
int main()
{
    int i, j;
    int result = 0;
    for (i = 1;____;i++)
    {
        for (j = 1;____;____)
        {
            result = ____;
            printf("%d*%d=%d\t", j, i, result);
        }
        printf("\n");
    }
    return 0;
}
```

4．在下面横线上填写适当的代码，以实现打印半径为 1cm 到 10cm 的圆的面积，若面积大于 $100cm^2$，则停止打印，并且输出这一次面积大于 $100cm^2$ 的半径。

```
#include <stdio.h>
int main()
{
    int r = 0;
    float area = 0.0;
    for (r = 1;____;r++)
    {
        area = (float)r * r * 3.14;
        if (____)
            ____;
        printf("%f\n", area);
    }
    printf("面积大于 100cm2 的最小半径是：%d", r);
    return 0;
}
```

第 7 章　函　　数

函数是指将一组能完成一个功能或多个功能的语句放在一起的代码结构。在 C 语言程序中，至少会包含一个函数，即主函数 main()。本章将详细讲解关于函数的相关内容。

7.1　函 数 概 述

函数是 C 语言程序的重要组成部分。函数的本质是将一个语句块通过命名的方式独立出来。通过调用函数，可以实现对部分代码反复使用，这样可以在 C 语言程序中大量类似代码。

例如，在计算 4 次用户输入的数字和时，不使用函数如图 7.1 所示，使用函数如图 7.2 所示由图 7.1 和图 7.2 可以看出，使用函数会节省很多代码。

```
#include <stdio.h>
#include <conio.h>
int main()
{
    int a=0,b=0,c=0;
    printf("请输入两个数字，用空格分开，按回车键结束\n");
    scanf("%d %d",&a,&b);
    c=a+b;
    printf("两个数的和为%d\n",c);
    printf("请输入两个数字，用空格分开，按回车键结束\n");
    scanf("%d %d",&a,&b);
    c=a+b;
    printf("两个数的和为%d\n",c);
    printf("请输入两个数字，用空格分开，按回车键结束\n");
    scanf("%d %d",&a,&b);
    c=a-b;
    printf("两个数的和为%d\n",c);
    printf("请输入两个数字，用空格分开，按回车键结束\n");
    scanf("%d %d",&a,&b);
    c=a-b;
    printf("两个数的和为%d\n",c);
    getch();
    return 0;
}
```

图 7.1　不使用函数

```
#include <stdio.h>
#include <conio.h>
void sum(int a,int b)
{
    int c=0;
    printf("请输入两个数字，用空格分开，按回车键结束\n");
    scanf("%d %d",&a,&b);
    c=a+b;
    printf("两个数的和为%d\n",c);
}
int main()
{
    int a=0,b=0;
    sum(a,b);
    sum(a,b);
    sum(a,b);
    sum(a,b);
    getch();
    return 0;
}
```

图 7.2　使用函数

函数类似于循环结构，可以节约大量重复的代码。函数与循环结构不同的是，函数在使用时不用被连续使用，而循环结构必须被连续使用。

例如，对于先进行两次求和、然后进行两次求差、再进行两次求和的编程问题，使用循环结构的效率就不如使用函数的效率了，如图 7.3 和图 7.4 所示。

在图 7.4 中，只进行了 3 次功能转换。如果遇到多次功能转换的场景，函数的优势将更加明显。

```
#include <stdio.h>
#include <conio.h>
int main()
{
    int a=0,b=0,c=0,i=0;
    for(i=0;i<=1;i++)
    {
        printf("请输入两个数字，用空格分开，按回车键结束\n");
        scanf("%d %d",&a,&b);
        c=a+b;
        printf("两个数的和为%d\n",c);
    }
    for(i=0;i<=1;i++)
    {
        printf("请输入两个数字，用空格分开，按回车键结束\n");
        scanf("%d %d",&a,&b);
        c=a-b;
        printf("两个数的差为%d\n",c);
    }
        for(i=0;i<=1;i++)
    {
        printf("请输入两个数字，用空格分开，按回车键结束\n");
        scanf("%d %d",&a,&b);
        c=a+b;
        printf("两个数的和为%d\n",c);
    }

    getch();
    return 0;
}
```

图 7.3　使用循环结构

```
#include <stdio.h>
#include <conio.h>
void sum(int a,int b)
{
    int c=0;
    printf("请输入两个数字，用空格分开，按回车键结束\n");
    scanf("%d %d",&a,&b);
    c=a+b;
    printf("两个数的和为%d\n",c);
}
void difference(int a,int b)
{
    int c=0;
    printf("请输入两个数字，用空格分开，按回车键结束\n");
    scanf("%d %d",&a,&b);
    c=a-b;
    printf("两个数的差为%d\n",c);
}
int main()
{
    int a=0,b=0;
    sum(a,b);
    sum(a,b);
    difference(a,b);
    difference(a,b);
    sum(a,b);
    sum(a,b);
    getch();
    return 0;
}
```

图 7.4　使用函数

7.2 使用函数

在生活中，我们常常会使用函数来解决问题。本节将详细介绍如何使用函数。

7.2.1　定义函数

定义函数由函数首部与函数体组成。其中，函数首部由 void、函数名和小括号组成；函数体由大括号和语句块组成。定义函数的语法如图 7.5 所示。这种由程序员定义的函数统称为自定义函数。

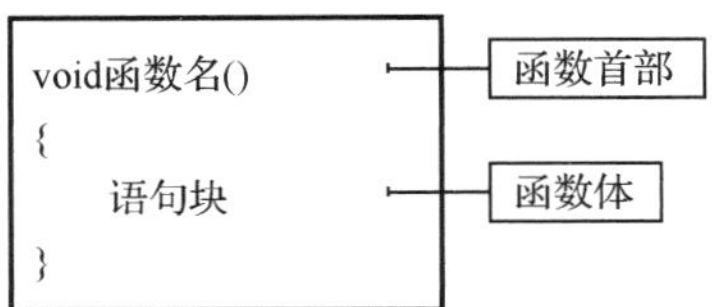

图 7.5　定义函数的语法

由于函数名属于标识符，所以函数名必须符合标识符的命名规则。命名的函数名要有较好的可读性，例如，以 sum()就可以知道该函数与求和相关。

7.2.2　调用函数

调用函数是通过语句实现的。函数名、小括号与分号组成调用函数语句。

调用函数语句如下：

```
函数名();
```

【示例 7-1】通过调用求和函数计算 3 与 5 的和。

【分析】求和函数需具备计算 3 与 5 的和的功能，然后在主函数 main()中调用该函数。

程序如下：

```
#include <stdio.h>
#include <conio.h>
void sum()
{
	int a=3,b=5,c=0;
	c=a+b;
	printf("3 与 5 的和为%d\n",c);
}
int main()
{
	sum();
	getch();
	return 0;
}
```

运行程序，输出以下内容：

```
3 与 5 的和为 8
```

下面我们通过编译器调试功能验证程序的执行过程。

（1）首先按 F10 键进入逐过程调试功能，如图 7.6 所示。

（2）再次按 F10 键，如图 7.7 所示，此时准备进入函数 sum()。

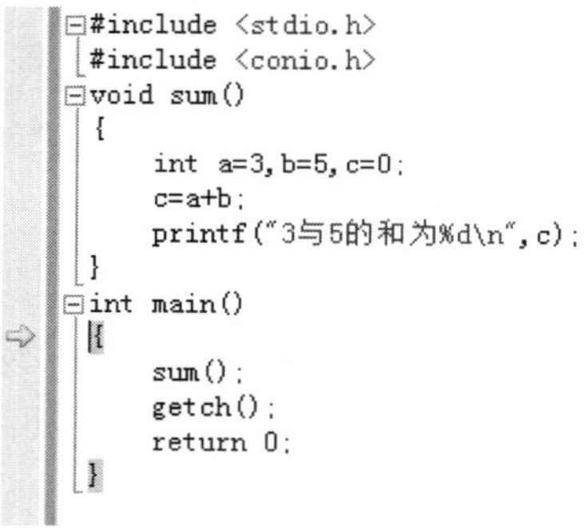

```
#include <stdio.h>
#include <conio.h>
void sum()
{
	int a=3,b=5,c=0;
	c=a+b;
	printf("3与5的和为%d\n",c);
}
int main()
{
	sum();
	getch();
	return 0;
}
```

图 7.6　第 1 次按 F10 键

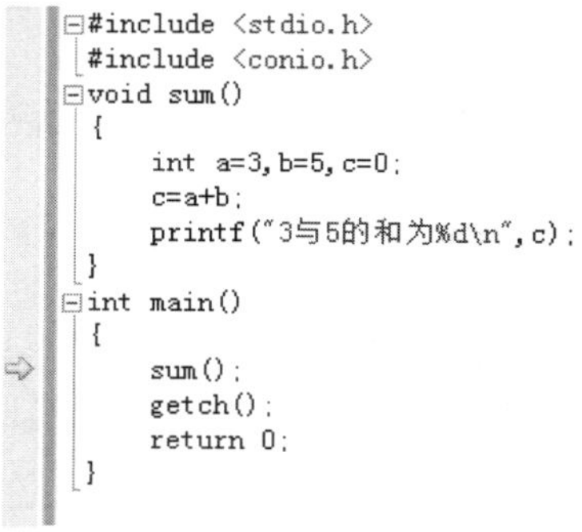

```
#include <stdio.h>
#include <conio.h>
void sum()
{
	int a=3,b=5,c=0;
	c=a+b;
	printf("3与5的和为%d\n",c);
}
int main()
{
	sum();
	getch();
	return 0;
}
```

图 7.7　第 2 次按 F10 键

（3）按 F10 键只能进入逐过程调试功能，无法进入函数之中。此时，要按 F11 键，使用逐语句调试功能进入函数 sum()，如图 7.8 所示。

（4）进入函数 sum()后，第 2 次按 F11 键，如图 7.9 所示。第 3 次按 F11 键，如图 7.10 所示。

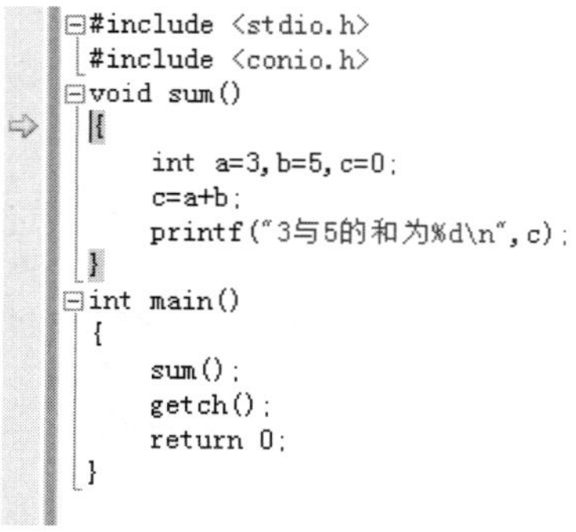

```
#include <stdio.h>
#include <conio.h>
void sum()
{
	int a=3,b=5,c=0;
	c=a+b;
	printf("3与5的和为%d\n",c);
}
int main()
{
	sum();
	getch();
	return 0;
}
```

图 7.8　第 1 次按 F11 键

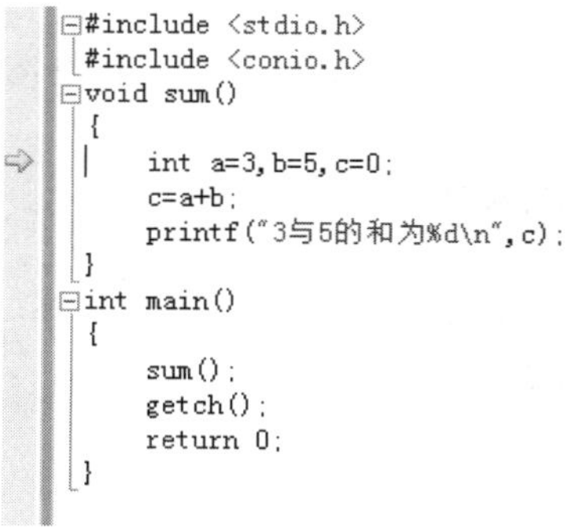

```
#include <stdio.h>
#include <conio.h>
void sum()
{
	int a=3,b=5,c=0;
	c=a+b;
	printf("3与5的和为%d\n",c);
}
int main()
{
	sum();
	getch();
	return 0;
}
```

图 7.9　第 2 次按 F11 键

（5）此时，为了避免进入函数 printf()，就要按 F10 键，进入逐过程调试功能，如图 7.11 所示。

```
#include <stdio.h>
#include <conio.h>
void sum()
{
    int a=3,b=5,c=0;
    c=a+b;
    printf("3与5的和为%d\n",c);
}
int main()
{
    sum();
    getch();
    return 0;
}
```

图 7.10　第 3 次按 F11 键

```
#include <stdio.h>
#include <conio.h>
void sum()
{
    int a=3,b=5,c=0;
    c=a+b;
    printf("3与5的和为%d\n",c);
}
int main()
{
    sum();
    getch();
    return 0;
}
```

图 7.11　第 3 次按 F10 键

（6）第 4 次按 F10 键，如图 7.12 所示。第 5 次按 F10 键，此时跳出函数 sum()，如图 7.13 所示。

```
#include <stdio.h>
#include <conio.h>
void sum()
{
    int a=3,b=5,c=0;
    c=a+b;
    printf("3与5的和为%d\n",c);
}
int main()
{
    sum();
    getch();
    return 0;
}
```

图 7.12　第 4 次按 F10 键

```
#include <stdio.h>
#include <conio.h>
void sum()
{
    int a=3,b=5,c=0;
    c=a+b;
    printf("3与5的和为%d\n",c);
}
int main()
{
    sum();
    getch();
    return 0;
}
```

图 7.13　第 5 次按 F10 键

（7）第 5 次按 F10 键后，弹出命令行窗口。展示输出结果，如图 7.14 所示。

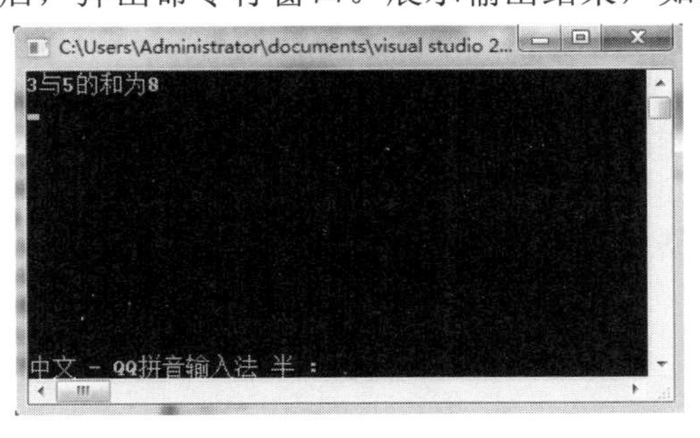

图 7.14　命令行窗口

从整个调试过程中可以看出，当程序执行到调用函数语句“sum();”时，程序会进入该函数，执行函数体中的所有代码，然后跳出该函数，返回主函数 main()。

7.2.3　函数说明

在使用函数时，默认为先定义函数、后调用函数。先定义函数、后调用函数的语法如图 7.15 所示。

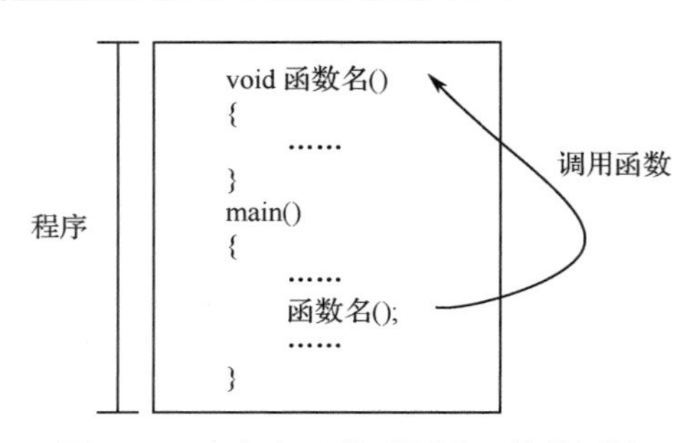

图 7.15　先定义函数后调用函数的语法

如果调用函数语句在定义函数语句之前，此时要在主函数 main()中对该函数进行声明。先调用函数后定义函数的语法如图 7.16 所示。

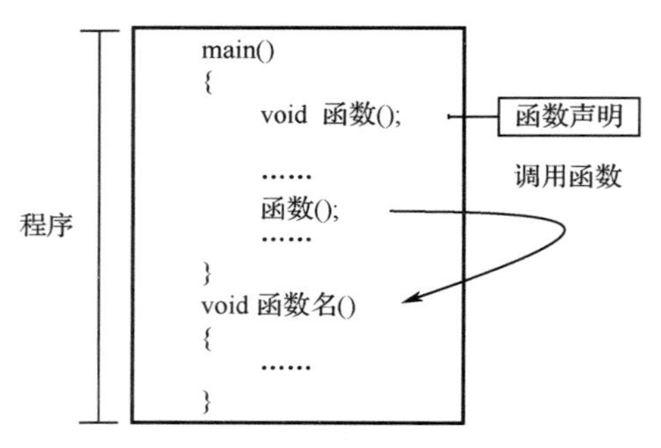

图 7.16　先调用函数后定义函数的语法

从图 7.16 中可以看出，函数声明语句必须在调用函数语句之前。函数声明是由“void 函数名();”语句实现的。

我们都知道，计算机执行程序是顺序执行的。所以，在调用函数时，要将定义函数语句放在主函数 main()语句之前，才能调用函数，否则计算机将无法识别调用函数语句而输出错误信息。

【示例 7-2】下面将定义函数 sum()语句放在主函数 main()语句之后，并且没有声明函数 sum()，然后在主函数 main()中调用函数 sum()。

程序如下：

```
#include <stdio.h>
#include <conio.h>
int main()
{
    sum();
    getch();
    return 0;
}
void sum()
{
    int a=6,b=6,c=0;
    c=a+b;
    printf("6 与 6 的和为%d\n",c);
}
```

运行程序，输出以下错误信息：

```
"sum"未定义；假设外部返回 int
```

由于没有在主函数 main()中声明函数 sum()，所以，运行程序后会提示找不到标识符"sum"，表示计算机无法识别函数 sum()。

为上面程序添加函数声明语句，修改的程序如下：

```
#include <stdio.h>
#include <conio.h>
int main()
{
        void sum();
        sum();
        getch();
        return 0;
}
void sum()
{
        int a=6,b=6,c=0;
        c=a+b;
        printf("6 与 6 的和为%d\n",c);
}
```

运行程序，输出以下内容：

```
6 与 6 的和为 12
```

7.3 使用参数

最基本的函数形式相当于一个封闭的空间，该函数的功能不受外界影响。如果函数的功能需要外部传递一些值进入函数，并参与函数的运算，这种函数在 C 语言中称为带参函数。本节将详细讲解关于带参函数的参数声明与传递。

7.3.1 参数声明

参数声明是指在带参函数首部对参数进行声明。

参数声明的语法如下：

```
void 函数名(类型 形式参数)
```

其中，类型为形式参数的类型。形式参数简称形参，其本质为一个变量。声明形参后等于为函数声明了变量，可以在函数体内进行使用。

形参的个数可以为一个，也可以为多个。如果要声明多个形参，它们之间要用逗号分隔。多个参数声明的语法如图 7.17 所示。

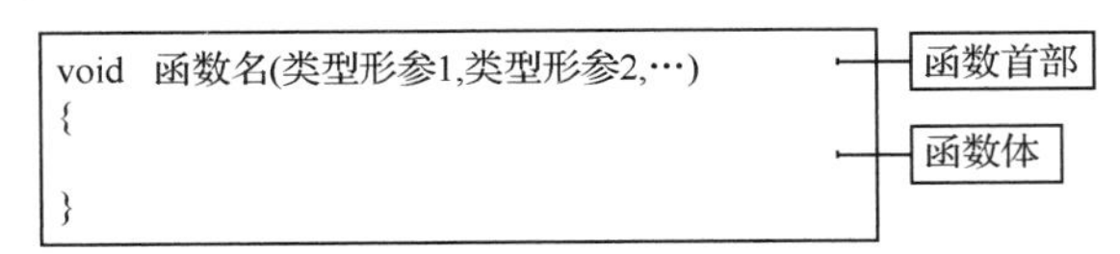

图 7.17 多个参数声明的语法

形参的作用就是一个接收站台，用于接收数据。在函数中，声明几个形参等于建立了几个接收站台。如果把一个理发店看作带参函数，那么理发师及座位数都是形参。如果使用barberShop()表示“理发店”函数，其语句如下：

```
void barberShop (int men,int seat){ }
```

函数 barberShop(int men,int seat)拥有两个形参，等待外部传输数据，从而决定这个函数具体有几个理发师及几个座位。

7.3.2　参数传递

参数传递是指将数据通过参数传递到函数的形参中。参数传递方式为通过调用函数语句，将值传递到函数中。

参数传递的语法如下：

```
函数名(实际参数);
```

其中，实际参数简称实参，表示实际传递的数值。实参可以为常数，也可以为变量。

实参的个数、数据类型及顺序要与形参的一致。如果传递多个实参，则要用逗号将其分隔，如下所示。在传递多个实参时，遵循从左向右依次进行传值。

```
函数名(实参 1,实参 2,实参 3,…);
```

注意：实参的类型与形参的类型要一致；当实参与形参的类型不同时，如果实参的类型可以被自动转换为形参的类型，也是可以进行参数传递的。

【示例 7-3】通过函数输出火星理发店有几个理发师与座位。

程序如下：

```
#include <stdio.h>
#include <conio.h>
void barberShop(int men,int seat)
{
	printf("火星理发店有%d 个理发师与%d 个座位\n",men,seat);
}
int main()
{
	int a=0,b=0;
	printf("请输入火星理发店的理发师及座位数，按空格分隔，按回车键结束输入\n");
	scanf("%d %d",&a,&b);
	barberShop(a,b);
	getch();
	return 0;
}
```

运行程序，输出以下内容：

```
请输入火星理发店的理发师及座位数，按空格分隔，按回车键结束输入
5 10
火星理发店有 5 个理发师与 10 个座位
```

从上面程序中可以看出，当输入了 5 和 10 后，程序将变量 a 与 b 赋值为 5 与 10；然后通过调用函数语句，将变量 a 与 b 的值传递给 barberShop 函数；最后 barberShop 函数将通过两个形参 men 与 seat 接收到实参的数据 5 与 10 在函数体中输出。

7.4 返 回 值

返回值是指函数在被执行完后返回的值。通过返回值，我们可以确定函数执行的情况，还可以得到函数的运行结果。本节我们将详细讲解声明类型与传递返回值。

7.4.1 声明函数类型

声明函数类型是指声明函数返回值的类型。在C语言中，声明函数类型的语法如图7.18所示。

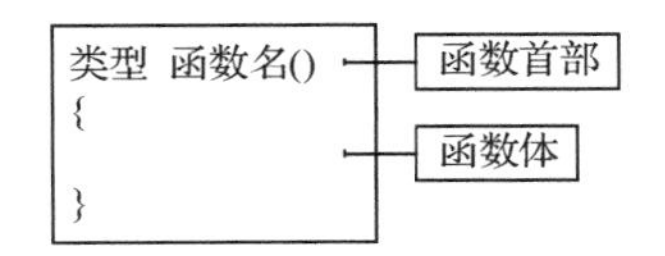

图7.18 声明函数类型的语法

其中，类型是指函数返回值的类型。函数返回值可以为一个常数或一个变量。无论是带参函数还是无参函数都可以声明函数类型。

如前所述，定义函数的语法如下：

```
void 函数名()
{
}
```

这里的void表示该函数没有返回值。没有返回值就是没有反馈信息。

7.4.2 传递返回值

传递返回值要使用到return语句。通过return语句可以将函数返回值进行传递

传递返回值的语法如下：

```
return 返回值;
```

其中，return语句可以有多个；返回值为表达式，其类型必须和声明函数类型一致或兼容。这里的兼容是指可以自动转换。

注意：变量或常数也属于表达式。

此时，完整函数声明的语法如图7.19所示。

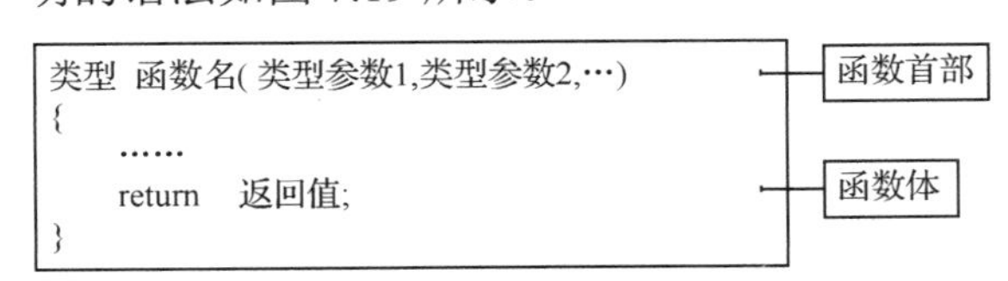

图7.19 完整函数声明的语法

【示例7-4】输入两个整数，并通过函数计算它们的和。要求和的值通过返回值返回。

【分析】

（1）函数要能实现计算两个整数的和，并且要通过返回值将计算结果返回。所以，函数中需要两个参数，用于接收输入的两个整数，这样两个参数都为整型的，返回值也为整型的。

函数声明如下：

```
int sum(int c,int d)
{
return c+d;
}
```

（2）在主函数 main()中要将输入的两个整数指定给两个变量，这两个变量用 a 与 b 代替。然后将这两个变量的值传递给函数 sum()。

调用函数语句如下：

```
sum(a,b);
```

（3）在将调用函数的返回值输出时，要改进调用函数的代码，即将调用函数赋给另外一个变量 c：

```
c=sum(a,b);
```

这样我们只要将变量 c 的值进行输出，就能得到最终结果。

完整的程序如下：

```
#include <stdio.h>
#include <conio.h>
int sum(int c,int d)
{
        return c+d;
}
int main()
{
        int a=0,b=0,c=0;
        printf("请输入两个整数，按空格分隔，按回车键结束输入\n");
        scanf("%d %d",&a,&b);
        c=sum(a,b);
        printf("%d 与%d 的和为%d\n",a,b,c);
        getch();
        return 0;
}
```

运行程序，输出以下内容：

```
请输入两个整数，按空格分隔，按回车键结束输入
5 6
5 与 6 的和为 11
```

从上面程序中可以看出，当输入了 5 和 6 后，通过调用函数语句，将变量 a 与 b 的值传递给调用函数 sum()；当调用函数执行完毕后，将调用函数的返回值赋给了变量 c；最后通过输出函数 printf()将变量 c 的值进行了输出。

7.5 局部变量

局部变量是指在一定范围内有效的变量。一定范围即有效范围，具体是指局部变量所属

函数的范围。在这个范围中，局部变量是有效的。在函数内定义的变量及形参都属于局部变量。例如，主函数 main()中所有变量的有效范围都是从主函数 main()开始，到主函数 main()结束，如图 7.20 所示。

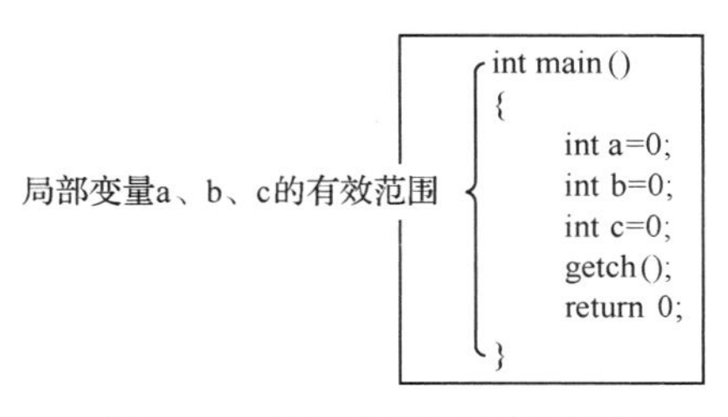

图 7.20 局部变量的有效范围

1. 作用域

作用域是指变量可以使用的范围。局部变量的作用域是从声明该变量开始一直到所在语句块的结束，如图 7.21 所示。

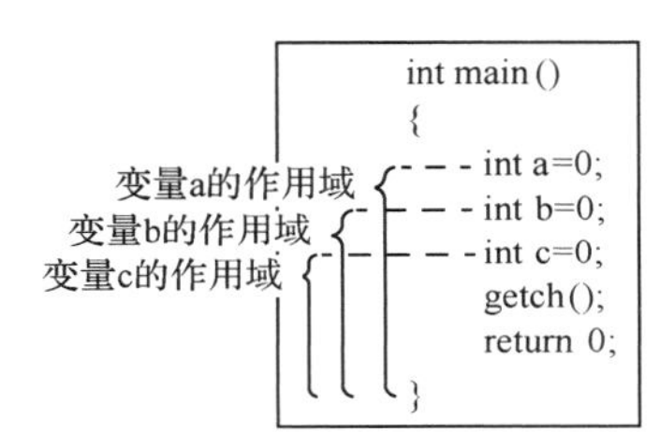

图 7.21 局部变量的作用域

如果不在变量的作用域使用变量，会导致程序报错，例如：

```
#include <stdio.h>
#include <conio.h>
int main()
{
        printf("a 的值为%d\n",a);
        int a=8;
        getch();
        return 0;
}
```

运行程序，输出以下内容：

```
"a": 未声明的标识符
```

从上面程序中可以看出，由于输出函数 printf()在调用变量 a 时超出了变量 a 的作用域，所以会提示无法识别标识符 a。

下面修改程序，让输出函数 printf()处于变量 a 的作用域中。

修改的程序

```
#include <stdio.h>
#include <conio.h>
int main()
{
        int a=8;
        printf("a 的值为%d\n",a);
```

```
        getch();
        return 0;
}
```

运行程序，输出以下内容：

```
a的值为8
```

所以在编写程序时，一定要注意变量的作用域。

注意：局部变量的有效范围与局部变量的作用域是不同的。在局部变量的有效范围中，该局部变量是有效的，但不一定可以被使用。

2. 生命周期

生命周期是指变量处于“存活”状态的时间长短。局部变量只有在被当次调用期间存在，而在没有被调用期间处于“死亡”状态。

注意：可以让当前没有使用的变量处于“休眠状态”，以减轻硬件的加载负担。

【示例7-5】通过两次调用函数sum()，验证局部变量c的生命周期。

程序如下：

```
#include <stdio.h>
#include <conio.h>
int sum(int a)
{
        int c=0;
        c=c+a;
        printf("c 的值为%d\n",c);
        return 0;
}
int main()
{
        sum(5);
        sum(0);
        getch();
        return 0;
}
```

【分析】根据上面程序，我们假设局部变量c的生命周期为以下两种情况。

（1）第1种情况，假设局部变量c的生命周期是从程序的开始一直到程序的结束。此时，两次调用函数sum()的过程如下：

- 第1次调用函数sum()时，传递a的值为5。因为c=c+a，所以c=0+5，此时c的值为5。
- 第2次调用函数sum()时传递a的值为0。由于局部变量c在整个程序中是一直存在的，所以这时c的值应为5。因为c=c+a，所以c=5+5，此时c的值为10。

据此，推断程序运行的结果如下：

```
c的值为5
c的值为10
```

（2）第2种情况，假设局部变量c的生命周期只存在与当次调用函数sum()期间。此时，两次调用函数sum()的过程如下：

- 第1次调用函数sum()时，传递a的值为5，所以c=0+5，此时c的值为5。

❑ 第 2 次调用函数 sum()时，传递 a 的值为 0，所以 c=0+0，此时 c 的值为 0。

据此，推断程序运行的结果如下：

```
c 的值为 5
c 的值为 0
```

现在，我们实际运行程序，输出以下内容：

```
c 的值为 5
c 的值为 0
```

程序实际运行的结果与第 2 种情况的一致。因此，验证了局部变量的生命周期只维持在被当次调用期间。

7.6 全局变量

全局变量又称外部变量，是指在整个程序内都有效的变量。全局变量在函数外部进行声明。全局变量的作用域是从声明该变量开始一直到所在程序结束。

【示例 7-6】验证全局变量的作用域。

程序如下：

```
#include <stdio.h>
#include <conio.h>
int sum2()
{
    printf("c 的值为%d\n",c);
    return 0;
}
int c=10;
int sum()
{
    printf("c 的值为%d\n",c);
    return 0;
}
int main()
{
    int a=0;
    int b=1;
    printf("b 的值为%d\n",b);
    sum();
    sum2();
    getch();
    return 0;
}
```

在上面程序中，变量 c 就是一个全局变量，其作用域如图 7.22 所示。

```
#include <stdio.h>
#include <conio.h>
int sum 2()
{
        printf("c的值为%d\n",c);
        return 0;
}
int c=10;
int sum()
{
        printf("c的值为%d\n",c);
        return  0;
}
int main ()
{
        int a=0;
        int b=1;
        printf("b的值为%d\n",b);
        sum ();
        sum 2();
        getch ();
        return  0;
}
```

全局变量c的作用域

图 7.22 全局变量 c 的作用域

从图 7.22 中可以看出，由于调函数 sum2()时，是在全局变量 c 的作用域外的，所以当调用函数 sum2()时，程序会提示以下错误信息：

```
"c"：未声明的标识符
```

如果将全局变量 c 的声明语句放在函数 sum2()的上方，那么程序如下：

```
#include <stdio.h>
#include <conio.h>
int c=10;
int sum2()
{
        printf("c 的值为%d\n",c);
        return 0;
}

int sum()
{
        printf("c 的值为%d\n",c);
        return 0;
}
int main()
{
        int a=0;
        int b=1;
        printf("b 的值为%d\n",b);
        sum();
        sum2();
        getch();
        return 0;
}
```

运行程序，输出以下内容：

```
b 的值为 1
c 的值为 10
c 的值为 10
```

从上面两段程序运行结果可以看出，全局变量 c 的作用域是从其声明开始一直到所在程序结束，不受语句块范围的限制。

7.7 递 归

在 C 语言中，使用递归编写程序可以大量减少程序中的代码。本节将详细讲解关于递归的相关内容。

7.7.1 什么是递归

递归来源于英文单词 recursion，其意思为递推、递归。递归就是按照特定规律将复杂的问题逐步简化的一个过程。递归由递推、终止条件、回溯及递归方式 4 个部分组成。

- 递推：是将复杂数据进行简化的过程。
- 终止条件：是递推过程的终止界限。
- 回溯：是将简化的所有数据进行回推的过程。
- 递归方式：是在递推与回溯过程中都要遵循的简化数据和回推数据的规律。

下面我们以计算 10!（10 的阶乘）的值为例进一步讲解递归思路。按照数学的解题思路，我们会将 10！转换为一个等式，然后计算机 10！的值，如下所示：

```
10!=10×9×8×7×6×5×4×3×2×1
```

如果使用递归来计算 10！的值，首先要找到递归方式，这样才能进行递归。从数学解题思路中可以发现以下规律：

```
10！=10×9！
9！=8×8！
8！=8×7！
......
1！=1
```

如果使用变量 n 来代替数字，则可以转换为：

```
n=10   n！=n×(n−1)！
n=7    n！=n×(n−1)！
n=8    n！=n×(n−1)！
......
n=1    1！=1
```

所以，递归方式应该为 n！=n×(n−1)!，而终止条件是 n=1。找到了递归方式与终止条件，下面对 10！进行递归处理。

首先，对数据进行递推简化处理。

- 第 1 次递推，将 10! 拆分为 10×9! 。此时 10 为最简单数据，9! 为复杂数据。
- 第 2 次递推，将 9! 拆分为 9×8! ，此时 9 为简单数据，8! 为复杂数据。
- 依次类推。
- 第 9 次递推，将 2! 拆分为 2×1! ，此时 2 为简单数据，1! 为复杂数据。

❑ 第 10 次递推，将 1！拆分为 1×1，1 为最简单数据，并符合终止条件。

然后，开始回溯处理。

❑ 运算结果为 1×1=1，将 1 向上第 1 次回溯。
❑ 替换后为 2×1=2，将 2 向上第 2 次回溯。
❑ 替换后为 3×2=6，将 6 向上第 3 次回溯。
❑ 依次类推。
❑ 替换后为 9×40 320=362 880，将 362 880 向上第 9 次回溯。
❑ 替换后为 10×362 880=3 628 800，将 3 628 800 向上第 10 次回溯

此时，递归完成，计算出 10！的值为 3 628 800。

整个过程就是递归。为了更好地理解，我们用图 7.23 展示递归过程。

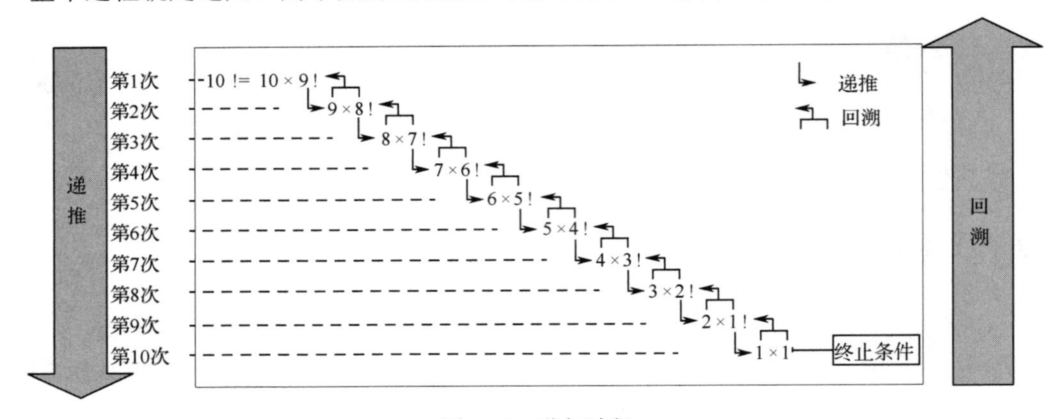

图 7.23　递归过程

7.7.2　实现递归

在 C 语言中，递归是通过函数反复调用自身来实现的。递归的语法如图 7.24 所示。

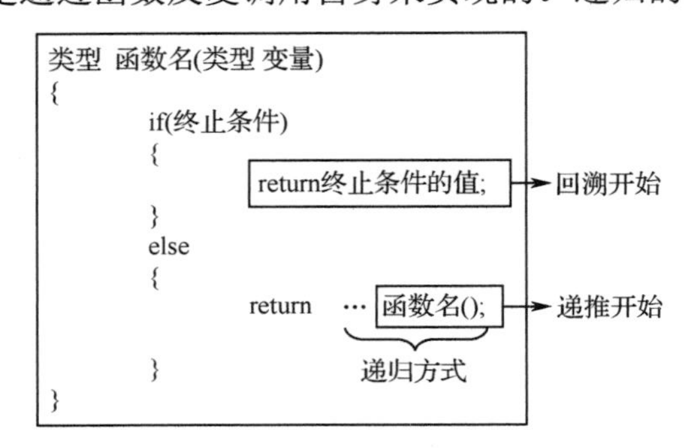

图 7.24　递归的语法

【示例 7-7】计算 4！的值。

```
#include <stdio.h>
#include <conio.h>
int sum(int n)
{
    if (n == 1)
    {
```

```
            return 1;
        }
        else
        {
            return n*sum(n-1);
        }
}
int main()
{
    int a=0;
    a=sum(4);
    printf("4！为%d\n",a);
    getch();
    return 0;
}
```

运行程序，输出以下内容：

```
4！为24
```

【分析】在上面程序中，函数 sum()就使用到了递归，递归过程如图 7.25 所示。

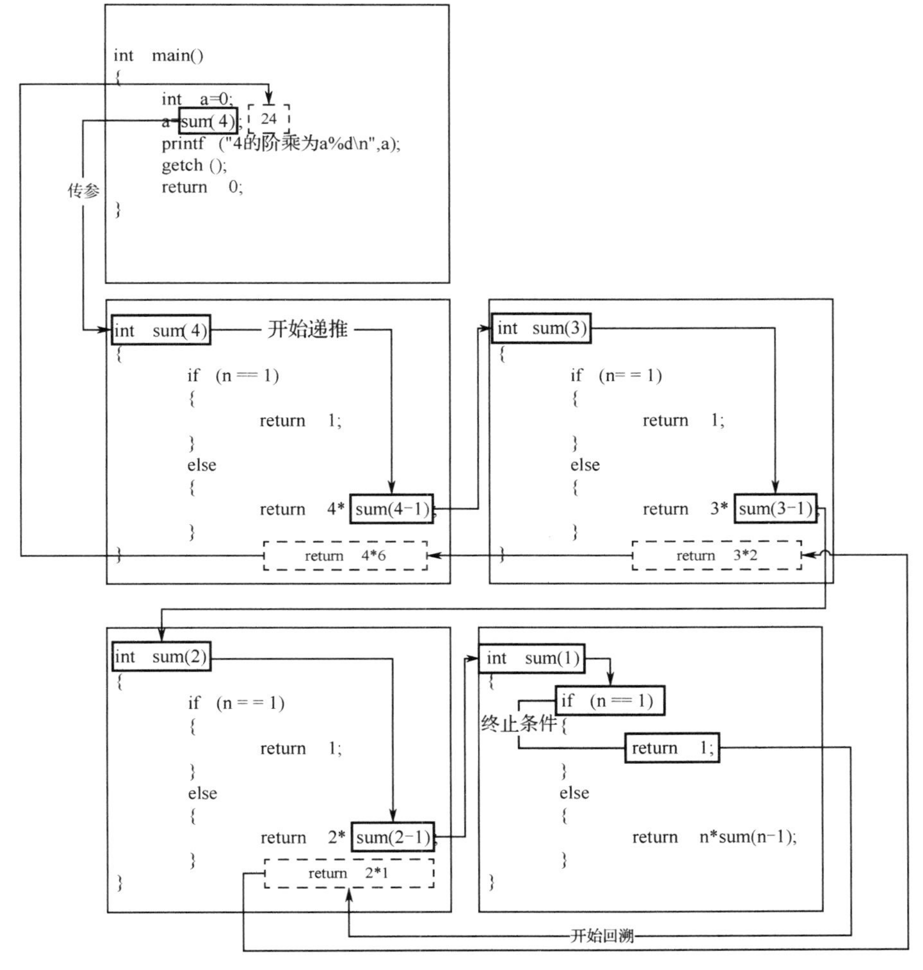

图 7.25 递归过程

在图 7.25 中可以看出，通过不断调用函数 sum()实现依次递推。根据实参的改变，依次调用自身函数 sum()4 次。当实参为 1 时，符合递归的终止条件，此时开始回溯。每次回溯都会向上层返回计算的值，一直返回到主函数 main()中，然后输出 4！的值。

递归过程简单说就是一种化繁为简的过程，在编程语言中十分常见。由于计算机最擅长处理的事情就是批量处理简单数据，所以计算机会利用递归来简化复杂的数据。这样更便于计算机进行批量处理，从而提高计算机的运行效率。

7.8 库 函 数

将大量常用的相关函数放在一起，形成一个库（仓库）。其中，将库中的所有函数称为库函数；将仓库称为系统库文件，又称头文件，其文件名后缀为.h。本节将为大家讲解关于库函数的相关内容。

7.8.1 使用库函数

不同的头文件中包含了不同类型的库函数。如果想要使用库函数，就要将对应的头文件引入程序中。引入头文件等于将头文件所包含的所有库函数导入程序中，这时就可以直接调用库函数。引入头文件的语法如下：

```
#include<文件名>
```

其中，“#”在最前面，然后是“include”，最后是尖括号，而在尖括号中填写头文件的名字。这 3 部分可以紧挨着，也可以有空格。另外，尖括号可以使用英文双引号代替，如下所示：

```
# include “文件名”
```

注意：在引入头文件时，切记在结尾处不要加分号，因为引入库函数不是一个语句。

【示例 7-8】编写输出“HelloWorld”的程序。

程序如下：

```
#include <stdio.h>
#include <conio.h>
int main()
{
	printf("HelloWorld\n");
	getch();
	return 0;
}
```

运行程序，输出以下内容：

```
HelloWorld
```

在上面程序中，#include <stdio.h>与#include <conio.h>等于引入了两个头文件，而函数 printf()与函数 getch()都属于库函数。函数 printf()属于 stdio.h 头文件，函数 getch()属于 conio.h 头文件。

如果我们直接调用库函数，而没有引入头文件，那么运行程序时会输出错误信息，如下所示：

```
int main()
{
```

```
        printf("helloworld");
        getch();
        return 0;
}
```

运行程序，输出如下错误信息

```
未定义标识符 "printf"
未定义标识符 "getch"
```

7.8.2 常见头文件

C 语言提供了很多头文件，不同的编译器支持的头文件不同。下面我们将常用的几个头文件进行展示，如表 7.1 所示。

表 7.1 常见头文件

头 文 件	包含的库函数
math.h	数学库函数
ctype.h	字符函数与字符串函数
stdio.h	输入/输出函数
stdlib.h	动态分配函数与随机函数

7.8.3 库函数 printf()和 scanf()

在 C 语言中，我们最常调用的库函数就是 stdio.h 头文件提供函数 printf()与库函数 scanf()。下面我们对这两个库函数的语法进行详细讲解。

库函数 printf()属于输出函数，其语法如下：

```
printf("格式化字符串", 参量表);
```

其中，格式化字符串包括正常字符与格式化规定字符。正常字符会被原样输出，而格式化规定字符为“%”开头的占位符或由斜杠“\”组成的转义字符，如%d，%c，\n 等。

参量表是指要输出的一系列参数。参量由表达式组成。参数必须与格式化字符串中的占位符的个数、类型及顺序相符，且每个参数之间用“,”分开。

注意：如果格式化字符串中没有占位符，此时参量表可以被省略。

库函数 scanf()为输入函数，其语法如下：

```
scanf("格式化字符", 参量表);
```

其中，格式化字符由“%”开头的占位符组成。格式化字符规定了用户输入的数据类型，如%d 表示用户输入的数据必须是整数类型。

如果格式化字符中有多个占位符，它们之间可以用空格或其他符号作为分隔符。例如，用户用“$”符号分隔输入的 3、5、10 时，格式化字符写为“%d$%d$%d”。用户在输入数据时按回车键表示数据输入完成。

参量表由“&”与参数组成，如&a。参数必须与占位符的个数、类型及顺序相符，每个参数之间用“,”分开。

【示例 7-9】将用户输入的 3 个数字进行输出。

```
#include <stdio.h>
#include <conio.h>
int main()
{
	int a=0,b=0,c=0;
	printf("请输入 3 个数字，用符号^分隔，按回车键结束输入");
	scanf("%d^%d^%d",&a,&b,&c);
	printf("用户输入的 3 个数字分别为%d、%d、%d\n",a,b,c);
	getch();
	return 0;
}
```

运行程序，输出以下内容：

```
请输入 3 个数字，用符号^分隔，按回车键结束输入
5^6^7
用户输入的 3 个数字分别为 5、6、7
```

7.9 数值运算函数

math.h 头文件中的库函数，如绝对值运算函数、三角函数运算函数、取整取余运算函数等，可以实现对数值的处理。下面将对常见的数值运算函数进行讲解。

7.9.1 绝对值运算函数

绝对值是指一个数在数轴上所对应点到原点的距离。C 语言提供了与绝对值运算相关的函数，如表 7.2 所示。

表 7.2 绝对值运算函数

函　　数	功　　能
abs(x)	求整数的绝对值
cabs(znum)	求复数的绝对值
fabs(x)	求双精度的绝对值
labs(x)	求长整型的绝对值

【示例 7-10】通过调用绝对值运算函数求取绝对值。

程序如下：

```
#include <stdio.h>
#include <conio.h>
#include <math.h>
int main()
{
	printf("100 的绝对值为%d\n", abs(100));
	printf("-80 的绝对值为%d\n", abs(-80));
	printf("30-80 的绝对值为%d\n",abs(30-80) );
```

```
    return 0;
}
```

运行程序，输出以下内容：

```
100 的绝对值为 100
-80 的绝对值为 80
30-80 的绝对值为 50
```

7.9.2 三角函数运算函数

三角函数运算函数主要包括正余弦与反正余弦函数、正切与反正切函数及直角三角形斜边运算函数。

1. 正余弦与反正余弦函数

C 语言提供了正余弦与反正余弦函数，如表 7.3 所示。

表 7.3 正余弦与反正余弦函数

函 数	功 能
sin(x)	求正弦值
cos(x)	求余弦值
asin(x)	求反正弦值
acos(x)	求反余弦值
sinh(x)	求双曲正弦值
cosh(x)	求双曲余弦值

【示例 7-11】通过调用正余弦与反正余弦函数求取 0.5 的正弦值及双曲余弦值。

程序如下：

```
int main()
{
    double result, x;
    x = 0.5;
    result = sin(x);
    printf("The sin() of %lf is %lf\n", x, result);
    double otherResult;
    double otherX = 0.5;
    otherResult = cosh(otherX);
    printf("The hyperboic cosine of %lf is %lf\n", otherX, otherResult);
    return 0;
}
```

运行程序，输出以下内容：

```
The sin() of 0.500000 is 0.479426
The hyperboic cosine of 0.500000 is 1.127626
```

2. 正切与反正切函数

C 语言提供了正切与反正切函数，如表 7.4 所示。

表 7.4　正切与反正切函数

函　数	功　能
tan(x)	求 x 的正切值，其中 x 的单位是弧度
tanh(x)	求 x 的双曲正切值
atan(x)	求 x 的反正切值，其中 x 的单位是弧度
atan2(y, x)	求 y/x 的反正切值

【示例 7-12】通过调用正切与反正切函数求取 1.0 的正切值、双曲正切值及反正切值。

程序如下：

```
#include <stdio.h>
#include <conio.h>
#include <stdio.h>
#include <conio.h>
#include <math.h>
int main()
{
    printf("tan(1.0) = %lf\n", tan(1.0));
    printf("tanh(1.0) = %lf\n", tanh(1.0));
    printf("atan(1.0) = %lf\n", atan(1.0));
    return 0;
}
```

运行程序，输出以下内容：

```
tan(1.0) = 1.557408
tanh(1.0) = 0.761594
atanh(1.0) = 0.549306
```

3. 直角三角形斜边运算函数

C 语言的头文件 math.h 中还提供了直角三角形斜边运算函数，其语法如下：

```
hypot(第 1 个直角边,第 2 个直角边);
```

【示例 7-13】通过两个直角边计算斜边。

程序如下：

```
#include <stdio.h>
#include <conio.h>
#include <math.h>
int main()
{
    double x, y, r;
    x = 3.0;
    y = 4.0;
    r = hypot(x, y);
    printf("三角形的两个直角边为：%.2lf 和%.2lf，斜边为%.2lf\n", x,y,r);
    return 0;
}
```

运行程序，输出以下内容：

```
三角形的两个直角边为：3.00 和 4.00，斜边为 5.00
```

7.9.3　取整取余运算函数

C 语言提供了取整取余运算函数，如表 7.5 所示。

表 7.5　取整取余运算函数

函　数	功　能
ceil()	求出不小于指定值的最小整数（取上整）
floor()	求出不大于指定值的最大整数（取下整）
fmod()	返回两参数相除的余数，该余数符号与被除数的相同

【示例 7-14】实现取整取余运算。

程序如下：

```
#include <stdio.h>
#include <conio.h>
#include <math.h>
int main()
{
    double number = 123.54;
    double down, up;
    down = floor(number);
    up = ceil(number);
    printf("original number %10.2lf\n", number);
    printf("number rounded down %10.2lf\n", down);
    printf("number rounded up %10.2lf\n", up);
    double x, y, r;
    x = -100.0;
    y = 3.0;
    r = fmod(x, y);
    printf("x%%y = %10.2lf\n", r);
    return 0;
}
```

运行程序，输出以下内容：

```
original number        123.54
number rounded down        123.00
number rounded up        124.00
x%y =          -1.00
```

7.9.4　双精度分解运算函数

双精度分解运算的函数如表 7.6 所示。

表 7.6　双精度分解运算的函数

函　数	功　能
modf(val,&iptr)	把双精度数 val 分解为整数部分和小数部分，把整数部分存到 iptr 指向的单元

续表

函　　数	功　　能
frexp(val,&iptr)	把双精度数 val 分解为尾数 x 和以 2 为底的指数 n，即 val=x*2n，将 n 存放在 eptr 指向的变量中

【示例 7-15】实现双精度数的分解。

程序如下：

```
#include <stdio.h>
#include <conio.h>
#include <math.h>
int main()
{
    double fraction, integer;
    double number = 100000.567;
    fraction = modf(number, &integer);
    printf("The whole and fractional parts of %lf are %lf and %lf\n", number, integer, fraction);
    double mantissa, otherNumber;
    int exponent;
    otherNumber = 8.0;
    mantissa = frexp(otherNumber, &exponent);
    printf("The number %lf is\n", otherNumber);
    printf("%lf times two to the\n", mantissa);
    printf("power of %d", exponent);
    return 0;
}
```

运行程序，输出以下内容：

```
The whole and fractional parts of 100000.567000 are 100000.000000 and 0.567000
The number 8.000000 is
0.500000 times two to the
power of 4
```

7.9.5　随机数运算函数

在 C 语言中，随机数运算最常用的函数有两个，如表 7.7 所示。

表 7.7　随机数运算函数

函　　数	功　　能
srand()	初始化随机数发生器
rand()	产生-90 到 32 767 之间的随机整数

【示例 7-16】生成 10 个随机数。

程序如下：

```
#include <stdio.h>
#include <conio.h>
#include <time.h>
```

```
#include<stdlib.h>
int main()
{
    int number[10] = { 0 };
    int i;
    srand((unsigned)time(NULL)); /*使用传入空指针播种子*/
    printf("生成的随机数如下：\n");
    for (i = 0; i < 10; i++)
    {
        number[i] = rand() % 100; /*产生 100 以内的随机整数*/
        printf("%d\n", number[i]);
    }
    return 0;
}
```

运行程序，输出以下内容：

```
生成的随机数如下：
66
26
1
11
70
63
96
2
8
34
```

7.9.6 其他数值运算函数

其他数值运算函数如表 7.8 所示。

表 7.8 其他数值运算函数

函　数	功　能
ldexp(x,exp)	返回 x 乘以 2 的 exp 次幂
log(x)	返回 x 的自然对数
log10(x)	返回 x 的常用对数（底数为 10 的对数）
sqrt(x)	返回 x 的平方根
exp(x)	返回 e 的 x 次幂的值
pow(x,y)	返回 x 的 y 次方的值

【示例 7-17】实现底数为 10 的对数、平方根及次方的计算。

程序如下：

```
#include <stdio.h>
#include <conio.h>
#include <math.h>
```

```
int main()
{
    printf("log10(5) = %lf\n", log10(5));
    printf("sqrt(4) = %lf\n", sqrt(4));
    printf("pow(4, 3) = %lf\n", pow(4, 3));
    return 0;
}
```

运行程序，输出以下内容：

```
log10(5) = 0.698970
sqrt(4) = 2.000000
pow(4, 3) = 64.000000
```

7.10 小　　结

通过本章的学习，要掌握以下的内容：

- 函数是指将一组能完成一个功能或多个功能的语句放在一起的代码结构。
- 函数由函数首部与函数体组成。函数首部由 void、函数名和小括号组成；函数体由大括号和语句块组成。
- 调用函数是通过语句实现的。函数名、小括号与分号组成调用函数语句。
- 参数声明是指在带参函数首部对参数进行声明。参数传递是指将数据通过参数传递到函数的形参中。参数传递方式为通过调用函数语句，将值传递到函数中。
- 返回值是指函数在被执行完后返回的值。
- 局部变量是指在一定范围内有效的变量。一定范围即有效范围，具体是指局部变量所属函数的范围。在这个范围中，局部变量是有效的。在函数内定义的变量及形参都属于局部变量。
- 在 C 语言中，递归是通过函数反复调用自身来实现的。使用递归编写程序可以大量减少程序中的代码。
- 将大量常用的相关函数放在一起，形成一个库（仓库）。其中，库中的所有函数称为库函数。
- math.h 头文件中的库函数，如绝对值运算函数、三角函数运算函数、取整取余运算函数等可以实现对数值的处理。

7.11 习　　题

一、填空题

1．函数是指将一组能完成一个功能或多个功能的____放在一起的结构形式。

2．函数由函数____与____组成。

二、选择题

1．下面程序的运行结果是（　　）。

```
#include <stdio.h>
```

```
#include <conio.h>
int m(int x,int y)
{
	static int c=0;
	int d=0;
	c=c+x+y;
	return c;
}
int main()
{
	int a=1,b=1,c=0;
	c=m(a,b);
	printf("%d\n",c);
	c=m(a,b);
	printf("%d\n",c);
	getch();
	return 0;
}
```

A．2，2　　　B．2，4　　　C．2，0　　　D．4，2

2．下面引入头文件的语句正确的是（　　）。

A．include <stdio.h>　　　B．#include <stdio.h>;

C．#include stdio.h　　　D．# include “stdio.h”;

3．下面库函数 scanf()调用语句错误的是（　　）。

A．scanf("%d^$%d^%d",&a,&b,&c);　　　B．scanf("%d%d^%d",&a,&b,&c);

C．scanf("%d^%d^%d"&a,&b,&c);　　　D．scanf("%d^%d^%d",&c,&b,&a);

4．下面不是 C 语言特点的是（　　）。

A．简洁、紧凑，使用方便、灵活，易于学习和应用

B．C 语言是面向对象的程序设计语言

C．C 语言允许直接对位、字节和地址进行操作

D．C 语言数据类型丰富、生成的目标代码质量高

5．下面程序的运行结果是（　　）。

```
#include <stdio.h>
int main()
{
	int a, b;
	b = (a = 3 * 5, a * 4, a * 5);
	printf("%d", b);
	return 0;
}
```

A．60　　　B．75　　　C．65　　　D．无法确定

6．下面程序的运行结果是（　　）。

```
#include <stdio.h>
f()
{
	int x = 1;
```

```
    x = x + 2;
    printf("%d", x);
}
int main()
{
    f();
    f();
    return 0;
}
```

A．33　　B．3　　C．22　　D．无法确定

7．构成C语言程序的基本单位是（　　）。

A．函数　　B．过程　　C．子程序　　D．子例程

8．下面程序的运行结果是（　　）。

```
#include <stdio.h>
void fun(int m, int n)
{
    m = n;
    n = m;
}
int main()
{
    int x = 5, y = 7;
    fun(x, y);
    printf("%d,%d", x, y);
    return 0;
}
```

A．6,6　　B．7,5　　C．5,7　　D．7,7

9．在C语言中，函数返回值的类型是由（　　）决定的。

A．return语句中的表达式　　B．调用函数的主调函数

C．调用函数时临时　　D．定义函数时所指定的函数类型

10．下面程序的运行结果是（　　）。

```
#include <stdio.h>
void fun(int* m, int* n)
{
    *m = *n;
    *n = *m;
}
int main()
{
    int x = 8, y = 7;
    fun(&x, &y);
    printf("%d,%d", x, y);
    return 0;
}
```

A．8,7　　B．7,8　　C．8,8　　D．7,7

11．下面叙述不正确的是（　　）。

A．在调用函数时，实参可以是表达式

B．在调用函数时，实参和形参可以共同使用内存单元

C．在调用函数时，给形参分配内存单元

D．在调用函数时，实参与形参的类型必须一致

12．下面程序的运行结果是（　　）。

```
#include <stdio.h>
void f(int a[])
{
	int i, s = 0;
	for (i = 0;i < 5;i++)
		s = s + a[i];
	printf("%d", s);
}
int main()
{
	int a[5] = { 1,3,5,7,9 };
	f(a);
	return 0;
}
```

A．20　　B．21　　C．25　　D．26

13．下面的调用函数语句含有（　　）个实参。

```
inta,b, c;
intsum(intx1, intx2) ;
……
total=sum(a, b),c);
```

A．2　　B．3　　C．4　　D．5

14．下面程序的功能是（　　）。

```
int myabs(int a)
{
	if (a < 0)
	{
		return a = -(a);
	}
	else
	{
		return a = a;
	}
}
```

A．求绝对值　　B．求负数　　C．无法确定　　D．输出 a

15．下面程序的运行结果是（　　）。

```
#include <stdio.h>
void f(int* a, int* b)
{
	int t;
```

```
        t = *a;
        *a = *b;
        *b = t;
}
int main()
{
        int x = 3, y = 4;
        f(&x, &y);
        printf("%d,%d", x, y);
        return 0;
}
```

A．3,4　　B．4,3　　C．3,3　　D．4,4

16．下面程序中 x 的值是（　　）。

```
#include <stdio.h>
int main()
{
        int a = 1, b = 3, c = 5, d = 4, x;
        if (a < b)
                if (c < d)
                        x = 1;
                else
                        if (a < c)
                                if (b < d)
                                        x = 2;
                                else
                                        x = 3;
                        else x = 6;
        else x = 7;
        return 0;
}
```

A．2　　B．3　　C．6　　D．7

17．在C语言中，对函数的介绍错误的是（　　）。

A．定义函数可以嵌套，但调用函数不可以嵌套

B．定义函数和调用函数均不可以嵌套

C．定义函数不可以嵌套，但是调用函数可以嵌套

D．定义函数和调用函数均可以嵌套

18．在 C 语言中，关于 return 语句叙述正确的是（　　）。

A．只能在主函数中出现　　B．在每个函数中都必须出现

C．可以在一个函数中多次出现　　D．只能在除主函数之外的函数中出现

19．在C语言中，下面叙述不正确的是（　　）。

A．无论是整数还是实数，都能被准确无误地表示

B．变量名代表存储器中的一个位置

C．静态变量的生命周期与整个程序的生命周期相同

D．变量必须先被定义后被引用

20. 在C语言中，变量名只能由字母、数字和下画线3种字符组成,且第一个字符（　　）。

A. 必须是字母

B. 必须是下画线

C. 必须是字母或下画线

D. 可以是字母、数字或下画线中的任意一种字符

21. 在C程序中，各函数之间可以通过多种方式传递数据，而下列不能用于实现函数之间数据传递的是（　　）。

A. 形参与实参结合的参数　　B. 函数返回值

C. 全局变量　　D. 同名的局部变量

22. 若在调用函数时参数为基本数据类型的变量，以下叙述正确的是（　　）。

A. 实参与其对应的形参占用相同的存储单元

B. 只有当实参与其对应的形参同名时才占用相同的存储单元

C. 实参与对应的形参分别占用不同的存储单元

D. 实参将其值传递给形参后，立即释放原先占用的存储单元

23. 在调用函数时，当实参和形参都是简单变量时，它们之间数据传递的过程是（　　）。

A. 实参将其地址传递给形参，并释放原先占用的存储单元

B. 实参将其地址传递给形参，而在调用函数结束时形参再将其地址回传给实参

C. 实参将其值传递给形参，而在调用函数结束时形参再将其值回传给实参

D. 实参将其值传递给形参，而在调用函数结束时形参并不将其值回传给实参

24. 当调用函数时的实参为变量时，以下关于形参和实参的叙述正确的是（　　）。

A. 实参与其对应的形参占用相同的存储单元

B. 形参只是形式上的存在，不占用具体存储单元

C. 同名的实参和形参占用相同的存储单元

D. 函数的形参和实参分别占用不同的存储单元

25. 若用数组名作为调用函数的实参，则传递给形参的是（　　）。

A. 数组的首地址　　B. 数组的第一个元素的值

C. 数组中全部元素的值　　D. 数组元素的个数

26. 在调用函数时，用数组名作为函数的参数，以下叙述正确的是（　　）。

A. 实参与其对应的形参占用不同的存储空间

B. 实参与其对应的形参占用相同的存储空间

C. 实参将其地址传递给形参，同时形参也会将该地址传递给实参

D. 实参将其地址传递给形参，等同实现了参数之间的双向值传递

27. 以下所列的各函数首部正确的是（　　）。

A. void play (var : Integer, var b:Integer)

B. void play(int a, b)

C. void play(int a, int b)

D. Sub play(a as integer,b as integer)

28. 下面可以实现求绝对值的函数是（　　）。

A. abs(x)　　B　abc(x)　　C. adb(x)　　D. sab(x)

三、找错题

1.下面程序不可以正常运行，请指出它的错误。

```
#include <stdio.h>
void Year(int n)
{
    return n % 400 == 0 || (n % 4 == 0 && n % 100 != 0);
}

int main()
{
    if (Year(2000))
    {
        printf("是闰年\n");
    }
    else
    {
        printf("不是闰年\n");
    }
    return 0;
}
```

四、编程题

1．在下面横线上填写适当的代码，以实现根据用户输入的数字，计算并输出该数字的阶乘。

```
#include <stdio.h>
int sum(int n)
{
    if (____)
    {
        return 1;
    }
    else
    {
        return ____;
    }
}
int main()
{
    int a=0,b=0;
    printf("请输入一个数字，按回车键结束\n");
    ____
    ____
    printf("%d 的阶乘为%d\n",b,a);
    return 0;
}
```

2．编写程序，以判断一个数是不是素数。

3．编写程序，以求取3个数的最小公倍数。

第 3 篇 复杂数据处理篇

第 8 章 地址和指针

为了方便管理内存的存储空间，计算机为每块内存的存储空间都做了编号，并将该编号称为内存地址，简称地址。当程序运行时，计算机会为每个数据分配对应的存储空间。这样，每个数据都有对应的地址。通过地址，开发人员可以直接对数据进行操作。为了方便这种操作，C 语言提供了指针机制。本章将详细讲解关于地址与指针的相关内容。

8.1 地 址

地址是指内存中存储数据的位置。本节将详细讲解地址的相关内容。

8.1.1 什么是地址

在计算机运行时，数据会存放在内存中，内存会以字节为单位划分为多个存储空间，并且为每个字节默认设置一个对应编号，这个编号就是地址。

注意：地址只是计算机规定的一个值，所以不会占用内存的存储空间。地址显示的长度会根据系统及编译器的位数确定。64 位编译器显示的地址为 16 个十六进制数，32 位编译器显示的地址为 8 个十六进制数。这里默认为 32 位编译器，所以显示的地址为 8 个十六进制数。

如果存放的数据只占用了一个字节，那么该数据占用的字节地址就是该数据的地址。例如，将字符 a 存放到内存中，假设所占用的字节地址为 10000000，那么字符 a 的地址就为 10000000，如图 8.1 所示。

	10000000	10000001	10000002	10000003	…
地址字符	a				

图 8.1 字符 a 在内存中

如果存放的数据占用多个字节，那么该数据的地址就是这个数据所占的第一个字节的地址，也就是首地址。例如，将字符串 abcde 存放到内存中，假设所占用的字节地址是从 10000000 到 10000004，那么字符串 abcde 的地址就为 10000000，如图 8.2 所示。

	10000000	10000001	10000002	10000003	10000004	10000005	10000006	10000007	…
地址字符串	a	b	c	d	e				

图 8.2 字符串 abcde 在内存中

注意：在计算机运行时，内存会动态分配存放数据的位置，所以同样的数据在每次运算时存放的地址可能会产生变化。

8.1.2 获取地址值

只有通过获取数据的地址才能对内存中的数据进行操作。在 C 语言中，使用取地址符&获取内存中数据的地址。最典型的取地址的应用就是使用库函数 scanf()。

【示例 8-1】通过 scanf()获取输入的数字 8 的地址，并通过 printf()将其地址进行输出。

程序如下：

```
#include <stdio.h>
#include <conio.h>
int main()
{
    int a=0;
    printf("输入数字 8，按回车键结束\n");
    scanf("%d",&a);
    printf("%p",&a);
    getch();
    return 0;
}
```

运行程序，输出以下内容：

```
输入数字 8，按回车键结束
8
001EFD50
```

001EFD50 就是数字 8 在内存中的地址。

如果再次运行程序，输出以下内容：

```
输入数字 8，按回车键结束
8
0013FA94
```

从程序运行结果中可以看出，同样的数据而其地址却不同，证明了内存会动态分配存放数据的位置。

注意：%p 占位符指定输出的数据为地址，不可以用%x 占位符代替。

8.2 指　　针

指针是 C 语言的重要组成部分。指针指代数据存放在内存中的地址。这里的地址就像学生的学号一样，每个学号会对应一名学生。本节将详细讲解指针的相关内容。

8.2.1 声明指针

指针用于指代数据在内存中的地址，所以用户可以通过指针访问对应的数据。在内存中数据是按数据类型存放的，如下所示：

```
int a=8;
```

在该语句中，数据 8 在内存中的存放形式如图 8.3 所示。

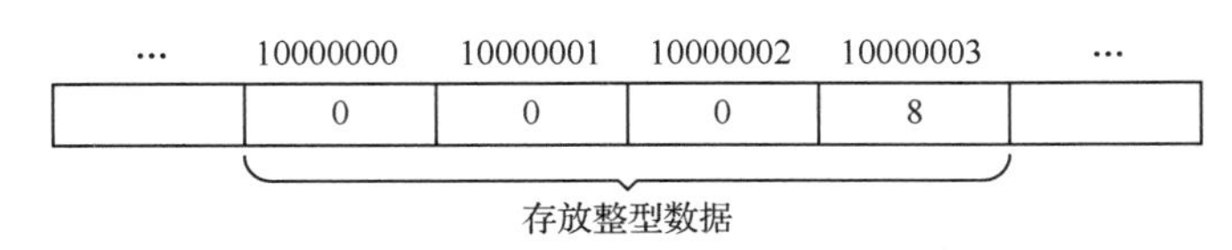

图 8.3　数据 8 在内存中的存放形式

一个数据的地址是指存放该数据的存储单元的首地址，这里就是 10000000，但通过首地址是无法访问到数据 8 的。

1. 声明指针变量

在声明指针变量时，不但要声明指针变量的名称，还要声明指针变量的长度，用于划分指代数据的范围。声明指针变量的语法包含基类型、星号（*）与变量名 3 部分，如下所示：

```
基类型　*变量名
```

- 星号（* ）是一个说明符，用来告诉计算机，该变量是一个指针变量。
- 变量名是指针变量的名称，要符合标识符的命名规则。
- 基类型指定了指针指代的数据在内存中所占存储单元的大小，即该数据在内存中占几个字节。通过指定这个长度，可以确定指针访问数据时的终点位置。

在声明指针变量的语法中，星号（*）默认靠近变量名，这样该语句的可读性较高。

以下语句都是正确的：

```
int* p;
int *q;
int * d;
```

如果星号（*）靠近基类型，此时的语句也是正确的，但是该语句的可读性较低。例如，在声明 1 个 int 类型指针变量和多个变量时，就会产生误解，如下所示：

```
int* a,b,c;
```

在该语句中，星号（*）靠近基类型，容易让人误解为一次声明了 3 个指针变量。

2. 数据类型与基类型的比较

数据类型与基类型有不同的定义，其作用是不一样的。

（1）数据类型用于声明存放数据的变量，如下所示：

```
int a;
```

该语句表示申请一个 4 个字节大小的存储单元以存放某数据，该存储单元用变量 a 指代。数据类型变量是用于存放数据的，如图 8.4 所示。

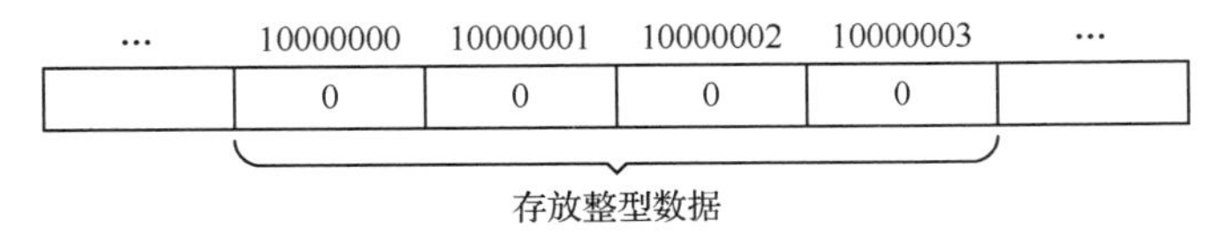

图 8.4　数据类型变量

（2）基类型用于声明指针变量，如下所示：

```
int *a;
```

该语句表示声明一个变量 a，指代某段数据的地址（变量 a 的大小为 32 位，即占 4 个字节，具体大小与编译环境有关），并且规定从首地址开始向后移动 4 个字节长度的位置是指针访问某数据的终止位置。

所以，基类型实际上可以被理解为指针变量的长度单位，最小的为 1 个字节长度，int 为 4 个字节长度，如图 8.5 所示。

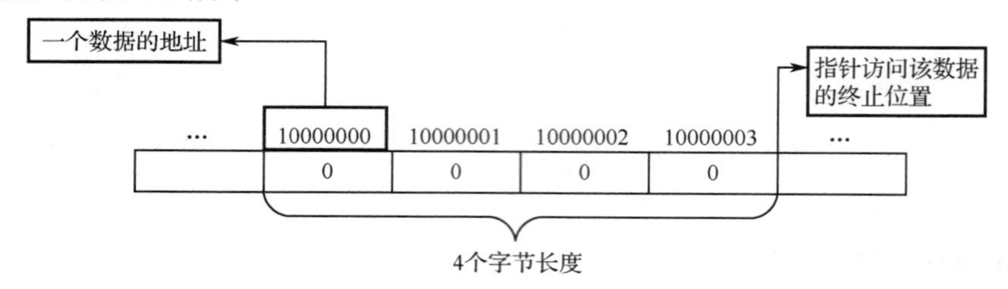

图 8.5　基类型声明指针变量

基类型规定了指针访问数据时在内存中的终止位置，即数据存储单元的长度。

综上所述，数据类型与基类型是完全不同的。

8.2.2　给指针变量赋值

在声明指针变量后，就要将指针变量初始化，即指定指针可以访问的内存地址。给指针变量赋值的方式分为以下 3 种。

1. &变量名赋值

&变量名赋值是指通过取地址符（&）获取数据存储的内存地址，然后将该内存地址赋给指针变量。

&变量名赋值的语法如下：

```
基类型　*变量名=&变量名
```

通过&变量名给指针变量赋值的语句如下：

```
int a=9;
int *p=&a;
```

或者将声明指针变量语句与给指针变量赋值语句分开，如下所示：

```
int a=9;
int *p;
p=&a;
```

这段语句把变量 a 所指代的数据地址赋给了指针变量 p，所以指针变量 p 指代的是地址而不是数据“9”。&变量名赋值的过程如图 8.6 所示。

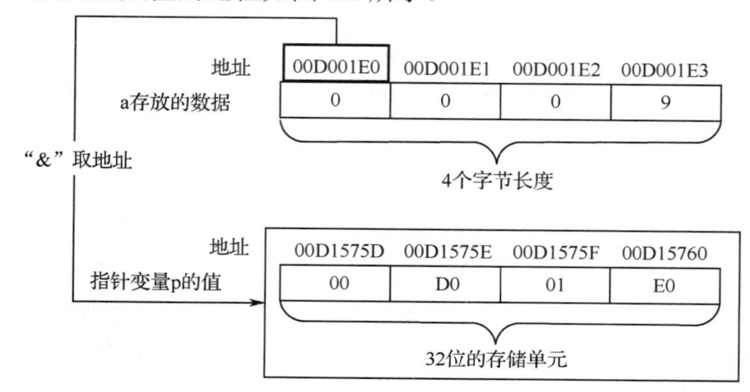

图 8.6　&变量名赋值的过程

在图 8.6 中，首先计算机会给变量 a 分配一个 4 字节的存储单元，将数据 9 写入该存储单元；然后使用取地址符（&）来获取数据 9 的首地址，即 00D001E0；最后计算机为指针变量 p 分配一个 4 字节的存储单元，将地址 00D001E0 放入其中。此时，指针变量 p 指代的就是地址 00D001E0，这样就完成了给指针变量 p 赋值。

注意：图 8.6 中的地址是假设的；“地址”与“地址指代的数据”是两个不同的概念；地址是指“00D001E0”这些地址；地址指代的数据是数字 9。

【示例 8-2】通过&变量名赋值的方式给指针变量赋值。

程序如下：

```
#include <stdio.h>
#include <conio.h>
int main()
{
        int a=6;
        int *p;
        p=&a;
        printf("指针变量 p 的值为%p\n",p);
        getch();
        return 0;
}
```

运行程序，输出以下内容：

```
指针变量 p 的值为 001AF964
```

注意：由于内存分配的存储空间是随机的，所以每次运行该程序的地址会不同。

2. 指针变量赋值

指针变量赋值是指将指针变量的值赋给一个空指针变量。在此，要使用赋值运算符“=”、有值的指针变量及空指针变量。

指针变量赋值的语法如下：

```
空指针变量名=有值的指针变量名
```

指针变量赋值的语句如下：

```
int a=9;
int *p=&a;
int *q;
q=p;
```

或者将声明指针变量语句与指针变量赋值语句合并起来，如下所示：

```
int a=9;
int *p=&a;
int *q=p;
```

这段语句把指针变量 p 指代的地址赋给了指针变量 q。这里，给指针变量赋的是一个地址，而不是数据 9。指针变量赋值的过程如图 8.7 所示。

在图 8.7 中，有 3 个存储空间。其中，变量 a 的存储空间用于存放数据 9。指针变量 p 与 q 存放的都是数据 9 的地址。在将指针变量 p 的值赋给指针变量 q 的过程中，是把地址赋给了指针变量 q。这种赋值要求赋值运算符“=”两边的值都必须为指针变量。

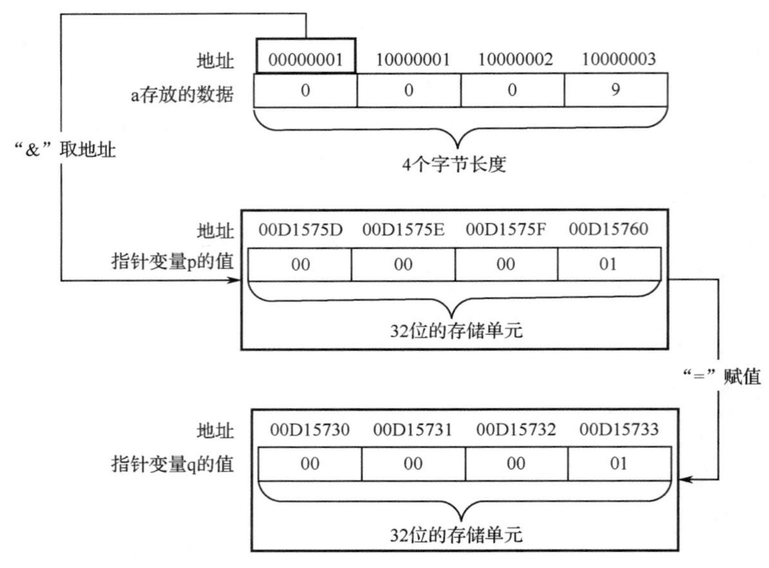

图 8.7　指针变量赋值的过程

【示例 8-3】通过指针变量赋值的方式给指针变量赋值。

程序如下：

```
#include <stdio.h>
#include <conio.h>
int main()
{
	int a=6;
	int *p=&a;
	int *q=p;
	printf("指针变量 q 的值为%p\n",p);
	getch();
	return 0;
}
```

运行程序，输出以下内容：

```
指针变量 q 的值为 001BF948
```

3. 赋空值

只要申请一个存放地址的备用存储空间，就可以给指针变量赋一个空值，即 NULL。在使用空值 NULL 时，必须引用头文件 stdio.h，而且 NULL 必须为大写。

赋空值的语法如下：

```
指针变量名=NULL
```

赋空值的语句如下：

```
#include <stdio.h>
int *p=NULL;
```

开发人员也可以将声明指针变量语句与给指针变量赋值语句分开，如下所示：

```
#include <stdio.h>
int *p;
p=NULL;
```

这段语句给指针变量 p 赋了一个空值，如图 8.8 所示。

地址	00D1575D	00D1575E	00D1575F	00D15760
p=NULL	00	00	00	00

图 8.8　赋空值

【示例 8-4】给指针变量赋空值。

程序如下：

```
#include <stdio.h>
#include <conio.h>
int main()
{
    int a=6;
    int *p=NULL;
    printf("指针变量 p 的值为%p\n",p);
    getch();
    return 0;
}
```

运行程序，输出以下内容：

```
指针变量 p 的值为 00000000
```

从上面的程序中可以看出，当给指针变量赋空值后，该指针变量指代的地址为 00000000。

注意：上面 3 种给指针变量赋值的方式都会用到赋值运算符（=）。在进行指针变量赋值运算时，赋值运算符的两侧数据的基类型必须是相同的，否则会出现错误提示。

【示例 8-5】演示当指针变量的基类型不同时，会出现错误提示。

程序如下：

```
#include <stdio.h>
#include <conio.h>
int main()
{
    int a=9;
    char *p=&a;
    printf("输出字符类型指针变量 p 的值为%p",p);
    getch();
    return 0;
}
```

运行程序，输出以下错误提示：

```
int　类型的值不能用于初始化　char　类型的实体
```

从错误提示中可以看出，由于赋值运算符两侧数据的基类型不一致，最终产生错误提示。如果将数据 9 的地址强行传递给 char 类型指针变量 p 以后，通过指针 p 访问到的数据将是一个未知数据，如图 8.9 所示。

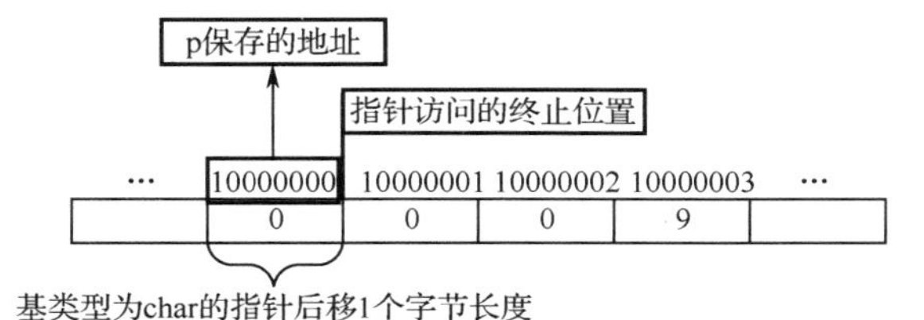

图 8.9　出现错误的指针访问过程

从图 8.9 中可以看出，由于基类型规定数据存储单元只有 1 个字节长度，所以通过指针变量 p 是无法访问到数据 9 的，只会访问到一个未知数据。

8.2.3 动态分配存储空间

普通变量一旦被声明后，无论它是否参与实际运算，计算机都会在内存中给它分配对应的存储空间。这样，就会造成内存中一定的存储空间的浪费。为了避免这种情况，C 语言提供了动态分配存储空间机制，即只有数据参与运算，才会在内存中给它分配对应的存储空间。

例如，公交车有 48 个座位，只能保证 48 个人同时有座位。但是在公交车从起点开到终点的过程中，往往有上百人能够有座位。这是因为只有乘客上车后，才能有座位，一旦下车后，其座位将被分配给其他乘客。这就是座位的动态分配方式。

在 C 语言中，函数 malloc()和 calloc()用于动态分配存储空间。使用这两个函数时，都要引用头文件#include<stdlib.h>或#include <malloc.h>。

1. 函数 malloc()

函数 malloc()只有一个参数。该函数可以动态申请一个连续的存储空间，并返回该存储空间的首地址。调用 malloc()的语法如下：

```
(基类型*)malloc(size);
```

- （基类型*）是指强制将返回值转换为指定基类型，这样才能将存储空间的值赋给相同基类型的指针变量。其中，小括号不可以省略。
- size 为指定动态分配的存储空间大小，单位为字节。

【示例 8-6】使用函数 malloc()动态申请一段存储空间，为指针变量 p 赋值。

程序如下：

```
#include <stdio.h>
#include <conio.h>
#include<stdlib.h>
int main()
{
	int a=6;
	int *p;
	p=(int*)malloc(4);
	printf("指针变量 p 的值为%p\n",p);
	getch();
	return 0;
}
```

运行程序，输出以下内容：

```
指针变量 p 的值为 00251518
```

还有一种更加完善的调用 malloc()的语法，而这种语法才是标准语法，而且可以兼容多个平台，如图 8.10 所示。

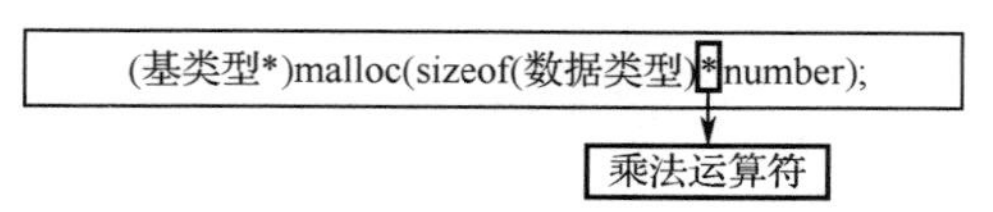

图 8.10 调用 malloc()的标准语法

- (基类型*)是指强制将返回值转换为指定基类型。其中，小括号不能省略。
- sizeof(数据类型)可以获取当前平台数据所占字节的多少。由于不同平台的相同类型数据所占字节的多少不同，所以使用 sizeof(数据类型)可以更准确地分配存储空间大小。
- number 是指申请的存储单元个数。
- sizeof(数据类型)*number 指定了动态分配的最终存储空间大小。

函数 malloc()只能动态分配存储空间，但是不会对存储空间中的数据进行初始化。由于存储空间是不断重复利用的，所以申请的存储空间可能会存在遗留数据。简单地说，使用函数 malloc()申请存储空间就像租房子，可能租到干净的房子，也可能租到不干净的房子。

【示例 8-7】使用调用 malloc()的标准语法动态申请一段存储空间，并为指针变量 p 赋值。

程序如下：

```
#include <stdio.h>
#include <conio.h>
#include<stdlib.h>
int main()
{
	int *p;
	p=(int*)malloc(sizeof(int)*1);
	printf("指针变量 p 的值为%p\n",p);
	getch();
	return 0;
}
```

运行程序，输出以下内容：

```
指针变量 p 的值为 00291518
```

p=(int*)malloc(sizeof(int)*1);这行代码表示申请 4 字节的 int 数据类型的存储空间，并把返回值强制转换为 int 基类型后赋值给指针变量 p。

2. 函数 calloc()

函数 calloc()有两个参数：第 1 个参数规定申请几个单位存储空间；第 2 个参数规定申请单位存储空间大小。

调用 calloc()的语法如下：

```
(基类型*)calloc(number,sizeof(数据类型));
```

- (基类型*)是指强制将返回值转换为指定基类型。其中，小括号不能省略。
- number 是第 1 个参数，用于指定申请几个单位空间。
- sizeof(数据类型)是第 2 个参数，可以获取当前平台数据所占字节的多少，这个字节的多少便是每个单位存储空间大小。

该函数在动态分配存储空间时会将存储空间中的值初始化为 0。

【示例 8-8】使用函数 calloc()动态申请一段存储空间，并为指针变量 p 赋值。

程序如下：

```
#include <stdio.h>
#include <conio.h>
#include<stdlib.h>
int main()
{
```

```
    char *p;
    p=(char*)calloc(sizeof(char),1);
    printf("指针变量 p 的值为%p\n",p);
    getch();
    return 0;
}
```

运行程序，输出以下内容：

```
指针变量 p 的值为 00121518
```

p=(char*)calloc(sizeof(char),1); 这行代码表示申请 1 字节的 char 数据类型的存储空间，并把返回值强制转换为 char 基类型后赋值给指针变量 p。

3. 函数 free()

当对应的数据使用完后，就要使用函数 free()回收动态申请的存储空间，把之前动态申请的存储空间返还给系统。函数 free()要与函数 malloc()或 calloc()配对使用。

调用 free()的语法如下：

```
free(指针变量名)
```

其中，指针变量名会指向数据所占的存储空间。在使用函数 free()回收指针变量指向的存储空间后，要将该指针变量赋值为 NULL，否则该指针变量存放的地址会指向一个未知的数据，此时将这种指针变量称为野指针。

例如，小明将小红的电话号码 1234567890 记录在电话簿中。小红换了电话号码，没有告诉小明。此时，通过电话簿记录的小红的电话号码是无法找到小红的。也就是说，此时电话簿中小红的信息等于是一个“野指针”，电话号码就是存在“野指针”中的地址。

【示例 8-9】使用函数 free()回收函数 malloc()申请的动态存储空间。

程序如下：

```
#include <stdio.h>
#include <conio.h>
#include<stdlib.h>
int main()
{
    int *p;
    int *a;
    p=(int*)malloc(sizeof(int)*1);
    printf("指针变量 p 的值为%p\n",p);
    free(p);
    p=NULL;
    a=(int*)malloc(sizeof(int)*1);
    printf("指针变量 a 的值为%p\n",a);
    free(a);
    a=NULL;
    getch();
    return 0;
}
```

运行程序，输出以下内容：

```
指针变量 p 的值为 00371518
指针变量 a 的值为 00371518
```

从程序运行结果中可以看出，指针变量 p 与 a 的地址相同，说明两次动态分配的是同一个存储空间，这充分说明了通过函数 free()是可以将动态分配的存储空间进行回收的。当一个存储空间被占用时，这个存储空间是无法被分配来另作他用的。指针变量 a 使用的存储空间是指针变量 p 释放的存储空间。

8.3 指 针 运 算

指针运算是指对地址进行运算。通过指针运算可以对内存中的数据进行相关操作。本节将详细讲解指针运算的相关内容。

8.3.1 使用存储单元值

如果使用存储单元值，就要使用间接访问运算符（*）。间接访问运算符又称间址运算符，为单目右结合运算符。

间接访问运算符的语法如下：

```
*操作数
```

【示例 8-10】通过间接访问运算符输出指针指向的数据。

程序如下：

```
#include <stdio.h>
#include <conio.h>
#include<stdlib.h>
int main()
{
    int a=9;
    int *p=&a;
    printf("指针变量 p 的值为%p\n",p);
    printf("指针变量 p 指向的数据为%d\n",*p);
    getch();
    return 0;
}
```

运行程序，输出以下内容：

```
指针变量 p 的值为 002EF87C
指针变量 p 指向的数据为 9
```

从程序运行结果中可以看出，在输出 p 时，会输出地址 002EF87C；在输出*p 时，会输出指针 p 指向的数据 9。

在通过函数 malloc()动态分配存储空间时，不会对存储空间的数据进行初始化。在通过 calloc()函数动态分配存储空间时，会将存储空间的数据初始化为 0。我们通过下面的程序对这个结论进行验证。

【示例 8-11】验证函数 malloc()与函数 calloc()的初始化情况。

程序如下：

```
#include <stdio.h>
#include <conio.h>
#include<stdlib.h>
```

```
int main()
{
    int *p;
    int *q;
    p=(int*)malloc(sizeof(int)*1);
    q=(int*)calloc(sizeof(int),1);
    printf("指针变量 p 的值为%p\n",p);
    printf("指针变量 p 指向的数据为%d\n",*p);
    printf("指针变量 q 的值为%p\n",q);
    printf("指针变量 q 指向的数据为%d\n",*q);
    free(p);
    p=NULL;
    free(q);
    q=NULL;
    getch();
    return 0;
}
```

运行程序，输出以下内容：

```
指针变量 p 的值为 00421518
指针变量 p 指向的数据为-842150451
指针变量 q 的值为 00421558
指针变量 q 指向的数据为 0
```

从程序运行结果中可以看出，函数 malloc()分配的存储空间所存放的数据是一个随机值，而函数 calloc()分配的存储空间存放的数据为 0。这说明函数 malloc()不会对数据进行初始化，而函数 calloc()会对数据进行初始化，并将数据初始化为 0。

8.3.2 移动指针

移动指针就是对指针进行加法和减法运算。基类型是对指针进行加法和减法运算的基础单位，当指针加 1 时，代表指针移动了一个基类型长度的单元。

【示例 8-12】通过移动指针读取字符串 abcde 中的字符。

程序如下：

```
#include <stdio.h>
#include <conio.h>
int main()
{
    char *p="abc";
    printf("指针变量 p 指向的数据为%c\n",*p);
    printf("指针变量 p 的值为%p\n",p);
    p=p+1;
    printf("指针变量 p 指向的数据为%c\n",*p);
    printf("指针变量 p 的值为%p\n",p);
    p=p+1;
    printf("指针变量 p 指向的数据为%c\n",*p);
    printf("指针变量 p 的值为%p\n",p);
```

```
    getch();
    return 0;
}
```

运行程序，输出以下内容：

```
指针变量 p 指向的数据为 a
指针变量 p 的值为 01055758
指针变量 p 指向的数据为 b
指针变量 p 的值为 01055759
指针变量 p 指向的数据为 c
指针变量 p 的值为 0105575A
```

从程序运行结果中可以看出，指针变量每次加 1，地址都会加 1，指向的数据也发生了变化。示例 8-12 程序的指针移动过程如图 8.11 所示。

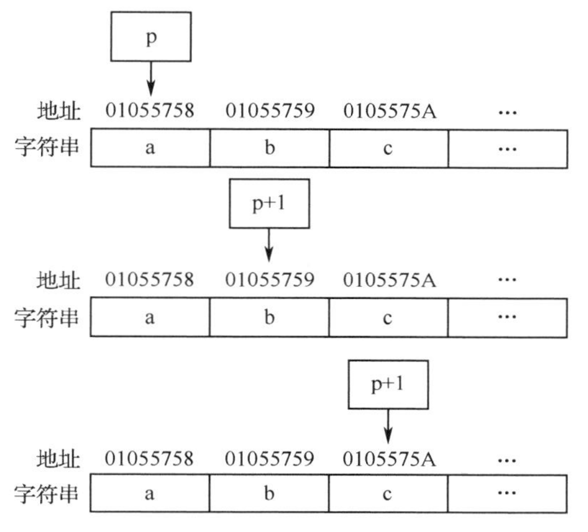

图 8.11　示例 8-12 程序的指针移动过程

从图 8.11 中可以看出，当 p 进行加 1 运算后，指针就会向右移动一个基类型长度的单元。这里的基类型为 char，所以会向右移动一个字节。如果指针的基类型为 int，那么对指针进行加 1 运算后，指针的地址会加 4。

注意：由于 C 语言没有提供字符串数据类型，所以在将字符串赋值给指针变量时，传递的是字符串的首地址而不是具体的字符。

在 C 语言中，只有当指针指向连续的数据存储单元时，移动指针才有意义。如果不是连续的数据存储单元，当指针移动后，无法知道指针指向了什么数据，也就没有意义。

【示例 8-13】对不是连续存储的数据进行减 1 运算。

程序如下：

```
#include <stdio.h>
#include <conio.h>
int main()
{
    int a=9;
    int *p=&a;
    printf("输出指针变量 p 的值为%p\n",p);
    printf("输出指针变量 p 的数据为%d\n",*p);
```

```
    p=p-1;
    printf("输出移动后指针变量 p 的值为%p\n",p);
    printf("输出移动后指针变量 p 的数据为%d\n",*p);
    getch();
    return 0;
}
```

运行程序，输出以下内容：

```
输出指针变量 p 的值为 0020F970
输出指针变量 p 的数据为 9
输出移动后指针变量 p 的值为 0020F96C
输出移动后指针变量 p 的数据为-858993460
```

从程序运行结果中可以看出，指针指向的数据是一个未知的值或随机值。示例 8-13 程序的指针移动过程如图 8.12 所示。

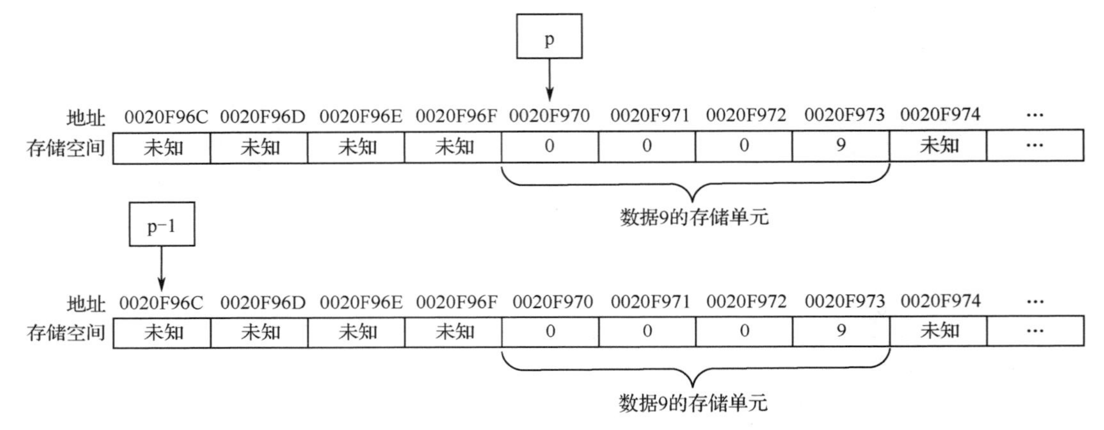

图 8.12　示例 8-13 程序的指针移动过程

移动指针除可以对指针进行加法和减法运算外，还可以对指针进行自加和自减运算。对指针的自加和自减运算均为单目右结合。

对指针的自加和自减运算的语法如下：

```
++指针变量名、指针变量名++
--指针变量名、指针变量名--
```

【示例 8-14】对指针进行自加运算。

程序如下：

```
#include <stdio.h>
#include <conio.h>
int main()
{
    char *p="abcde";
    printf("指针变量 p 的值为%p\n",p);
    printf("指针变量 p 的值为%p\n",p++);
    printf("指针变量 p 的值为%p\n",++p);
    printf("指针变量 p 的值为%p\n",p);
    getch();
    return 0;
}
```

运行程序，输出以下内容：

```
指针变量 p 的值为 00D1575C
指针变量 p 的值为 00D1575C
指针变量 p 的值为 00D1575E
指针变量 p 的值为 00D1575E
```

从程序运行结果中可以看出，p++会先输出指针变量的值，然后移动指针；++p 会先移动指针，然后才输出指针变量的值。示例 8-14 程序的指针移动过程如图 8.13 所示。

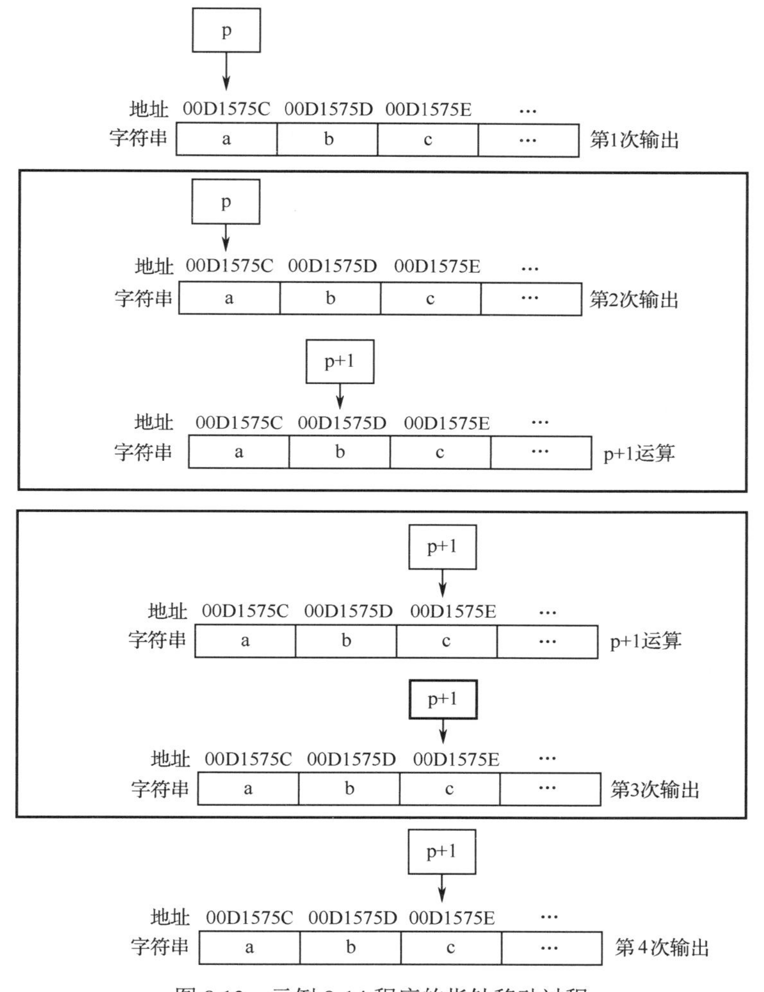

图 8.13　示例 8-14 程序的指针移动过程

除对指针进行自加和自减运算外，还可以对指针的存储单元值（*指针变量名）进行自加和自减运算。对指针的存储单元值的自加和自减运算的语法如下：

```
++*指针变量名、*指针变量名++
--*指针变量名、*指针变量名--
```

间接访问运算符“*”与自加和自减运算符的优先级是一样的，都是右结合。

对指针的存储单元值进行自加运算的过程如下：

- ++*p 表示先取数据，然后对数据进行自加（++）运算，整个自加过程处理的都是具体数据。

- *p++表示根据结合性，先对 p++进行结合但搁置自加（++）运算，然后进行*p 运算。其中，被搁置的自加（++）运算会在跳出表达式*p++后执行。

【示例 8-15】演示++*p 的运算过程。

程序如下：

```
#include <stdio.h>
#include <conio.h>
int main()
{
    int a=9;
    int *p=&a;
    printf("指针变量 p 的值为%p\n",p);
    printf("指针变量 p 的数据为%d\n",++*p);
    printf("指针变量 p 的值为%p\n",p);
    getch();
    return 0;
}
```

运行程序，输出以下内容：

```
指针变量 p 的值为 0024F910
指针变量 p 的数据为 10
指针变量 p 的值为 0024F910
```

从程序运行结果中可以看出，++*p 的运算不会影响地址，只会影响地址所指向的数据。++*p 的运算过程如图 8.14 所示。

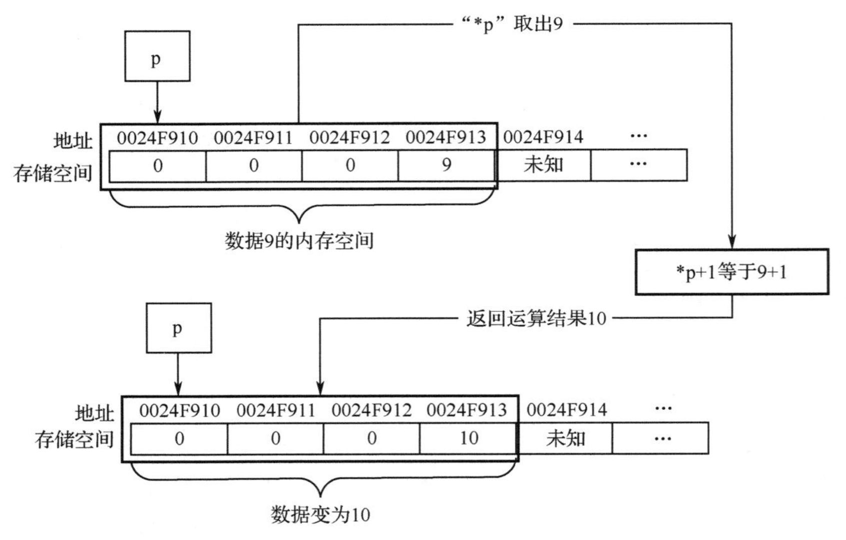

图 8.14 ++*p 的运算过程

在图 8.14 中，p 的值（地址）没有发生任何改变，只是将地址所指向的数据 9 变为了 10。

【示例 8-16】演示*p++的运算过程。由于*p++的运算过程会涉及指针的运算，所以使用的数据为字符串，以避免未知数据的问题。

程序如下：

```
#include <stdio.h>
#include <conio.h>
```

```
int main()
{
    char *p="abc";
    printf("指针变量 p 的值为%p\n",p);
    printf("指针变量 p 的数据为%c\n",*p++);
    printf("指针变量 p 的值为%p\n",p);
    printf("指针变量 p 的数据为%c\n",*p);
    getch();
    return 0;
}
```

运行程序，输出以下内容：

```
指针变量 p 的值为 01245754
指针变量 p 的数据为 a
指针变量 p 的值为 01245755
指针变量 p 的数据为 b
```

从程序运行结果中可以看出，*p++会先进行 p++结合，由于 p++运算中的滞后性，所以自加（++）运算会被搁置，然后进行*p 运算。*p++的运算结果为 a 而不是 b。指针位置示意图如图 8.15 所示。

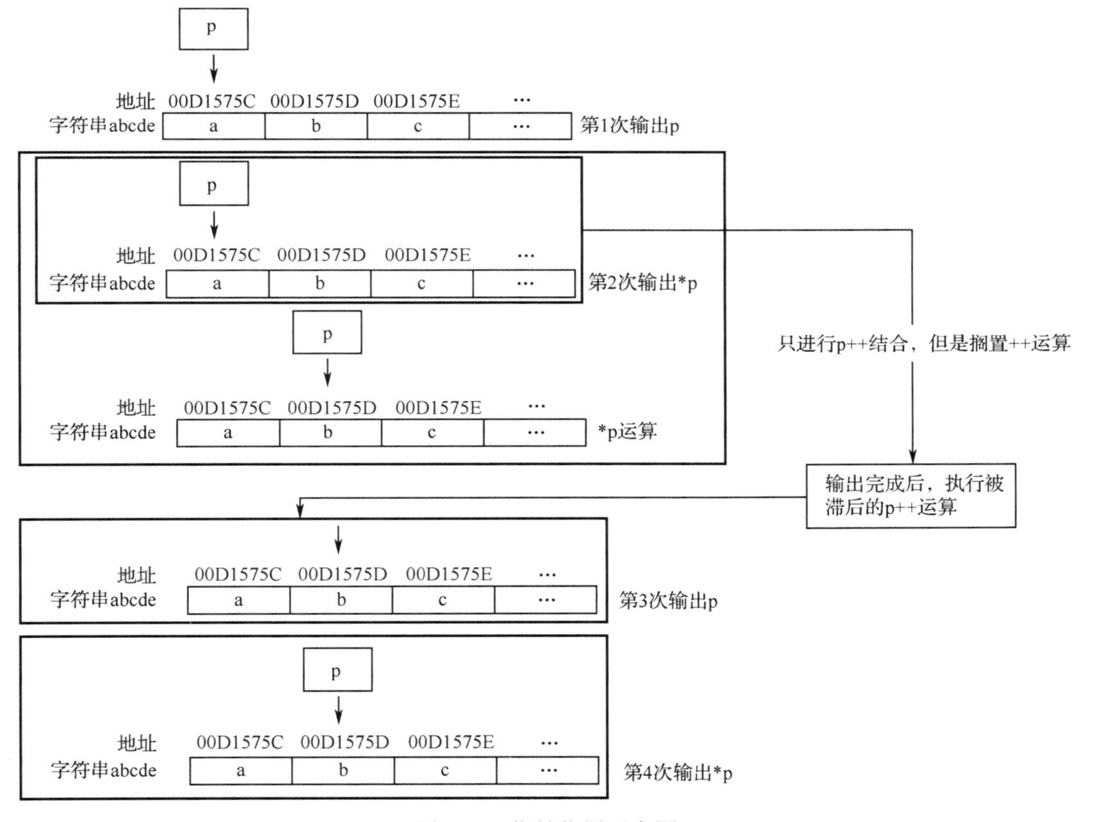

图 8.15　指针位置示意图

从图 8.15 中可以看出，*p++表达式先进行了 p++结合但是搁置自加（++）运算，然后进行了*p 的运算。自加（++）运算会在输出指针变量的值后进行。

8.3.3 指针比较

指针比较就是对地址的比较。指针比较一般用于判断两个存储单元在连续内容中的先后关系。指针比较会用到大于（>）和小于（<）两种比较运算符。

【示例 8-17】通过比较运算符大于（>）比较两个指针的大小。

程序如下：

```
#include <stdio.h>
#include <conio.h>
int main()
{
    int a=3,b=4;
    int *p=&a;
    int *q=&b;
    if(p>q)
        printf("p 的值较大，在内存中位置靠后\n");
    else
        printf("q 的值较大，在内存中位置靠后\n");
    printf("p 的值为%p，q 的值为%p\n",p,q);
    getch();
    return 0;
}
```

运行程序，输出以下内容：

```
p 的值较大，在内存中位置靠后
p 的值为 0017FBB8，q 的值为 0017FBAC
```

8.4 二级指针和多级指针

在 C 语言中，除上述的基础指针（又称一级指针）外，还有二级指针与多级指针。无论是哪一种指针，它们存放的都是地址。本节将详细讲解二级指针和多级指针的相关内容。

8.4.1 二级指针

二级指针就是指向指针的指针。它指代的是其他指针的地址。指针变量在内存中也会占用空间，所以指针变量也会有自己的地址。如果将指针变量 a 的地址存放到指针变量 b 中，此时指针变量 b 就是二级指针变量。

打一个比喻，现在有这样的一个宝藏，它的藏宝图 a 藏在一个很隐秘的地方，而要找到这个地方，就要借助另外一张藏宝图 b。在这里，宝藏就如同数据本身，藏宝图 a 如同一个一级指针，而藏宝图 b 如同一个二级指针，它们记录的都是一个位置，而不是真正的宝藏。

1. 定义二级指针

声明二级指针变量的语法如下：

```
数据类型  **变量名
```

- 数据类型是指二级指针指向的数据的数据类型。
- 双星号（**）是说明符，用于告诉计算机，该变量是二级指针变量。
- 变量名就是二级指针变量的名称，并要符合标识符的命名规则。

注意：给二级指针变量赋值与给一级指针变量赋值的方式是一样的，这里不再做过多讲解。

二级指针变量的基类型由数据类型与双星号（**）组成。其中，双星号（**）表示二级指针变量会通过地址间接跳转两次，然后根据数据类型的长度确定指针访问的数据最终位置。

二级指针访问数据的过程如图 8.16 所示。

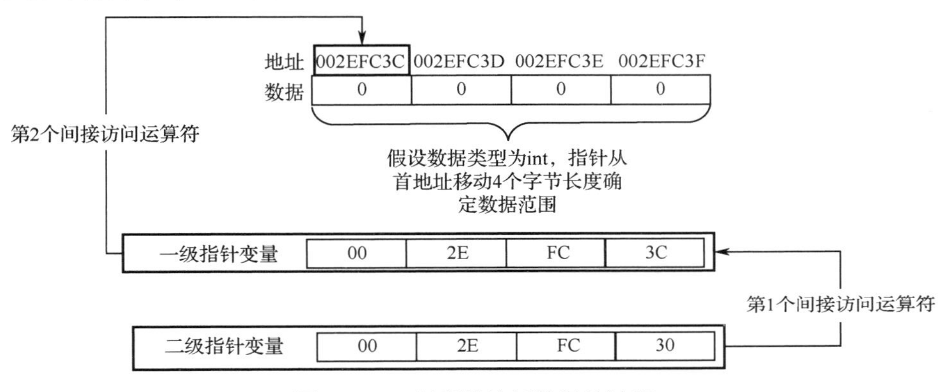

图 8.16　二级指针访问数据的过程

2. 使用二级指针

二级指针与两个间接访问运算符（**）结合使用就可以用于获取二级指针指向的数据。

【示例 8-18】输出二级指针的地址与指向的数据。

程序如下：

```
#include <stdio.h>
#include <conio.h>
int main()
{
    int a=3;
    int *p=&a;
    printf("p 的值为%p\n",p);
    int **q=&p;
    printf("q 的值为%p\n",q);
    printf("q 指代的数据为%d\n",**q);
    getch();
    return 0;
}
```

运行程序，输出以下内容：

```
p 的值为 002EFC3C
q 的值为 002EFC30
q 指代的数据为 3
```

示例 8-18 的给二级指针变量赋值的过程如图 8.17 所示。

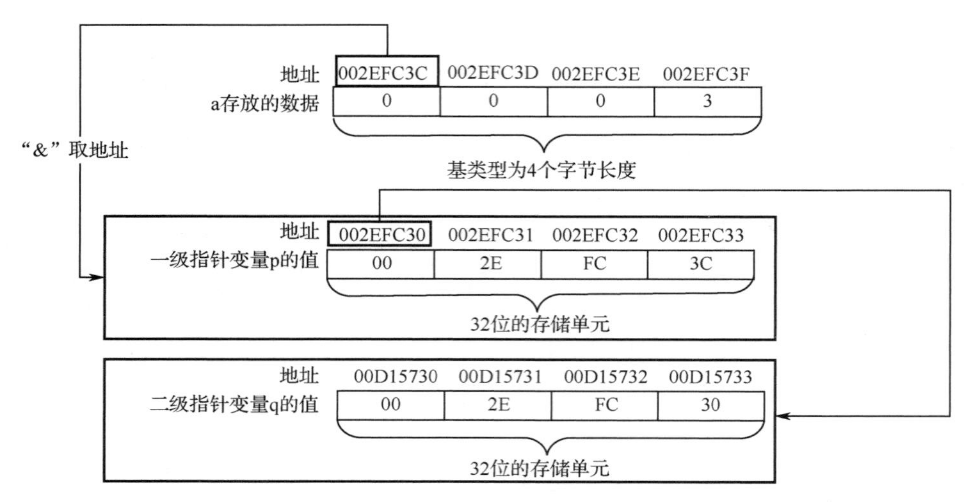

图 8.17　示例 8-18 的给二级指针变量赋值的过程

从图 8.17 中可以看出，二级指针变量 q 保存的是一级指针变量 p 所在存储空间的地址，而不是数据 3 的地址。但是，通过二级指针变量 q 保存的地址也可以访问到数据 3。

二级指针变量只能存放一级指针变量的地址，不能直接存放数据的地址，例如：

```
#include <stdio.h>
#include <conio.h>
int main()
{
    int a=3;
    int *p=&a;
    int **q=&a;
    getch();
    return 0;
}
```

运行程序，输出以下错误提示：

```
int * 类型的值不能用于初始化 int ** 类型的实体
```

如果使用二级指针变量直接存放数据的地址，就会出现无法将一级指针变量转换为二级指针变量的错误提示。

8.4.2　多级指针

三级指针、四级指针等都可以称为多级指针。多级指针就如同把藏宝图 b 的位置又藏在了藏宝图 c 中，然后把藏宝图 c 的位置藏在了藏宝图 d 中，依次类推，从而形成多级指针。声明多级指针变量与声明一级指针变量或二级指针变量唯一的区别就是星号(*)多少的不同，即有几个星号，就表明声明几级指针变量。

注意：多级指针变量只能存放其上级指针变量的地址，即三级指针变量存放的是二级指针变量的地址，四级指针变量存放的是三级指针变量的地址等。不能使用三级指针变量存放一级指针变量的地址，否则会出现指针变量在级别转换时的错误信息，例如：

```
#include <stdio.h>
#include <conio.h>
int main()
{
    int a = 3;
    int* p = &a;
    int** q;
    int**** w = p;
    getch();
    return 0;
}
```

运行程序，会输出以下错误信息：

```
int * 类型的值不能用于初始化 int **** 类型的实体
```

多级指针变量的基类型也会根据级别不同发生改变，即三级指针变量的基类型由数据类型与 3 个星号确定，而四级指针变量的基类型由数据类型与 4 个星号确定，依次类推，以确定不同级别指针变量的基类型。

【示例 8-19】输出多级指针变量保存的地址与指向的数据。

程序如下：

```
#include <stdio.h>
#include <conio.h>
int main()
{
    int a=3;
    int *p=&a;
    int **q=&p;
    int ***w=&q;
    int ****z=&w;
    printf("p 的值为%p\n",p);
    printf("q 的值为%p\n",q);
    printf("w 的值为%p\n",w);
    printf("z 的值为%p\n",z);
    printf("p 指向的数据为%d\n",*p);
    printf("q 指向的数据为%d\n",**q);
    printf("w 指向的数据为%d\n",***w);
    printf("z 指向的数据为%d\n",****z);
    getch();
    return 0;
}
```

运行程序，输出以下内容：

```
p 的值为 0030F8F8
q 的值为 0030F8EC
w 的值为 0030F8E0
z 的值为 0030F8D4
p 指向的数据为 3
q 指向的数据为 3
w 指向的数据为 3
z 指向的数据为 3
```

从程序运行结果中可以看出，指针变量 q、w、z 都如同藏宝图（也就是地址），而真正的宝藏是数据 3。示例 8-19 的给多级指针变量赋值的过程如图 8.18 所示。

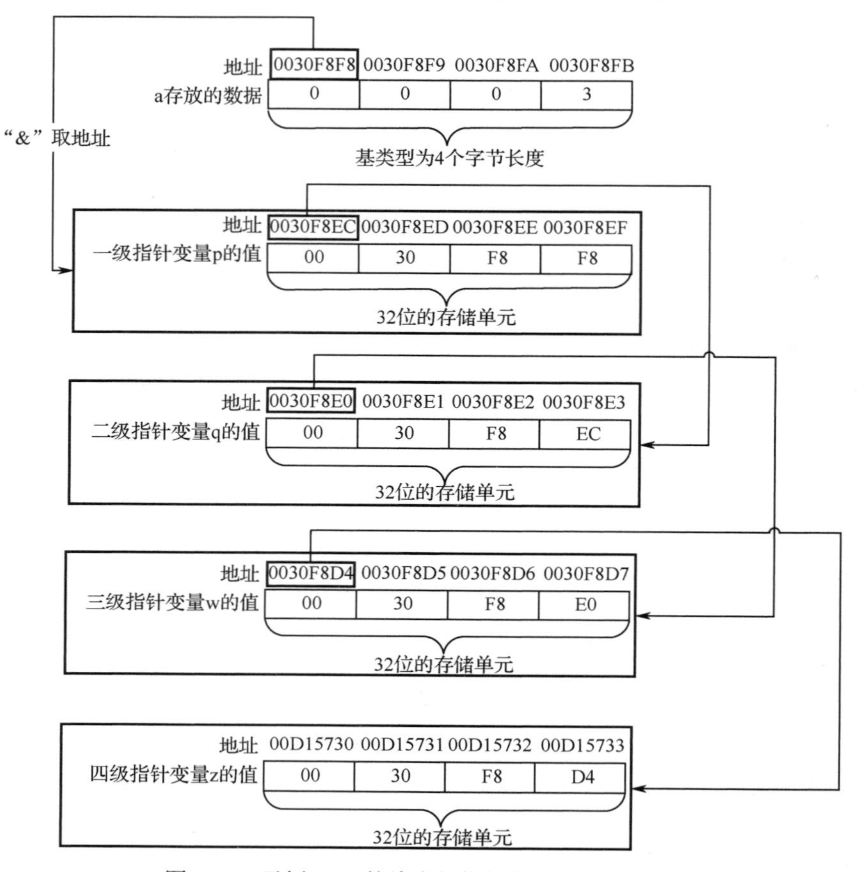

图 8.18 示例 8-19 的给多级指针变量赋值的过程

8.5 指针应用

指针可以直接处理内存中的数据。在重复性操作的情况下，使用指针来读取数据，可以明显提高程序的执行效率。在 C 语言中，指针的用处十分广泛，包括处理字符串、函数传值等。本节将详细讲解指针的相关应用。

8.5.1 处理字符串

通过移动指针，可以将字符串中的每个字符依次进行处理，如打印。

【示例 8-20】打印字符串中的每个字符。

程序如下：

```
#include <stdio.h>
#include <conio.h>
int main()
{
```

```
        char *p="abcdef";
        for(int i=0;i<6;i++)
        {
                printf("%c\n",*p);
                p++;
        }
        getch();
        return 0;
}
```

运行程序，输出以下内容：

```
a
b
c
d
e
f
```

8.5.2　作为函数形参

函数可以通过 return 语句返回一个值，但不能返回多个值。如果将指针作为函数参数使用，就可以解决这个问题。

【示例 8-21】演示使用指针作为函数参数。

程序如下：

```
#include <stdio.h>
#include <conio.h>
int sum(int *x,int y)
{
*x=*x+1;
y=y+1;

        return 0;
}
int main()
{
        int a=3,b=4;
        int *c=&a;
        sum(c,b);
        printf("a 的值为%d\n",a);
        printf("b 的值为%d\n",b);
        getch();
        return 0;
}
```

运行程序，输出以下内容：

```
a 的值为 4
b 的值为 4
```

从程序运行结果中可以看出，变量 a 的值通过指针 c 传递到函数 sum()中，并进行了加 1

运算。因此，变量 a 的值发生了变化，变为了 4，这样就实现了不通过 return 语句来返回值。变量 b 的值是通过整型变量进行传递的。示例 8-21 的指针参数传递如图 8.19 所示。

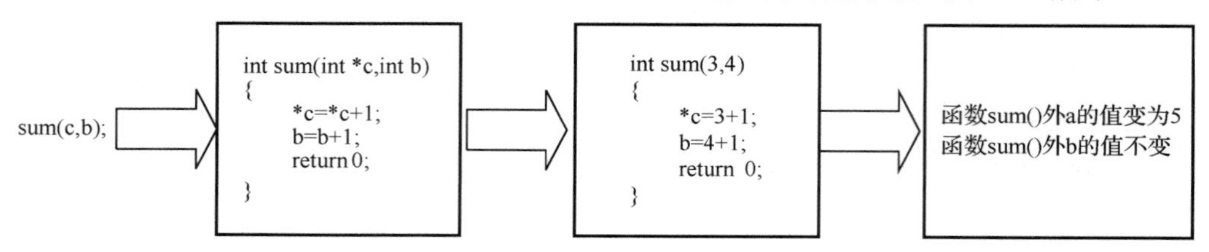

图 8.19　示例 8-21 的指针参数传递

在图 8.19 中，可以看出，函数 sum()中的两个参数的值都发生了变化，但是在函数 sum()外，只有通过指针传递的参数 c 指向的变量 a 存放的值发生了改变。

8.5.3　作为函数返回值

指针还可以作为函数返回值使用。在声明函数时，函数类型实际是 return 语句返回值的类型。因此，如果函数返回值为指针类型，那么函数类型也为指针类型，而这种函数又称指针函数。

【示例 8-22】演示使用指针作为函数返回值。

程序如下：

```
#include <stdio.h>
#include <conio.h>
int *s(int x)
{
    int *c=&x;
    return c;
}
int main()
{
    int a=3;
    printf("变量 a 的值为%p\n",s(a));
    getch();
    return 0;
}
```

运行程序，输出以下内容：

```
变量 a 的值为 002CF9B8
```

从程序运行结果中可以看出，指针是可以作为函数返回值的。

声明函数语句如下：

```
int *s(int x){int *c=&x;    return c;}
```

如果将声明的函数类型去掉标识符星号（*），那么程序运行将会输出以下错误提示：

```
返回值类型与函数类型不匹配
```

8.5.4　函数指针

函数指针是指向函数的地址。通过函数指针变量可以访问函数的地址。声明函数指针变

量的语法如下：

```
基类型 (*函数名) (数据类型 参数)
```

其中，小括号不可以省略；如果函数没有形参，则第 2 个括号中的数据类型与参数可以省略。给函数指针变量赋值的方式与普通指针的一样。

给函数指针变量赋值的语法如下：

```
函数指针变量名=&函数名
```

其中，取地址符“&”可以省略。

注意： 在给函数指针变量赋值时，所赋值的函数要与函数指针变量在声明时的基类型、参数的基类型、参数个数保持一致，否则会出现错误。

【示例 8-23】 演示在函数类型与函数指针变量类型不同时给函数指针变量赋值的情况。

程序如下：

```
#include <stdio.h>
#include <conio.h>
int s(int x)
{
    return x;
}
int main()
{
    int (*f)(int x,int y);
    f=s;
    getch();
    return 0;
}
```

运行程序，输出以下错误提示：

```
不能将 int (*)(int x) 类型的值分配到 int (*)(int x, int y) 类型的实体
```

从错误提示中可以看出，当函数类型与函数指针变量的参数类型不同时，将无法对函数指针变量进行赋值。

在给函数指针变量赋值后，就可以通过函数指针变量调用函数。

通过函数指针变量调用函数的语法如下：

```
(*函数指针变量名)(参数)
函数指针变量名(参数)
```

这两种调用函数的语法都是正确的。如果函数没有形参，该语法中的参数可以不写；如果函数有参数，则参数类型要与函数类型保持一致。

【示例 8-24】 演示通过函数指针变量调用函数。

程序如下：

```
#include <stdio.h>
#include <conio.h>
int add(int x,int y){
    return x+y;
}
int sub(int x,int y){
    return x-y;
}
```

```
int main()
{
    int (*fz)(int a,int b);
    fz=add;
    printf("和为%d\n",(*fz)(5,4));
    fz=&sub;
    printf("差为%d\n",fz(5,4));
    getch();
    return 0;
}
```

运行程序，输出以下内容：

```
和为 9
差为 1
```

从上面的程序中可以看出，我们通过两种赋值方式给函数指针变量进行了赋值，即 fz=add;与 fz=⊂语句；通过两种函数指针变量的调用方式实现了对函数的调用，即(*fz)(5,4)与 fz(5,4)。

可以将函数指针变量作为一个容器，当容器中的地址变化时，该指针变量指向的函数就会发生变化。这样在编写程序时，如果要换另外一个函数，只要改变函数指针变量的值即可，而不用修改所有的函数语句。

【示例 8-25】验证函数指针的高效性。

程序如下：

```
#include <stdio.h>
#include <conio.h>
int add(int x,int y){
    return x+y;
}
int sub(int x,int y){
    return x-y;
}
int main()
{
    printf("值为：%d，%d，%d，%d，%d\n",add(1,2),add(3,4),add(5,6),add(7,8),add(9,10));
    getch();
    return 0;
}
```

运行程序，输出以下内容：

```
值为：3，7，11，15，19
```

如果想要计算差的值，就要将所有的函数 add()变为函数 sub()。在上面的程序中，只要对 5 个地方进行替换。如果在大段的程序中，要对 100 或 1000 个函数进行替换，就十分麻烦了。

使用函数指针变量，修改上面的程序，代码如下：

```
#include <stdio.h>
#include <conio.h>
int add(int x,int y){
    return x+y;
}
```

```
int sub(int x,int y){
    return x-y;
}
int main()
{
    int (*fz)(int a,int b);
    fz=add;
    printf("值为：%d，%d，%d，%d，%d\n",fz(1,2),fz(3,4),fz(5,6),fz(7,8),fz(9,10));
    getch();
    return 0;
}
```

运行程序，输出以下内容：

```
值为：3，7，11，15，19
```

如果要计算差值，只要将

```
fz=add;
```

变为

```
fz= sub;
```

修改的程序如下：

```
#include <stdio.h>
#include <conio.h>
int add(int x,int y){
    return x+y;
}
int sub(int x,int y){
    return x-y;
}
int main()
{
    int (*fz)(int a,int b);
    fz=sub;
    printf("值为：%d，%d，%d，%d，%d\n",fz(1,2),fz(3,4),fz(5,6),fz(7,8),fz(9,10));
    getch();
    return 0;
}
```

运行程序，输出以下内容：

```
值为：-1，-1，-1，-1，-1
```

从修改的程序中可以看出，如果使用函数指针变量，那么只要修改一行代码即可，这样就能节省大量修改程序的时间，而且还不容易出现错误。

8.6 小　　结

通过本章的学习，要掌握以下内容：

- 在计算机运行时，数据会存放在内存中，内存会以字节为单位划分为多个存储空间，并且为每个字节默认设置一个对应编号。这个编号就是地址。
- 在 C 语言中，使用取地址符&获取内存中数据的地址。

- 在声明指针变量时，不但要声明指针变量的名称，还要声明指针变量的长度，用于划分指代数据的范围。声明指针变量的语法包含基类型、星号(*)与变量名3部分。
- 给指针变量赋值的方式分为3种，分别为&变量名赋值、指针变量赋值和赋空值。
- 在C语言中，使用函数malloc()和calloc()进行存储空间的动态分配。
- 如果使用存储单元值，就要使用间接访问运算符星号（*）。
- 移动指针就是对指针进行加法和减法运算。
- 指针比较就是对地址的比较。指针比较一般用于判断两个存储单元在连续内容中的先后关系。指针比较会用到大于（>）和小于（<）两种比较运算符。
- 二级指针就是指向指针的指针。它指代的是其他指针变量的地址。
- 三级指针、四级指针都可以称为多级指针。

8.7 习　　题

一、填空题

1．在计算机运行时，数据会存放在____中，内存会以字节为单位划分为多个存储空间，并且为每个字节默认设置一个对应____。

2．指针可以存放数据在内存中的____。

3．间接访问运算符又称____运算符，为____目右结合运算符。

4．在内存的动态存储区中分配一个指定长度的连续存储空间的函数是____。

5．在内存的动态存储区中分配多个指定长度的连续存储空间，并将每个字节都初始化为0的函数是____。

6．释放存储空间的函数是____。

二、选择题

1．语句int *p;说明了（　　）。

A．p是指向一维数组的指针

B．p是指向函数的指针，该函数返回一个int类型数据

C．p是指向int型数据的指针

D．p是函数名，该函数返回一个指向int类型数据的指针

2．下面程序的运行结果是（　　）。

```
#include <stdio.h>
void a(int* p)
{
    printf("%d\n", *++p);
}
int main()
{
    int x = 30;
    a(&x);
    return 0;
}
```

A．30　　B．31　　C．不确定　　D．程序有误

3．下列不正确的定义是（　　）。

A．int *p=&i,i;　　B．int *p,i;　　C．int i,*p=&i;　　D．int i,*p;

4．语句 int *p();说明了（　　）。

A．一个指向整型数据的指针变量　　B．一个指向函数的指针变量

C．一个用于指向数组的指针变量　　D．一个返回值为指针类型的函数

5．如果存在 int n=2,*p=&n,*q=p;语句，则下面非法的赋值是（　　）。

A．p=q　　B．*p=*q　　C．n=*q　　D．p=n

6．下面程序的运行结果是（　　）。

```
#include <stdio.h>
int main()
{
    int a = 511;
    int* b = &a;
    printf("%d\n", *b);
    return 0;
}
```

A．无法确定　　B．a 的地址　　C．511　　D．512

7．变量的指针，其含义是指该变量的（　　）。

A．值　　B．地址　　C．名　　D．一个标志

8．下面程序的运行结果是（　　）。

```
#include <stdio.h>
int* s(int* a, int* b)
{
    if (*a < *b)
        return a;
    else
        return b;
}
int main()
{
    int a = 5, b = 9, * p1, * p2, * p3;
    p1 = &a;
    p2 = &b;
    p3 = s(p1, p2);
    printf("%d,%d,%d", *p1, *p2, *p3);
    return 0;
}
```

A．5,9,9　　B．5,9,5　　C．9,5,9　　D．9,5,5

9．下面程序的运行结果是（　　）。

```
#include <stdio.h>
int main()
{
    int x[5] = { 1,2,3,4,5 };
    int a, b, * p;
```

```
    p = x;
    a = *(p + 1);
    b = *(p + 3);
    printf("%d,%d", a, b);
    return 0;
}
```

A．2,4　　B．1,3　　C．2,5　　D．3,5

10．下面程序的运行结果是（　　）。

```
#include <stdio.h>
int main()
{
    int x[] = { 1,2,3,4,5 };
    int* p = x;
    printf("%d", *p++);
    printf("%d", *++p);
    printf("%d", *(++p));
    printf("%d", *(--p));
    return 0;
}
```

A．1234　　B．1454　　C．2345　　D．1343

11．如果有语句 int a[10];，则对指针变量 p 进行正确定义和初始化的是（　　）。

A．int p=*a;　　B．int *p=a;　　C．int p=&a;　　D．int *p=&a;

12．下面程序的功能是（　　）。

```
#include <stdio.h>
int main()
{
    char s[] = "HELLO";
    char* p = s;
    while (*p)
        printf("%c", *p+++32);
    return 0;
}
```

A．将字符串中的字符全部转换为小写　　B．为字符串添加字符

C．计算字符串中字符的个数　　D．其他

13．下面程序的运行结果是（　　）。

```
#include <stdio.h>
int main()
{
    char s[] = "abcdefgh";
    char* p = s;
    while (*p != '\0')
    {
        printf("%c", *p);
        p = p + 2;
    }
    return 0;
}
```

A．aceg　　B．abcd　　C．acegh　　D．bdfh

14．下面程序的功能是（　　）。

```
#include <stdio.h>
#include <string.h>

int main()
{
    char s[] = "HelloWorld";
    int a = strlen(s);
    printf("%d", a);
    return 0;
}
```

A．将字符串中的字符全部转换为小写　　B．计算字符串的长度

C．将字符串中的字符全部转换为大写　　D．其他

15．下面选项正确的是（　　）。

A．char *a="china" ;等价于 char *a; *a=" china";

B．char str[10]={ "china"}; 等价于 char str[10]; str[ ]={ " china";}

C．char *s=" china" ;等价于 char *s; s="china";

D．char c[4]= "abc" ,d[4]= "abc" ;等价于 char c[4]=d[4]= "abc";

16．下面程序的运行结果是（　　）。

```
#include <stdio.h>
int main()
{
    int a = 1, b = 3, c = 5;
    int * p1 = &a, * p2 = &b, * p = &c;
    *p = *p1 * (*p2);
    printf("%d\n", c);
    return 0;
}
```

A．1　　B．2　　C．3　　D．4

17．设有 int x,y,z,*p=&x;语句，则能实现将从键盘输入的 3 个数保存至变量 x,y,z 中的语句是（　　）。

A．scanf("%d%d%d",*p,y,z);　　B．scanf("%d%d%d",p,y,z);

C．scanf("%d%d%d",&p,y,z);　　D．scanf("%d%d%d",p,&y,&z);

18．对于数组 x[8]，下列不能表示数组元素 x[2]地址的是（　　）。

A．&x[0]+2　　B．&x[2]　　C．x+2　　D．&x[1]++

19．下面程序的 for 循环语句循环了（　　）次。

```
#include <stdio.h>
int main()
{
    char s[] = "ABCD";
    char* p;
    for (p = s;p < s + 4;p++)
        printf("%s\n", p);
```

```
    return 0;
}
```

A．1　　B．2　　C．3　　D．4

20．下面程序的运行结果是（　　）。

```
#include <stdio.h>
int main()
{
    int arr[2][2] = { 1,3,5,7 };
    int i, j, s = 0;
    for (i = 0;i < 2;i++)
        for (j = 0;j < 2;j++)
            s += *(*(arr + i) + j);
    printf("s=%d\n", s);
    return 0;
}
```

A．15　　B．16　　C．17　　D．18

21．下面程序的运行结果是（　　）。

```
#include <stdio.h>
int main()
{
    int x[] = { 1,3,5,7,9 }, * p;
    p = x;
    printf("%d", *p + 2);
    return 0;
}
```

A．3　　B．5　　C．7　　D．1

22．下面程序的运行结果是（　　）。

```
#include <stdio.h>
int main()
{
    char s[] = "abcdefg";
    char* p;
    p = s;
    printf("ch=%c\n", *(p + 5));
    return 0;
}
```

A．e　　B．f　　C．d　　D．其他

三、找错题

请指出下面程序的错误并将其改正。

```
#include <stdio.h>
int main()
{
    int* p1 = 10;
    printf("%d\n", *p1);
    return 0;
}
```

第9章　数　　组

对于类型一致的大量数据，我们可以将其有序地存放在一起，形成一个集合。在C语言中，这种集合以数组的形式表示。根据数据的复杂度，数组又可以分为一维数组、二维数组、多维数组。本章将详细讲解如何使用数组。

9.1　数组概述

数组就是将相同类型、关联的数据统一存储，并使用一个变量名指代这些数据。在C语言中，开发人员可以创建一个数组，然后将同类型的数据存放在其中，以整体的形式进行管理。这时，将数组中的数据称为元素。在一个数组中，元素个数可以为一个也可以为多个。例如，将字符a、b、c、d、e存放在一个数组中，如图9.1所示。

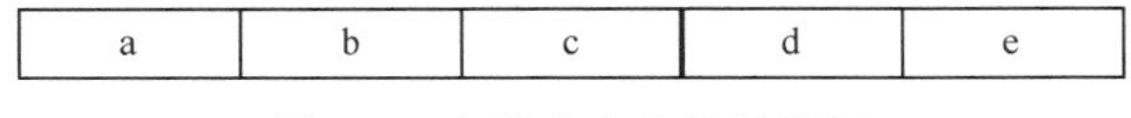

图9.1　存放多个字符的数组

1. 存储方式

数组是在内存中占有的一个连续存储空间。数组名实际指代的是数组所使用存储空间的首地址。例如，假设存放字符的数组为Number，其存储方式如图9.2所示。

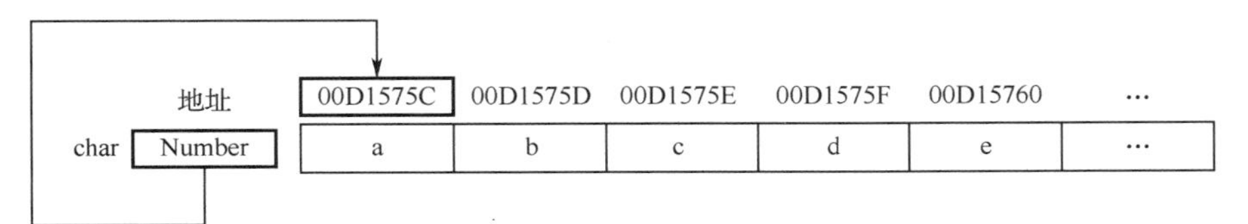

图9.2　数组Number的存储方式

其中，数组名Number实际指代的是字符a的地址，也就是整个数组存储空间的首地址；char指定了存储在数组中的元素类型。

2. 使用方式

一个数组可以包含多个元素，每个元素都会对应一个下标。通过下标访问数组的元素如图9.3所示。

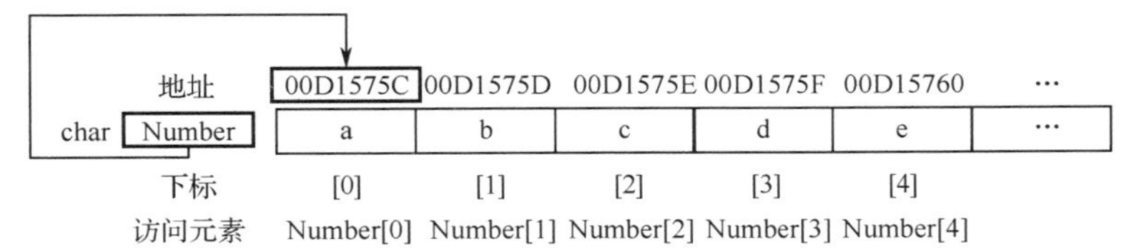

图9.3　通过下标访问数组的元素

如果要访问数组中的第2个元素，访问方式为a[1]。a[1]就是数组中的第2个元素，a[1]的值就是字符b。

注意：下标是从 0 而不是从 1 开始的。

9.2 一 维 数 组

一维数组是 C 语言中最简单、最基础的数组形式。它可以将多个普通数据归并为一个集合，并为这个集合进行命名和使用。本节将详细讲解如何使用一维数组。

9.2.1 定义一维数组

定义一维数组也就是声明一个数组变量。在定义一维数组时，要指定类型名、数组名及常量表达式这 3 个部分。

定义一维数组的语法如下：

```
类型名  数组名[常量表达式]
```

- 类型名用于定义一维数组中的每个元素的数据类型，如规定一维数组中的每个元素在内存中所占存储单元的大小。
- 数组名表示一维数组的名称，用于指代该一维数组。数组名要符合标识符的命名规则。
- 常量表达式用于定义一维数组包含多少个元素，即规定一维数组的长度。该项必须是一个整型常量表达式。

在定义一维数组时，类型名在定义元素数据类型时，就定义了一维数组的基类型，如图 9.4 所示。

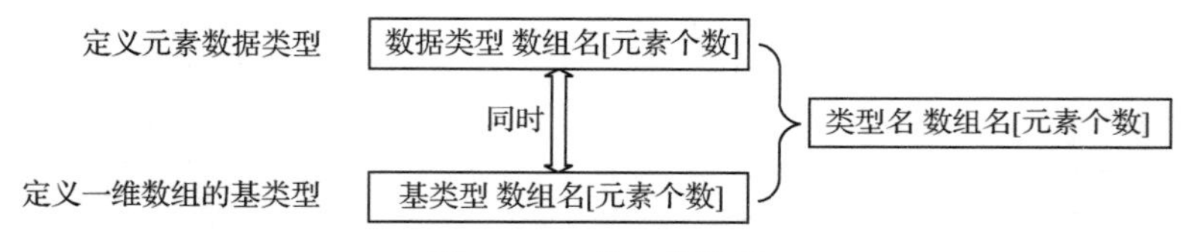

图 9.4 定义一维数组

一维数组的基类型规定了使用指针访问一维数组中的元素时每个元素的存储单元大小。使用数组名存放的首地址结合一维数组的基类型即可读取一维数组中的所有元素。

例如，定义一个一维数组 a，该一维数组有 2 个元素，其语句如下：

```
int a[2];
```

该语句表示一维数组 a 的元素数据类型为 int，基类型为 int，基类型长度为 4 个字节，一维数组长度为 2。一维数组 a[2]如图 9.5 所示。

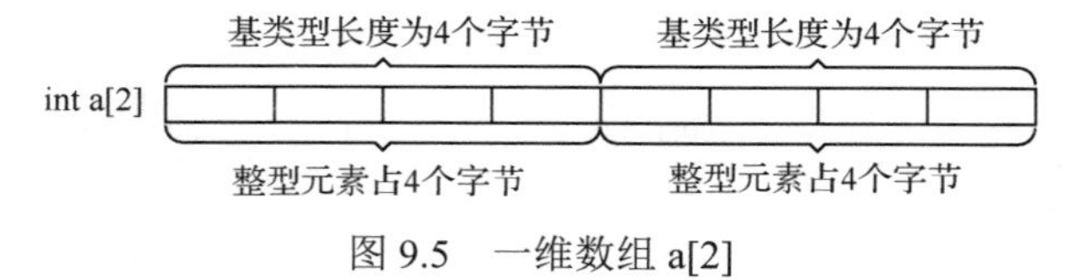

图 9.5 一维数组 a[2]

9.2.2 初始化一维数组

初始化一维数组就是将多个值依次赋给数组的每个元素。

初始化一维数组的语法如下：

```
数据类型  数组名[常量表达式]={值1,值2,…,值n}
```

对于数值类型一维数组，如果初始化时值的个数不够，则自动用0对没有对应值的元素进行赋值。对于字符类型一维数组，如果初始化时字符的个数不够，就用字符'\0'补全。

定义一个一维数组a，该一维数组有10个元素，其长度为10。用数字1～5（共5个数字）对一维数组a初始化。由于数值的个数不够，则直接用0补全。其语句如下：

```
int a[10]={1,2,3,4,5,0,0,0,0,0};
```

其中，用0补全的元素可以省略。但是，一维数组长度不变，仍为10。其语句如下：

```
int a[10]={1,2,3,4,5};
```

另外一种初始化一维数组的语法如下：

```
数据类型  数组名[ ]={值1,值2,…,值n}
```

在该初始化一维数组的语法中，省略了常量表达式。这时，一维数组长度等于初始化的元素个数，即给一维数组赋多少个元素，一维数组长度就是多少。

定义一个一维数组b，不规定其中的元素个数，用数字1～3（共3个数字）对一维数组b进行初始化。其语句如下：

```
int b[ ]={1,2,3};
```

该语句表示为一维数组b初始化了3个元素，其长度为3。

9.2.3 使用一维数组

使用一维数组是指访问一维数组中的元素值。访问一维数组中的元素可以有以下3种方式。

1. 数组名与下标结合的方式

数组名与下标结合的方式是最常用的访问一维数组中的元素的方式。该方式通过下标的不断改变，可以访问一维数组中对应的元素，其语法如下：

```
数组名[下标]
```

【示例9-1】通过下标输出一维数组a的4个元素。其中，一维数组a如图9.6所示。

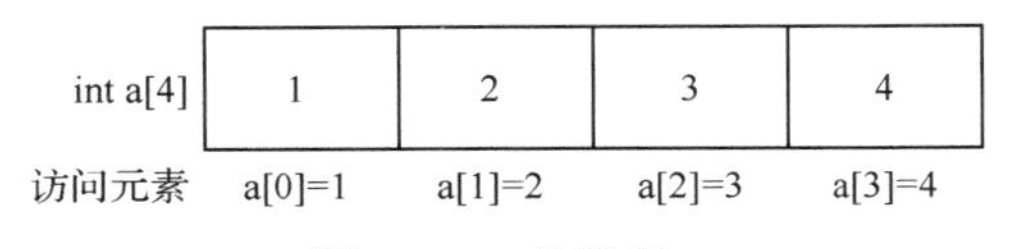

图9.6 一维数组a

从图9.6中可以看出，当下标发生变化时，对应的元素也会发生变化。所以，只要将下标设置为一个变量，然后通过循环结构语句让变量进行累加，即可访问一维数组的每个元素。

程序如下：

```
#include <stdio.h>
#include <conio.h>
int main()
{
    int a[4]={1,2,3,4};
    printf("一维数组中的元素为：\n");
    for(int i=0;i<4;i++)
```

```
    {
        printf("%d,",a[i]);
    }
    getch();
    return 0;
}
```

运行程序，输出以下内容：

```
一维数组中的元素为:
1,2,3,4
```

在该程序中，把下标替换为变量 i，然后通过 for 循环语句让下标不断加 1，依次访问并输出数组中的所有元素。

使用数组名与下标结合的方式还可以对一维数组中的元素进行初始化。

【示例 9-2】声明一个一维数组 a。通过数组名与下标结合的方式为一维数组 a 进行初始化。

程序如下：

```
#include <stdio.h>
#include <conio.h>
int main()
{
    int a[4];
    a[0]=1;     a[1]=2;     a[2]=3;     a[3]=4;
    printf("数组中的元素为：\n");
    for(int i=0;i<4;i++)
    {
        printf("%d,",a[i]);
    }
    getch();
    return 0;
}
```

运行程序，输出以下内容：

```
数组中的元素为:
1,2,3,4
```

在该程序中，通过数组名与下标结合的方式，对一维数组中的元素进行了初始化。

2. 数组名与偏移量结合的方式

数组名与偏移量结合的方式是指通过间接访问运算符（*），间接访问地址指向的数据，其语法如下：

```
*(数组名+偏移个数)
```

数组名存放的是一维数组的首地址，而一维数组中的元素会以首地址为起始点，被依次存放到存储空间中。所以，通过数组名的地址以一维数组的基类型为单位进行偏移，即可访问一维数组中的所有元素。

【示例 9-3】通过数组名与偏移量结合的方式输出一维数组 a 的 3 个元素。一维数组 a 如图 9.7 所示。

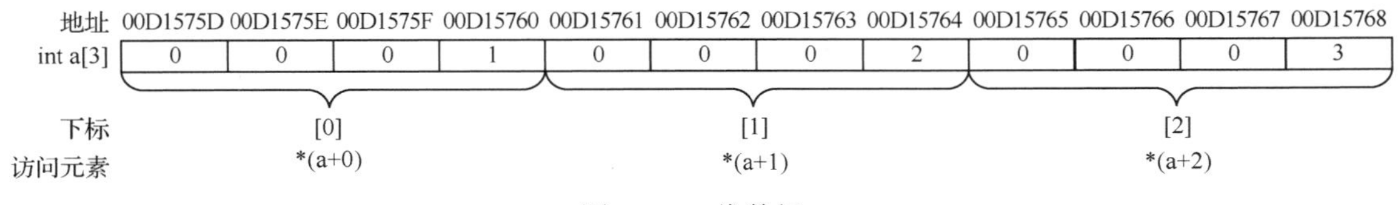

图 9.7　一维数组 a

从图 9.7 中可以看出，数组名类似于一个指针变量。当数组名加 1 时，地址就会向右偏移 1 个单位基类型长度。这时，指针指向的元素也会发生变化。

我们将偏移量的基类型长度的单位个数设置为变量 i，让数组名与 i 相加。然后通过循环结构语句让 i 的值不断变化，从而让指针移动。最后在每次循环中，使用“*”获取当前指针指向的数据，即可访问一维数组中的每个元素。

程序如下：

```
#include <stdio.h>
#include <conio.h>
int main()
{
	int a[3]={1,2,3};
	printf("数组中的元素为：\n");
	for(int i=0;i<3;i++)
	{
		printf("%d,",*(a+i));
	}
	getch();
	return 0;
}
```

运行程序，输出以下内容：

```
一维数组中的元素为：
1,2,3
```

3. 使用指针的方式

使用指针的方式是指将数组名指代的地址赋给一个指针变量，然后通过指针变量中的地址访问一维数组中的每个元素。

【示例 9-4】通过使用指针的方式输出一维数组 a 中的 3 个元素，如图 9.8 所示。

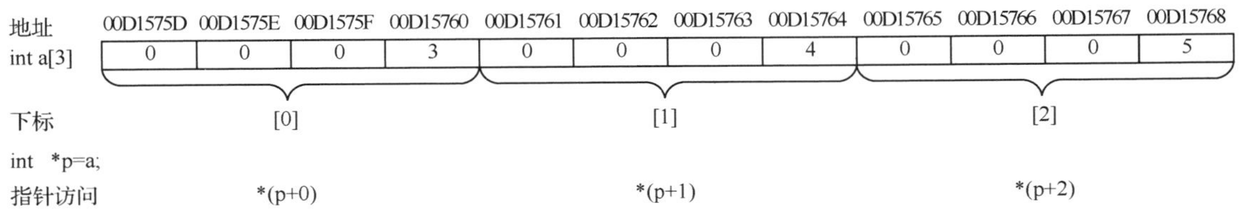

图 9.8　通过使用指针的方式访问一维数组中的 3 个元素

从图 9.8 中可以看出，数组名指代的是地址，所以可以将数组名赋给指针变量 p。当 p 加 1 时，地址就会向右偏移 1 个单位基类型长度，指针指向的元素也会发生变化。

我们将偏移量的基类型长度的单位个数设置为变量 i，让 p 与 i 相加。然后通过循环结构语句让 i 的值不断变化，从而让指针移动。最后在每次循环中，使用“*”获取当前指针指向的数据，即可访问一维数组的每个元素。

程序如下：

```
#include <stdio.h>
#include <conio.h>
int main()
{
        int a[3]={3,4,5};
        int *p=a;
        printf("一维数组中的元素为：\n");
        for(int i=0;i<3;i++)
        {
                printf("%d,",*(p+i));
        }
        getch();
        return 0;
}
```

运行程序，输出以下内容：

```
一维数组中的元素为：
3,4,5
```

9.2.4 一维数组作为实参

在使用函数时，一维数组经常作为函数的参数。

1. 元素作为实参

元素作为实参是指当调用函数时，将一维数组中的某个元素以实参形式进行传递。

元素作为实参的语法如下：

```
函数名(数组名[下标]);
```

在调用函数时，传递的元素数据类型要与函数的形参数据类型相同。

【示例 9-5】将一维数组中的第 2 个元素传递到函数中。

程序如下：

```
#include <stdio.h>
#include <conio.h>
int f(int a)
{
        printf("元素值为%d",a);
}

int main()
{
        int a[3]={1,2,3};
        f(a[1]);
        getch();
        return 0;
}
```

运行程序，输出以下内容：

```
元素值为2
```

注意：a[2]数据类型与函数的形参变量a数据类型是相同的。

2. 数组名作为实参

数组名作为实参是指将数组名作为实参进行传递。这时，传递的是数组的首地址。所以，函数在声明时，函数的形参必须是与其基类型相同的指针变量。

【示例9-6】将数组名作为实参传递到函数中。

程序如下：

```
#include <stdio.h>
#include <conio.h>
int f(int *a)
{
	printf("一维数组的首地址为%p\n",a);
	printf("一维数组中的第1个元素值为%d\n",*a);
	return 0;
}

int main()
{
	int a[3]={1,2,3};
	f(a);
	getch();
	return 0;
}
```

运行程序，输出以下内容：

```
一维数组的首地址为001FF774
一维数组中的第1个元素值为1
```

在访问一维数组的元素时，如果只知道数组名而不知道一维数组长度，是无法对一维数组中的每个元素进行访问的，这是因为不知道一维数组的边界在何处。所以，如果想通过函数访问一维数组中的所有元素，就要将一维数组长度与数组名一起进行传递。

【示例9-7】将一维数组与数组名一起传递到函数中。

程序如下：

```
#include <stdio.h>
#include <conio.h>
int f(int *a,int i)
{
	printf("一维数组中的元素为：");
	for(int j=0;j<i;j++)
	{
		printf("%d ",*(a+j));
	}
	return 0;
}

int main()
```

```
{
        int a[3]={1,2,3};
        f(a,3);
        getch();
        return 0;
}
```

运行程序，输出以下内容：

```
一维数组中的元素为：1 2 3
```

在该程序中，把一维数组长度传递到函数中，并把它作为for循环语句的判断条件，用于确定一维数组的边界。

3. 元素地址作为实参

元素地址作为实参是指将一维数组中的元素对应的地址作为实参进行传递。这时，就要用到取地址符&，以对元素进行取地址。

元素地址作为实参的语法如下：

```
函数名( &数组名[下标]);
```

在声明函数的形参时，必须将其声明为与元素基类型相同的指针变量。

【示例9-8】将一维数组中的第3个元素地址作为实参传递到函数中。

程序如下：

```
#include <stdio.h>
#include <conio.h>
int f(int *a)
{
        printf("元素的地址为：%p\n",a);
        printf("元素值为：%d\n",*a);
        return 0;
}

int main()
{
        int a[3]={1,2,3};
        f(&a[2]);
        getch();
        return 0;
}
```

运行程序，输出以下内容：

```
元素的地址为：0021FBE0
元素值为：3
```

在该程序中，函数f的参数是一个基类型为int的指针变量。在调用函数f时，传递的参数用到了取地址符&、数组名a及下标[2]。

9.3 二维数组

二维数组是比一维数组多一个维度的数组。二维数组本质上是以一维数组作为元素的数组，即“数组中的数组”。本节将详细讲解如何使用二维数组。

9.3.1　定义二维数组

定义二维数组就是声明一个二维数组变量。在定义二维数组时，要指定类型名、数组名、常量表达式 1 及常量表达式 2 这 4 个部分。

定义二维数组的语法如下：

```
类型名 数组名[常量表达式 1][常量表达式 2]
```

- 类型名用于定义二维数组中最小元素的数据类型。它规定了二维数组中最小元素在内存中所占存储单元大小，也就是二维数组中子元素的存储类型。
- 数组名表示二维数组的名称，用于指代该二维数组。数组名需要符合标识符的命名规则。在 C 语言中，数组名实际指代的是二维数组的首地址。
- 常量表达式 1 用于定义二维数组中的元素个数。二维数组中的每个元素都等同于一个单独的一维数组，即一个一维数组就是该二维数组中的一个元素。
- 常量表达式 2 用于定义元素的逻辑结构，也就是规定每个元素包含几个子元素。

常量表达式 1 与常量表达式 2 的乘积就是二维数组长度。二维数组的基类型由类型名与常量表达式 2 定义，即二维数组的基类型长度是类型名长度乘以常量表达式 2 的值。

例如，定义一个二维数组 A 的语句如下：

```
int A[2][3];
```

二维数组 A 如图 9.9 所示。

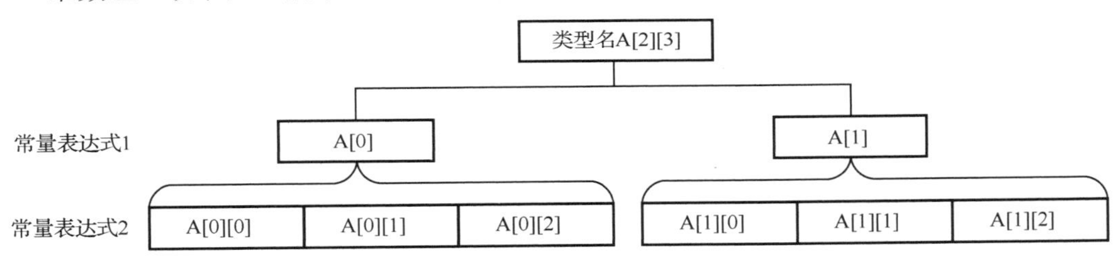

图 9.9　二维数组 A

从图 9.9 中可以看出，二维数组 A 有 2 个元素，并且每个元素包含 3 个子元素。二维数组 A 的基类型为 int[3]，由于每个 int 类型长度为 4 个字节，所以该数组的基类型长度为 12 个字节。该数组 A 的长度为两个常量表达式的乘积，即 2×3=6。基类型与子元素长度如图 9.10 所示。

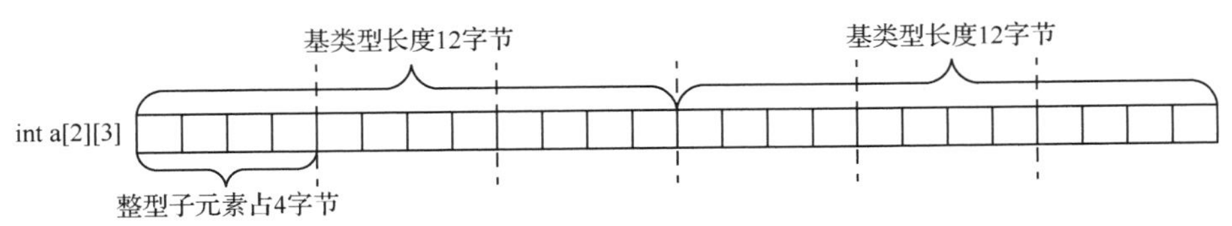

图 9.10　基类型与子元素长度

9.3.2　初始化二维数组

初始化二维数组就是将多个值依次赋给二维数组中的每个元素。

初始化二维数组的语法如下：

```
数据类型　数组名[常量表达式 1][常量表达式 2]={值 1,值 1,…,值 n}
```

对于数值类型二维数组，如果初始化时值的个数不够，则自动用 0 对没有对应值的元素进行赋值。对于字符类型二维数组，如果初始化时字符的个数不够，就用字符'\0'补全。

例如，定义一个二维数组 a，该数组有 2 个元素，每个元素包含 4 个子元素。用数字 0～5 对二维数组 a 初始化。由于值的个数不够，直接用 0 补全，其语句如下：

```
int a[2][4]={0,1,2,3,4,5,0,0};
```

其中，用 0 补全的元素可以省略，但是二维数组的长度仍然为 8，其语句如下：

```
int a[2][4]={0,1,2,3,4,5};
```

第 2 种初始化二维数组的语法是使用大括号将多个元素进行分隔，如下所示：

```
数据类型　数组名[常量表达式 1][常量表达式 2]={值 1,…,值 n},{值 1,…,值 n}
```

在第 2 种初始化二维数组的语法中，每个元素都用一个大括号进行分隔，大括号里面的是子元素。大括号之间用逗号连接。这样，能清楚地看出二维数组元素的个数及子元素的个数。

例如，定义一个二维数组 b，用数字 1～8 对二维数组 b 初始化的语句如下：

```
int b[2][4]={{1,2,3,4},{5,6,7,8}};
```

通过大括号分隔可以直观地看出，二维数组 b 有 2 个元素，每个元素包含 4 个子元素；二维数组的长度为 8；二维数组的基类型长度为 16 个字节。

第 3 种初始化二维数组的语法如下：

```
数据类型　数组名[][]={值 1,…,值 n},{值 1,…,值 n}
```

在第 3 种初始化二维数组的语法中，省略了两个常量表达式。通过第 3 种初始化二维数组的语法，可以直接确定该数组的维度大小。

注意：数组的维度大小是指数组有几个元素，每个元素包含几个子元素。

例如，定义一个二维数组 c，省略了两个常量表达式，直接用数字对二维数组 c 初始化的语句如下：

```
int c[ ] [ ]= {{1,2,3,4},{5,6,7,8},{9,10,11,12}};
```

从该语句中可以看出，二维数组 c 有 3 个元素，每个元素包含 4 个子元素；二维数组 c 的长度为 12；二维数组 c 的基类型长度为 16 个字节。

注意：在初始化二维数组时，如果数组类型为 char，并且存放的元素为字符串，则不用写分隔元素的大括号，每个字符串就是二维数组的元素。每个字符串的结束符也会占一个字节的大小。例如：

```
char d[3][3]={"ab","cd","ef"};
```

在该语句中，二维数组 d 拥有 3 个元素，每个元素包含 3 个子元素。其中，元素为字符串，所以子元素中会有一个占一个字节的结束符，如图 9.11 所示。

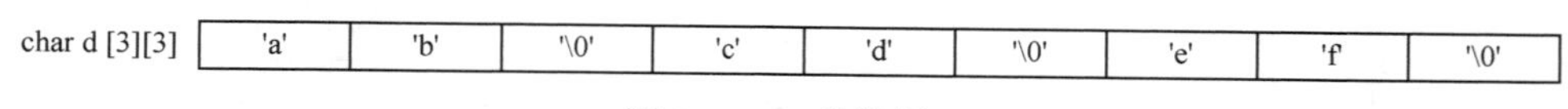

图 9.11　二维数组 d

注意：当元素为字符串时，一定要注意不要超出数组的维度大小，否则会出现错误。

9.3.3　使用二维数组

使用二维数组是指访问二维数组中的所有子元素。访问二维数组中的子元素可以有以下 3 种方式。

1. 数组名与两个下标结合的方式

二维数组中每个子元素都会对应两个下标。例如，二维数组 a 中的子元素对应的下标如图 9.12 所示。

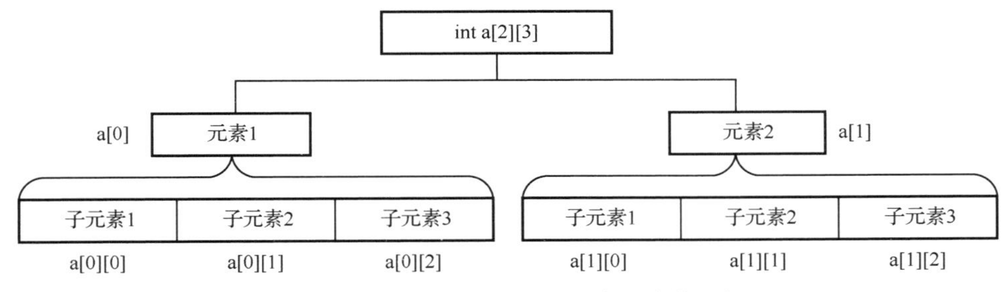

图 9.12 二维数组 a 中的子元素对应的下标

从图 9.12 中可以看出，可以通过下标的改变，轻松地访问二维数组中所有的元素及子元素。

【示例 9-9】通过数组名与两个下标组合的方式，输出二维数组 a 中的所有子元素。

初始化二维数组 a 的语句如下：

```
int a[3][4]={{1,2,3,4},{5,6,7,8},{9,10,11,12}};
```

二维数组 a 如图 9.13 所示。

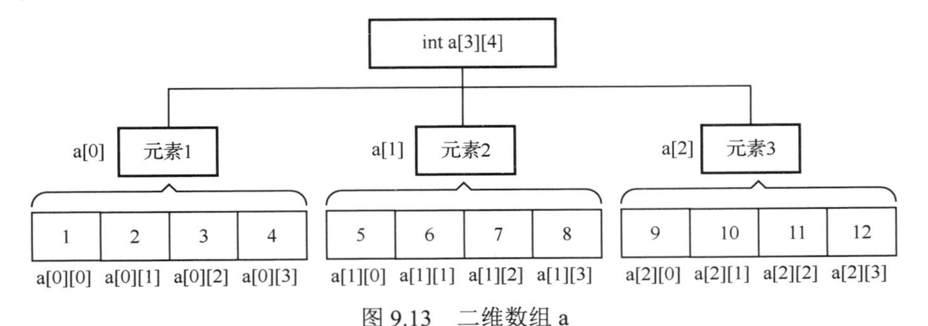

图 9.13 二维数组 a

从图 9.13 中可以看出，二维数组 a 可以分为两层，第 1 层是元素层，包含 3 个元素；第 2 层是子元素层，每个元素包含 4 个子元素。如果想要访问二维数组 a 中的所有子元素，就要使用两层嵌套 for 循环语句。通过外层 for 循环语句进入元素层；通过内层 for 循环语句进入子元素层。这里，使用变量 i 表示二维数组 a 的第 1 个下标；使用变量 j 表示二维数组 a 的第 2 个下标。

程序如下：

```
#include <stdio.h>
#include <conio.h>
int main()
{
    int a[3][4]={{1,2,3,4},{5,6,7,8},{9,10,11,12}};
    printf("二维数组的所有子元素为：");
    for(int i=0;i<3;i++)
    {
        for(int j=0;j<4;j++)
```

```
            {
                printf("%d ",a[i][j]);
            }
        }
        getch();
        return 0;
}
```

运行程序，输出以下内容：

```
二维数组的所有子元素为：1 2 3 4 5 6 7 8 9 10 11 12
```

在该程序中，通过外层 for 循环语句的第 1 次循环进入第 1 个元素，然后通过内层 for 循环语句依次读取子元素并进行输出；最后返回外层 for 循环语句，开始第 2 次外层循环，进入第 2 个元素，依次类推。示例 9-9 程序的运行过程如图 9.14 所示。

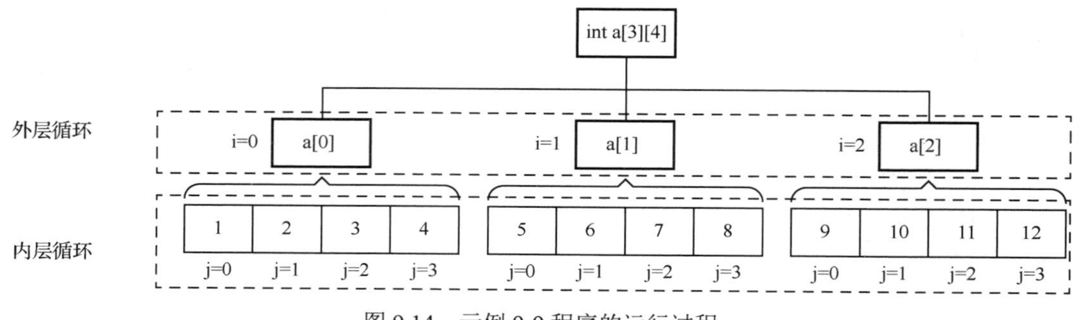

图 9.14　示例 9-9 程序的运行过程

注意：通过数组名与两个下标结合的方式也可以对二维数组中的元素进行修改，程序如下：

```
#include <stdio.h>
#include <conio.h>
int main()
{
    int a[3][4]={{1,2,3,4},{5,6,7,8},{9,10,11,12}};
    a[2][3]=20;
    printf("二维数组的所有子元素为：");
    for(int i=0;i<3;i++)
    {
        for(int j=0;j<4;j++)
        {
            printf("%d ",a[i][j]);
        }
    }
    getch();
    return 0;
}
```

运行程序，输出以下内容：

```
二维数组的所有子元素为：1 2 3 4 5 6 7 8 9 10 11 20
```

从程序运行结果中可以看出，通过访问下标修改了二维数组 a 中的元素值。

2. 数组名[一个下标]与偏移量结合的方式

数组名[一个下标]与偏移量结合的方式是指将二维数组看成几个一维数组的集合，然后利用每个一维数组的首地址进行偏移量运算，从而访问一维数组（二维数组的元素）中的每个元素（二维数组的子元素）。

【示例 9-10】通过数组名[一个下标]与偏移量结合的方式访问二维数组中的子元素。

初始化二维数组 a 的语句如下：

```
int a[3][4]={{1,2,3,4},{5,6,7,8},{9,10,11,12}};
```

通过数组名[一个下标]与偏移量结合的方式访问二维数组 a 中的子元素示意图如图 9.15 所示。

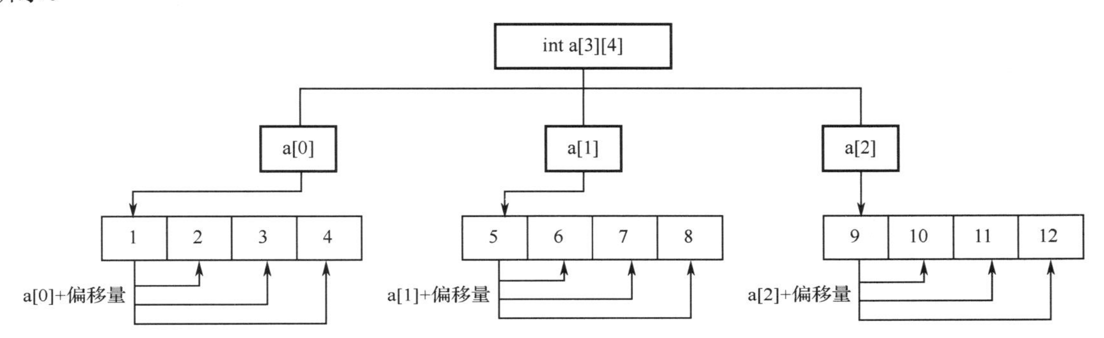

图 9.15　通过数组名[一个下标]与偏移量结合的方式访问二维数组 a 中的子元素示意图

在图 9.15 中，可以将二维数组的 3 个元素看成 3 个一维数组，a[ ]就是这 3 个一维数组的名称。然后通过数组名[一个下标]与偏移量结合的方式访问二维数组 a 中的子元素。

将下标设置为变量 i，然后设置一个变量 j 来代替偏移量，指针移动的表达式为 a[i]+j。因为要输出指针对应的数据，所以表达式改为*(a[i]+j)。其中，i 的取值范围为 0～2，j 的取值范围为 0～3。

程序如下：

```
#include <stdio.h>
#include <conio.h>
int main()
{
    int a[3][4]={{1,2,3,4},{5,6,7,8},{9,10,11,12}};
    printf("二维数组中的所有子元素为：");
    for(int i=0;i<3;i++)
    {
        for(int j=0;j<4;j++)
        {
            printf("%d ",*(a[i]+j));
        }
    }
    getch();
    return 0;
}
```

运行程序，输出以下内容：

```
二维数组中的所有子元素为：1 2 3 4 5 6 7 8 9 10 11 12
```

在该程序中，用到了两层 for 循环语句，外层 for 循环语句用于切换二维数组中的不同元素，内层 for 循环语句用于依次根据偏移量的改变读取子元素值，如图 9.16 所示。

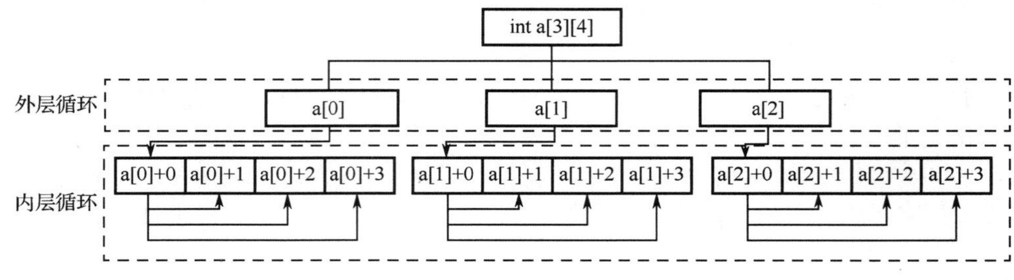

图 9.16　示例 9-10 程序的运行过程

3. 数组名与偏移量结合的方式

二维数组相当于将同类型的数据进行连续存储。数组名与偏移量结合的方式是指通过数组名中存放的首地址移动 *n* 个单位基类型长度，从而访问二维数组中的元素。其中，*n* 由偏移量决定。二维数组的基类型是由数组类型与常量表达式 2 在定义时决定的。

【示例 9-11】通过数组名与偏移量结合的方式输出二维数组中的每个元素的地址。

初始化二维数组 a 的语句如下：

```
int a[3][4]={{1,2,3,4},{5,6,7,8},{9,10,11,12}};
```

二维数组 a 的结构如图 9.17 所示。

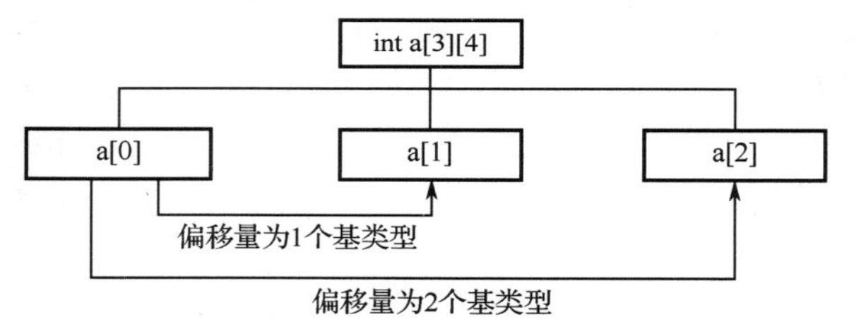

图 9.17　二维数组 a 的结构

程序如下：

```
#include <stdio.h>
#include <conio.h>
int main()
{
        int a[3][4]={{1,2,3,4},{5,6,7,8},{9,10,11,12}};
        for(int i=0;i<3;i++)
        {
                int b=i+1;
                printf("第%d 个元素的地址为：%p\n",b,a+i);
        }
        getch();
        return 0;
}
```

运行程序，输出以下内容：

```
第 1 个元素的地址为：0021F940
第 2 个元素的地址为：0021F950
第 3 个元素的地址为：0021F960
```

从程序运行结果中可以看出，每个元素之间的地址都相差 16 个字节。二维数组 a 的基类型长度也为 16 个字节，说明二维数组的基类型长度为数据类型长度与常量表达式 2 的乘积。

9.4 多维数组

多维数组是指维度超过二的数组。

多维数组的语法如下：

```
类型名 数组名[常量表达式 1][常量表达式 2]…[常量表达式 n]
```

- 类型名用于定义多维数组中的每个最小元素的数据类型，规定了多维数组中的每个最小元素在内存中所占存储单元大小。
- 数组名是指多维数组的名称，用于指代多维数组。数组名要符合标识符的命名规则。在数组名中，会存放多维数组的首地址。
- 常量表达式 1 用于定义多维数组的元素个数。在多维数组中的每个元素都等同于一个多维或二维数组，一个多维或二维数组就是一个元素。
- 常量表达式 2 用于定义元素的逻辑结构，也就是规定每个元素包含几个子元素。
- 常量表达式 *n* 用于定义子元素的逻辑结构，也就是规定每个子元素包含几个孙元素。

常量表达式 *n* 中的 *n* 决定了多维数组的维度。如果 *n* 为 3，则该数组为三维数组；如果 *n* 为 4，则该数组为四维数组，依次类推。

多维数组长度为所有常量表达式的乘积。多维数组的基类型由类型名、常量表达式 2……常量表达式 *n* 定义。多维数组的基类型长度是类型长度、常量表达式 2……常量表达式 *n* 乘积的结果。

例如，定义一个多维数组 a 的语句如下：

```
int a[2][2][2];
```

多维数组 a 如图 9.18 所示。

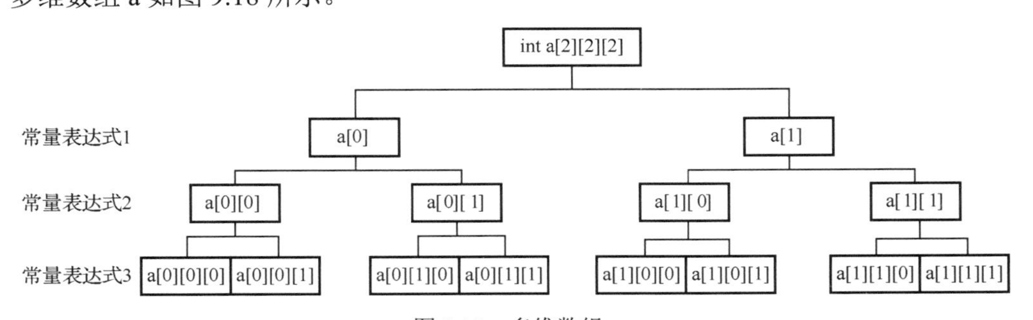

图 9.18 多维数组 a

在图 9.18 中，多维数组 a 有 3 个常量表达式，所以该数组为三维数组。常量表达式 1 的值为 2，所以多维数组 a 有 2 个元素。多维数组 a 的基类型为 int[2][2]，基类型长度为 int 的长度、常量表示式 2、常量表示式 3 的乘积，即 16（4×2×2）个字节。多维数组 a 的长度为常量表达式 1、常量表达式 2、常量表达式 3 的乘积，即 8（2×2×2）。

初始化多维数组的方式与初始化二维数组的方式一致。在初始化多维数组时，多维数组的维度是多少，就套用多少层大括号。例如，声明一个四维数组 b 的语句如下：

```
int b[3][2][3][3];
```

初始化四维数组 b 的语句如下：

```
int
b[3][2][3][3]={{{{1,2,3},{1,2,3},{1,2,3}},{{1,2,3},{1,2,3},{1,2,3}}},{{{1,2,3},{1,2,3},{1,2,3}},{{1,2,3},{1,2,3},
{1,2,3}}},{{{1,2,3},{1,2,3},{1,2,3}},{{1,2,3},{1,2,3},{1,2,3}}}};
```

多维数组的使用方式与二维数组的使用方式一致，都是使用最小元素。

【示例 9-12】访问多维数组的最小元素。其中，*n* 由多维数组的维度决定。

程序如下：

```
#include <stdio.h>
#include <conio.h>
int main()
{
    int a[3][4][2]={{{1,2},{3,4},{5,6},{7,8}},{{9,1},{2,3},{4,5},{6,7}},{{8,9},{1,2},{3,4},{5,6}}};
    printf("多维数组的所有孙元素为：");
    for(int i=0;i<3;i++)
    {
        for(int j=0;j<4;j++)
        {
                for(int k=0;k<2;k++)
            {
                printf("%d ",a[i][j][k]);
            }
        }
    }
    getch();
    return 0;
}
```

运行程序，输出以下内容：

```
多维数组的所有孙元素为：1 2 3 4 5 6 7 8 9 1 2 3 4 5 6 7 8 9 1 2 3 4 5 6
```

【示例 9-13】访问多维数组中的所有元素。其中，*n*=多维数组的维度-1。

程序如下：

```
#include <stdio.h>
#include <conio.h>
int main()
{
    int a[3][4][2]={{{1,2},{3,4},{5,6},{7,8}},{{9,1},{2,3},{4,5},{6,7}},{{8,9},{1,2},{3,4},{5,6}}};
    printf("数组的所有孙元素为：");
    for(int i=0;i<3;i++)
    {
        for(int j=0;j<4;j++)
        {
                for(int k=0;k<2;k++)
            {
                printf("%d ",*(a[i][j]+k));
            }
```

```
            }
        }
        getch();
        return 0;
}
```

运行程序，输出以下内容：

```
多维数组的所有孙元素为：1 2 3 4 5 6 7 8 9 1 2 3 4 5 6 7 8 9 1 2 3 4 5 6
```

通过数组名与[*n* 个下标]结合的方式可以访问最小元素所在的一维数组的首地址，然后利用首地址+偏移量来依次访问最小元素。

【示例 9-14】输出多维数组中的所有元素的地址。

程序如下：

```
#include <stdio.h>
#include <conio.h>
int main()
{
        int a[3][4][2]={{{1,2},{3,4},{5,6},{7,8}},{{9,1},{2,3},{4,5},{6,7}},{{8,9},{1,2},{3,4},{5,6}}};
        for(int i=0;i<3;i++)
        {
                int b=i+1;
                printf("第%d 个元素的地址为：%p\n",b,a+i);
        }

        getch();
        return 0;
}
```

运行程序，输出以下内容：

```
第 1 个元素的地址为：0019FBB4
第 2 个元素的地址为：0019FBD4
第 3 个元素的地址为：0019FBF4
```

从程序运行结果中可以看出，每个元素之间的地址都相差 32 个字节。而三维数组 a 的基类型长度也为 32 个字节，说明三维数组的基类型长度=数据类型长度×常量表达式 2×常量表达式 3。

9.5　指针和数组

在 C 语言中，指针与数组在使用时会产生很多关联。本节将详细讲解指针和数组的结合使用。

9.5.1　指针数组

指针数组是指将多个相同基类型的指针放在一起的集合。指针数组的本质为数组。指针数组中的元素都是指针，指代各种数据的地址。

定义指针数组的语法如下：

```
数据类型　*数组名[常量表达式]
```

在定义指针数组时，要在数组名前加一个星号（*），以表示该数组是指针数组。

访问指针数组中的元素的语法如下：

```
*数组名[下标]
```

注意：初始化指针数组与初始化其他普通数组是一样的。指针数组也有二维指针数组与多维指针数组。在定义二维和多维指针数组的语法中，根据常量表达式的个数确定该数组的维度。

在定义普通数组时，会申请一个固定存储空间，但是每个元素所占存储单元的多少不一定，此时会导致存储空间的浪费。例如：

```
int a[4]= {1, 2, 3, 4} ;
```

数组 a 会在内存中申请 16 个字节用于存放元素，而元素只使用了 4 个字节（每个数字占一个字节），其他存储空间都处于浪费状态，如图 9.19 所示。

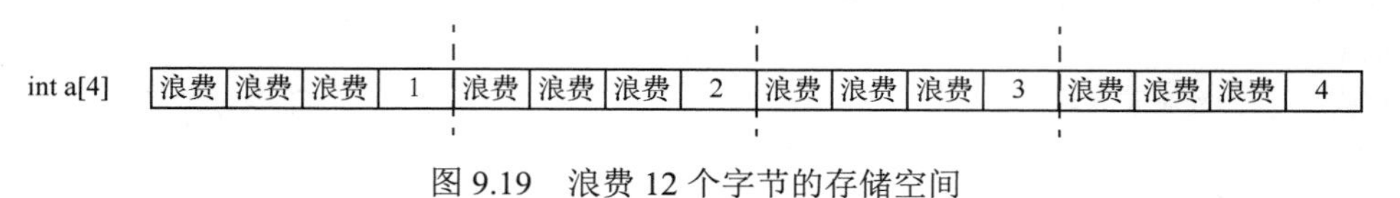

图 9.19　浪费 12 个字节的存储空间

在定义指针数组时，指针数组中的每个元素都是地址，所以指针数组申请的每个元素在内存中所占存储空间的大小是统一的，从而不会浪费存储空间。例如：

```
int *b[4]={1,2,3,4};
```

指针数组 b 会在内存中申请 16 个字节，每个元素占 4 个字节（元素为地址，在 32 位系统中占 32 位，也就是 4 个字节），这样就不会造成存储空间的浪费，如图 9.20 所示。

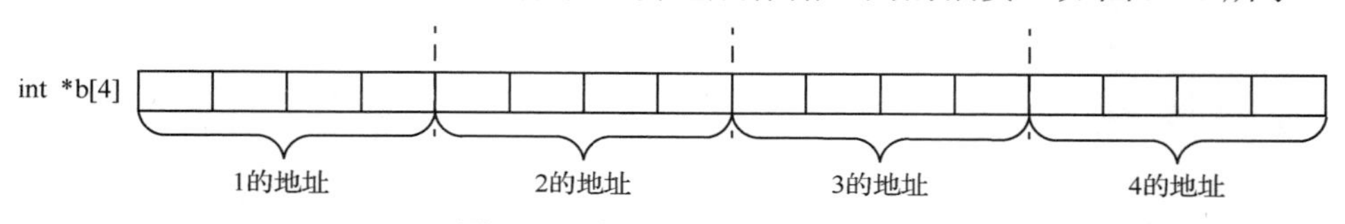

图 9.20　存储空间全部被占满

在图 9.20 中，由于指针数组 b 的元素全部为地址，而每个元素会将 4 个字节全部占满，不会造成存储空间的浪费。

一般情况下，字符串长度是不确定的。例如，在聊天软件中，用户每次发送的字符串（信息）长度不一致。如果使用普通数组存储字符串，就会造成存储空间的浪费。如果使用指针数组存储字符串的首地址，就会避免存储空间的浪费。

【示例 9-15】将用户的聊天信息赋给指针数组，并输出指针数组的元素。

程序如下：

```
#include <stdio.h>
#include <conio.h>
int main()
{
    char *a[3];
    a[0]="abcdefghijklmnop";
    a[1]="cd";
    a[2]="eff";
    printf("指针数组中的元素为：\n");
    for(int i=0;i<3;i++)
```

```
    {
        for(int j=0;j<100;j++)
        {
            if(*(a[i]+j) =='\0')
            {
                printf("\n");
                break;
            }
            printf("%c",*(a[i]+j));
        }
    }
    getch();
    return 0;
}
```

运行程序，输出以下内容：

```
指针数组中的元素为：
abcdefghijklmnop
cd
eff
```

在该程序中，将用户输入的字符串的首地址分别赋给了指针数组中的每个元素，然后通过取地址符根据地址不断的变化，读取并输出了对应的字符串，如图 9.21 所示。

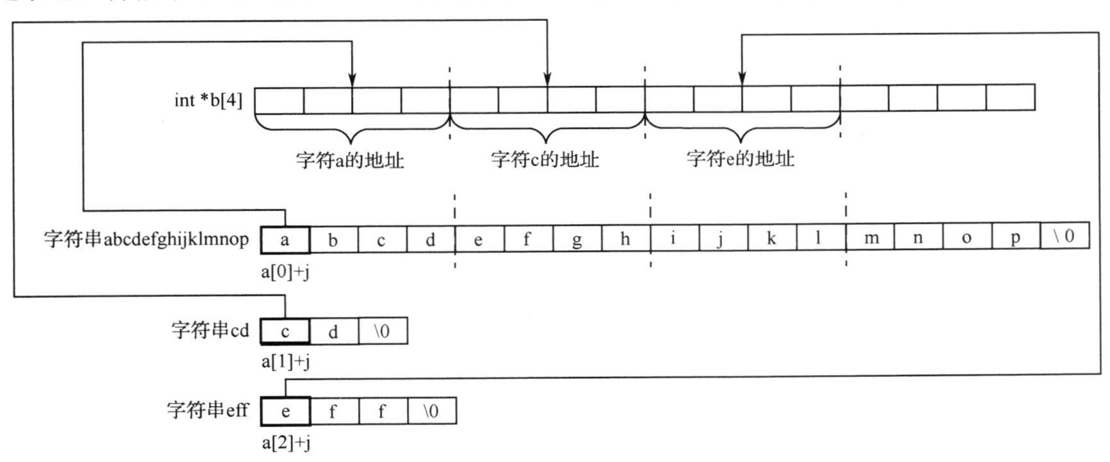

图 9.21　指针数组只存储字符串的首地址

9.5.2　数组指针

数组指针是指特定基类型的一个指针。数组指针会指向一个数组。数组指针的本质是一个指针。使用数组指针可以直接访问二维数组中的每行数据（元素），所以数组指针又称行指针。

声明数组指针的语法如下：

```
数据类型　(*数组名)[下标]
```

声明一个数组指针的语句如下：

```
int (*p)[n];
```

该语句表示，数组指针 p 指向一个长度为 n 的整型一维数组。在 p+1 后，p 的地址会增加 n 个 int 类型长度。

【示例 9-16】使用数组指针访问二维数组中的元素。

程序如下：

```
#include <stdio.h>
#include <conio.h>
int main()
{
        int (*a)[3];
        int b[3][3]={{1,2,3},{4,5,6},{7,8,9}};
        a=b;
        printf("二维数组中的元素为：\n");
        for(int i=0;i<3;i++)
        {

                for(int j=0;j<3;j++)
                {
                        printf("%d",*(a[i]+j));
                }
        }
        getch();
        return 0;
}
```

运行程序，输出以下内容：

```
二维数组中的元素为：
123456789
```

在该程序中，将二维数组 b 的首地址赋给数组指针 a，然后通过数组指针 a 与偏移量结合的方式访问二维数组中的每个元素，最后通过数组指针 a 与下标结合的方式访问二维数组 b 中的每个子元素。

9.5.3 二维数组作为实参

在调用函数时，如果实参为二维数组，那么必须声明该函数的形参为行指针。

程序如下：

```
#include <stdio.h>
#include <conio.h>
int sum(int(*p)[3])
{
        printf("二维数组中的元素为：\n");
        for(int i=0;i<3;i++)
        {

                for(int j=0;j<3;j++)
                {
                        printf("%d",*(p[i]+j));
                }
```

```
    }
    return 0;
}
int main()
{
    int b[3][3]={{1,2,3},{4,5,6},{7,8,9}};
    sum(b);
    getch();
    return 0;
}
```

运行程序，输出以下内容：

```
二维数组中的元素为：
123456789
```

在该程序中，函数 sum()的形参就是一个行指针。

如果形参不是行指针，程序如下：

```
……
int sum(int(*p)[3])
{
    int i;
    int j;
    printf("数组中的元素为：\n");
    ……
    return 0;
}
……
```

在该程序中，函数 sum()的形参就不是行指针，会输出以下的错误信息：

```
非法的间接寻址
"函数"："int *"与"int [3][3]"的间接级别不同
"sum"：形参和实参 1 的类型不同
```

9.6 小　结

通过本章的学习，要掌握以下的内容：

- 数组就是将相同类型、关联的数据统一存储，并使用一个变量名指代这个存储空间。将数组中的数据称为元素。
- 数组是在内存中占有一个连续存储空间。数组名指代的是这段连续存储空间的首地址。
- 数组会包含多个元素，每个元素都会对应一个下标。
- 定义一维数组包含类型、数组名及常量表达式这 3 个部分。
- 初始化一维数组就是将多个值依次赋给数组中的每个元素。
- 访问数组中的元素可以有 3 种方式，分别为数组名与下标结合的方式、数组名与偏移量结合的方式、使用指针结合的方式。
- 在一维数组作为实参使用时，可以分为 3 种情况，分别为元素作为实参、数组名作为实参和元素地址作为实参。

- 二维数组是比一维数组多一个维度的数组。二维数组本质上是以数组作为元素的数组，即“数组中的数组”。
- 定义二维数组包含类型名、数组名、常量表达式 1 及常量表达式 2 这 4 个部分。
- 初始化二维数组就是将多个值依次赋给二维数组中的每个元素。
- 访问二维数组的子元素可以分为 3 种方式，分别为数组名与两个下标结合的方式、数组名[一个下标]与偏移量结合的方式、数组名与偏移量结合的方式。
- 多维数组是指维度超过二的数组。
- 指针数组是指将多个相同基类型的指针放在一起的集合。指针数组的本质为数组。指针数组中的元素都是指针，指代各种数据的地址。
- 数组指针是指特定基类型的一个指针。数组指针会指向一个数组。数组指针的本质是一个指针。使用数组指针可以直接访问二维数组中的每行数据（元素），所以数组指针又称行指针。

9.7 习　　题

一、填空题

1. 数组就是将____类型、关联的数据统一存储，并使用一个变量名指代这个存储空间。
2. 数组名指代的是连续存储空间的____地址。
3. 初始化一维数组就是将多个值依次____给数组中的每个元素。
4. 访问数组中的元素可以分为 3 种方式，分别为____、数组名与偏移量结合的方式、____。
5. 定义一维数组包含类型、____及数组____这 3 个部分。
6. 要使用数组中的某个元素，可以通过____的方法实现。
7. 多维数组是指维度超过____的数组。
8. 指针数组是指将多个____基类型的____放在一起的集合。
9. 使用数组指针可以直接访问二维数组的____行数据元素，所以数组指针又称____。
10. 指针数组中的元素都是指针，指代各种数据的____。

二、选择题

1. 下面程序的运行结果是（　　）。

```
#include <stdio.h>
int main()
{
    char s[20] = "everyday", i;
    for (i = 0;i < 5;i++)
    {
        printf("%c", s[i]);
    }
    return 0;
}
```

A．every　　B．ever　　C．everyday　　D．程序有误

2．下列语句不正确的是（　　）。

A．int a[]={1,2,3};　　B．int a[5]={1,2,3};

C．int a[];　　D．int a[5];

3．下面程序的运行结果是（　　）。

```
#include <stdio.h>
int main()
{
    char s1[6], s2[] = "first";
    strcpy(s1, s2);
    printf("%s", s1);
    return 0;
}
```

A．first　　B．f　　C．fir　　D．程序有误

4．下面能对一维数组 a 进行初始化的语句是（　　）。

A．int a[5]=(0,1,2,3,4,);　　B．int a(5)={}；

C．int a[3]={0,1,2}；　　D．int a{5}={10*1}；

5．下面程序的运行结果是（　　）。

```
#include <stdio.h>
int main()
{
    int x[5], i;
    for (i = 0;i < 5;i++) {
        x[i] = 2 * i + 1;
    }
    for (i = 0;i < 5;i++)
    {
        printf("%d", x[i]);
    }
    return 0;
}
```

A．13579　　B．02468　　C．0246　　D．程序有误

6．已知 int　a[10]; 语句，则正确引用数组 a 中的元素的是（　　）。

A．a[10]　　B．a[3.5]　　C．a(5)　　D．a[0]

7．下面程序的运行结果是（　　）。

```
#include <stdio.h>
int main()
{
    char str[] = "abcdrf", s;
    int i;
    for (i = 2;(s = str[i]) != 0;i++)
    {
        switch (s)
        {
        case 'd':++i;break;
        case 'l':continue;
```

```
            default:putchar(s);continue;
            }
        }
        return 0;
}
```

A．cd　　B．cf　　C．cdef　　D．abc

8．下面程序的运行结果是（　　）。

```
#include <stdio.h>
int main()
{
        int a[3][4] = { {1,2,3,4},{5,6,7,8},{9,10,11,12} };
        int i, s = 0;
        for (i = 0;i < 3;i++)
        {
                s = s + a[i][2];
        }
        printf("%d", s);
        return 0;
}
```

A．20　　B．21　　C．22　　D．23

9．在 C 语言中，如果引用数组中的元素，则下标的数据类型允许是（　　）。

A．整型常量　　B．整型表达式

C．整型常量或整型表达式　　D．任何类型的表达式

10．在 C 语言中，数组名代表（　　）。

A．数组全部元素的值　　B．数组首地址

C．数组第一个元素的值　　D．数组元素的个数

11．下面程序的运行结果是（　　）。

```
#include <stdio.h>
int main()
{
        int x = 20;
        int i = 0, s[5];
        do
        {
                s[i] = x % 2;
                i++;
                x = x / 2;
        } while (i < 5);
        for (i = 0;i < 5;i++) {
                printf("%d", s[i]);
        }
        return 0;
}
```

A．00001　　B．00100　　C．00101　　D．11001

12．下面程序的运行结果是（　　）。

```
#include <stdio.h>
int main()
{
    int i, j = 3;
    int a[5];
    for (i = 0;i < 5;i++)
    {
        a[i] = j * 2 + 2;
        j++;
    }
    for (i = 0;i < 5;i++) {
        printf("%d", a[i]);
    }
    return 0;
}
```

A．810121416　　B．123456　　C．777777　　D．11011123

13．对以下说明语句的正确理解是（　　）。

```
int a[10]={6,7,8,9,10};
```

A．将 5 个值依次赋给 a[1]～a[5]

B．将 5 个值依次赋给 a[0]～a[4]

C．将 5 个值依次赋给 a[6]～a[10]

D．因为数组长度与值的个数不同，所以此语句不正确

14．以下对二维数组 a 的正确说明是（　　）。

A．int a[3][];　　B．float a(3,4);　　C．double a[1][4];　　D．float a(3)(4);

15．若有 int a[3][4];语句，则正确引用数组 a 中的元素的是（　　）。

A．a[2][4]　　B．a[1,3]　　C．a[1+1][0]　　D．a(2)(1)

16．下面程序的运行结果是（　　）。

```
#include <stdio.h>
int main()
{
    char x[10] = "abc", y[5] = "def";
    strcat(x, y);
    puts(x);
    return 0;
}
```

A．abcdef　　B．abc　　C．def　　D．程序有误

17．下面程序的运行结果是（　　）。

```
#include <stdio.h>
int main()
{
    char c[12] = { 'I',' ','a','m',' ','f','i','n','e',' ','!' };
    int i;
    for (i = 0;i < 12;i++)
    {
        printf("%c", c[i]);
```

```
    }
    printf("\n");
    return 0;
}
```

A. I am fine !　　B. I am　　C. I　　D. 程序有误

18. 下面对整型一维数组 a 的正确说明是（　　）。

A. int a(10);　　B. int n=10,a[n];

C. int n; scanf(“%d”,&n); int a[n];　　D. #define SIZE 10　int a[SIZE];

19. 在 C 语言中，定义一维数组的语法为：类型名 数组名 （　　）。

A. [整型常量表达式]　　B. [整型表达式]

C. [整型常量] 或[整型表达式]　　D. [常量]

20. 若有 int a[3][4];语句，则非法引用数组 a 中元素的是（　　）。

A. a[0][2*1]　　B. a[1][3]　　C. a[4-2][0]　　D. a[0][4]

21. 下面能对二维数组 a 进行正确初始化的语句是（　　）。

A. int a[2][]={{1,0,1},{5,2,3}};　　B. int a[][3]={{1,2,3},{4,5,6}};

C. int a[2][4]={{1,2,3},{4,5},{6}};　　D. int a[][3]={{1,0,1},{},{1,1}};

22. 以下不能对二维数组 a 进行正确初始化的语句是（　　）。

A. int a[2][3]={0};　　B. int a[][3]={{1,2},{0}};

C. int a[2][3]={{1,2},{3,4},{5,6}};　　D. int a[][3]={1,2,3,4,5,6};

23. 下面程序的功能是（　　）。

```
#include <stdio.h>
int main()
{
    int x[10] = { 7,0,8,1,2,4,3,6,5,9};
    int i, j, k;
    for (i = 0;i < 9;i++)
    {
        for (j = 9;j > i;j--)
            if (x[i] > x[j])
            {
                k = x[i];
                x[i] = x[j];
                x[j] = k;
            }
    }
    for (i = 0;i < 10;i++)
        printf("%d\n", x[i]);
    return 0;
}
```

A. 对数组中的元素进行从大到小的排序

B. 输出数组中的元素

C. 对数组中的元素进行从小到大的排序

D. 其他

三、找错题

请指出下面程序存在的一处错误。

```
#include <stdio.h>
int main()
{
    int a[3] = { 1,2,3,4,5};
    int i;
    for (i = 0;i <3;i++)
    {
        printf("%d", a[i]);
    }
    return 0;
}
```

四、编程题

1．在下面横线上填写适当的代码，以实现输出如图 9.22 所示的杨辉三角。

```
1
1  1
1  2  1
1  3  3  1
1  4  6  4  1
1  5  10 10 5  1
```

图 9.22　杨辉三角

```
#include <stdio.h>
int main()
{
    int i, j, n = 6, a[17][17] = { 0 };
    for (i = 0;i < n;i++)
    {
        ____;
    }
    for (i = 1;i < n;i++)
    {
        for (j = 1;j < n;j++)
            if (i == j)
            {
                ____;
            }
    }
    for (i = 1;i < n;i++)
    {
        for (j = 1;j < i;j++)
            ____;
    }
    for (i = 0;i < n;i++)
    {
```

```
            for (j = 0;j <= i;j++)
                ____;
            printf("\n");
        }
        return 0;
}
```

2．在下面横线上填写适当的代码，以实现输出斐波那契数列，如图 9.23 所示。

1	1	2	3	5
8	13	21	34	55
89	144	233	377	610
987	1597	2584	4181	6765

图 9.23　斐波那契数列

```
#include <stdio.h>
int main()
{
        int fab[20] = { 1,1 };
        for (int i = 2; i < 20; i++)
        {
            fab[i] = ____;
        }
        for (int j = 0; j < 20; j++)
        {
            if (____ == 0)
            {
                printf("\n");
            }
            printf("%10d", fab[j]);
        }
        return 0;
}
```

3．在下面横线上填写适当的代码，以实现统计数组中小写字母出现的次数。

```
#include <stdio.h>
int fun(char a[], int b[]) {
        int i ;
        int j;
        for ( i = 0; i < 26; i++) {
            ____;
        }
        for ( j = 0; a[j] != '\0'; j++) {
            if (a[j] >= 'a' && ____) {
                ____;
            }
        }
        return 0;
}
int main()
```

```
{
    char a[100];
    int b[26];
    int i;
    printf("enter a string\n");
    ____;
    ____
    printf("统计的结果为：\n");
    printf("  a  b  c  d  e  f  g  h  i  j  k  l  m  n  o  p  q  r  s  t  u  v  w  x  y
z\n");
    for ( i = 0; i < 26; i++) {
        ____
    }
    getch();
    return 0;
}
```

第 10 章　字　符　串

字符串可以用于表示非数值类的信息，如人名、代号、编码等多种信息。在 C 语言中，字符串的使用也是必不可少的。它通常表现为一个或多个字符的集合。本章将详细讲解字符串的存储与使用。

10.1　字符串存储

字符串是由数字、字母、标点符号组成的一串字符。在 C 语言中，字符串并没有专属的数据类型，而是基于字符类型进行表示的。它的存储分为内存存储与数组存储两种形式。

10.1.1　内存存储

字符串在内存中是连续存储的，并且在字符串的结尾处会自动添加结束符（\0）。该结束符用于表示字符串的结束位置。字符串 abc 的内存存储如图 10.1 所示。

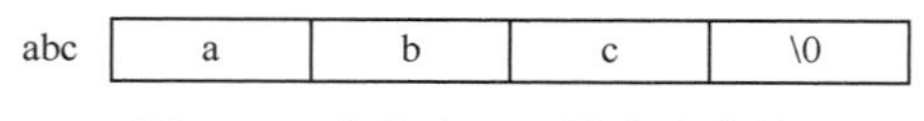

图 10.1　字符串 abc 的内存存储

其中，结束符（\0）是自动加在字符串的结尾处的。结束符（\0）会占用存储空间，但是不会被计入字符串的实际长度。例如，字符串 abc 在内存中占 4 个字节，但是该字符串的长度为 3 个字节。

在 C 语言中，字符串的地址实际上是该字符串的首地址。所以，可以直接将字符串赋给基类型为 char 的指针变量。

【示例 10-1】输出字符串 abc 在内存中所占字节的个数与首地址。

程序如下：

```
#include <stdio.h>
#include <conio.h>
int main()
{
	char *a="abc";
	printf("字符串在内存中占%d 个字节\n",sizeof("abc"));
	printf("字符串的地址为%p\n",&"abc");
	printf("指针变量 a 存放的地址为%p\n",a);
	getch();
	return 0;
}
```

运行程序，输出以下内容：

```
字符串在内存中占 4 个字节
字符串的地址为 01325758
```

```
指针变量 a 存放的地址为 01325758
```

从程序运行结果中可以看出，字符串 abc 会在内存中占 4 个字节，并且可以被直接赋给指针变量 a。

10.1.2 数组存储

字符串可以使用数组进行存储。数组存储字符串的方式分为以下两种。

第一种是使用单个字符依次为数组进行赋值，之后再赋一个结束符（\0）以表示字符串结束。

【示例 10-2】使用单个字符依次为数组 a 赋值，之后输出数组 a 的值。

程序如下：

```
#include <stdio.h>
#include <conio.h>
int main()
{
        char a[5];
        a[0]='d';
        a[1]='e';
        a[2]='f';
        a[3]='g';
        a[4]='\0';
        printf("数组 a 的值为:%s",a);
        getch();
        return 0;
}
```

运行程序，输出以下内容：

```
数组 a 的值为:defg
```

注意：%s 为字符串的占位符。

第二种是直接使用字符串为数组赋值，程序如下：

```
#include <stdio.h>
#include <conio.h>
int main()
{
        char a[5]={"abcd"};
        printf("数组 a 的值为:%s",a);
        getch();
        return 0;
}
```

运行程序，输出以下内容：

```
数组 a 的值为:abcd
```

注意：在上述两种数组存储字符串的方式中，字符串的结束符（\0）也会占用数组中的一个元素位置。所以，字符串的长度必须小于数组中元素的个数，否则会出现数组界限溢出错误。

【示例 10-3】使用字符串 abcde 为数组 a 赋值，之后输出数组 a 的值。

程序如下：

```
#include <stdio.h>
#include <conio.h>
int main()
{
        char a[5]={"abcde"};
        printf("数组 a 的值为:%s",a);
        getch();
        return 0;
}
```

运行程序，输出以下内容：

```
数组 a 的值为:abcde 烫烫烫帖
```

并输出以下错误信息：

```
const char [6] 类型的值不能用于初始化 char [5] 类型的实体
```

10.2 使用字符串

在 C 语言中，字符串的常见使用包括指针操作字符串、输入/输出字符串、字符串数组等。本节将详细讲解使用字符串的相关内容。

10.2.1 指针操作字符串

指针操作字符串是指将字符串赋给指针变量，然后通过指针变量访问内存中的字符串。

【示例 10-4】通过指针变量 a 输出字符串。

程序如下：

```
#include <stdio.h>
#include <conio.h>
int main()
{
        char *a="abc123";
        printf("指针变量 a 指向的字符串为:%s",a);
        getch();
        return 0;
}
```

运行程序，输出以下内容：

```
指针变量 a 指向的字符串为:abc123
```

从上面的程序中可以看出，指针变量可以直接存放字符串的首地址，让指针变量指向对应的字符串。

【示例 10-5】通过移动指针，输出字符串中的每个字符。

程序如下：

```
#include <stdio.h>
#include <conio.h>
int main()
{
```

```
    char *a="abc123";
    while(*a!='\0')
    {
        printf("指针变量 a 指向的字符为:%c\n",*a);
        a++;
    }
    getch();
    return 0;
}
```

运行程序，输出以下内容：

```
指针变量 a 指向的字符为:a
指针变量 a 指向的字符为:b
指针变量 a 指向的字符为:c
指针变量 a 指向的字符为:1
指针变量 a 指向的字符为:2
指针变量 a 指向的字符为:3
```

在该程序中，以字符串的首地址为起点，通过 while 循环语句不断让地址加 1，从而访问字符串中的每个字符，直到地址指向字符串的结束符（\0）时结束该循环，如图 10.2 所示。

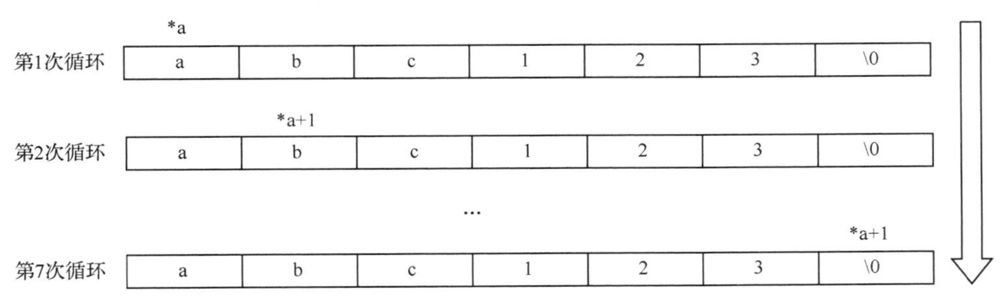

图 10.2 示例 10-5 程序的循环过程

10.2.2 输入/输出字符串

C 语言标准输入库 stdio.h 提供多种和输入/输出相关的函数。其中，输入/输出字符串会用到 4 个系统函数。

1. 输入字符串

输入字符串会用到函数 scanf()与函数 gets()。

（1）函数 scanf()可以获取用户输入的单个或多个字符串，并且可以将字符串赋给数组变量及指向数组变量的指针变量，其语法如下：

```
scanf("字符串占位符 1,字符串占位符 2,…,字符串占位符 n",数组变量 1,数组变量 2,…,数组变量 n)
```

其中，数组名可以替换为指向数组变量的指针变量名。

例如，将用户输入的两个字符串赋给数组 a 与数组 b 的语句如下：

```
int a[5],b[5];
scanf("%s,%s",a,b);
```

上面语句会将用户输入的两个字符串分别赋给数组 a 与数组 b。用户在输入完第 1 个字符串后必须输入英文逗号“,”，以表示第 1 个字符串输入结束，然后才可以输入第 2 个字符串。在第 2 个字符串输入完成后，按回车键表示第 2 个字符串输入结束。

注意：在函数 scanf()中，如果两个字符串占位符之间没有分隔符号，如 scanf("%s%s",a,b)中的两个%s 占位符之间没有任何符号，则用户在输入完第 1 个字符串后必须输入一个空格，以表示第 1 个字符串输入结束，然后才可以输入第 2 个字符串。

将用户输入两个字符串指向指针变量，该指针变量指向数组的语句如下：

```
int a[5],b[5];
int *d,*f;
d=a;
f=b;
scanf("%s%s",d,f);
```

在上面语句中，要将指针变量指向一个数组后，才能通过函数 scanf()将用户输入的字符串赋给数组变量。

（2）函数 gets()可以读取用户输入的单个字符串，并且可以将字符串赋给数组变量及指向数组变量的指针变量，其语法如下：

```
gets(s);
```

其中，s 指代数组变量名或指针变量名。这里，数组变量与指针变量的基类型必须为 char。指针变量必须指向一个基类型为 char 的数组。

注意：函数 gets()在读取字符串时，当读取到换行符(\n)时结束读取。换行符会被丢弃，不占存储空间，然后在读取的字符串末尾处添加结束符（\0）。

将用户输入的两个字符串赋给数组 a 与数组 b 的语句如下：

```
char a[5],b[5];
gets(a);
gets(b);
```

将用户输入的两个字符串指向指针变量，该指针变量指向数组的语句如下：

```
char a[5],b[5];
char *d,*f;
d=a;
f=b;
gets(a);
gets(b);
```

2. 输出字符串

输出字符串要用到函数 printf()与函数 puts()。

（1）在函数 printf()输出字符串时，会用到占位符（%s）、存放字符串的数组和指向字符串的指针变量。

【示例 10-6】使用函数 scanf()输入字符串，然后使用函数 printf()输出字符串。

程序如下：

```
#include <stdio.h>
#include <conio.h>
int main()
{
    char a[5],b[5];
```

```
    char *d;
    d=b;
    printf("请输入两个字符串，按空格键进行分隔，按回车键表示结束\n");
    scanf("%s%s",a,d);
    printf("数组 a 中的字符串为:%s\n",a);
    printf("指针 d 指向的字符串为:%s\n",d);
    getch();
    return 0;
}
```

运行程序，输出以下内容：

```
请输入两个字符串，按空格键进行分隔，按回车键表示结束
abc 123
数组 a 中的字符串为:abc
指针变量 d 指向的字符串为:123
```

（2）函数 puts()只能输出一个字符串，不能输出数值或进行格式变换，并且在输出字符串后会自动换行，其语法如下：

```
puts(s);
```

其中，s 表示数组名、指针变量名或一个字符串。数组变量与指针变量的基类型必须为 char。

【示例 10-7】使用函数 gets()输入字符串，然后使用函数 puts()输出字符串。

程序如下：

```
#include <stdio.h>
#include <conio.h>
int main()
{
    char a[5],b[5];
    char *d;
    d=b;
    printf("请输入字符串，按回车键表示结束\n");
    gets(a);
    printf("请输入字符串，按回车键表示结束\n");
    gets(d);
    printf("数组 a 中的字符串为：");
    puts(a);
    printf("指针变量 d 指向的字符串为：");
    puts(d);
    getch();
    return 0;
}
```

运行程序，输出以下内容：

```
请输入字符串，按回车键表示结束
abcde
请输入字符串，按回车键表示结束
12345
数组 a 中的字符串为：abcde
指针变量 d 指向的字符串为：12345
```

在该程序中，函数 gets()获取到回车键后，会结束当前字符串的输入。

注意：通常，函数 printf()与函数 scanf()配合使用，函数 gets()与函数 puts()配合使用。

函数 puts()还可以直接将一个字符串进行输出，程序如下：

```
#include <stdio.h>
#include <conio.h>
int main()
{
	puts("abcdefg");
	getch();
	return 0;
}
```

运行程序，输出以下内容：

```
abcdefg
```

10.2.3　字符串数组

字符串数组是指对多个字符串以二维数组或指针数组的形式进行管理。字符串数组的二维数组形式是指直接将字符串赋给二维数组。

【示例 10-8】通过二维数组 a 输出两个字符串。

程序如下：

```
#include <stdio.h>
#include <conio.h>
int main()
{
	char a[2][4]={"abc","def"};
	printf("数组中的元素为：\n");
	for(int i=0;i<2;i++)
	{
		printf("%s\n",a[i]);
	}
	getch();
	return 0;
}
```

运行程序，输出以下内容：

```
数组中的元素为：
abc
def
```

在该程序中，通过数组赋值的方式直接将两个字符串赋给了二维数组 a，然后通过输出二维数组 a 中元素的方式输出两个字符串。

注意：二维数组的常量表达式 2 的值必须大于每个字符串的长度。

字符串数组还可以通过指针数组形式进行管理。

【示例 10-9】将指针数组中的每个元素都指向一个字符串。

程序如下：

```
#include <stdio.h>
```

```
#include <conio.h>
int main()
{
        char *a[5];
        a[0]="abcd";
        a[1]="efg";
        a[2]="hijk";
        a[3]="lmn";
        a[4]="opq";
        printf("数组中的元素为：\n");
        for(int i=0;i<5;i++)
        {
                printf("%s\n",a[i]);
        }
        getch();
        return 0;
}
```

运行程序，输出以下内容：

```
数组中的元素为：
abcd
efg
hijk
lmn
opq
```

在该程序中，指针数组中的每个元素指向的字符串长度没有被严格限定。这种形式适合管理不同长度的字符串。

10.3　字符串系统函数

为了方便对字符串的管理和使用，C 语言提供了多个系统函数来对字符串进行操作。这些系统函数全部都来源于头文件 string.h。下面对这些系统函数进行详细讲解。

10.3.1　复制字符串函数

复制字符串函数 strcpy()可以对一个字符串进行复制，并返回复制的字符串。

调用复制字符串函数的语法如下：

```
strcpy(a,b);
```

复制字符串函数 strcpy()会将 b 指向的字符串复制到 a 指向的地址中。

【示例 10-10】将数组 a 中的字符串复制到数组 b 中并输出。

程序如下：

```
#include <stdio.h>
#include <conio.h>
#include <string.h>
int main()
{
```

```
    char a[4]={"abc"};
    char b[4];
    strcpy(b,a);
    printf("数组 b 中的字符串为：%s",b);
    getch();
    return 0;
}
```

运行程序，输出以下内容：

```
数组 b 中的字符串为：abc
```

在该程序中，将数组 a 中的字符串复制到了数组 b 中。整个复制过程对数组 a 中的字符串不会产生影响。

10.3.2　连接字符串函数

连接字符串函数 strcat()可以在一个字符串后添加另外一个字符串。

调用连接字符串函数的语法如下：

```
strcat(a,b);
```

连接字符串函数 strcat()会将 b 指向的字符串连接到 a 指向的地址末尾处。

【示例 10-11】将数组 b 中的字符串连接到数组 a 中的字符串之后并输出。

程序如下：

```
#include <stdio.h>
#include <conio.h>
#include <string.h>
int main()
{
    char a[8]={"abc"};
    char b[4]={"def"};
    strcat(a,b);
    printf("数组 a 中的字符串为：%s\n",a);
    printf("数组 b 中的字符串为：%s\n",b);
    getch();
    return 0;
}
```

运行程序，输出以下内容：

```
数组 a 中的字符串为：abcdef
数组 b 中的字符串为：def
```

在该程序中，将数组 b 中的字符串连接到了数组 a 中的字符串的尾部。整个连接过程对数组 b 中的字符串不会产生影响。

10.3.3　字符串长度函数

字符串长度函数 strlen()可以将一个字符串长度进行返回。

调用字符串长度函数的语法如下：

```
strlen(a);
```

其中，a 可以指代数组变量名、指针变量名及字符串。这里，数组变量与指针变量的基类型必须为 char。

【示例 10-12】输出字符串长度。

程序如下：

```
#include <stdio.h>
#include <conio.h>
#include <string.h>
int main()
{
	char a[4]={"abc"};
	char b[5]={"defg"};
	char *c=b;
	printf("数组中的字符串长度为：%d\n",strlen(a));
	printf("指针指向的字符串长度为：%d\n",strlen(c));
	printf("字符串长度为：%d\n",strlen("123abcde"));
	getch();
	return 0;
}
```

运行程序，输出以下内容：

```
数组中的字符串长度为：3
指针指向的字符串长度为：4
字符串长度为：8
```

在该程序中，使用字符串长度函数 strlen()可以输出各种情况下的字符串长度，如数组中的字符串长度、指针指向的字符串长度等。

10.3.4 字符串比较函数

字符串比较函数 strcmp()可以对两个字符串的大小进行比较。

调用字符串比较函数的语法如下：

```
strcmp(str1,str2);
```

其中，str1 指代第 1 个字符串；str2 指代第 2 个字符串。如果两个字符串相同，则返回 0；如果 str1 大于 str2，则返回一个正值，否则返回一个负值。

注意：str1 与 str2 可以为数组变量名、指针变量名及字符串 3 种形式。其中，数组变量与指针变量的基类型必须为 char。

字符串比较函数 strcmp()的比较方式是对两个字符串中的字符 ASCII 值从左向右逐个进行一对一的比较。在比较两个字符串的过程中，通常有以下几种情况。

（1）如果两个字符串中的所有字符都相同，则表示两个字符串相同。这时，如果遇到结束符（\0），则停止比较，并返回 0。相同字符串的比较如图 10.3 所示。

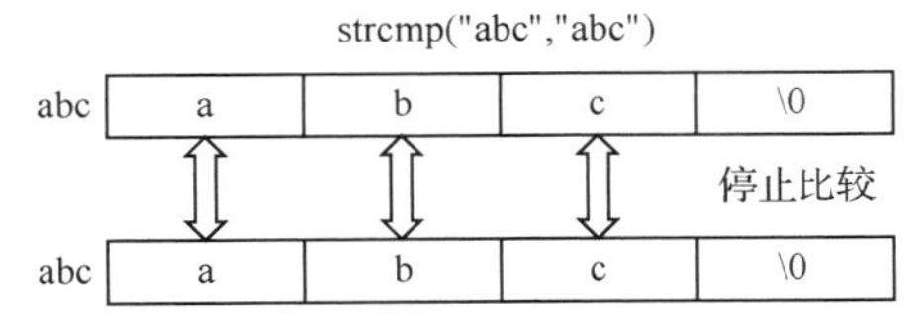

图 10.3　相同字符串的比较

在图 10.3 中，两个字符串中的所有值都相同，当遇到结束符后就会结束比较，并返回 0。

【示例 10-13】使用字符串比较函数 strcmp()比较字符串 abc 与字符串 abc 的大小。

程序如下：

```
#include <stdio.h>
#include <conio.h>
#include <string.h>
int main()
{
        printf("字符串比较的结果为：%d\n",strcmp("abc","abc"));
        getch();
        return 0;
}
```

运行程序，输出以下内容：

```
字符串比较的结果为：0
```

（2）如果在比较两上字符串过程中，两个字符串中的某一对字符的 ASCII 值不同，则停止后面字符的比较。这时，这时字符中 ASCII 值大的表示该字符所在的字符串大。

如果 ASCII 值大的字符在 str1 中，则返回一个正值。字符串 bbc 与字符串 abc 的比较如图 10.4 所示。

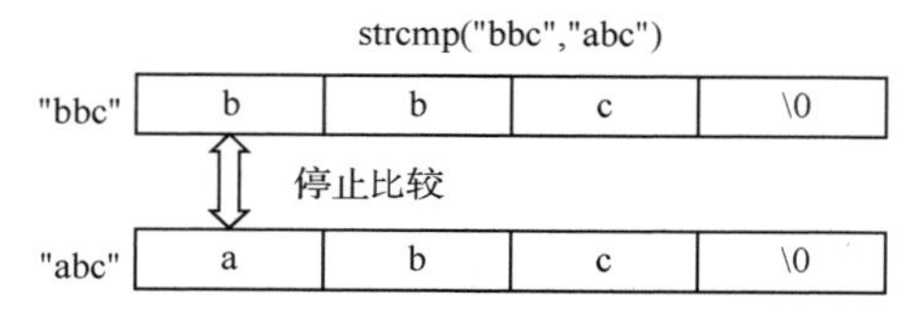

图 10.4　字符串 bbc 与字符串 abc 的比较

在图 10.4 中，由于字符串 bbc 的第 1 个字符 b 的 ASCII 值为 98，而字符串 abc 的第 1 个字符 a 的 ASCII 值为 97，所以字符串 bbc 大于字符串 acc，从而会返回一个正值。

【示例 10-14】使用字符串比较函数 strcmp()比较字符串 abc 与字符串 acc 的大小。

程序如下：

```
#include <stdio.h>
#include <conio.h>
#include <string.h>
int main()
{
        printf("字符串比较的结果为：%d\n",strcmp("bbc","abc"));
        getch();
        return 0;
}
```

运行程序，输出以下内容：

```
字符串比较的结果为：1
```

如果 ASCII 值大的字符在 str2 中,则返回一个负值。字符串 abc 与字符串 acc 的比较如图 10.5 所示。

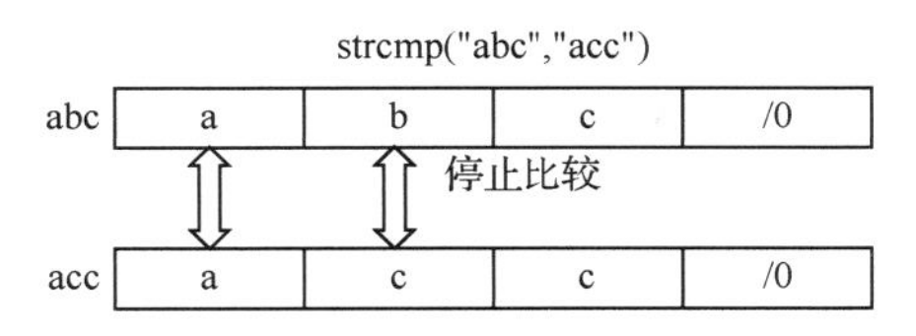

图 10.5　字符串 abc 与字符串 acc 的比较

在图 10.5 中，由于字符串 abc 的第 2 个字符 b 的 ASCII 值为 98，而字符串 acc 的第 2 个字符 c 的 ASCII 值为 99，所以字符串 abc 小于字符串 acc，从而会返回一个负值。

【示例 10-15】使用字符串比较函数 strcmp()比较字符串 abc 与字符串 acc 的大小。

程序如下：

```
#include <stdio.h>
#include <conio.h>
#include <string.h>
int main()
{
	printf("字符串比较的结果为：%d\n",strcmp("abc","acc"));
	getch();
	return 0;
}
```

运行程序，输出以下内容：

```
字符串比较的结果为：-1
```

（3）如果两个字符串长度不同，且短字符串中的所有字符与长字符串中的前面几个字符都相等，此时长字符串大。字符串 abcd 与字符串 abc 的比较如图 10.6 所示。

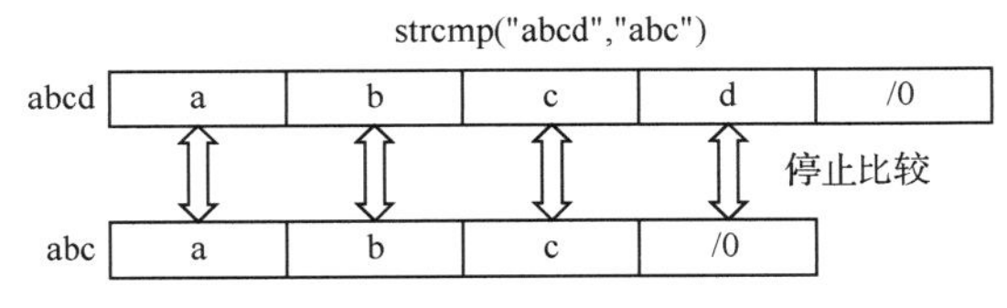

图 10.6　字符串 abcd 与字符串 abc 的比较

在图 10.6 中，字符串 abcd 的前 3 个字符与字符串 abc 的字符相等，但字符串 abcd 比字符串 abc 长度更长，所以字符串 abcd 大于字符串 abc，从而会返回一个正值。

【示例 10-16】使用字符串比较函数 strcmp()比较字符串 abcd 与字符串 abc 的大小及字符串 abc 与字符串 abcd 的大小。

程序如下：

```
#include <stdio.h>
#include <conio.h>
#include <string.h>
int main()
{
	printf("字符串比较的结果为：%d\n",strcmp("abcd","abc"));
	printf("字符串比较的结果为：%d\n",strcmp("abc","abcd"));
	getch();
	return 0;
}
```

运行程序，输出以下内容：

```
字符串比较的结果为：1
字符串比较的结果为：-1
```

10.3.5 字符串大/小写转换函数

1. 字符串小写转换函数

字符串小写转换函数 strlwr()可以将字符串中的字符全部转换为小写。

调用字符串小写转换函数的语法如下：

```
strlwr(s);
```

其中，s 指代一个字符串。

【示例 10-17】使用字符串小写转换函数 strlwr()将字符串中的字符全部转换为小写。

程序如下：

```
#include <stdio.h>
#include <conio.h>
#include <string.h>
int main()
{
    char s[] = "Hello,C";
    printf("转换前：%s\n", s);
    printf("转换后：%s\n", strlwr(s));
    return 0;
}
```

运行程序，输出以下内容：

```
转换前：Hello,C
转换后：hello,c
```

2. 字符串大写转换函数

字符串大写转换函数 strupr()可以将字符串中的字符全部转换为大写。

调用字符串大写转换函数的语法如下：

```
strupr(s);
```

其中，s 指代一个字符串。

【示例 10-18】使用字符串大写转换函数 strupr()将字符串中的字符全部转换为大写。

程序如下：

```
#include <stdio.h>
#include <conio.h>
#include <string.h>
int main()
{
    char s[] = "Hello,C";
    printf("转换前：%s\n", s);
    printf("转换后：%s\n", strupr(s));
    return 0;
}
```

运行程序，输出以下内容：

```
转换前：Hello,C
转换后：HELLO,C
```

10.4 小　　结

通过本章的学习，要掌握以下的内容：

- ❑ 字符串是由数字、字母、标点符号组成的一串字符。它的存储分为内存存储与数组存储两种形式。
- ❑ 字符串的常见使用包括指针操作字符串、输入/输出字符串、字符串数组等。
- ❑ 指针操作字符串是指将字符串赋给指针变量。
- ❑ 输入/输出字符串会使用到4个系统函数。
- ❑ 输入字符串使用函数scanf()与函数gets()。
- ❑ 输出字符串使用函数printf()与函数puts()。
- ❑ 字符串数组是指对多个字符串以二维数组或指针数组的形式进行管理。
- ❑ C语言提供了多个系统函数来对字符串进行操作。这些系统函数有复制字符串函数strcpy()、连接字符串函数strcat()、字符串长度函数strlen()、字符串比较函数strcmp()、字符串小写转换函数strlwr()、字符串大写转换函数strupr()。

10.5 习　　题

一、填空题

1．字符串是由____、字母、____组成的一串字符。

2．在C语言中，字符串的存储分为____存储与____存储两种形式。

3．字符串的结尾处会自动添加结束符____，以表示字符串的____位置。

二、选择题

1．若有char s[20] = "progrmming", * ps = s;语句，则不能代表字符o的表达式是（　　）。

A．ps+2　　B．s[2]　　C．ps[2]　　D．ps+=2, *ps

2．下面程序的功能是（　　）。

```
#include <stdio.h>
int main()
{
    char c[10];
    int i;
    for (i = 0;i < 10;i++)
    {
        c[i] = getchar();
        printf("%c\n", c[i]);
    }
    return 0;
}
```

A．将字符逐个输入数组 c 中，然后在输出输入的字符

B．将字符逐个输入数组 c 中

C．将整个字符串输入数组 c 中，然后在输出输入的字符。

D．其他

3．下面程序的运行结果是（　　）。

```
#include <stdio.h>
int main()
{
    char s1[40] = { "asdfghj" };
    char s2[40] = { "zxcvb" };
    int i, j;
    for (i = 0;s1[i] != '\0';i++);
    for (j = 0;s2[j] != '\0';i++, j++)
        s1[i] = s2[j];
    s1[i] = '\0';
    puts(s1);
    return 0;
}
```

A．asdfghj　　B．zxcvb　　C．asdfghjzxcvb　　D．其他

4．下面程序的运行结果是（　　）。

```
#include <stdio.h>
int main()
{
    int i;
    char s[80] = { "AsdFgh" };
    for (i = 0;s[i] != '\0';i++)
    {
        if (s[i] >= 'A' && s[i] <= 'Z')
            s[i] += 3;
        else if (s[i] >= 'a' && s[i] <= 'z')
            s[i] -= 3;
    }
    puts(s);
}
```

A．DpaIde　　B．AsdFgh　　C．aSDfGH　　D．其他

5．下面选项中，不正确的赋值是（　　）。

A．char s1[10];s1=="Ctest";　　B．char s2[ ]={'C','t','e','s','t'};

C．char s3[20]="Ctest";　　D．char *s4="Ctest\n";

6．下面叙述不正确的是（　　）。

A．字符型数组中可以存放字符串

B．可以对字符型数组进行整体输入/输出

C．可以对整型数组进行整体输入/输出

D．不能在赋值语句中通过赋值运算符“=”对字符型数组进行整体赋值

7．下面程序的运行结果是（　　）。

```
#include <stdio.h>
#include <string.h>
int main()
{
    char st[20] = "hello\0\t\'\\";
    printf("%d,%d\n", strlen(st), sizeof(st));
    return 0;
}
```

A．9,9　　B．5,20　　C．13,20　　D．20,20

8．下面程序的运行结果是（　　）。

```
#include <stdio.h>
#include <string.h>
int main()
{
    char* p1, * p2, str[50] = "ABCDEFG" ;
    p1 = "abcd";
    p2 = "efgh";
    strcpy(str + 1, p2 + 1);
    strcpy(str + 3, p1 + 3);
    printf("%s",str);
    return 0;
}
```

A．ABCD　　B．ABCDEFG　　C．Abfhd　　D．Afgd

9．若从键盘输入 abcdef 后，下面程序的运行结果是（　　）。

```
#include <stdio.h>
#include <string.h>
int main()
{
    char* p, * q;
    p = (char*)malloc(sizeof(char) * 20);
    q = p;
    scanf("%s%s",p, q);
    printf("%s,%s\n",p, q);
    return 0;
}
```

A．def,def　　B．def def　　C．abc,def　　D．Afgd

10．下面程序的功能是（　　）。

```
#include <stdio.h>
#include <string.h>
#include <stdlib.h>
char* Change(char* src)
{
    int len = strlen(src);
    int count = 0;
    char* copy = (char*)malloc(len + 1);
    char* chinese[10] = { "零","一","二","三","四","五","六","七","八","九" };
```

```
    for (int i = 0; i < len; i++)
    {
        if (src[i] == '\0')
            break;
        if (src[i] >= '0' && src[i] <= '9')
        {
            int num = src[i] - '0';
            char* hanzi = chinese[num];
            copy[count] = hanzi[0];
            copy[count + 1] = hanzi[1];
            count += 2;
        }
        else
        {
            copy[count] = src[i];
            count++;
        }
    }
    for (int j = 0; j < count; j++)
    {
        printf("%c", copy[j]);
    }
    printf("\n");
    return copy;
    free(copy);
}
int main()
{
    char a[] = "你好 1314";
    Change(a);
    return 0;
}
```

A．将阿拉伯数字转成中文数字　　C．将中文数字转成阿拉伯数字

C．字符串复制　　D．其他

11．下面程序的功能是（　　）。

```
#include <stdio.h>
#include <string.h>
#include <stdlib.h> • •
char* AfTrim(char* src)
{
    int len = strlen(src);
    int start = 0;
    int end = 0;
    int i = 0;
    int k = len - 1;
    char* copy = (char*)malloc(len + 1);
    while (src[i])
```

```
    {
        if (src[i] == ' ')
            i++;
        else
        {
            start = i;
            break;
        }
    }
    while (src[k])
    {
        if (src[k] == ' ')
        {
            k--;
        }
        else
        {
            end = k + 1;
            break;
        }
    }
    for (int j = start; j < end; j++)
    {
        copy[j - start] = src[j];
        printf("%c", src[j]);
    }
    return copy;
    free(copy);
}
int main()
{
    char a[] = "     I am fine      ";
    AfTrim(a);
    return 0;
}
```

A．去除字符串两端的空格　　B．去除字符串左边的空格

C．去除字符串右边的空格　　D．去除字符串中间的空格

三、编程题

1．编写程序：输入 5 个字符串，并将它们排序后输出。

2．编写程序：用户输入一个字符串，其中包括若干数字，要求将数字提取出来。

第 11 章　结构体、共用体和枚举类型

结构体、共用体和枚举都属于自定义的数据类型。通过这些类型，就可以处理多种数据类型组合起来的一些数据。例如，一个人的信息包括姓名、年龄、电话、住址等，这些信息包含了多种数据类型的数据，使用基础的数据类型去处理一个人的信息是十分麻烦的。因此，C 语言引入了结构体、共用体和枚举类型。本章将讲解这 3 种自定义数据类型的相关内容。

11.1　结构体类型

结构体类型是不同数据类型的集合，并由用户自己定义。用户可以根据自己的需求，将多种不同数据类型作为一个集合，定义出一种新的数据类型，即结构体类型。

11.1.1　结构体类型的作用

通过结构体类型，可以将相关的不同类型的多个数据作为一个集合来使用，这样程序就可以对多个数据进行统一处理。

例如，一个学生的相关信息包括姓名、性别、年龄、身高、分数等。这些信息会使用到字符、整数等多种类型的数据。由于数据类型不同，所以无法使用数组进行表示，而此时就可以使用结构体来进行定义，从而生成一个新的数据类型。该数据类型可以直接包含字符类型、整数类型、浮点类型等，如图 11.1 所示。

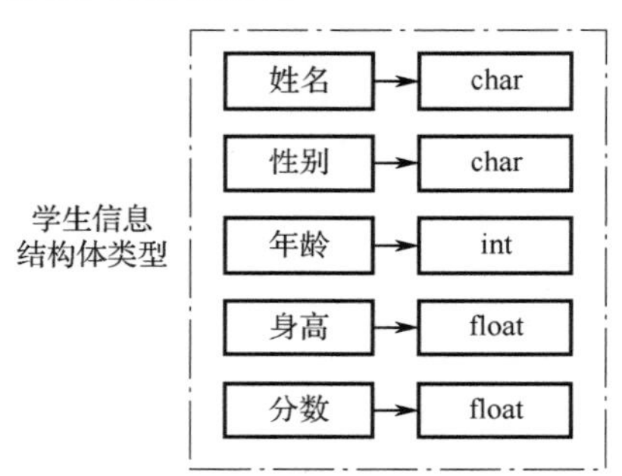

图 11.1　自定义的数据类型

因此，为了方便处理这种有关联并包含多种数据类型的数据，C 语言就引入了结构体类型。

11.1.2　说明结构体类型

由于每次数据集合所包含的数据都不一样，所以必须先说明结构体类型。说明结构体类型是为了告知计算机，程序员通过代码定义了一种新的结构体类型，该结构体类型包含了哪几个数据类型。

说明结构体类型的语法如下：

```
struct　结构体标识符{数据类型 1 成员变量 1;……数据类型 n 成员变量 n;};
```

- struct 为结构体类型的关键字，不能被省略。
- 结构体标识符是结构体类型的标识符，由程序员命名，且在命名时要遵守 C 语言的标识符命名规则。
- 大括号是结构体类型说明的界定符。这对大括号中的内容声明结构体所包含的元素，即成员变量。
- 数据类型 *n* 成员变量 *n* 指代结构体类型中的多个成员变量。每个成员变量之间用分号（;）分隔。
- 大括号外的分号表示说明结构体类型语句的结束，不能被省略。

其中，struct 和标识符整体表示结构体类型的名称，即结构体类型名。

【示例 11-1】说明一个 struct student 类型：

```
struct student
{
        int age;
        char sex;
};
```

在说明结构体类型的语句中，所有的结构体类型变量只能被声明，但是不能初始化，否则会出现错误提示，例如：

```
#include <stdio.h>
#include <string.h>
#include <conio.h>
struct student
{
        int age=10;
        char sex;
};
int main()
{
        getch();
       return 0;
}
```

在该程序中，为 age 赋了初始值，在运行程序后会出现以下错误提示：

```
语法错误："="
```

结构体类型是一种数据类型，在 C 语言中的功能与 int、char 等其他常规数据类型相同，都是用于处理不同类型的数据。只是常规的数据类型只能处理一种类型的数据，而结构体类型可以处理多种类型的数据。

11.1.3　声明结构体变量

结构体类型变量（简称结构体变量）是通过结构体类型进行声明的。声明结构体变量有以下两种方式。

（1）第一种是在说明结构体类型时，直接声明结构体变量，其语句如下：

```
struct student
```

```
{
    int age;
    char sex;
}student1;
```

student1 就是一个 struct student 类型变量。student1 要写在说明结构体类型语句的结束分号前。

如果想要一次性声明多个结构体变量，只要在结构体变量之间直接用逗号（,）分隔即可。例如，声明了 struct student 类型变量 student1 和 student2 的语句如下：

```
struct student
{
    int age;
    char sex;
}student1, student2;
```

（2）第二种是单独声明结构体变量，其语法如下：

```
struct  结构体标识符  结构体变量名;
```

在单独声明结构体变量时，必须结构体类型已经被说明，并且单独声明结构体变量语句要位于说明结构体类型语句的下方，例如：

```
#include <stdio.h>
#include <conio.h>
struct student
{
    int age;
    char sex;
};
int main()
{
    struct student height;
    getch();
    return 0;
}
```

在该程序中，声明结构体变量语句放在说明结构体类型语句的下方，这是由程序顺序执行的特性决定的。只有先告知计算机 struct student 类型存在，才能声明 struct student 类型变量 height。

11.1.4 定义新的结构体类型名

结构体类型名比较长，不便于书写。所以，C 语言允许开发者使用 typedef 关键字为结构体类型名定义一个新的类型名。

定义新的结构体类型名的语法如下：

```
typedef   原有类型名    新类型名
```

【示例 11-2】通过定义新的结构体类型名声明一个结构体变量。

程序如下：

```
#include <stdio.h>
#include <conio.h>
```

```
struct student
{
    int age;
    char sex;
};
int main()
{
    typedef student boy;
    boy height;
    getch();
    return 0;
}
```

该程序为 struct student 类型自定义了一个新的结构体类型名 boy，然后直接使用 boy 声明一个结构类型变量 height。

在使用指针时，也可以通过 typedef 关键字自定义一个新的指针类型名，其语法如下：

```
typedef 原有类型名*　新类型名
```

在指针应用中，使用新的指针类型名可以有效避免多级指针变量丢失星号引发的错误。例如，声明四级指针变量 q 的语句如下：

```
int **** q;
```

在声明四级指针变量 q 时，很容易因为星号个数问题引发错误，同时这种写法的可读性也不强。如果使用 typedef 关键字为四级指针变量 q 定义一个新的指针类型名，其语句如下：

```
typedef int **** p4;
p4 q;
```

其中，p4 q;表示声明一个基类型为 int****的指针变量 q。

11.1.5　初始化结构体变量

初始化结构体变量是指给声明的结构体变量赋初始值。初始化结构体变量分为以下两种情况。

1. 初始化单个结构体变量

初始化单个结构体变量的语法如下：

```
结构体变量名={数据 1,数据 2,……,数据 n};
```

其中，数据 1 到数据 *n* 的个数由结构体类型决定，即结构体类型定义了多少个数据，*n* 就为几。另外，数据 1 到数据 *n* 的数据类型与相应的结构体类型变量一致。

【示例 11-3】初始化单个结构体变量。

程序如下：

```
#include <stdio.h>
#include <conio.h>
struct student
{
    int age;
    float height;
}student1={18,1.85};
```

```
int main()
{
    struct student student2={19,1.76};
    getch();
    return 0;
}
```

在该程序中，初始化了两种不同方式声明的结构体变量 student1 与 student2。

2. 初始化结构体数组变量

结构体变量也可以为数组形式，即结构体数组变量。结构体数组变量的初始化要严格遵循数组的初始化规则。

初如化结构体数组变量的语法如下：

```
结构体数组变量名[n]={{数据 1,数据 2,……,数据 n},{数据 1,数据 2,……,数据 n},……,{数据 1,数据 2,……,数据 n}};
```

- 结构体数组变量名[*n*]中的 *n* 决定最外层大括号中包含几个大括号，也就是几个元素。
- 内层大括号中的数据个数 *n* 及数据类型，由说明结构体变量语句中定义的成员变量决定，内层大括号不可以省略。

【示例 11-4】 演示初始化结构体数组变量。

程序如下：

```
#include <stdio.h>
#include <conio.h>
struct student
{
    int age;
    float height;
    float weight;
}student1[2]={{18,1.85,120},{18,1.75,130.5}};
int main()
{
    struct student student2[2]={{19,1.95,140},{19,1.65,110.5}};
    getch();
    return 0;
}
```

在该程序中，初始化了使用两种方式声明的结构体数组变量 student1[2]与 student2[2]。

以 student1[2]为例，数字 2 表示了结构体数组变量有两个元素，也就有两个内层大括号。成员变量有 3 个，所以内层大括号中有 3 个数据。初始化 student1[2]的对照表如表 11.1 所示。

表 11.1　初始化student1[2]的对照表

结构体变量	元素 1	元素 2
int age	18	18
float height	1.85	1.75
float weight	120	130.5

结构体数组还可以为二维数组甚至多维数组。在初始化结构体多维数组变量时，可以将

结构体多维数组的维度看成一个比结构体多维数组多一个维度的普通无数据类型多维数组，然后对这个普通多维数组变量进行初始化即可。

注意：这个方式只是为了便于理解结构体多维数组变量的初始化。

【示例 11-5】声明并初始化一个结构体数组变量。

程序如下：

```
#include <stdio.h>
#include <conio.h>
struct student
{
        int age;
        float height;
}student1[3];
```

我们可以将 student1[3]当成普通无数据类型的二维数组变量 student1[3][2]进行初始化。初始化 student1[3]的过程如图 11.2 所示。

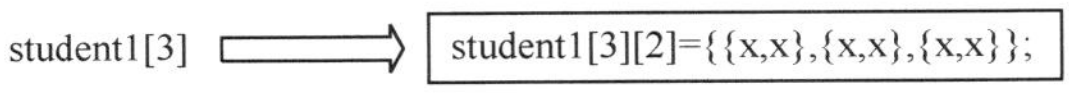

student1[3] ⇒ student1[3][2]={{x,x},{x,x},{x,x}};

图 11.2　初始化 student1[3]的过程

对于二维结构体数组变量，则上面程序修改如下：

```
#include <stdio.h>
#include <conio.h>
struct student
{
        int age;
        float height;
        float weight;
}student1[3][2];
```

我们可以将 student1[3][2]当成普通无数据类型的三维数组变量 student1[3][2][3]进行初始化。初始化 student1[3][2]的过程如图 11.3 所示。

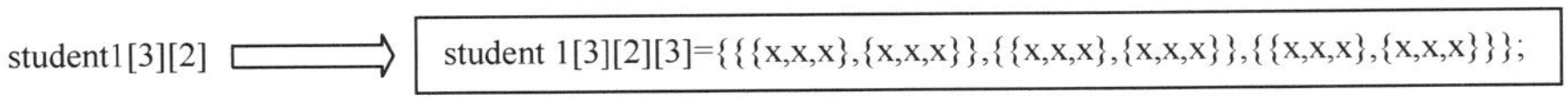

student1[3][2] ⇒ student 1[3][2][3]={{{x,x,x},{x,x,x}},{{x,x,x},{x,x,x}},{{x,x,x},{x,x,x}}};

图 11.3　初始化 student1[3][2]的过程

多维结构体数组变量都可以当成普通无数据类型的多维数组变量进行初始化。

11.2　使用结构体

通过结构体，可以将多种数据集合在一起使用，这样将提高 C 语言对复杂数据的处理效率。本节将详细讲解结构体的常见使用方法。

11.2.1　使用结构体普通变量

使用结构体普通变量会使用到成员运算符（.）。

使用结构体普通变量的语法如下：

```
结构体普通变量名.成员名
```

成员运算符（.）的优先级与括号的优先级相同。它的作用是通过结构体普通变量调用成员变量。

【示例 11-6】输出成员变量的值。

程序如下：

```
#include <stdio.h>
#include <conio.h>
struct student
{
	int age;
	float height;
	float weight;
}student1={18,1.85,75.3};
int main()
{
	printf("学生的年龄为%d 岁\n",student1.age);
	printf("学生的身高为%.2f 米\n",student1.height);
	printf("学生的体重为%.2f 公斤\n",student1.weight);
	getch();
	return 0;
}
```

运行程序，输出以下内容：

```
学生的年龄为 18 岁
学生的身高为 1.85 米
学生的体重为 75.30 公斤
```

在该程序中，通过“结构体普通变量名.成员名”访问并输出了对应的成员变量的值。

在访问成员变量时，如果成员变量为一个数组，要注意访问的是数组中还是数组的单个元素。

【示例11-7】访问结构体内部的数组成员变量。

程序如下：

```
#include <stdio.h>
#include <conio.h>
struct student
{
	char name[10];
};
int main()
{
	struct student student1={"zhangSan"};
	printf("学生的名字为%s\n",student1.name);
	printf("学生的名字的首字母为%c\n",student1.name[0]);
	getch();
	return 0;
}
```

运行程序，输出以下内容：

```
学生的名字为 zhangSan
学生的名字的首字母为 z
```

从上面程序运行结果可以看出，代码“student1.name”访问的是数组中的所有元素，而“student1.name[0]”访问的是数组中的第 1 个元素。所以，在访问数组成员变量时，一定要确定访问的目标数据是什么，否则可能会出现错误提示，例如：

```
#include <stdio.h>
#include <conio.h>
struct student
{
	char name[10];
};
int main()
{
	struct student student1={"zhangSan"};
	printf("学生的名字为%s\n",++student1.name);
	printf("学生的名字的首字母为%c\n",++student1.name[0]);
	getch();
	return 0;
}
```

运行程序，出现以下错误提示：

```
"++"需要左值
```

因为代码“++student1.name”中 student1.name 获取到的是整个数组的值，也就是“zhangSan”，这个数据是一个整体，无法进行“++”运算的，所以会出现错误提示。

如果只执行代码“++student1.name[0]”会输出以下内容：

```
学生的名字的首字母为{
```

这行代码表示对数组中的第 1 个元素 z 执行“++”运算，其结果为左大括号（{）。

注意：字符 z 的值为 122，字符{的 ASCII 值为 123。

使用成员运算符（.）还可以初始化结构体变量。

【示例 11-8】使用成员运算符（.）初始化结构体变量。

程序如下：

```
#include <stdio.h>
#include <conio.h>
struct student
{
	int age;
	float height;
	float weight;
}student1;
int main()
{
	//使用成员运算符为成员赋值
	student1.age=18;
	student1.height=1.85;
	student1.weight=75.3;
	//使用成员运算符访问成员的值
```

```
        printf("学生的年龄为%d 岁\n",student1.age);
        printf("学生的身高为%.2f 米\n",student1.height);
        printf("学生的体重为%.2f 公斤\n",student1.weight);
        getch();
        return 0;
}
```

运行程序，输出以下内容：

```
学生的年龄为 18 岁
学生的身高为 1.80 米
学生的体重为 80.00 公斤
```

在该程序中，通过使用成员运算符（.）对结构体变量进行了初始化，并访问了成员变量的值。

11.2.2 使用结构体指针变量

声明结构体指针变量与声明结构体变量的方式相同，只要在变量名前多加星号（*）即可。

【示例 11-9】声明结构体指针变量。

程序如下：

```
#include <stdio.h>
#include <conio.h>
struct student
{
        int age;
        char sex;
}*student1;
int main()
{
        struct student *student2;
        getch();
        return 0;
}
```

在该程序中，使用两种方式声明了两个结构体指针变量 student1 与 student2。

程序员可以通过取地址符（&），将结构体变量的地址赋给结构体指针变量。这样，结构体指针会指向具体的结构体变量。

【示例 11-10】使用结构体指针变量指向该结构体的其他变量。

程序如下：

```
#include <stdio.h>
#include <conio.h>
struct student
{
        char name[10];
        int age;
        float height;
        float weight;
}student1={"zhangSan",20,1.83,89.3},*p=NULL;
```

```
int main()
{
    p=&student1;
    getch();
    return 0;
}
```

p=&student1;就是将 struct student 类型变量 student1 的地址赋给结构指针变量 p。

注意：如果结构体指针没有明确指向的数据，要将结构体指针指向空值（NULL），如*p=NULL。

当结构体指针指向了具体的结构体变量时，就可以通过结构体指向运算符（->）访问结构体的成员变量，其语法如下：

```
结构体指针变量->成员名
```

其中，结构体指向运算符（->）又称间接成员运算符，它的优先级等同于括号的优先级。结构体指针变量可以通过该运算符访问结构体中的成员变量。

【示例 11-11】使用结构体指针变量访问结构体的成员变量。

程序如下：

```
#include <stdio.h>
#include <conio.h>
struct student
{
    char name[10];
    int age;
    float height;
    float weight;
};
int main()
{
    struct student student1={"zhangSan",20,1.83,89.3};
    struct student *p=NULL;
    p=&student1;
    printf("学生的名字为%s\n",p->name);
    printf("学生的年龄为%d 岁\n",p->age);
    printf("学生的身高为%.2f 米\n",p->height);
    printf("学生的体重为%.2f 公斤\n",p->weight);
    getch();
    return 0;
}
```

运行程序，输出以下内容：

```
学生的名字为 zhangSan
学生的年龄为 20 岁
学生的身高为 1.83 米
学生的体重为 89.30 公斤
```

使用结构体指针变量还可以通过成员运算符（.）对结构体中的成员变量进行访问，其语法如下：

```
(*指针变量名).成员名
```

其中，小括号不能省略。

【示例 11-12】演示结构体指针变量通过成员运算符（.）访问结构体中的成员变量。

程序如下：

```
#include <stdio.h>
#include <conio.h>
struct student
{
        char name[10];
        int age;
        float height;
        float weight;
};
int main()
{
        struct student student1={"zhangSan",20,1.83,89.3};
        struct student *p=NULL;
        p=&student1;
        printf("学生的名字为%s\n",(*p).name);
        printf("学生的年龄为%d 岁\n",(*p).age);
        printf("学生的身高为%.2f 米\n",(*p).height);
        printf("学生的体重为%.2f 公斤\n",(*p).weight);
        getch();
        return 0;
}
```

运行程序，输出以下内容：

```
学生的名字为 zhangSan
学生的年龄为 20 岁
学生的身高为 1.83 米
学生的体重为 89.30 公斤
```

从上面程序运行结果中可以看出，两种结构体指针变量访问结构体中的成员变量方式都是可行的。

注意：由于结构体指向运算符（->）的优先级比较高，所以在使用自增/自减运算符（++/--）时要注意优先级问题。

【示例 11-13】验证结构体指向运算符（->）与自增/自减运算符（++/--）的优先级问题。

程序如下：

```
#include <stdio.h>
#include <conio.h>
struct student
{
        char name[10];
        int age;
        float height;
        float weight;
};
int main()
{
```

```
    struct student student1={"zhangSan",20,1.83,89.3};
    struct student *p=NULL;
    p=&student1;
    printf("学生的年龄为%d 岁\n",++p->age);
    printf("学生的身高为%.2f 米\n",p->height++);
    printf("学生的身高为%.2f 米\n",p->height);
    getch();
    return 0;
}
```

运行程序，输出以下内容：

```
学生的年龄为 21 岁
学生的身高为 1.83 米
学生的身高为 2.83 米
```

从上面程序运行结果中可以看出，代码“++p->age”中会先运行结构体指向运算符（->），将 age 的值 20 取出，然后执行自增（++）运算，得出的结果为 21；代码“p->height++”中会先运行结构体指向运算符（->），将 height 的值 1.83 取出，然后输出 1.83，之后才会执行自增（++）运算，将 height 的值改为 2.83。

所以，由于结构体指向运算符的优先级高于自增运算符（++），整个执行过程都会先执行结构体指向运算符（->）访问结构体中的成员变量，然后才会运行自增运算符（++）。

11.2.3　作为函数实参和返回值

结构体也可以作为函数的实参和返回值进行使用，其使用方式主要包含以下几种。

1. 成员变量作为实参

成员变量作为实参是指将结构体中的成员变量作为函数的实参进行传递，且在传递时要求函数的形参与成员变量的数据类型相同。

【示例 11-14】将成员变量作为函数的实参使用。

程序如下：

```
#include <stdio.h>
#include <conio.h>
struct abc
{
    int x;
    int y;
};
int sum(int a,int b)
{
    return a+b;
}
int main()
{
    struct abc d={3,4};
    printf("和为%d",sum(d.x,d.y));
    getch();
```

```
        return 0;
}
```

运行程序，输出以下内容：

```
和为 7
```

在该程序中，函数的形参为两个 int 类型变量，结构体中的两个成员变量也为 int 类型变量，从而它们的数据类型是相同的。

2. 结构体变量作为实参

结构体变量作为实参是指将结构体变量作为函数的实参进行传递，且在传递时要求函数的形参与结构体变量的数据类型相同。

【示例 11-15】将结构体变量作为实参使用。

程序如下：

```
#include <stdio.h>
#include <conio.h>
struct abc
{
        int x;
        int y;
};
int sum(struct abc e)
{
        return e.x+e.y;
}
int main()
{
        struct abc d={3,5};
        printf("和为%d",sum(d));
        getch();
        return 0;
}
```

运行程序，输出以下内容：

```
和为 8
```

在该程序中，结构体变量 d 与函数 sum()的形参的数据类型都为 struct abc 类型。

3. 结构体指针作为实参

结构体指针作为实参是指将结构体指针作为函数的实参进行传递，且在传递时要求函数的形参与结构体指针的数据类型相同，即为同一个结构体指针类型。

【示例 11-16】将结构体指针作为实参使用。

程序如下：

```
#include <stdio.h>
#include <conio.h>
struct abc
{
        int x;
        int y;
```

```
};
int sum(struct abc *q)
{
        return q->x+q->y;
}
int main()
{
        struct abc d={5,5};
        struct abc *p=NULL;
        p=&d;
        printf("和为%d",sum(p));
        getch();
        return 0;
}
```

运行程序，输出以下内容：

```
和为 10
```

在该程序中，结构体指针变量 p 与函数 sum()的形参指针变量 q 的数据类型都为 struct abc 类型。

4. 结构体数组作为实参

结构体数组作为实参是指将结构体中的数组变量作为函数的实参进行传递，且在传递中要求函数的形参与结构体数组为同一个结构体类型。

【示例 11-17】将结构体数组作为实参使用。

程序如下：

```
#include <stdio.h>
#include <conio.h>
struct abc
{
        int x;
        int y;
};
int sum(struct abc q[3])
{
        int c=0;
        for(int i=0;i<3;i++)
        {
                c=q[i].x+q[i].y;
                printf("和为%d\n",c);
        }
        return c;
}
int main()
{
        struct abc a[3]={{1,2},{3,4},{5,6}};
        sum(a);
        getch();
```

```
    return 0;
}
```

运行程序，输出以下内容：

```
和为 3
和为 7
和为 11
```

在该程序中，结构体数组 a[3]与函数 sum()的形参数组 q[3]的数据类型都为 struct abc 类型。

5. 结构体变量作为返回值

结构体变量可以作为函数的返回值，这样可以一次性传递结构体内的多个数据。这时，要求函数的返回值与结构体变量为同一个结构体类型。

【示例 11-18】将结构体作为返回值使用。

程序如下：

```
#include <stdio.h>
#include <conio.h>
struct abc
{
    int x;
    int y;
};
struct abc sum()
{
    struct abc b={3,4};
    return  b;
}
int main()
{
    struct abc a;
    a=sum();
    printf("成员 x 的值为%d\n",a.x);
    printf("成员 y 的值为%d\n",a.y);
    getch();
    return 0;
}
```

运行程序，输出以下内容：

```
成员 x 的值为 3
成员 y 的值为 4
```

在该程序中，函数 sum()的返回值与结构体变量 b 的数据类型都为 struct abc 类型。

6. 结构体指针变量作为返回值

结构体指针变量也可以作为函数的返回值，这要求函数的返回值与返回的结构体指针变量为同一个结构体类型。

【示例 11-19】将结构体指针变量作为返回值使用。

程序如下：

```
#include <stdio.h>
#include <conio.h>
```

```
#include<stdlib.h>
struct abc
{
        int x;
        int y;
};
struct abc *sum()
{
        struct abc *p=(abc*)malloc(sizeof(50));
        p->x=4;
        p->y=5;
        return    p;
}
int main()
{
        struct abc *a=NULL;
        a=sum();
        printf("成员 x 的值为%d\n",a->x);
        printf("成员 y 的值为%d\n",a->y);
        getch();
        return 0;
}
```

运行程序，输出以下内容：

```
成员 x 的值为 4
成员 y 的值为 5
```

在该程序中，函数 sum()的返回值与结构体指针变量 p 的数据类型都为 struct abc 类型。

11.3　位　　域

开关有“开”和“关”两种状态，用 0 和 1 表示即可。针对这类型数据的存储，C 语言又提供了一种数据结构，称为位域或位段。位域就是把一个字节中的 8 个二进制位划分为几个不同的区域，每个区域称为一个位域。每一个位域都有一个位域名，允许程序员在程序中按照位域名进行访问。这样，就可以把几个不同的数值用一个字节中的位域来表示。本节将详细讲解如何使用位域。

11.3.1　定义位域

定义位域的语法如下：

```
struct  位域结构体
{
      类型说明符  位域名 1：位域长度 1；
      类型说明符  位域名 2：位域长度 2；
      ……
      类型说明符  位域名 n:位域长度 n;
};
```

注意：“类型说明符 位域名 1：位域长度 1”“类型说明符 位域名 2：位域长度 2”等这些都属于位域成员。

【示例 11-20】定义一个位域。

程序如下：

```
struct BitField
{
    int a;
    int b:2;
    int c:6;
};
```

在该程序中，由于位域 a 没有限制，所以根据数据类型自动分配 4 个字节的存储空间。位域 b、c 由冒号（:）后面的数字限制，不能再根据数据类型计算其长度，因此它们分别占用 2 位（bit）、6 位的存储空间。

在定义位域时要注意以下两点：

- 一个位域必须存储在同一个字节中，而不能跨两个字节来存储；当一个字节所剩存储空间不够存放下一个位域时，应该从下一个存储单元的起始地址处开始存放该位域；程序员也可以有意使某位域从下一个存储单元的起始地址处开始存放。
- 一个位域长度不能超过一个字节的长度（8 位）。

【示例 11-21】将位域 b 长度定义为 200000 位。

程序如下：

```
struct BitField
{
    int a;
    int b : 200000;
};
```

在该程序中，位域 b 超出了 8 位，所以在运行程序时，会出现以下错误提示：

```
位域的大小无效
```

11.3.2 声明位域

声明位域有 3 种方式，分别为定义的同时进行声明、先定义后声明及直接进行声明，如图 11.4 所示。

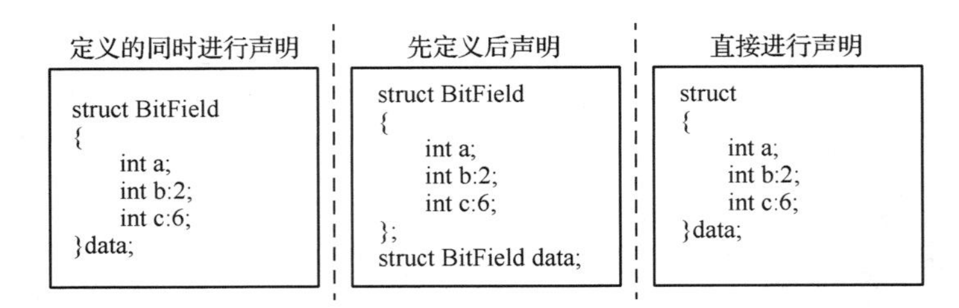

图 11.4 声明位域的 3 种方式

11.3.3　使用位域

如果使用位域，就要使用到点运算符（.），其语法如下：

```
位域变量名.位域名
```

【示例 11-22】定义一个位域，然后在使用这个位域。

程序如下：

```
#include <stdio.h>
#include <conio.h>
struct
{
    unsigned int age : 3;
} Age;
int main()
{
    Age.age = 4;
    printf("Age.age : %d\n", Age.age);
    return 0;
}
```

运行程序，输出以下内容：

```
Age.age : 4
```

注意：位域长度的取值范围非常有限，位域长度稍微大些就会发生溢出。

【示例 11-23】实现位域的正常输出与溢出输出。

程序如下：

```
#include <stdio.h>
#include <conio.h>
struct pack
{
    unsigned a : 2;                        //取值范围为：0～3
    unsigned b : 4;                        //取值范围为：0～15
    unsigned c : 6;                        //取值范围为：0～63
};
struct pack pk1;
struct pack pk2;
int main()
{
    //给 pk1 各成员变量赋值并打印输出
    pk1.a = 1;
    pk1.b = 10;
    pk1.c = 50;
    printf("%d, %d, %d\n", pk1.a, pk1.b, pk1.c);
    //给 pk2 各成员变量赋值并打印输出
    pk2.a = 5;
    pk2.b = 20;
    pk2.c = 66;
    printf("%d, %d, %d\n", pk2.a, pk2.b, pk2.c);
```

```
    return 0;
}
```

运行程序，输出以下内容：

```
1, 10, 50
1, 4, 2
```

从上面程序运行结果中可以看出，结构体变量 pk1 的各成员变量的值（位域长度）都没有超出限定的取值范围，所以能够被正常输出；而结构体变量 pk2 的各成员变量的值（位域长度）超出了限定的取值范围，并发生了上溢（超过取值范围的最大值），所以输出的结果是错误的。

11.3.4 无名位域

位域成员可以没有位域名，只给出类型说明符和位域长度，这样的位域称为无名位域。

【示例 11-24】定义一个无名位域。

程序如下：

```
struct BitField
{
    unsigned m : 12;
    unsigned    : 3;
    unsigned n : 5;
};
```

注意：无名位域一般是用于填充或调整位域成员位置的。无名位域是不能使用的。

11.4 链　　表

链表是一种物理存储单元上非连续、非顺序的存储结构，数据元素的逻辑顺序是通过链表中的指针链接次序实现的。链表由一系列节点组成。节点可以在运行时动态生成。本节将详细讲解如何使用链表。

11.4.1 链表结构

链表结构是一种特殊的结构体。将包含一个结构体类型的指针成员变量的结构体称为链表结构。该指针成员变量可以指向另外一个结构体变量，从而形成一个链表结构。每个链表结构都可以称为一个节点。

说明链表结构的语法如下：

```
struct   结构体标识符
{
    struct   结构体标识符   *指针成员变量名;
    ……
    数据类型 n     成员变量名 n;
};
```

在链表结构中，要至少存在一个结构体类型的指针成员变量，其他数据类型成员变量个数不做要求。

【示例 11-25】说明一个 student 链表结构。

程序如下：

```
struct student
{
        struct student *p;
        ......
};
```

通过链表结构可以声明对应的链表元素变量，也就是节点。节点的声明方法与结构体变量的声明方法一致，例如：

```
#include <stdio.h>
#include <conio.h>
struct student
{
        int age;
        char sex;
        struct student *p;
}s1,s2;
int main()
{
        struct student s3;
        getch();
        return 0;
}
```

该程序通过两种方式声明了 3 个节点 s1、s2、s3。

11.4.2 静态链表

静态链表是指通过程序中的说明语句生成固定个数的节点，并将节点链接起来，如图 11.5 所示。

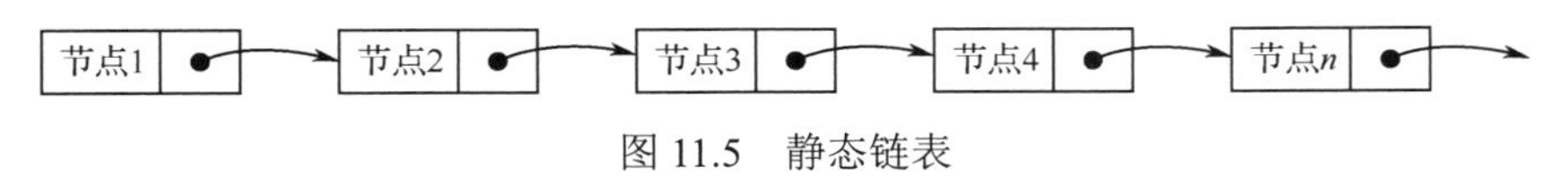

图 11.5 静态链表

构建静态链表的方式是将节点中的指针成员指向另外一个节点，依次类推，将多个节点链接起来，从而形成静态链表。在使用时，程序员可以通过成员运算符（.）与结构体指向运算符“->”访问节点中存放的数据。

【示例 11-26】使用成员运算符（.）访问节点中的数据。

程序如下：

```
#include <stdio.h>
#include <conio.h>
struct student
{
        int age;
        float height ;
```

```
    struct student *p;
};
int main()
{
    typedef student std;
    std s1={7,1.2};
    std s2={8,1.3};
    std s3={9,1.4};
    s1.p=&s2;
    s2.p=&s3;
    printf("节点 s1 的年龄为%d，身高为%.1f\n",s1.age,s1.height);
    printf("节点 s2 的年龄为%d，身高为%.1f\n",s1.p->age,s1.p->height);
    printf("节点 s3 的年龄为%d，身高为%.1f\n",s2.p->age,s2.p->height);
    getch();
    return 0;
}
```

运行程序，输出以下内容：

```
节点 s1 的年龄为 7，身高为 1.2
节点 s2 的年龄为 8，身高为 1.3
节点 s3 的年龄为 9，身高为 1.4
```

其中，s1.p=&s2;将节点 s1 与 s2 链接；s2.p=&s3;将节点 s2 与 s3 链接，这样构成了一个拥有 3 个节点的静态链表，如图 11.6 所示。

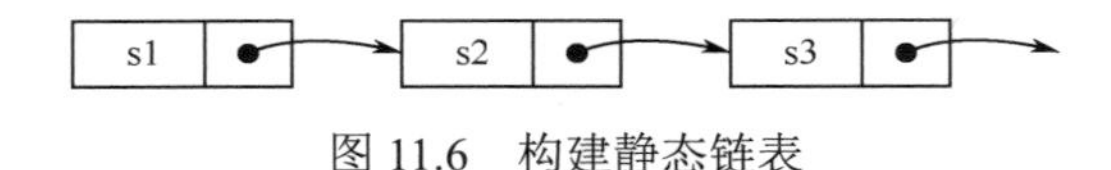

图 11.6 构建静态链表

然后，通过成员运算符（.）与结构体指向运算符（->）可以访问静态链表中的每个节点中存放的数据，如图 11.7 所示。

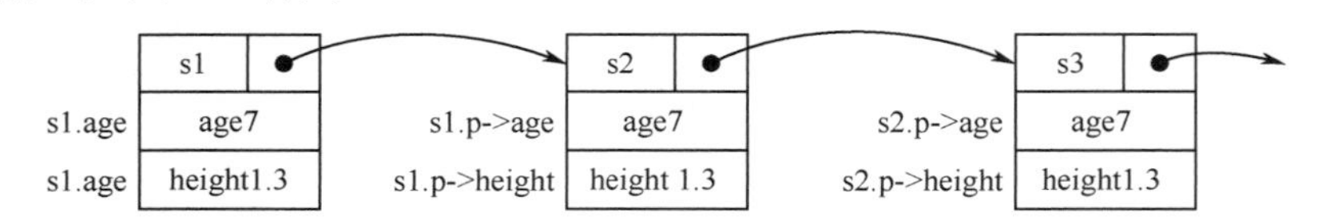

图 11.7 访问静态链表中的节点

11.4.3 动态链表

动态链表是指通过动态申请的节点组成的链表。当动态链表中节点不再使用时，可以通过函数 free()释放节点所使用的存储空间。

【示例 11-27】声明多个指针并指向动态申请的节点，以构建动态链表。

程序如下：

```
#include <stdio.h>
#include <conio.h>
#include<stdlib.h>
struct student
{
```

```
        int age;
        float height ;
        struct student *p;
};
int main()
{
        typedef student std;
        std *s1=(std*)malloc(sizeof(std)*1);
        s1->age=18;
        s1->height=1.80;
        std *s2=(std*)malloc(sizeof(std)*1);
        s2->age=19;
        s2->height=1.75;
        s1->p=s2;
        printf("节点 s1 的年龄为%d，身高为%.2f\n",s1->age,s1->height);
        printf("节点 s2 的年龄为%d，身高为%.2f\n",s1->p->age,s1->p->height);
        free(s1);
        free(s2);
        s1=NULL;
        s2=NULL;
        if(s1==NULL&&s2==NULL)
        {
                printf("释放成功");
        }
        else
        {
                printf("释放失败");
        }
        getch();
        return 0;
}
```

运行程序，输出以下内容：

```
节点 s1 的年龄为 18，身高为 1.80
节点 s2 的年龄为 19，身高为 1.75
释放成功
```

整个动态链表的构建过程分为以下 4 个步骤。

（1）创建指针，并指向动态申请的节点。std *s1=(std*)malloc(sizeof(std)*1);与 std *s1=(std*)malloc(sizeof(std)*1);声明了两个指针，并指向了动态申请的两个节点，如图 11.8 所示。

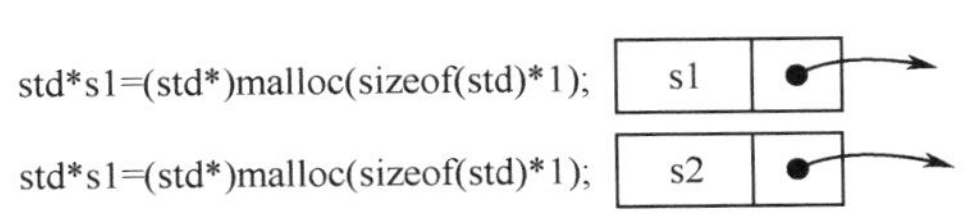

图 11.8　声明的指针指向动态申请的节点

（2）通过指针为链表结构中的成员变量赋值，这里使用到了结构体指向运算符（->），如图 11.9 所示。

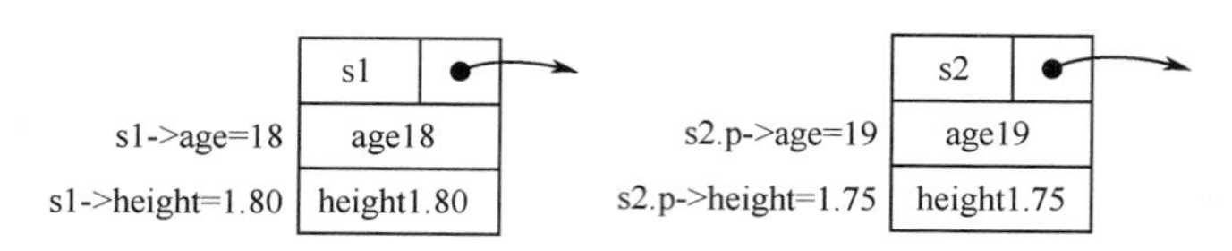

图 11.9　为链表结构中的成员赋值

（3）指定一个动态申请的节点为动态链表的起点，并与其他节点链接起来。s1->p=s2;将动态申请的节点 s1 作为动态链表的起点，然后与其他节点 s2 链接起来组成了一个拥有两个节点的动态链表，如图 11.10 所示。

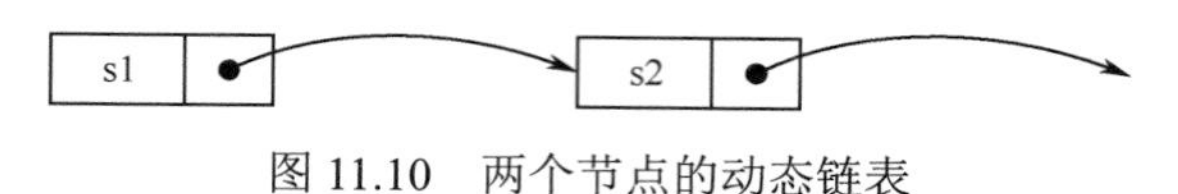

图 11.10　两个节点的动态链表

（4）使用完动态链表数据后，通过函数 free()释放动态申请的存储空间，如图 11.11 所示。

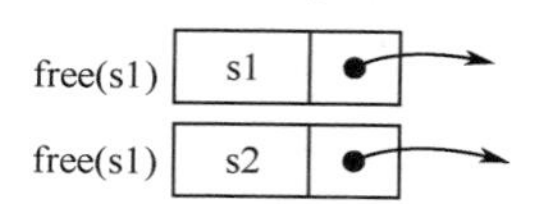

图 11.11　释放申请的存储空间

动态链表比静态链表更便于程序开发，如在声明节点时更加灵活，并且更加节约内存中的存储空间。当静态链表中的节点不够用时，可以通过动态申请的节点构成动态链表，如图 11.12 所示。

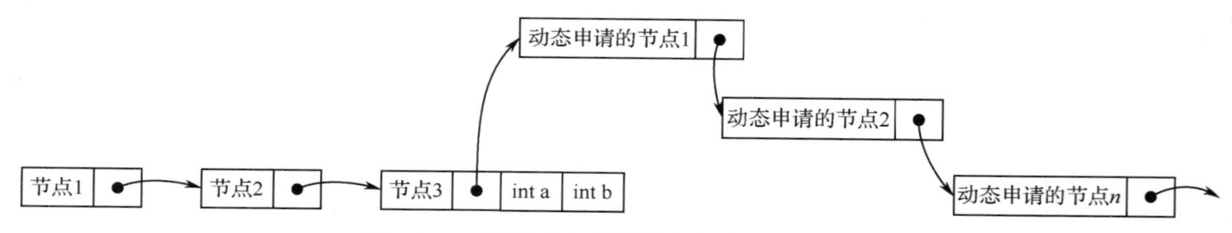

图 11.12　通过动态申请的节点构成动态链表

【示例 11-28】将动态申请的节点链接到静态链表尾端。

程序如下：

```
#include <stdio.h>
#include <conio.h>
#include<stdlib.h>
struct student
{
        int age;
        float height ;
        struct student *p;
};
int main()
{
        typedef student std;
        std s1={17,1.75};
        std s2={18,1.79};
        std *s3=(std*)malloc(sizeof(std)*1);
```

```
        s3->age=19;
        s3->height=1.80;
        s1.p=&s2;
        s2.p=s3;
        printf("节点 s1 的年龄为%d，身高为%.2f\n",s1.age,s1.height);
        printf("节点 s2 的年龄为%d，身高为%.2f\n",s1.p->age,s1.p->height);
        printf("节点 s3 的年龄为%d，身高为%.2f\n",s2.p->age,s2.p->height);
        free(s3);
        s3=NULL;
        if(s3==NULL)
        {
            printf("释放成功");
        }
        else
        {
            printf("释放失败");
        }
        getch();
        return 0;
}
```

运行程序，输出以下内容：

```
节点 s1 的年龄为 17，身高为 1.75
节点 s2 的年龄为 18，身高为 1.79
节点 s3 的年龄为 19，身高为 1.80
释放成功
```

该程序动态申请了一个节点，并使用指针 s3 指向该节点。将 s3 链接到了 s1、s2 组成的静态链表的尾端，组成了一个新链表，如图 11.13 所示。

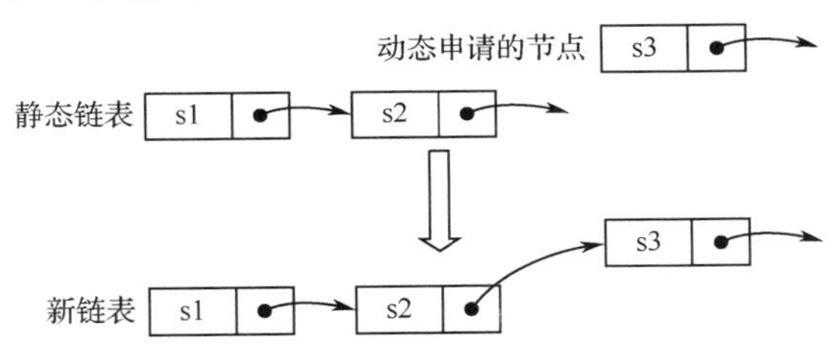

图 11.13　动态申请的节点链接到静态链表尾端

11.4.4　单向链表

单向链表是一种应用在数据结构中的动态链表。单向链表的节点只包含一个节点指针，用于指向下一个节点。所以，在单向链表中，只能从前向后依次访问节点，而不能从后向前访问节点。

1. 构建单向链表

构建单向链表的方式与构建动态链表的方式相同。在构建单向链表时，必须使用到头指针与尾指针。

由于单向链表在开始时是一个空链表，所以头指针与尾指针都会指向头节点。然后，头指针指向链表的头，尾指针不断移动指向新节点，最终构建出一个单向链表，如图 11.14 所示。

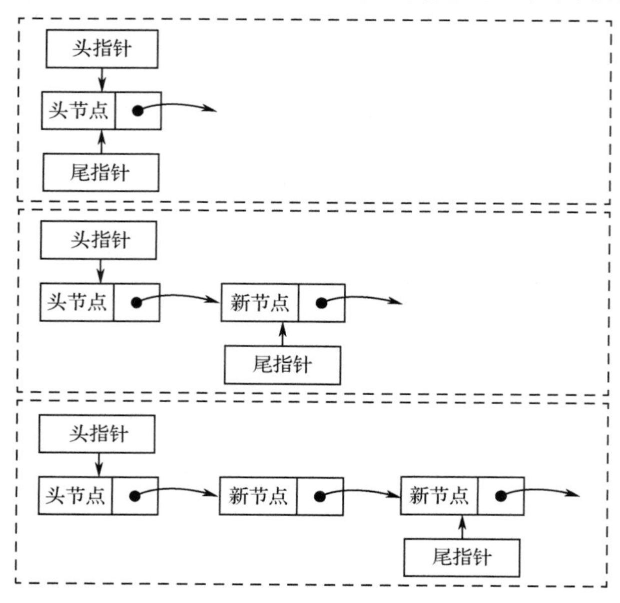

图 11.14　构建单向链表

注意：头指针不可以指向其他节点，否则会丢失单向链表的头节点，从而无法通过头节点完整访问单向链表中的所有数据。另外，头节点一般是不存储数据的。

【示例 11-29】下面使用两个指针构建单向链表。

程序如下：

```
#include <stdio.h>
#include <conio.h>
#include<stdlib.h>
struct student
{
        int age;
        struct student *next;
};
int main()
{
        typedef student std;
        std *s1=(std*)malloc(sizeof(std)*1);//为*s1 动态申请一段空间
        std *s2=s1;
        for(int i=1;i<=5;i++)
        {
                s2->next=(std*)malloc(sizeof(std)*1);             //为 s2->next 是动态申请一段空间
                s2=s2->next;
                s2->age=i;
                printf("节点%d 的年龄为%d\n",i,s2->age);
        }
        getch();
        return 0;
}
```

运行程序，输出以下内容：

```
节点 1 的年龄为 1
节点 2 的年龄为 2
节点 3 的年龄为 3
节点 4 的年龄为 4
节点 5 的年龄为 5
```

在该程序中，通过 for 循环语句不断动态创建新节点，并为节点依次赋值，然后构建了一个单向链表。构建单向链表的过程如图 11.15 所示。

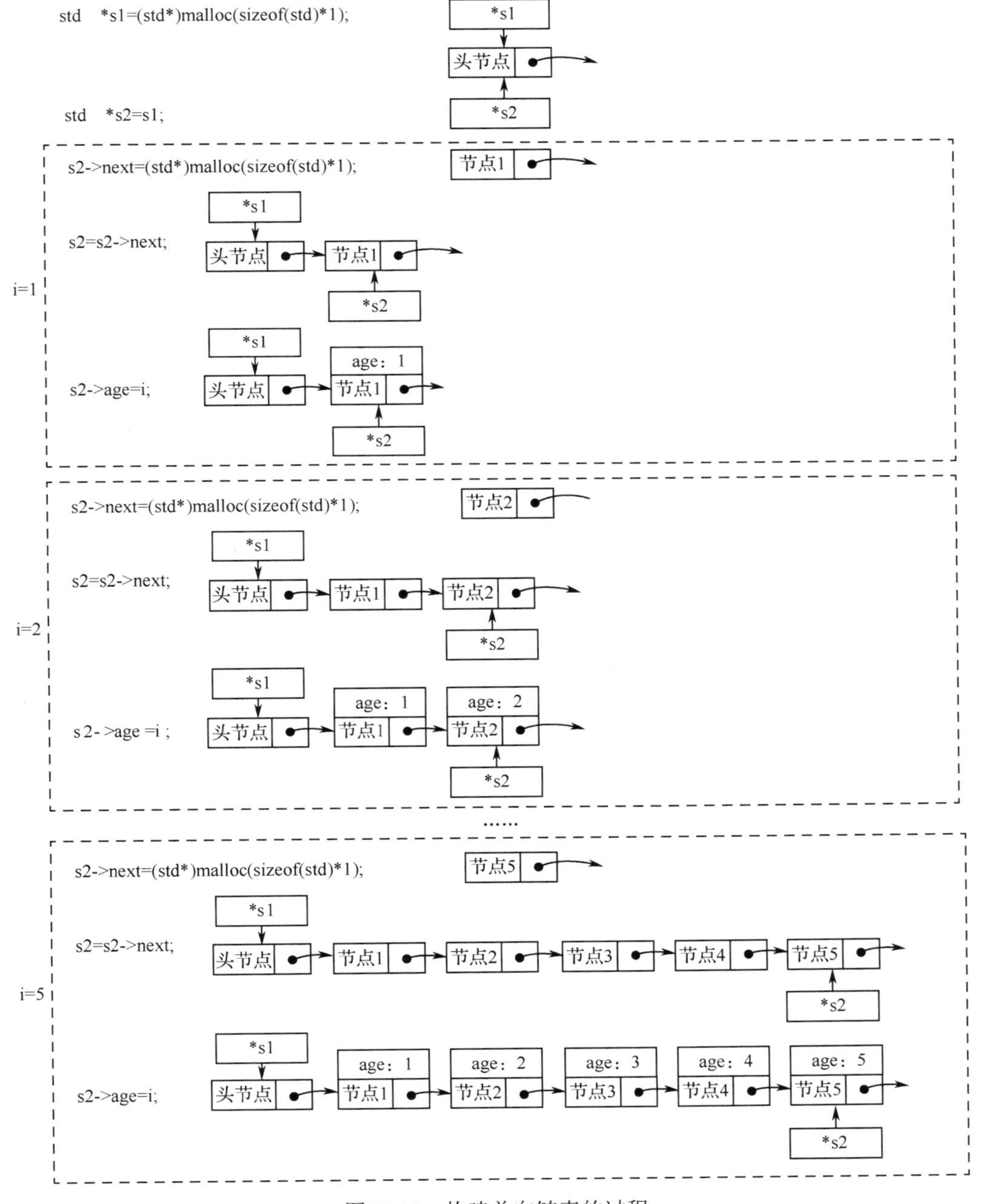

图 11.15　构建单向链表的过程

我们可以将创建单向链表的程序定义为一个函数 createList()，这样就可以通过调用函数 createList()的方式，灵活创建单向链表，并且可以规定单向链表的节点个数。

定义 createList()函数的语句如下：

```
void createList(struct student *head,int number)
{
	typedef student std;
	std *s2=head;
	for(int i=1;i<=number;i++)
	{
		s2->next=(std*)malloc(sizeof(std)*1);
		s2=s2->next;
		s2->age=i;
	}
}
```

【示例 11-30】使用函数 createList()创建一个 6 个节点的 student 单向链表。

程序如下：

```
#include <stdio.h>
#include <conio.h>
#include<stdlib.h>
struct student
{
	int age;
	struct student *next;
};
void createList(struct student *head,int number)
{
	typedef student std;
	std *s2=head;
	for(int i=1;i<=number;i++)
	{
		s2->next=(std*)malloc(sizeof(std)*1);
		s2=s2->next;
		printf("请输入年龄\n");
		scanf("%d",&s2->age);
	}
}
int main()
{
	typedef student std;
	std *s1=(std*)malloc(sizeof(std)*1);
	createList(s1,6);
	getch();
	return 0;
}
```

当单向链表存在后，我们可以通过查询的方式对整个单向链表的内容进行访问，还可以查找指定节点的数据。

【示例 11-31】利用头指针访问单向链表中的所有数据。

程序如下：

```
#include <stdio.h>
#include <conio.h>
#include<stdlib.h>
struct student
{
        int age;
        struct student *next;
};
void createList(struct student *head,int number)
{
        typedef student std;
        std *s2=head;
        for(int i=1;i<=number;i++)
        {
                s2->next=(std*)malloc(sizeof(std)*1);
                s2=s2->next;
                printf("请输入年龄\n");
                scanf("%d",&s2->age);
        }
}
int main()
{
        typedef student std;
        std *s1=(std*)malloc(sizeof(std)*1);
        createList(s1,6);
        std *s2=s1;
        s2=s1->next;
        for(int i=1;i<=6;i++)
        {
                printf("节点%d 的年龄为%d\n",i,s2->age);
                s2=s2->next;
        }
        getch();
        return 0;
}
```

运行程序，输出以下内容：

```
请输入年龄
21
请输入年龄
23
请输入年龄
23
请输入年龄
24
请输入年龄
```

```
25
请输入年龄
26
节点 1 的年龄为 21
节点 2 的年龄为 23
节点 3 的年龄为 23
节点 4 的年龄为 24
节点 5 的年龄为 25
节点 6 的年龄为 26
```

在构建完单向链表后，首先声明一个指针 s2。然后通过 s2=s1->next;语句，让指针 s2 指向头节点后的第 1 个节点。最后利用 for 循环语句，不断执行 s2=s2->next;语句，让指针 s2 向后移动，从而依次访问单向链表中的所有数据，如图 11.16 所示。

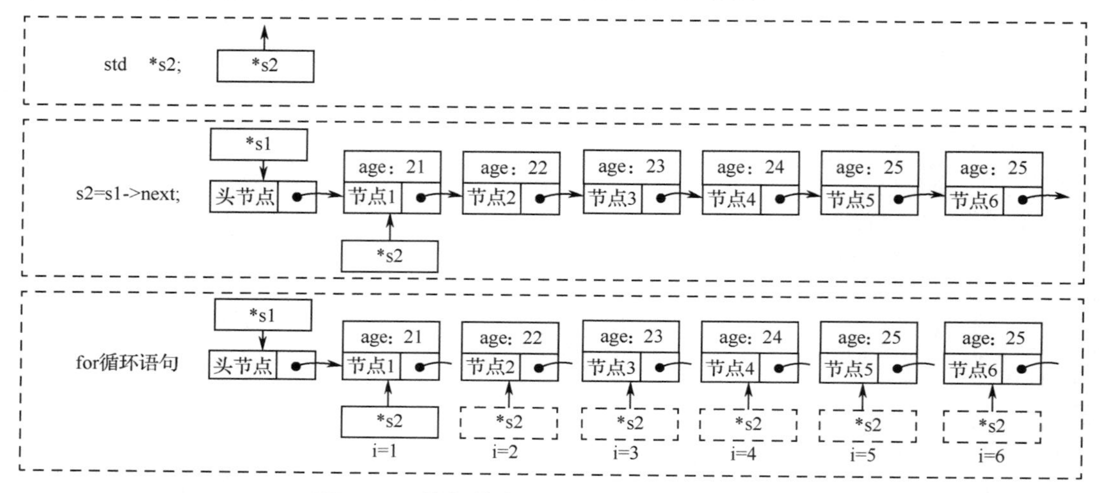

图 11.16　访问单向链表中的所有数据的过程

我们可以将访问单向链表中的所有数据的程序定义为一个函数 searchList()。

定义函数 serachList()的语句如下：

```
void searchList(struct student *head,int number)
{
    typedef student std;
    std *s2=head->next;
    for(int i=1;i<=number;i++)
    {
        printf("节点%d 的年龄为%d\n",i,s2->age);
        s2=s2->next;
    }
}
```

注意：由于头节点不存放数据，所以要让指针 s2 指向头节点的下一个节点。

2. 插入节点

插入节点是指将动态创建的节点插入一个单向链表中的某个位置。插入节点首先要确定插入位置，也就是通过查找确定插入位置；然后将新节点链接到插入位置的下一个节点；最后将新节点链接到插入位置的上一个节点。这样，就完成了插入，如图 11.17 所示。

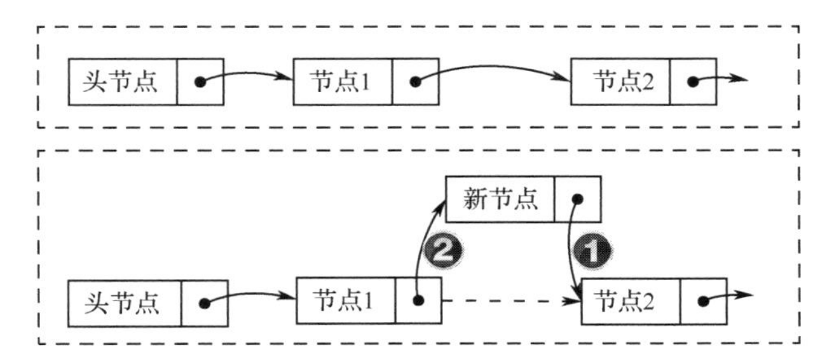

图 11.17　插入节点的过程

【示例 11-32】在单向链表中的第 3 个节点后插入一个新节点。

程序如下：

```
#include <stdio.h>
#include <conio.h>
#include<stdlib.h>
struct student
{
	int age;
	struct student *next;
};
void createList(struct student *head,int number)
{
	typedef student std;
	std *s2=head;
	for(int i=1;i<=number;i++)
	{
		s2->next=(std*)malloc(sizeof(std)*1);
		s2=s2->next;
		printf("请输入年龄\n");
		scanf("%d",&s2->age);
	}
}
void searchList(struct student *head,int number)
{
	typedef student std;
	std *s2=head->next;
	for(int i=1;i<=number;i++)
	{
		printf("节点%d 的年龄为%d\n",i,s2->age);
		s2=s2->next;
	}
}
int main()
{
	typedef student std;
	std *s1=(std*)malloc(sizeof(std)*1);
	std *s2=s1;
	createList(s1,5);
```

```
        s2=s1;
        for(int j=1;j<=3;j++)
        {
            s2=s2->next;
        }
        std *New=(std*)malloc(sizeof(std)*1);
        New->age=50;
        New->next=s2->next;
        s2->next=New;
        searchList(s1,6);
        getch();
        return 0;
}
```

运行程序，输出以下内容：

```
请输入年龄
1
请输入年龄
2
请输入年龄
3
请输入年龄
4
请输入年龄
5
节点 1 的年龄为 1
节点 2 的年龄为 2
节点 3 的年龄为 3
节点 4 的年龄为 50
节点 5 的年龄为 4
节点 6 的年龄为 5
```

构建单向链表后，首先通过 for 循环语句让指针 s2 移动到第 3 个节点，也就是查找插入位置。然后，申请一个新节点 New，并通过 New->next=s2->next;语句让新节点与节点 4 链接。最后，通过 s2->next=New;语句让节点 3 与新节点链接，这样就完成了新节点的插入，如图 11.18 所示。

我们可以将在单向链表中的插入节点定义为一个函数 insertList()。

定义函数 insertList()的语句如下：

```
void insertList(struct student *head,int number,int a)
{
    typedef student std;
    std *s2=head;
    for(int i=1;i<=number;i++)
    {
        s2=s2->next;
    }
    std *New=(std*)malloc(sizeof(std)*1);
    New->age=a;
```

```
        New->next=s2->next;
        s2->next=New;
}
```

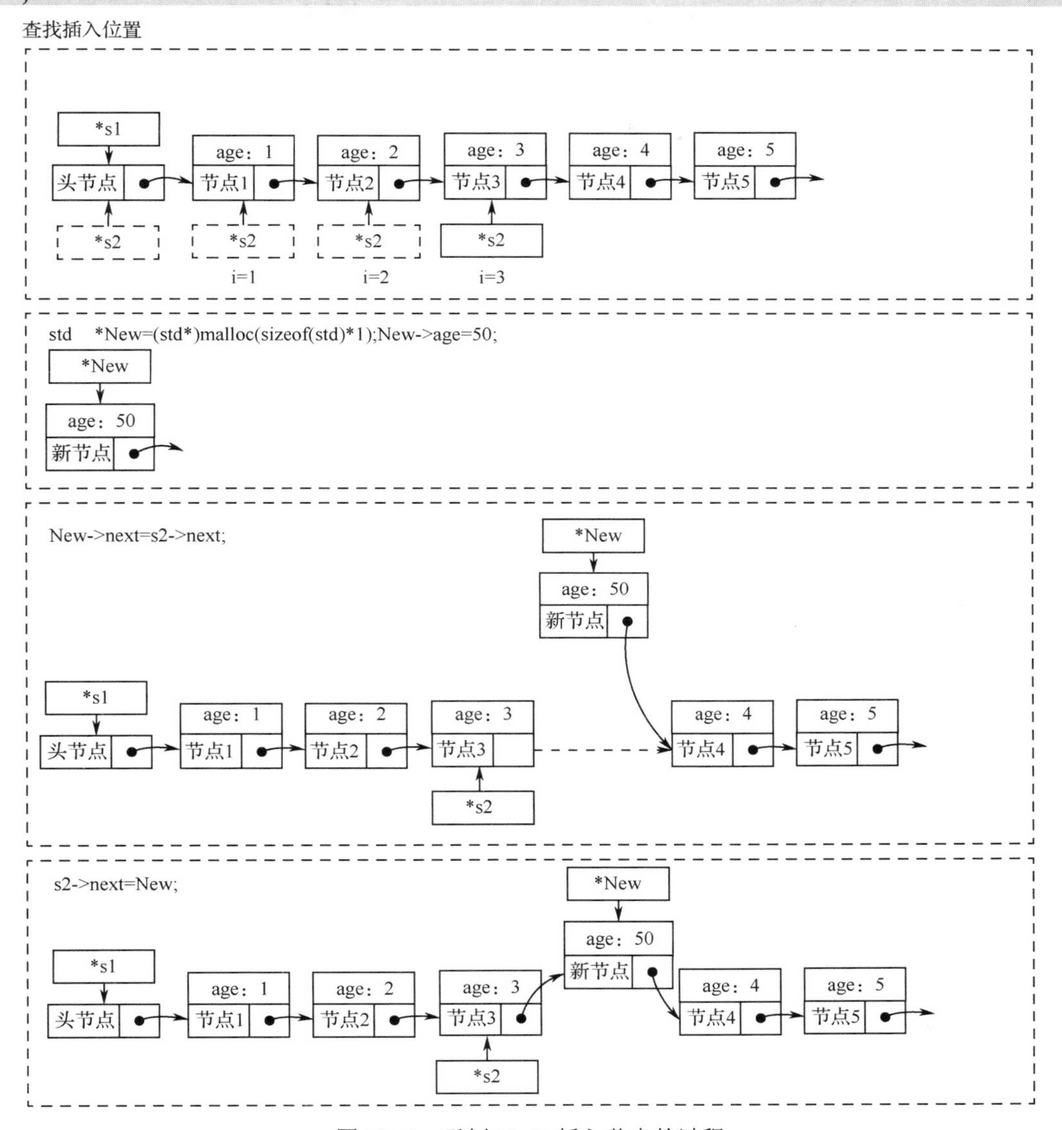

图 11.18　示例 11-32 插入节点的过程

3. 删除节点

当单向链表中的某个节点不再使用时，可以将其删除，以便节省资源。删除节点的本质是释放节点的存储空间，这时就会使用到函数 free()。

如图 11.19 所示，删除节点首先要找到要删除的节点 3 的前一个节点 2；然后将节点 2 指向要删除节点的后一个节点 4；最后将要删除的节点 3 进行释放，这样就完成了对节点 3 的删除。

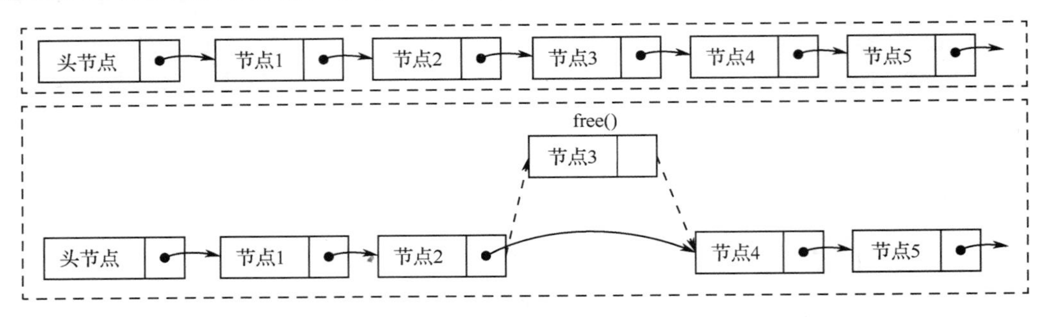

图 11.19　删除节点的过程

【示例 11-33】删除单向链表中的第 3 个节点。

程序如下：

```
#include <stdio.h>
#include <conio.h>
#include<stdlib.h>
struct student
{
	int age;
	struct student *next;
};
void createList(struct student *head,int number)
{
	typedef student std;
	std *s2=head;
	for(int i=1;i<=number;i++)
	{
		s2->next=(std*)malloc(sizeof(std)*1);
		s2=s2->next;
		printf("请输入年龄\n");
		scanf("%d",&s2->age);
	}
}
void searchList(struct student *head,int number)
{
	typedef student std;
	std *s2=head->next;
	for(int i=1;i<=number;i++)
	{
		printf("节点%d 的年龄为%d\n",i,s2->age);
		s2=s2->next;
	}
}
int main()
{
	typedef student std;
```

```
        std *s1=(std*)malloc(sizeof(std)*1);
        std *s2=s1;
        createList(s1,5);
        for(int i=1;i<=2;i++)
        {
                s2=s2->next;
        }
        std *s3=s2->next;
        s2->next=s2->next->next;
        free(s3);
        s3=NULL;
        if(s3==NULL)
        {
                printf("删除成功\n");
        }
        else
        {
                printf("删除失败\n");
        }
        searchList(s1,4);
        getch();
        return 0;
}
```

运行程序，输出以下内容：

```
请输入年龄
1
请输入年龄
2
请输入年龄
3
请输入年龄
4
请输入年龄
5
删除成功
节点 1 的年龄为 1
节点 2 的年龄为 2
节点 3 的年龄为 4
节点 4 的年龄为 5
```

该程序构建单向链表后，首先通过 for 循环语句让指针 s2 移动到节点 3 的前一个节点 2；然后声明一个指针 s3，并使用 std *s3=s2->next; 语句让 s3 指向节点 3；再使用 s2->next=s2->next->next;语句让节点 2 与节点 4 链接；最后通过 free(s3);将节点 3 的存储空间进行释放，这样就完成了节点 3 的删除，如图 11.20 所示。

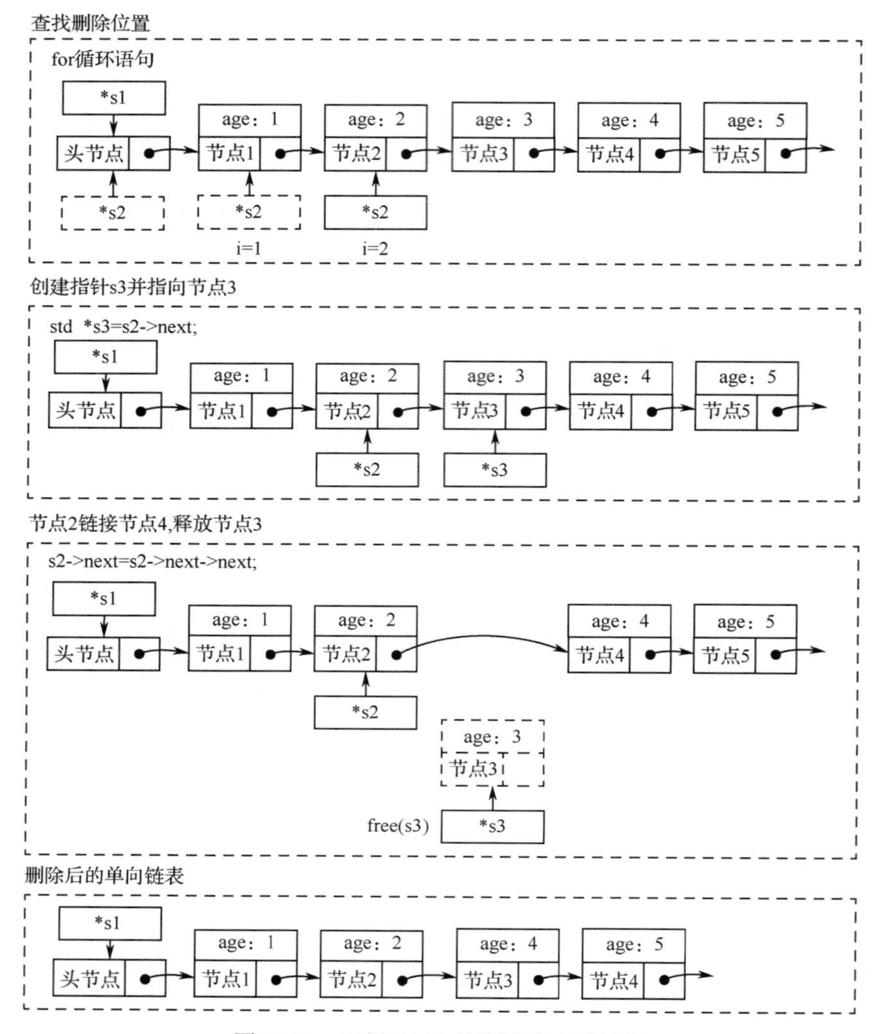

图 11.20　示例 11-33 的删除节点的过程

我们可以持删除节点的程序定义为一个函数 deleteList()。

定义函数 deleteList()的语句如下：

```
void deleteList(struct student *head,int number)
{
    typedef student std;
    std *s2=head;
    for(int i=1;i<=number-1;i++)
    {
        s2=s2->next;
    }
    std *s3=s2->next;
    s2->next=s2->next->next;
    free(s3);
    s3=NULL;
```

```
        if(s3==NULL)
        {
            printf("删除成功\n");
        }
        else
        {
            printf("删除失败\n");
        }
}
```

利用访问单向链表中所有数据的原理也可以将整个单向链表所用的存储空间进行释放。

【示例 11-34】使用函数 freeList()释放单向链表。

程序如下：

```
#include <stdio.h>
#include <conio.h>
#include<stdlib.h>
struct student
{
    int age;
    struct student *next;
};
void createList(struct student *head,int number)
{
    typedef student std;
    std *s2=head;
    for(int i=1;i<=number;i++)
    {
        s2->next=(std*)malloc(sizeof(std)*1);
        s2=s2->next;
        printf("请输入年龄\n");
        scanf("%d",&s2->age);
    }
}
void freeList(struct student *head,int number)
{
    typedef student std;
    std *s2=head;
    std *s3;
    for(int i=1;i<=number;i++)
    {
        s3=s2;
        s2=s2->next;
        free(s3);
        s3=NULL;
        if(s3==NULL)
```

```
            {
                printf("节点%d 删除成功\n",i);
            }
            else
            {
                printf("节点%d 删除失败\n",i);
            }
        }
}
int main()
{
    typedef student std;
    std *s1=(std*)malloc(sizeof(std)*1);
    createList(s1,5);
    freeList(s1,6);
    getch();
    return 0;
}
```

运行程序，输出以下内容：

```
请输入年龄
1
请输入年龄
2
请输入年龄
3
请输入年龄
4
请输入年龄
5
节点 1 删除成功
节点 2 删除成功
节点 3 删除成功
节点 4 删除成功
节点 5 删除成功
节点 6 删除成功
```

在该程序中，s3=s2;表示从头节点开始释放单向链表中的所有节点，所以会将头节点也进行释放；使用指针 s3 指向 s2 指向的节点，然后 s2 指针指向下一个节点，最后释放 s3 指向的节点；依次类推，将单向链表中的所有节点挨个儿进行释放，如图 11.21 所示。

注意：在单向链表中，所有自定义函数只能针对其对应的链表结构。上述定义的所有函数对应的都是 student 链表结构。如果用于其他链表结构，就要将这些自定义函数中的链表结构名与成员变量名进行对应的更改后才能被使用。

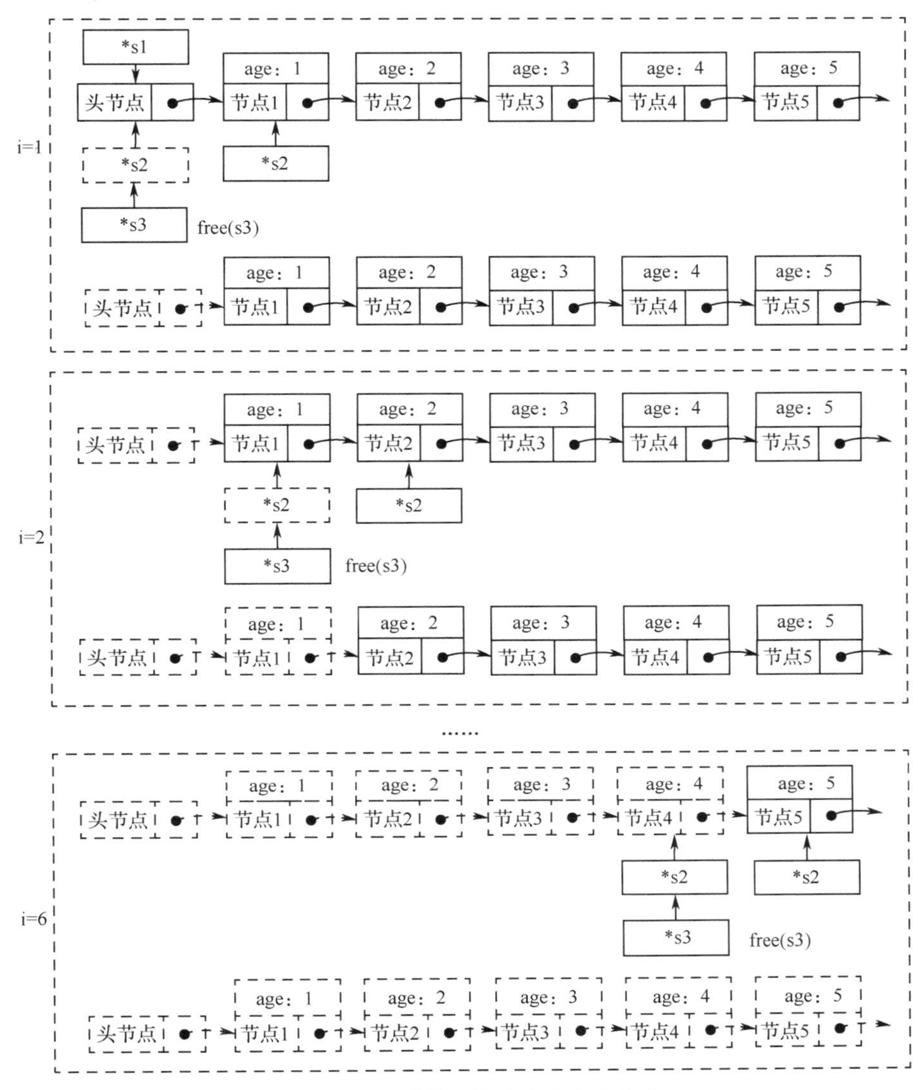

图 11.21　释放单向链表中的所有节点

11.5　共用体类型

在 C 语言中，共用体类型又称共同体类型或联合体类型，也是一种数据类型。本节将详细讲解如何使用共用体类型。

11.5.1　共用体类型的作用

有些数据在不同场景下会具有不同的数据类型。为了方便处理这些数据，C 语言采用共用体类型来处理这些数据。通过共用体类型，可以将数据的不同类型变量整合在一起，使用同一个存储空间，这样就能高效利用内存资源。

例如，对于 10 张桌子、10 张床、10.00 斤水果、10.00 斤蔬菜这 4 类数据的处理，如果采用普通的数据类型处理这些数据，那么要声明 4 个变量，并且申请 4 个存储空间存放这 4 类数据，如表 11.2 所示。

表 11.2　采用普通的数据类型处理数据

数　　据	类　　型	所占存储空间大小
10 张桌子	int(整型)	4 个字节
10 张床	int(整型)	4 个字节
10.00 斤水果	float(浮点型)	4 个字节
10.00 斤蔬菜	float(浮点型)	4 个字节

从表 11.2 中可以看出，要处理这 4 类数据要使用 12 个字节的存储空间，其中重复使用了数据 10。如果采用共用体类型去处理这 4 类数据，可以让这 4 类数据都存储在一个存储空间中，如表 11.3 所示。

表 11.3　共用体类型处理数据

数　　据	类　　型	所占存储空间大小
10 张桌子	int(整型)	4 个字节
10 张床	int(整型)	
10.00 斤水果	float(浮点型)	
10.00 斤蔬菜	float(浮点型)	

从表 11.3 中可以看出，采用共用体类型处理这 4 类数据只要使用 4 个字节的存储空间。所以，采用共用体类型处理不同数据类型的相同数据能节省大量存储空间。

就像一个人可以是别人的爸爸、叔叔、哥哥、弟弟，虽然这个人针对不同人的身份不同，但这个人的多重身份都指向他自己，而不是其他人。

11.5.2　说明共用体类型

说明共用体类型会使用到关键字 union。

说明共用体类型的语法如下：

```
union 标识符{数据类型 1 成员变量 1;……数据类型 n 成员变量 n};
```

- ❑ union 为共用体类型的关键字，不能被省略。
- ❑ 标识符即共用体类型的标识符，由程序员自定义，命名时要遵守标识符命名规则。
- ❑ 大括号表示共用体的范围，大括号中是共用体的成员变量。
- ❑ 数据类型 *n* 成员变量 *n* 指代共用体类型中的多个成员变量，每个成员变量之间用分号（;）分隔。
- ❑ 大括号外的分号表示说明结构体类型语句的结果，不能被省略。

其中，union 和标识符整体表示共用体类型的名称，即共用体类型名。

【示例 11-35】下面说明一个 commodity 共用体类型。

程序如下：

```
union commodity
```

```
{
    int desk;
    int bed;
    float fruits;
    float vegetables;
};
```

在说明共用体类型的语句中，所有的成员变量只能被声明，而不能被初始化。

11.5.3　声明共用体变量

声明共用体类型变量（简称共同体变量）包含以下 3 种方式。

（1）在说明共用体变量时，直接声明共用体变量。

【示例 11-36】在说明共用体变量时直接声明共用体变量。

程序如下：

```
union product
{
    int desk;
    int bed;
    float fruits;
    float vegetables;
}product1;
```

product1 就是一个 union product 类型变量。product1 要写在说明共用体类型语句的结束分号前。如果想要一次性声明多个共用体变量，只要在共用体变量之间用逗号（,）分隔即可，例如：

```
union product
{
    int desk;
    int bed;
    float fruits;
    float vegetables;
}product1, product2;
```

（2）使用共用体类型名声明共用体变量，其语法如下：

```
union 标识符 变量名;
```

这时，共用体必须已经被说明了，并且声明共用体变量的语句要写在说明共用体类型语句的下方。

【示例 11-37】声明共用体变量。

程序如下：

```
#include <stdio.h>
#include <conio.h>
union product
{
    int desk;
    int bed;
    float fruits;
    float vegetables;
```

```
int main()
{
        union product product1;
        getch();
        return 0;
}
```

在该程序中，声明共用体变量的语句放在了说明共用体类型语句的下方，这是由程序顺序执行的特性决定的。

（3）使用关键字 typedef 自定义共同体类型名后，再声明共同体变量。

【示例 11-38】使用关键字 typedef 声明共用体变量。

程序如下：

```
#include <stdio.h>
#include <conio.h>
union product
{
        int desk;
        int bed;
        float fruits;
        float vegetables;
}
int main()
{
        typedef product prd;
        prd product1;
        getch();
        return 0;
}
```

11.5.4　初始化共用体变量

如果初始化共同体变量，就要使用到成员运算符（.）。

初始化共同体变量的语法如下：

```
共同体变量名.成员变量名=数据;
```

【示例 11-39】初始化共用体变量。

程序如下：

```
#include <stdio.h>
#include <conio.h>
union product
{
        char name;
        int desk;
        float fruits;
};

int main()
{
```

```
        union product prd1,prd2,prd3;
        prd1.name='A';
        prd2.desk=10;
        prd3.fruits=11.11;
        getch();
        return 0;
}
```

在该程序中，通过成员运算符（.）为 3 个共同体变量进行了初始化。

11.5.5　使用共用体变量

使用共同体变量一般包含以下几种形式。

1. 共用体变量名.成员变量名

在使用共用体变量时，会使用到成员运算符（.），其语法如下：

```
共用体普通变量名.成员变量名
```

在使用共用体变量调用共同体成员变量时，要根据初始化值的数据类型决定调用哪个数据类型的成员变量。

【示例 11-40】使用成员运算符（.）输出共用体中的成员变量的值。

程序如下：

```
#include <stdio.h>
#include <conio.h>
union product
{
        char name;
        int desk;
        float fruits;
};

int main()
{
        union product prd1;
        prd1.name='A';
        printf("超市的名字为%c\n",prd1.name);
        getch();
        return 0;
}
```

运行程序，输出以下内容：

```
超市的名字为 A
```

在该程序中，初始化值的数据类型为一个字符类型，所以在输出时就只能使用字符类型的成员变量 name，否则会导致输出的结果出现错误，例如：

```
#include <stdio.h>
#include <conio.h>
union product
{
```

```
        char name;
        int desk;
        float fruits;
};

int main()
{
        union product prd1;
        prd1.name='A';
        printf("超市的名字为%c\n",prd1.name);
        printf("%d 张桌子\n",prd1.desk);
        printf("%.2f 斤水果\n",prd1.fruits);
        getch();
        return 0;
}
```

运行程序，输出以下内容：

```
超市的名字为 A
-858993599 张桌子
-107373064.00 斤水果
```

从上面程序运行结果中可以看出，初如化值的数据类型与成员变量的数据类型不符合，导致上面程序运行结果出现错误。这是因为在内存中，存储数据是以覆盖的方式进行的，而没有被覆盖的存储空间会保留原来的数据。

当 prd1.name='A';语句为共同体变量赋初始值时，会为 name、desk 与 fruits 全部赋初始值。但是，数据字符 A 只能占用一个字节的存储空间。字符类型成员变量 name 的 1 个字节存储空间可以被字符 A 覆盖，所以可以被正确输出字符'A'，而整型成员变量 desk 与浮点型成员变量 fruits 的 4 个字节存储空间被只占 1 个字节存储空间的字符 A 覆盖后，有 3 个字节存储空间中的数据是未知的，所以，当读取 desk 与 fruits 成员变量存放的数据时，会输出错误的结果。初始化共同体变量后成员变量存储的数据如图 11.22 所示。

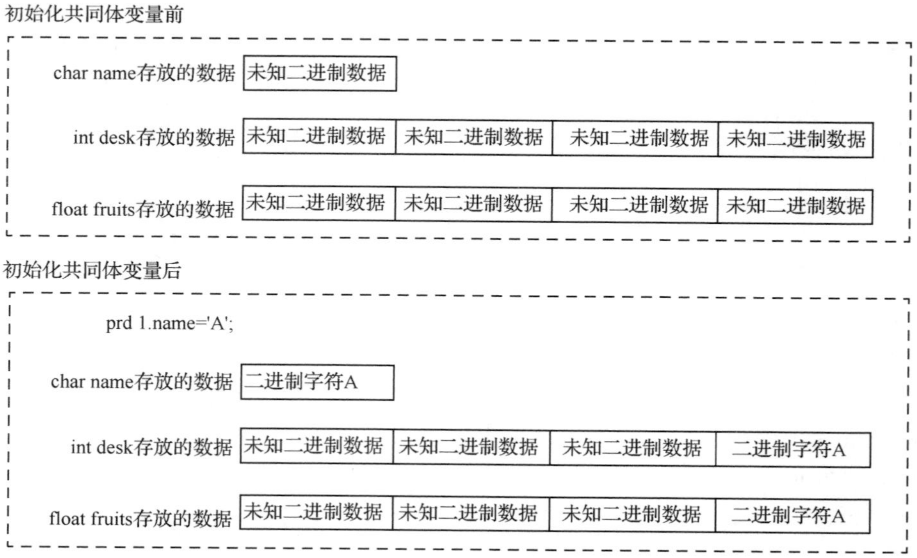

初始化共同体变量前

char name存放的数据	未知二进制数据			
int desk存放的数据	未知二进制数据	未知二进制数据	未知二进制数据	未知二进制数据
float fruits存放的数据	未知二进制数据	未知二进制数据	未知二进制数据	未知二进制数据

初始化共同体变量后

prd 1.name='A';

char name存放的数据	二进制字符A			
int desk存放的数据	未知二进制数据	未知二进制数据	未知二进制数据	二进制字符A
float fruits存放的数据	未知二进制数据	未知二进制数据	未知二进制数据	二进制字符A

图 11.22　初始化共同体变量后成员变量存储的数据

从图 11.22 中可以看出，当初始化共同体变量完成后，输出的 desk 值为字符 A 加上 3 个字节的未知二进制数，所以会输出一个随机数“-858993599”；同理，输出的 fruits 值也为一个随机数“-107373064.00”。

所以，在使用共用体变量时，一定要根据初始化值的数据类型，使用对应数据类型的成员变量，这样才能正确地使用共用体变量处理数据，例如：

```
#include <stdio.h>
#include <conio.h>
union product
{
	char name;
	int desk;
	float fruits;
};

int main()
{
	union product prd1;
	prd1.name='A';
	printf("超市的名字为%c\n",prd1.name);
	prd1.desk=10;
	printf("%d 张桌子\n",prd1.desk);
	prd1.fruits=11.11;
	printf("%.2f 斤水果\n",prd1.fruits);
	getch();
	return 0;
}
```

运行程序，输出以下内容：

```
超市的名字为 A
10 张桌子
11.11 斤水果
```

在该程序中，每次为共用体变量赋初始化值后，都会使用对应数据类型的成员变量输出数据。

2. 共用体指针变量名->成员变量名

如果共用体变量为指针类型，在使用共用体指针变量时就会使用到结构体指向运算符（->），其语法如下：

```
共用体指针变量->成员变量名
```

注意：共用体指针变量必须指向一个共用体普通变量后才能被使用。

【示例 11-41】使用共用体指针变量访问共用体中的成员变量。

程序如下：

```
#include <stdio.h>
#include <conio.h>
union product
{
	char name;
```

```
        int desk;
        float fruits;
};

int main()
{
        union product prd1,*p=NULL;
        prd1.name='B';
        p=&prd1;
        printf("超市的名字为%c\n",p->name);
        getch();
        return 0;
}
```

运行程序，输出以下内容：

```
超市的名字为 B
```

在该程序中，先将共用体指针变量 p 指向了共用体普通变量 prd1 后，才能通过间接成员运算符（->）访问到共用体中的成员变量 name 的值。

3. (*共用体指针变量名).成员变量名

共用体指针变量还可以通过成员运算符（.）与小括号对共用体的成员变量进行访问，其语法如下：

```
(*共用体指针变量名).成员变量名
```

【示例 11-42】共用体指针变量通过成员运算符（.）与小括号访问共用体的成员变量。

程序如下：

```
#include <stdio.h>
#include <conio.h>
union product
{
        char name;
        int desk;
        float fruits;
};

int main()
{
        union product prd1,*p=NULL;
        prd1.name='B';
        p=&prd1;
        printf("超市的名字为%c\n",(*p).name);
        getch();
        return 0;
}
```

运行程序，输出以下内容：

```
超市的名字为 B
```

从上面程序运行结果可以看出，通过成员运算符（.）与小括号也是可以使用共用体变量的。

4. 共用体之间赋值

在共用体之间，可以将一个共用体变量的值赋给另外一个共用体变量。

【示例 11-43】实现共用体之间的赋值。

程序如下：

```
#include <stdio.h>
#include <conio.h>
union product
{
	char name;
	int desk;
	float fruits;
};

int main()
{
	union product prd1,prd2;
	prd1.name='C';
	prd2=prd1;
	printf("超市的名字为%c\n",prd2.name);
	getch();
	return 0;
}
```

运行程序，输出以下内容：

```
超市的名字为 C
```

在该程序中，通过变量赋值的方法，将 prd1 的值赋给了 prd2。所以，prd2 的值为字符 C。

5. 特殊使用方式

由于共同体的所有成员变量都共同使用一个存储空间，所以可以先通过一个成员变量给共用体变量赋值，再通过另外一个成员变量对该值进行访问。

【示例 11-44】先通过一个成员变量初始化共用体变量，再能过另外一个成员变量访问该共用体变量的值。

程序如下：

```
#include <stdio.h>
#include <conio.h>
union product
{
	char name[2];
	int desk;
};

int main()
{
	union product prd1;
	prd1.desk=29809;
	for(int i=0;i<2;i++)
```

```
	{
		printf("超市的名字为%c\n",prd1.name[i]);
	}
	getch();
	return 0;
}
```

运行程序，输出以下内容如下所示：

```
超市的名字为 q
超市的名字为 t
```

在该程序中，prd1.desk=29809;语句表示通过成员变量 desk 为共用体变量 prd1 进行了初始化。由于共用体的所有成员变量都使用同一个存储空间，所以使用成员变量 name 访问共用体变量 prd1 存放的数据时，会依次访问 name[0]与 name[1]中的数据，输出字符 q 与 t。成员变量存放的数据如图 11.23 所示。

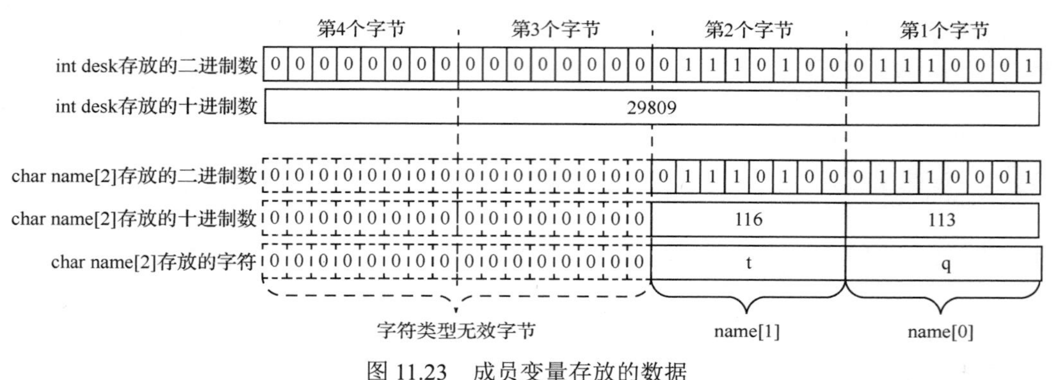

图 11.23　成员变量存放的数据

11.6　枚举类型

通过枚举类型，可以将多个整型数据放在一起作为一个集合来使用。在 C 语言中，枚举类型属于一种基础的数据类型。本节将详细讲解如何使用枚举类型。

11.6.1　枚举类型的作用

通过枚举类型可以一次性地将数据与字符之间进行一对一赋值管理，这样可以显著的提高程序的可读性，还可以通过枚举成员变量的个数限制枚举变量的取值范围。

例如，在开运动会时，根据人员的身份发放对应的用餐券：老师为 1 类餐券，学生为 2 类餐券，运动员为 3 类餐券，裁判为 4 类餐券。

在编写程序时，假设领取餐券的人为变量 men，那么发放餐券的判断条件就是 men 等于 1、2、3、4 中的一个值，其语句如下：

```
if(men==1)...
if(men==2)...
if(men==3)...
if(men==4)...
```

这样只能看到数字 1 到 4，无法直接看出数字代表什么。如果使用枚举，将 4 种餐券用名称进行替换列举，其语句如下：

```
老师（teacher）=1,
学生（student）=2,
运动员（athletes）=3,
裁判（referee）=4
```

那么，判断条件的语句如下：

```
if(men== teacher)...
if(men== student)...
if(men== athletes)...
if(men== referee)...
```

这样就显著提高了程序的可读性。

11.6.2　说明枚举类型

如果说明枚举类型，就会使用到关键字 enum。说明枚举类型分为以下两种情况。

1. 说明默认值的枚举类型

在说明默认值的枚举类型时，每个枚举的成员常量都要使用自身的默认常量值，其语法如下：

```
enum 枚举类型标识符{成员常量 1, 成员常量 2,…,成员常量 n};
```

- enum 为枚举类型的关键字，不能被省略。
- 标识符即枚举类型的标识符，由程序员自定义，命名时要遵守标识符命名规则。
- 大括号表示枚举类型的范围，大括号中包含的是枚举的成员常量。
- 常量 1 到常量 *n* 表示枚举的成员常量个数。

其中，成员常量的默认常量值从 0 开始，后面的成员常量的值依次加 1。也就是说，成员常量 1 的值为 0，成员常量 2 的值为 1，以此类推。

【示例 11-45】说明默认值的枚举类型。

程序如下：

```
enum week
{
    Mon, Tues, Wed, Thurs, Fri, Sat, Sun
};
```

在该程序中，Mon 的值为 0，Tues 的值为 1，Wed 的值为 2，…，Sun 的值为 6。

2. 说明指定值的枚举类型

在说明指定值的枚举类型时，可以为枚举的成员常量指定常量值，其语法如下：

```
enum 枚举类型标识符{成员常量 1=值 1, 成员常量 2=值 2,…, 成员常量 n=值 n};
```

其中，值 1 到值 *n* 必须是整型的值。

说明指定值的枚举类型语句如下：

```
enum week
{
    Mon=1, Tues=2, Wed=3, Thurs=4, Fri=5, Sat=6, Sun=7
};
```

如果只是指定了部分成员常量的值，那么被指定值的成员常量后面的成员常量的值为该指定值依次加 1，即被自动赋值，其语句如下：

```
enum week
{
    Mon=1, Tues, Wed=6, Thurs, Fri, Sat=9, Sun
};
```

其中，Mon 的值为 1，Tues 的值则为 2。Wed 的值为 6，Thurs 的值则为 7，Fri 的值为 8，Sat 的值为 9，则 Sun 的值为 10，如图 11.24 所示。

Mon=1, Tues, Wed=6, Thurs, Fri, Sat=9, Sun

Mon	Tues	Wed	Thurs	Fri	Sat	Sun
1		6			9	

Mon	Tues	Wed	Thurs	Fri	Sat	Sun
1	2	6	7	8	9	10

图 11.24　成员常量被自动赋值

11.6.3　声明枚举变量

在说明枚举类型后，就可以通过声明的方式，定义枚举类型变量（简称枚举变量）。声明枚举变量有以下 3 种方式。

（1）在说明枚举类型时，直接声明枚举变量，其语句如下：

```
enum week
{
    Mon=true, Tues=false, Wed=5, Thurs=7, Fri, Sat, Sun
}w1;
```

该语句直接在说明枚举类型语句的末尾声明了枚举变量 w1。

（2）使用关键字 enum 声明枚举变量，其语法如下：

```
enum 枚举类型名 枚举变量名;
```

在使用关键字 enum 声明枚举变量时，要预先说明枚举类型，并且要将声明枚举变量的语句放在说明枚举类型语句的下方。

程序如下：

```
#include <stdio.h>
#include <conio.h>
enum week
{
    Mon=true, Tues=false, Wed=5, Thurs=7, Fri, Sat, Sun
};
int main()
{
    enum week w1;
    w1=Sat;
    getch();
```

```
    return 0;
}
```

（3）通过关键字 typedef 自定义枚举类型标识符后，再声明枚举变量。

【示例 11-47】使用关键字 typedef 声明枚举变量。

程序如下：

```
#include <stdio.h>
#include <conio.h>
enum week
{
    Mon=true, Tues=false, Wed=5, Thurs=7, Fri, Sat, Sun
};
int main()
{
    typedef week w;
    w w1;
    getch();
    return 0;
}
```

在该程序中，将 week 替换为 w，然后使用 w 声明了枚举变量 w1。

11.6.4　使用枚举变量

枚举变量的值只能为它所属枚举类型的成员常量。枚举变量通过赋值运算符（=）进行赋值，其语法如下：

```
枚举变量=成员常量;
```

【示例 11-48】为枚举变量赋值并输出枚举变量的值。

程序如下：

```
#include <stdio.h>
#include <conio.h>
enum week
{
    Mon=1, Tues, Wed, Thurs, Fri, Sat,Sun
}w1=Mon;
int main()
{
    enum week w2=Tues;
    typedef week w;
    w w3=Wed;
    printf("今天星期%d\n",w1);
    printf("今天星期%d\n",w2);
    printf("今天星期%d\n",w3);
    getch();
    return 0;
}
```

运行程序，输出以下内容：

```
今天星期1
今天星期2
今天星期3
```

在该程序中，对3种方式声明的枚举变量进行了初始化，并且输出了枚举变量的值。

注意：在说明枚举类型week语句中，只指定了Mon的值为1。在输出程序运行结果时，Tues的值为2，Wed的值为3，这充分证明了在说明指定值的枚举类型语句中，被指定值的成员常量后面的成员常量的值为该指定值依次加1，如图11.25所示。

Mon=1, Tues, Wed, Thurs, Fri, Sat,Sun

Mon	Tues	Wed	Thurs	Fri	Sat	Sun
1						

⇩

Mon	Tues	Wed	Thurs	Fri	Sat	Sun
1	2	3	4	5	6	7

图11.25　枚举成员成员常量自动赋值

在说明枚举类型后，还可以直接使用枚举的成员常量的值。

【示例11-49】直接使用枚举的成员常量的值。

程序如下：

```
#include <stdio.h>
#include <conio.h>
enum week
{
	Mon=1, Tues, Wed, Thurs, Fri, Sat,Sun
}w1=Mon;
int main()
{
	printf("今天星期%d\n",Fri);
	getch();
	return 0;
}
```

运行程序，输出以下内容：

```
今天星期5
```

在该程序中，没有声明枚举变量，直接输出了枚举的成员常量Fri的值。

11.7　小　　结

通过本章的学习，要掌握以下的内容：

- 结构体类型是不同数据类型的集合，是用户自己定义的数据类型。
- 位域就是把一个字节中的8个二进制位划分为几个不同的区域，并说明每个区域的二进制位数；每一个位域都有一个位域名，并允许程序员在程序中按照位域名进行访问。这样，就可以把几个不同的对象用一个字节的二进制位域来表示。

- 将包含一个结构体类型的指针成员变量的结构体称为链表结构。单个链表结构被称为一个节点。
- 共用体类型是将几种不同数据类型的变量存放到同一个存储空间中的一种数据类型。
- 通过枚举类型，可以将多个整型数据放在一起作为一个集合。在 C 语言中，枚举类型属于一种基础的数据类型。

11.8　习　　题

一、填空题

1．结构体类型是____数据类型的集合，是用户自己定义的数据类型。

2．定义结构体变量后，可以通过操作符____来引用结构体的成员变量。

3．在对结构体变量初始化时，用户所赋的值应与结构体中的____类型一一对应，____颠倒次序。

4．结构体数组被定义以后，通过____即可引用相应的结构体元素。

5．结构体数组初始化有两种方式，分别为初始化数组____元素和初始化数组____元素，且结构体中____另一个结构体。

6．声明位域变量有 3 种方式，分别为定义的____进行声明、____及直接进行声明。

7．结构体指针可以指向结构体变量的____。

8．共用体类型是将几种____类型的变量存放到____个存储空间中的一种数据类型。

9．通过枚举类型，可以将多个____类型的数据放在一起作为一个集合。

10．结构体指针成员变量的引用方式是使用________运算符。

11．C 语言可以定义枚举类型，其关键字为____。

二、选择题

1．下面程序的赋值语句正确的是（　　）。

```
struct data
{
    int year;
    int month;
    struct
    {
        int day;
        int hour;
        int minute;
    }t;
};
```

A．day=20;
   hour=4;
   minute=50;

B．s.day=20
   s.hour=4;
   s.minute=50;

C．t.day=20;
   t.hour=4;
   t.minute=50;

D．s.t.day=20;
   s.t.hour=4;
   s.t.minute=50;

2．下面程序的运行结果是（　　）。

```
#include <stdio.h>
struct s
{
    int a;
    float b;
    char c;
};
int main()
{
    printf("%d", sizeof(struct s));
    return 0;
}
```

A．12　　B．13　　C．14　　D．15

3．当定义一个结构体变量时，系统为它分配的存储空间是（　　）。

A．结构体中一个成员变量所需的内存储容量

B．结构体中第 1 个成员变量所需的内存储容量

C．结构体中占内存容量最大者所需的内存容量

D．结构体中各成员变量所需内存容量之和

4．下面程序的运行结果是（　　）。

```
#include <stdio.h>
struct s
{
    int x;
    float f;
}a[3];
int main()
{
    printf("%d", sizeof(a));
    return 0;
}
```

A．12　　B．24　　C．25　　D．26

5．下面枚举类型声明中正确的是（　　）。

A．enum color={“red”,”green”,”blue”};

B．enum color{“red”,”green”,”blue”};

C．enum color{red,green,blue};

D．enum color={red=4,green=1;blue};

6．下面程序的运行结果是（　　）。

```
#include <stdio.h>
union my
{
    int x;
    float y;
    char z;
}s;
int main()
{
```

```
    s.x = 5;
    s.y = 6.7;
    s.z = 'a';
    printf("%c", s.z);
    return 0;
}
```

A．5　　B．6.7　　C．a　　D．其他

7．对下面程序叙述不正确的是（　　）。

```
#include <stdio.h>
struct stu
{
    int a;
    float b;
}stutype;
```

A．struct 是结构体类型的关键字　　B．struct stu 是用户定义的结构体类型

C．stutype 是用户定义的结构体类型名　　D．a 和 b 都是结构体成员变量名

8．下面程序的运行结果是（　　）。

```
#include <stdio.h>
struct node
{
    int data;
    char c;
};
void fun(struct node a)
{
    a.data = 4;
    a.c = 'v';
}
int main()
{
    struct node a = { 5,'a' };
    fun(a);
    printf("%d,%c", a.data, a.c);
    return 0;
}
```

A．5,a　　B．5,v　　C．4,a　　D．4,v

9．下面程序的运行结果是（　　）。

```
#include <stdio.h>
union un
{
    int a;
    char b;
    float c;
}s;
int main()
{
```

```
        s.b = 'a';
        printf("%d", s.b);
        return 0;
}
```

A．a　　B．97　　C．97.000000　　D．无法确定

10．当定义一个共用体变量时，系统分配给它的内存是（　　）。

A．各成员变量所需内存容量的总和

B．结构体中第 1 个成员变量所需内存容量

C．成员变量中占内存容量最大者的内存容量

D．结构体中最后一个成员变量所需内存容量

11．下面程序的运行结果是（　　）。

```
#include <stdio.h>
enum tl
{
        al,
        a2 = 7,
        a3,
        a4 = 15,
        a5
};
int main()
{
        enum t1 w1 = a3;
        enum t1 w2 = a5;
        printf("%d,%d", w1,w2);
        return 0;
}
```

A．7,15　　B．8,16　　C．7,7　　D．其他

12．下面程序的运行结果是（　　）。

```
#include <stdio.h>
union    myunion
{
        struct
        {
                int x, y, z;
        }u;
        int k;
}a;
int main()
{
        a.u.x = 8;
        a.u.y = 7;
        a.u.z = 9;
        a.k = 2;
        printf("%d", a.u.x);
        return 0;
```

```
}
```

A. 2　　B. 8　　C. 7　　D. 9

13．以下对 C 语言中共用体类型数据叙述正确的是（　　）。

A．可以对共用体变量直接赋值

B．一个共用体变量中可以同时存放其所有成员变量

C．一个共用体变量中不能同时存放其所有成员变量

D．共用体类型定义中不能出现结构体类型的成员变量

14．下面对 typedef 叙述不正确的是（　　）。

A．用 typedef 可以定义多种类型名，但不能用来定义变量

B．用 typedef 可以增加新类型

C．用 typedef 只是将已存在的类型用一个新的标识符来代表

D．使用 typedef 有利于程序的通用和移植

15．链表不具有的特点是（　　）。

A．不必事先估计存储空间　　B．插入、删除节点时不用移动元素

C．可随机访问任意元素　　D．所需空间与线性表长度成正比

16．链接存储的存储结构所占存储空间（　　）。

A．分两部分，一部分存放节点值，另一部分存放节点所占单元数

B．只有一部分，存放节点值

C．分两部分，一部分存放节点值，另一部分存放表示节点间关系的指针

D．只有一部分存储表示节点间关系的指针

17．链表是一种采用（　　）存储结构存储的线性表。

A．网状　　B．星式　　C．链式　　D．顺序

18．下面程序的运行结果是（　　）。

```
#include <stdio.h>
struct st
{
    int n;
    float score;
};
int main()
{
    int i = 0;
    struct st s[3] = { {19,78.5},{20,79.0},{21,87.0} };
    i++;
    printf("%d,%.2f", s[i].n, s[i].score);
    return 0;
}
```

A．19,78.5　　B．20,79.00　　C．21,87.0　　D．都不正确

19．下面程序的运行结果是（　　）。

```
#include <stdio.h>
struct node
{
    int data;
```

```
    char c;
};
void fun(struct node* a)
{
    a->data = 7;
    a->c = 'v';
}
int main()
{
    struct node a = { 6,'b' };
    fun(&a);
    printf("%d,%c", a.data, a.c);
    return 0;
}
```

A．6,b　　B．7,v　　C．7,b　　D．其他

20．在单向链表中，存储每个节点要有两个域：一个是数据域；另一个是指针域，存放指向（　　）的指针。

A．开始节点　　B．终端节点　　C．直接后继　　D．直接前趋

21．下面程序的运行结果是（　　）。

```
#include <stdio.h>
struct NODE
{
    int num;
    struct NODE* next;
};
int main()
{
    struct NODE s[3] = { {1, '\0'},{2, '\0'},{3, '\0'}},*p,*q,*r;
    int sum = 0;
    s[0].next = s + 1;
    s[1].next = s + 2;
    s[2].next = s;
    p = s;
    q = p->next;
    r = q->next;
    sum += q->next->num;
    sum += r->next->next ->num;
    printf("%d", sum);
    return 0;
}
```

A．5　　B．6　　C．7　　D．8

22．下面程序的运行结果是（　　）。

```
#include <stdio.h>
#include <stdlib.h>
struct NODE {
    int num;
```

```
    struct NODE *next;
};
int main()
{
    struct NODE *p, *q, *r;
    p = (struct NODE*)malloc(sizeof(struct NODE));
    q = (struct NODE*)malloc(sizeof(struct NODE));
    r = (struct NODE*)malloc(sizeof(struct NODE));
    p->num = 10;
    q->num = 20;
    r->num = 30;
    p->next = q;
    q->next = r;
    printf("%d", p->num + q->next-> num);
    return 0;
}
```

A．30　　B．40　　C．50　　D．60

23．如果有以下结构体类型的说明和结构体变量的定义，且指针变量 p 指向变量 a，指针变量 q 指向变量 b，则不能把节点 b 连接到节点 a 之后的语句是（　　）。

```
struct node {
    char data;
    struct node* next;
} a, b, * p = &a, * q = &b;
```

A．(*p).next=q; .　　B．p.next=&b;

C．a.next=q;　　D．p-> next= &b;

24．对于一个头指针为 head 的带头节点的单向链表，判定该表为空表的条件是（　　）。

A．head!=NULL　　B．head->next= =NULL

C．head->next= =head　　D．head==NULL

25．下面有关双向链表的说法正确的是（　　）。

A．双向链表的节点含有两个指针域，分别存放指向其直接前趋和直接后继节点的指针

B．双向链表实现了对节点的随机访问，是一种随机存储结构。

C．在双向链表中插入或删除节点时，要移动节点。

D．双向链表所需存储空间与单向链表所需存储空间相同。

26．在双向链表存储结构中，删除指针变量 p 所指的节点时要修改的语句是（　　）。

A．p- > next=p- > next- > next;p- > next - > prior=p;

B．p- > prior=p- > next- > next;p- > next=p- > prior - > prior;

C．p- > prior - > next=p;p- > prior=p- > prior - > prior;

D．p - > next - > prior=p- > prior;p - > prior- > next=p - > next;

27．下面程序的运行结果是（　　）。

```
#include<stdio.h>
struct st
{
    char n[10];
```

```
    int age;
    int score;
};
int main(void) {
    struct st s[3] = { {"Tom",18,87},{"Dave",22,95},{"Jim",23,73} };
    int i, sum = 0;
    for (i = 0;i < 3;i++)
        sum = sum + s[i].score;
    printf("%d", sum);
    return 0;
}
```

A．254　　B．255　　C．256　　D．257

三、编程题

在下面横线上填写适当的代码，以实现使用结构体类型存储学生信息。

```
#include <stdio.h>
____ student
{
    char name[50];
    int roll;
    float marks;
} s;
int main()
{
    printf("输入信息:\n");
    printf("名字: ");
    scanf("%s", ____);
    printf("编号: ");
    scanf("%d", ____);
    printf("成绩: ");
    scanf("%f", ____);
    printf("显示信息:\n");
    printf("名字: ");
    puts(s.name);
    printf("编号: %d\n", s.roll);
    printf("成绩: %.1f\n", s.marks);
    return 0;
}
```

第 12 章　文件及目录

存放在外部存储器中的数据被统称为文件。例如，存放在硬盘、移动硬盘或者 U 盘中的电影、音乐、表格、文档等数据都可以被称为文件。相对于变量和常量，文件存储数据具有更灵活、更持久等特点。本章将讲解如何使用 C 语言中的文件。

12.1　文件概述

有时，计算机处理的数据会十分巨大，只通过键盘输入数据是不现实的。在遇到大量数据时，可以将数据以文件的形式存放于外部存储器中，然后通过计算机对其进行批量处理。本节将详细讲解 C 语言中文件的相关概念。

12.1.1　文件类型

在 C 语言中，文件按照内容存储方式可以分为以下两种类型。

1. 二进制文件

二进制文件是指所有数据直接以二进制形式被保存，并可以直接被使用而不用做数据转换。这类文件由于在使用时无须进行数据转换，所以在这类文件中读取和写入数据是最快的。例如，音频文件、视频文件都是以二进制形式存储在硬盘当中。

2. 文本文件

文本文件是指将文本、字符等类型的数据转换为各种字符编码进行保存。由于这类文件在使用时要进行数据转换，所以在这类文件中读取和写入数据时会比在二进制文件中读取和写入数据慢。例如，txt 格式的文档就是以文本形式进行存储的文本文件。

12.1.2　存取方式

存取方式是指对文件数据的存储与获取的方式。对文件数据的存储被称为写入文件。对文件数据的获取被称为读取文件。文件的存取方式包含以下两种。

1. 顺序存取

顺序存取是指打开文件后，从文件头开始，按照顺序对文件数据进行读取或写入操作。也就是说，在使用顺序存取方式对文件数据操作时，必须要找到文件头，然后依照顺序对文件数据进行访问。在使用这种方式对文件数据进行操作时，数据节点之间的关系只是在逻辑上的连接。例如，链表中的数据就是以顺序存取方式被存取的，如图 12.1 所示。

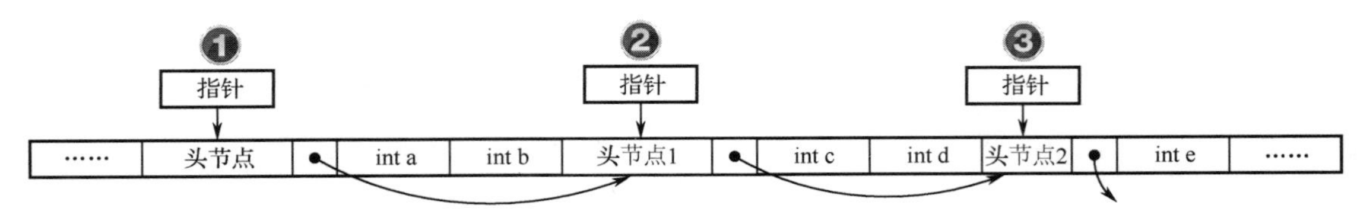

图 12.1　顺序存取

2. 直接存取

直接存取又被称为随机存取，是指直接指定存取文件中的具体节点位置数据，无须访问文件中的其他节点数据。在使用这种方式对文件数据进行操作时，数据节点之间的关系是物理上的连接。例如，数组中的数据就是以这种方式被存取的，如图 12.2 所示。

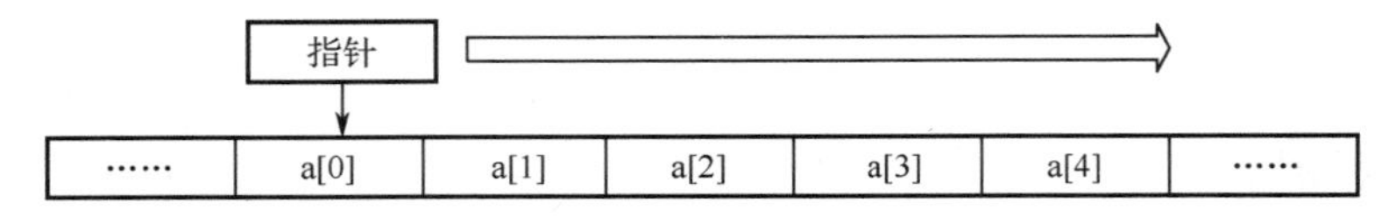

图 12.2　直接存取

12.1.3　存取流程

在 C 语言中，存取流程是指当对文件数据进行读取和写入操作时，系统会为文件开辟一个缓存区。缓存区是指系统在内存中临时开辟的一个存储空间，用于处理文件。

当对文件数据进行写入操作时，系统会将写入的数据放入开辟的缓存区中；当缓存区被写入的数据填满时，系统一次性将缓冲区的数据写入文件中，如图 12.3 所示。

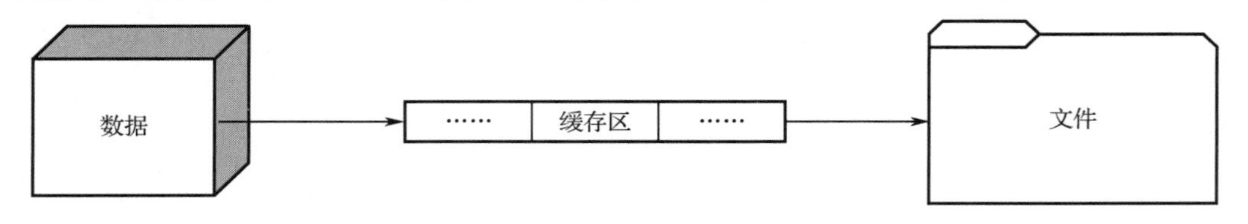

图 12.3　文件数据的写入

当对文件数据进行读取操作时，系统会将文件中一段与缓存区同等大小的数据读取到缓存区中，然后程序中的读取语句会依次读取缓存区中的数据；当缓存区的数据被读取完成后，系统再将文件中的一部分新数据放入缓存区，然后程序中读取语句再次读取缓存区中的新数据；依次类推，直到读取到文件中的结束标识符或 EOF 为止，如图 12.4 所示。

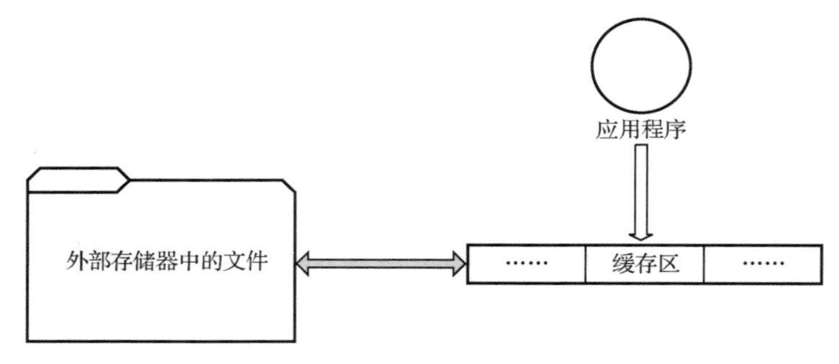

图 12.4　文件数据的读取

注意： EOF（End Of File），表示资料源无更多的资料可被读取了，用于表示文件的结束。二进制文件通过函数判断文件是否结束。

这种利用缓存区读取与写入文件数据的方式，可以大大减少对外部存储器的访问次数，从而提高了读取与写入文件数据的速度。如果没有缓存区，每读取一个字节数据就要访问一次外部存储器；如果读取 1GB 数据，就要访问 1 073 741 824 次外部存储器，这对于计算机来说无疑是十分巨大的负担。

12.2　对文件的基本操作

通过对文件数据读取和写入操作，才能完成对文件的读取、写入、修改及存储。对文件的最基本操作就是对文件的读取和写入。本节将讲解对文件的基本操作。

12.2.1　文件指针

文件指针是结构体类型的指针，用关键字 FILE 表示。在 C 语言中，文件指针的结构体类型已经在系统函数库 stdio.h 中被定义了。所以，可以直接通过关键字 FILE 声明一个 FILE 类型的文件指针。

声明文件指针的语法如下：

```
FILE *文件指针变量标识符;
```

注意： 使用文件指针必须引入头文件 stdio.h。

12.2.2　打开文件

对文件中数据进行操作，首先就要打开文件。打开文件要使用到函数 fopen()。

调用函数 fopen()的语法如下：

```
文件指针名=fopen(文件名,使用文件方式参数);
```

- 文件名是指文件的名称，也可以为文件的路径。如果使用文件名就要将文件与应用程序放在同一个目录中。
- 使用文件方式参数表示要对文件进行什么操作。文件类型可以分为文本文件与二进制文件，并且对于文件的操作分为读取文件及写入文件。所以，使用文件方式参数有多种，如表 12.1 所示。

表 12.1　使用文件方式参数说明

参数名称	说　明
t	表示文本文件，为系统默认的使用文件方式参数
b	表示二进制文件
r	表示以只读方式打开文件，只允许读取文件，不允许写入文件。如果文件不存在或不允许被读取，操作会出错
rb	表示以只读方式打开一个二进制文件。其余功能与“r”相同
w	表示以写入方式打开文件。如果文件存在，则从文件起始位置开始写入新数据，并会覆盖文件中原有数据，导致文件中原有数据被删除。如果文件不存在，则创建一个新文件，再进行写入操作

续表

参数名称	说　　明
wb	表示以写入方式打开二进制文件。其余功能与“w”相同
a	表示以在文件末尾写入数据的方式打开文件。如果文件不存在，将创建一个新文件；如果文件存在，写入的数据将追加到文件末尾，文件中原有数据被保留
ab	表示以在文件末尾写入数据的方式打开二进制文件。其余功能与“a”相同
r+	表示以读取和写入方式打开文件。对文件既可以读取也可以写入。必须从文件起始位置开始写入或读取数据。写入新数据时，只会覆盖新数据占用的存储空间中的原有数据，没有被新数据覆盖的原有数据部分还会被保留。文件必须存在，否则操作会出错
rb+	表示以读取和写入方式打开二进制文件。其余功能与“r”相同，只是在读取和写入操作时，可以通过位置函数指定读取和写入数据的位置
w+	表示如果文件不存在，那么创建一个新文件进行写入操作，然后从文件起始位置开始读取操作。如果文件存在，写入的新数据会覆盖文件中所有原有数据，然后进行读取操作
wb+	表示功能与“w+”相同，只是在读取和写入操作时，可以通过位置函数指定读取和写入数据的位置
a+	表示功能与“a”相同，只是在文件末尾进行写入操作后，从文件起始位置开始读取操作
ab+	表示功能与“a+”相同，只是在读取和写入操作时，可以通过位置函数指定读取和写入的位置

【示例 12-1】打开一个文件 file_a。

程序如下：

```
FILE *fp;
fp=fopen("file_a","r");
```

在该程序中，函数 fopen()会调用两个参数打开文件 file_a。如果函数 fopen()调用这两个参数成功，则返回一个 FILE 类型指针并赋给指针变量 fp，这样 fp 会指向文件 file_a。如果函数 fopen()调用这两个参数失败，则会返回 NULL。

为了判断文件是否被正确打开，可以增加一个 if 判断条件，根据函数 fopen()的返回值判断文件的打开情况，程序如下：

```
FILE *fp;
if((fp=fopen("D:\a","r"))==NULL)                    //打开文件 a
{
    printf("打开文件失败！ \n");
    exit(0);
}
```

注意：函数 exit()的作用是终止程序运行，并且返回 0。在使用函数 exit()时，必须引入头文件 stdlib.h。

12.2.3　关闭文件

关闭文件必须调用函数 fclose()。

调用函数 fclose()的语法如下：

```
fclose(文件指针);
```

其中，文件指针是指在进行打开文件操作时，指向文件的 FILE 类型指针。

当使用函数 fclose()关闭对应文件时，如果对文件进行完只读操作，则会断开文件指针指向文件的关系，表示关闭文件。该文件指针可以被分配指向其他文件；对文件进行完写入操作，则系统会将缓存区的所有数据全部写入文件中，然后才会断开文件指针指向文件的关系，表示关闭文件。所以，当对文件操作完成后，必须要关闭文件，否则残留在缓存区的数据会被丢失。

如果关闭文件成功，则会返回 0；如果关闭文件失败，则返回非 0 数值。

【示例 12-2】打开文件 a.txt 后，关闭该文件。

程序如下：

```
#include <stdio.h>
#include <conio.h>
#include <stdlib.h>
int main()
{
	FILE *fp;                                   //声明文件指针
	if((fp=fopen("a.txt","r"))==NULL)           //判断打开文件是否成功
	{
		printf("打开文件失败！\n");
		exit(0);
	}
	if(fclose(fp)==0)                           //判断关闭文件是否成功
	{
		printf("文件关闭成功！\n");
	}
	else
	{
		printf("文件关闭失败！\n");
	}
	getch();
	return 0;
}
```

运行程序，输出以下内容：

```
打开文件失败！
```

打开文件失败的原因是使用的可执行文件所在目录中没有文件 a.txt。如果把可执行文件 file.exe 与文件 a.txt 放在同一个目录下，如图 12.5 所示。

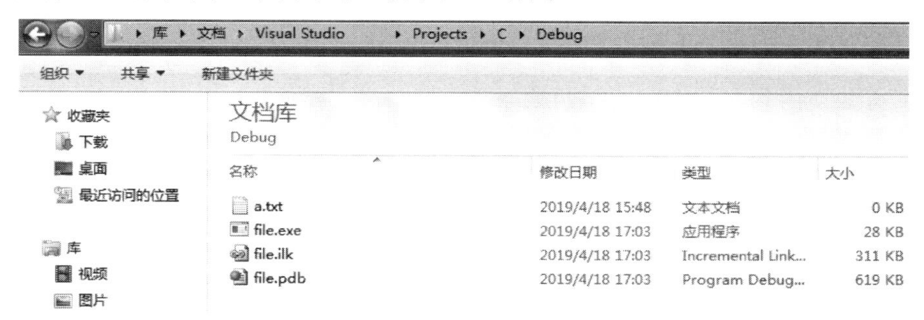

图 12.5　可执行文件 file.exe 与文件 a.txt 在同一个目录下

双击运行 file.exe 后，命令行窗口会输出以下内容：

```
文件关闭成功！
```

【示例 12-3】通过指定完整文件路径的方式，打开和关闭文件 a.txt。

程序如下：

```
#include <stdio.h>
#include <conio.h>
#include <stdlib.h>
int main()
{
	FILE *fp;
	if((fp=fopen("C:\\Users\\Administrator\\Documents\\Visual Studio \\Projects\\C\\Debug\\a.txt","r"))==NULL)
	{
		printf("打开文件失败！ \n");
		exit(0);
	}
	if(fclose(fp)==0)
	{
		printf("文件关闭成功！ \n");
	}
	else
	{
		printf("文件关闭失败！ \n");
	}
	getch();
	return 0;
}
```

运行程序，输出以下内容：

```
文件关闭成功！
```

注意：符号“\”在字符串中被作为转义符来使用，所以要使用“\\”表示“\”。这里，路径“C:\Users\Administrator\Documents\Visual Studio\Projects\C\Debug\a.txt”要写为“C:\\Users\\Administrator\\Documents\\Visual Studio \\Projects\\C\\Debug\\a.txt”。

12.2.4 存取字符

存取字符是指对文件进行写入字符和读取字符的操作，并要使用到以下函数。

1. 函数 fputc()与函数 putc()——写入字符

写入字符要使用到函数 fputc()与函数 putc()。

调用函数 fputc()与调用函数 putc()的语法及功能是一样的，其语法如下：

```
fputc( ch,fp);
putc( ch,fp);
```

- 参数 ch 是指要写入的字符。该字符可以为字符常量，也可以为字符变量。
- 参数 fp 是指文件指针。

函数 fputc()与函数 putc()都会将 ch 代表的字符写入文件中，如果在文件中写入该字符成功，则会返回该字符；如果在文件中写入该字符失败，则会返回 EOF。

注意：EOF 是在 stdio.h 库函数文件中定义的符号常量，其值为-1。

【示例 12-4】使用函数 fputc()为文件 a.txt 写入一个字符 a。

程序如下：

```
#include <stdio.h>
#include <conio.h>
#include <stdlib.h>
int main()
{
    FILE *fp;
    if((fp=fopen("C:\\Users\\Administrator\\Documents\\Visual Studio \\Projects\\C\\Debug\\a.txt","w")) ==
NULL)
    {
        printf("打开文件失败！\n");
        getch();
        exit(0);
    }
    char ch='a';
    if(fputc(ch,fp)=EOF)                                        //判断返回值是否为 EOF
    {
        printf("写入失败！\n");
    }
    else
    {
        printf("写入成功！\n");
    }
    if(fclose(fp)==0)                                           //判断文件关闭是否成功
    {
        printf("文件关闭成功！\n");
    }
    else
    {
        printf("文件关闭失败！\n");
    }
    getch();
    return 0;
}
```

运行程序，输出以下内容：

```
写入成功！
文件关闭成功！
```

从程序运行结果可以看出，字符被成功写入文件中。打开 a.txt 文件后，可以看到该文件中的内容，如图 12.6 所示。

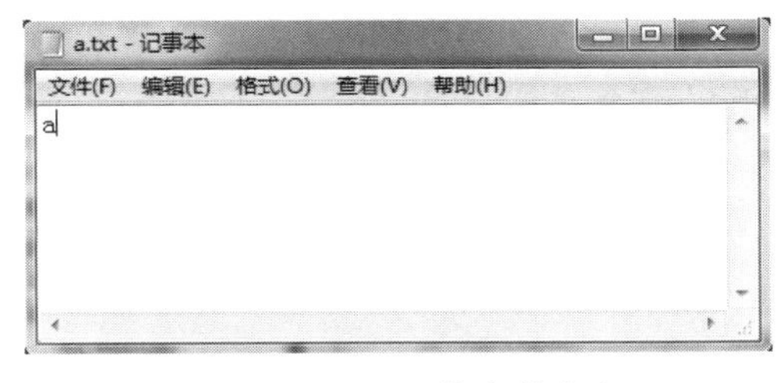

图 12.6　a.txt 文件中的内容

注意：在程序中，函数 fopen()第 2 个参数要改为“w”，表示写入操作。

2. 函数 fgetc()与函数 getc()——读取字符

读取字符要使用到函数 fgetc()与函数 getc()。

调用函数 fputc()与调用函数 putc()的语法及功能是一样的，其语法如下：

```
fgetc(fp);
getc(fp);
```

- 参数 fp 是指文件指针。

如果函数 fgetc()与函数 getc()读取文件中的字符成功，则会返回读取的字符；如果函数 fgetc()与函数 getc()读取文件中的字符失败，则会返回 EOF。

【示例 12-5】使用函数 getc()读取文件中的字符，并关闭该文件。

程序如下：

```
#include <stdio.h>
#include <conio.h>
#include <stdlib.h>
int main()
{
	FILE *fp;
	if((fp=fopen("C:\\Users\\Administrator\\Documents\\Visual 2010\\Projects\\C\\Debug\\a.txt","r+"))==NULL)
	{
		printf("打开文件失败！\n");
		getch();
		exit(0);
	}
	char ch;
	ch=getc(fp);
	if(ch==EOF)
	{
		printf("读取失败！\n");
	}
	else
	{
		printf("读取到的字符为%c\n",ch);
	}
	if(fclose(fp)==0)
	{
		printf("文件关闭成功！\n");
	}
	else
	{
		printf("文件关闭失败！\n");
	}
	getch();
	return 0;
}
```

运行程序，输出以下内容：

```
读取到的字符为 a
文件关闭成功！
```

如果想要读取多个字符，可以使用 while 循环语句来实现。通过 while 循环语句不断读取文件中的字符，一直读取到结束符 EOF 为止。

【示例 12-6】读取文件中的所有字符。文件 a.txt 包含 a、b、c、d、e、f 这 6 个字符。

程序如下：

```
#include <stdio.h>
#include <conio.h>
#include <stdlib.h>
int main()
{
	FILE *fp;
	if((fp=fopen("C:\\Users\\Administrator\\Documents\\Visual 2010\\Projects\\C\\Debug\\a.txt","r+"))==NULL)
	{
		printf("打开文件失败！ \n");
		getch();
		exit(0);
	}
	char ch=getc(fp);
	while(ch!=EOF)
	{
		printf("读取到的字符为%c\n",ch);
		ch=getc(fp);
	}
	if(fclose(fp)==0)
	{
		printf("文件关闭成功！ \n");
	}
	else
	{
		printf("文件关闭失败！ \n");
	}
	getch();
	return 0;
}
```

运行程序，输出以下内容：

```
读取到的字符为 a
读取到的字符为 b
读取到的字符为 c
读取到的字符为 d
读取到的字符为 e
读取到的字符为 f
文件关闭成功！
```

当函数 getc()的返回值为 EOF 时，程序会跳出 while 循环语句，从而结束对文件的读取。

3. 函数 feof()

由于文本文件都是以 ASCII 值的形式进行存放的，并且 ASCII 值的范围是 0～255，并不包含-1，所以可以通过使用 EOF（值为-1）作为文本文件的结束标志。而二进制文件可以包含-1，所以无法使用 EOF 作为文件的结束标志。因此，C 语言提供函数 feof()用于判断二进制文件是否结束。

调用函数 feof()后，当文件指针指向文件结束的位置，函数 feof()的返回值为 1；如果文件指针没有指向文件结束的位置，函数 feof()的返回值为 0。

调用函数 feof()的语法如下：

```
feof(fp);
```

- 参数 fp 是指文件指针。

【示例 12-7】使用函数 feof()判断文件结尾。

程序如下：

```
#include <stdio.h>
#include <conio.h>
#include <stdlib.h>
int main()
{
	FILE *fp;
	if((fp=fopen("C:\\Users\\Administrator\\Documents\\Visual 2010\\Projects\\C\\Debug\\a.txt","r+"))==NULL)
	{
		printf("打开文件失败！\n");
		getch();
		exit(0);
	}
	char ch=getc(fp);
	while(!feof(fp))
	{
		printf("读取到的字符为%c\n",ch);
		ch=getc(fp);
	}
	if(fclose(fp)==0)
	{
		printf("文件关闭成功！\n");
	}
	else
	{
		printf("文件关闭失败！\n");
	}
	getch();
	return 0;
}
```

运行程序，输出以下内容：

```
读取到的字符为 a
读取到的字符为 b
```

```
读取到的字符为 c
读取到的字符为 d
读取到的字符为 e
读取到的字符为 f
文件关闭成功！
```

在该程序中，通过获取函数 feof()的返回值，判断文件指针是否指向了文件的结尾。

12.2.5 格式化存取内容

格式化存取内容是指按照固定格式对内容进行存取，并要使用到以下两个函数。

1. 函数 fprintf()——写入内容

函数 fprintf()会将内存中的数据按格式转化为对应的字符，并以 ASCII 值的形式写入对应的文件中。

调用函数 fprintf()的语法如下：

```
fprintf(文件指针,格式控制字符串,写入项表);
```

- 文件指针指向目标文件。
- 格式控制字符串是多个格式占位符组成的字符串。其中，格式占位符根据写入项的数据类型确定，如%d 对应整型。
- 写入项表是指要写入的内存数据的所有项，如整型变量 a。

假设将两个整型变量 a 与 b 写入文件指针 fp 指向的文件 a.txt，则调用函数 fprintf()的语句如下：

```
fprintf(fp,"%d%d",a,b);
```

该语句表示将变量 a 与 b 的值以 ASCII 值的形式写入文件 a.txt 中。

【示例 12-8】将变量 a 的值写入文件 a.txt 中，而文件 a.txt 中原有内容为 a。

程序如下：

```
#include <stdio.h>
#include <conio.h>
#include <stdlib.h>
int main()
{
    int a=1;
    FILE *fp;
    if((fp=fopen("D:\\a.txt","w"))==NULL)               //打开文件
    {
        printf("打开文件失败！\n");
        getch();
        exit(0);
    }
    fprintf(fp,"%d",a);                                  //将变量的值写入文件
    if(fclose(fp)==0)
    {
        printf("文件关闭成功！\n");
    }
```

```
        else
        {
                printf("文件关闭失败！\n");
        }
        getch();
        return 0;
}
```

运行程序，输出以下内容：

```
文件关闭成功！
```

当程序运行完毕后，文件 a.txt 中的 a 会被替换为数字 1，如图 12.7 所示。

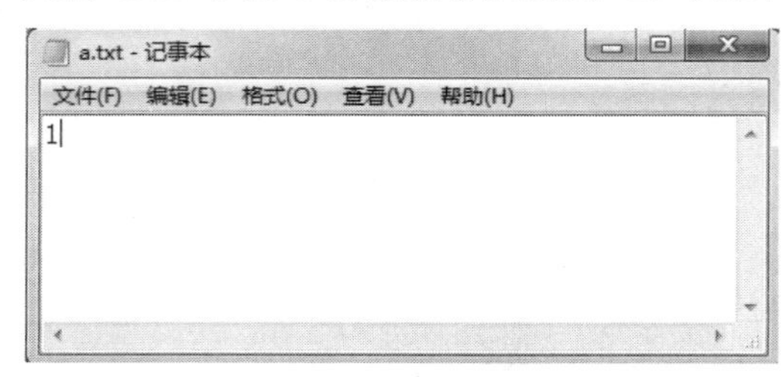

图 12.7　文件 a.txt 中的内容

2. 函数 fscanf()——读取内容

函数 fscanf()会读取文件中的数据并将其赋给指定的变量。

调用函数 fscanf()的语法如下：

```
fscanf(文件指针,格式控制字符串,读取项表);
```

- 文件指针指向目标文件，即要读取数据的文件。
- 格式控制字符串是多个格式占位符组成的字符串。其中，格式占位符根据目标变量的数据类型确定，如%d 对应整型。
- 读取项表是指内存中接收读取的文件数据的所有项，如整型变量 a。

假设读取文件中的数据并将其赋给两个变量 a 与 b，文件指针 fp 指向文件 a.txt，变量 a 与 b 为整型，则调用函数 fscanf ()的语句如下：

```
fscanf(fp,"%d%d",&a,&b);
```

该语句表示将文件 a.txt 中的数据放到内存变量 a 与 b 中。

【示例 12-9】读取文件 a.txt 中的数据并将其放入变量 a 中。已知文件 a.txt 的数据为数字 1。

程序如下：

```
#include <stdio.h>
#include <conio.h>
#include <stdlib.h>
int main()
{
        int a=0;
        FILE *fp;
        if((fp=fopen("D:\\a.txt","r+"))==NULL)
        {
                printf("打开文件失败！\n");
                getch();
```

```
            exit(0);
        }
        fscanf(fp,"%d",&a);                         //将文件中的内容写入变量
        if(fclose(fp)==0)
        {
            printf("文件关闭成功！\n");
        }
        else
        {
            printf("文件关闭失败！\n");
        }
        printf("变量 a 的值为%d\n",a);
        getch();
        return 0;
}
```

运行程序，输出以下内容：

```
文件关闭成功！
变量 a 的值为 1
```

从程序运行结果可以看出，文件 a.txt 中的数据被成功赋给了变量 a。

12.2.6　存取字符串

存取字符串是指从文件中读取字符串，或者将字符串写入文件中。实现这两个功能要使用以下两个函数。

1. 函数 fputs()——写入字符串

函数 fputs()可以将字符串写入指定的文件中。

调用函数 fputs()的语法如下：

```
fputs(str,fp);
```

- str 是指要写入的字符串。
- fp 是指文件指针，指向要被进行写入操作的文件。

【示例 12-10】使用函数 fputs()向文件 a.txt 写入字符串 abc。

程序如下：

```
#include <stdio.h>
#include <conio.h>
#include <stdlib.h>
int main()
{
        FILE *fp;
        if((fp=fopen("D:\\a.txt","r+"))==NULL)
        {
            printf("打开文件失败！\n");
            getch();
            exit(0);
        }
```

```
        fputs("abc",fp);                //向文件中写入字符串
        if(fclose(fp)==0)
        {
            printf("文件关闭成功！\n");
        }
        else
        {
            printf("文件关闭失败！\n");
        }
        getch();
        return 0;
}
```

运行程序，输出以下内容：

```
文件关闭成功！
```

当程序运行完毕后，文件 a.txt 中的内容为字符串 abc，如图 12.8 所示。

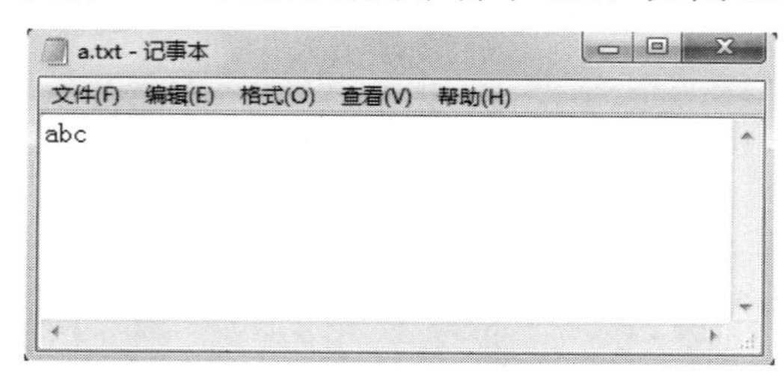

图 12.8　文件 a.txt 的内容

2. 函数 fgets()——读取字符串

函数 fgets()可以读取指定文件中的字符串，并将读取到的字符串赋给指定的变量。

调用函数 fgets()的语法如下：

```
fgets(str,n,fp);
```

- str 是要被赋给读取到的字符串的变量。
- n 是一个整型变量或整数常量，表示要读取的字符串长度（字符个数）为 n-1。如果读取的字符个数不足 n-1 时，读取到换行符或 EOF 后结束本次读取，其中读取到的换行符包含在已读取的字符串范围中。当读取操作完成后，系统自动在读取的字符串结尾处添加字符串结束符（\0）。
- fp 是指文件指针，指向要被进行读取操作的文件。

【示例 12-11】使用函数 fgets()读取文件 a.txt 中的字符串。

程序如下：

```
#include <stdio.h>
#include <conio.h>
#include <stdlib.h>
int main()
{
        FILE *fp;
        char str[6];
        if((fp=fopen("D:\\a.txt","r+"))==NULL)
        {
```

```
            printf("打开文件失败！\n");
            getch();
            exit(0);
        }
        fgets(str,5,fp);                        //读取文件中的字符串到数组变量
        if(fclose(fp)==0)
        {
            printf("文件关闭成功！\n");
        }
        else
        {
            printf("文件关闭失败！\n");
        }
        printf("字符串的值为%s\n",str);
        getch();
        return 0;
}
```

运行程序，输出以下内容：

```
文件关闭成功!
字符串的值为 abc
```

12.2.7 存取二进制数据

存取二进制数据是指对二进制文件进行写入和读取操作。实现这两个功能要使用以下两个函数。

1. 函数 fwrite()——写入二进制数据

函数 fwrite()可以将二进制数据写入指定的二进制文件中。

调用函数 fwrite()的语法如下：

```
fwrite(buffer,size,count,fp);
```

- buffer 是指数据块的指针，具体是指要写入的数据块的起始地址。
- size 是指每个数据块的字节数。
- count 用于指定每次写入的数据块的个数。
- fp 是指文件指针，指向要被进行写入操作的文件。

【示例 12-12】使用函数 fwrite()创建一个二进制文件 b.txt，并写入整型数据 98。

程序如下：

```
#include <stdio.h>
#include <conio.h>
#include <stdlib.h>
int main()
{
        FILE *fp;
        int a=98;
        if((fp=fopen("D:\\b.txt","w"))==NULL)
        {
```

```
            printf("打开文件失败！ \n");
            getch();
            exit(0);
        }
        fwrite(&a,4,1,fp);                    //将变量中的字符串写入文件中
        if(fclose(fp)==0)
        {
            printf("文件关闭成功！ \n");
        }
        else
        {
            printf("文件关闭失败！ \n");
        }
        getch();
        return 0;
}
```

运行程序，输出以下内容：

```
文件关闭成功！
```

当程序运行完毕后，在计算机的 D 盘根目录下会出现一个 b.txt 文件，并且该文件中的内容为字符 b。如图 12.9 所示。

图 12.9　文件 b.txt 中的内容

函数 fwrite()将数字 98 以二进制数的形式存放到文件 b.txt 后，计算机会自动将该二进制数转换为 ASCII 值对应的字符 b。所以当我们双击并打开文件 b.txt 时，会看到文件 b.txt 中的内容为 b。

2. 函数 fread()——读取二进制数据

函数 fread()可以读取指定文件中的字符串，并将读取到的字符串的起始地址作为函数返回值。

调用函数 fread()的语法如下：

```
fread(str,n,fp);
```

- str 是指存放读取到的字符串的起始地址。
- n 是一个整型变量或整数常量。函数 fread()可以从文件中读取 n-1 个字符组成的字符串。如果读取的字符个数不足 n-1，则在读取到换行符或 EOF 后结束本次读取。当读

取操作完成后，系统自动在读取的字符串结尾处添加字符串结束符（\0），并将 str 作为函数返回值。

- fp 是指文件指针，指向要被进行读取操作的文件。

【示例 12-13】使用函数 fread()读取文件 b.txt 中的字符串。

程序如下：

```
#include <stdio.h>
#include <conio.h>
#include <stdlib.h>
int main()
{
	FILE *fp;
	int a=0;
	if((fp=fopen("D:\\b.txt","r"))==NULL)
	{
		printf("打开文件失败！\n");
		getch();
		exit(0);
	}
	fread(&a,4,1,fp);                    //从文件中读取字符串到变量
	if(fclose(fp)==0)
	{
		printf("文件关闭成功！\n");
	}
	else
	{
		printf("文件关闭失败！\n");
	}
	printf("变量 a 的值为%d\n",a);
	getch();
	return 0;
}
```

运行程序，输出以下内容：

```
文件关闭成功！
变量 a 的值为 98
```

当程序运行完成后，将文件 b.txt 中的数据读取出来并赋给内存变量 a。

12.2.8　移动文件指针

对文件进行写入和读取操作都要使用文件指针。文件指针会随着写入或读取的操作不断移动。当完成写入或读取操作后，文件指针会移动到文件的尾部。所以，文件指针可以在文件的头部与尾部之间进行移动。

当要从头部进行写入或读取操作时，就要将文件指针指向文件的头部。当要在文件尾部写入数据时，就要将文件指针指向文件的尾部。当要在文件中的某个位置进行写入或读取操作时，就要先将文件指针移动到指定位置，然后才能进行对应的操作。

通过移动文件指针可以对文件中任意位置进行读取和写入操作。移动文件指针可以使用以下 3 个函数。

1. 函数 fseek()——移动到指定位置

函数 fseek()可以将文件指针移动到文件中的指定位置，让对文件的写入和读取操作从指定位置开始。当通过函数 fopen()的“rb+”属性打开文件时，可以在文件指定位置进行写入和读取操作，这时就要使用到函数 fseek()。

调用函数 fseek()的语法如下：

```
fseek(fp,offset,origin);
```

- fp 是指文件指针，指向要被进行操作的文件。
- offset 是指以字节为单位的位移量，默认为长整型。
- origin 是指起始点，标明了开始移动文件指针的位置。起始点可以用数字表示，也可以用标识符表示，如表 12.2 所示。

表 12.2　起始点的数字与标识符

数　字	标 识 符	含 义 说 明
0	SEEK_SET	文件开始位置
2	SEEK_END	文件结尾位置
1	SEEK_CUR	文件当前位置

【示例 12-14】文件 b.txt 中的内容为字符串 abcd。使用函数 fseek()在该文件中插入一个字符 w。

程序如下：

```
#include <stdio.h>
#include <conio.h>
#include <stdlib.h>
int main()
{
	FILE *fp;
	if((fp=fopen("D:\\b.txt","rb+"))==NULL)
	{
		printf("打开文件失败！\n");
		getch();
		exit(0);
	}
	fseek(fp,2,0);
	fputc('w',fp);
	if(fclose(fp)==0)
	{
		printf("文件关闭成功！\n");
	}
	else
	{
		printf("文件关闭失败！\n");
```

```
    }
    getch();
    return 0;
}
```

运行程序，输出以下内容：

```
文件关闭成功！
```

当程序运行完毕后，文件 b.txt 中的内容会变为 abwd，如图 12.10 所示。

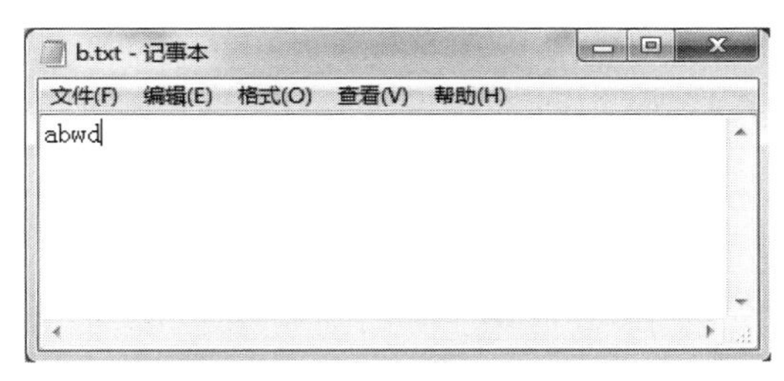

图 12.10　文件 b.txt 中的内容

2. 函数 ftell()——获取文件指针位置

函数 ftell()可以获取文件指针的具体位置。该函数的返回值反映文件指针距离文件头部之间的距离，单位为字节。该函数的返回值的数据类型为长整型。

调用函数 ftell ()的语法如下：

```
ftell (fp);
```

- fp 是指文件指针，指向要被进行操作的文件。

如果不知道文件指针的位置，可以通过函数 ftell()获取文件指针的位置，然后再进行对应的读取和写入操作。

【示例 12-15】已知文件 b.txt 中的内容为字符串 abwd。通过函数 ftell()获取 b.txt 文件的字节长度。

程序如下：

```
#include <stdio.h>
#include <conio.h>
#include <stdlib.h>
int main()
{
    FILE *fp;
    int a=0;
    if((fp=fopen("D:\\b.txt","rb+"))==NULL)
    {
        printf("打开文件失败！\n");
        getch();
        exit(0);
    }
    fseek(fp,0,2);
    long t=ftell (fp);
    if(fclose(fp)==0)
    {
        printf("文件关闭成功！\n");
```

```
    }
    else
    {
        printf("文件关闭失败！\n");
    }
    printf("文件的长度为%ld 个字节\n",t);
    getch();
    return 0;
}
```

运行程序，输出以下内容：

```
文件关闭成功！
文件的长度为 4 个字节
```

3.函数 rewind()——回到文件头部

当对文件的写入操作完成后，文件指针会移动到文件的尾部或其他地方。此时，如果想要对文件从头部进行读取操作，则可以使用以下 3 种方式。

- 第 1 种方式是关闭文件，然后再次打开文件。此时，文件指针回归到文件头部，这样就可以从头部开始对文件进行读取。
- 第 2 种方式是通过函数 ftell()获取文件指针位置，然后通过函数 fseek()移动文件指针到文件头部。
- 第 3 种方式也是最简单的方式，就是通过函数 rewind()直接让文件指针移动到文件头部。

函数 rewind()也被称为回绕函数，可以让文件指针重新指向文件头部。此函数没有返回值。调用函数 rewind()的语法如下：

```
rewind(fp);
```

- fp 是指文件指针，指向要被进行操作的文件。

【示例 12-16】已知文件 b.txt 中的内容为字符串 abwd。在文件 b.txt 中写入字符 y 后，通过函数 rewind()读取该文件中的内容。

程序如下：

```
#include <stdio.h>
#include <conio.h>
#include <stdlib.h>
int main()
{
    FILE *fp;
    int a=0;
    if((fp=fopen("D:\\b.txt","rb+"))==NULL)
    {
        printf("打开文件失败！\n");
        getch();
        exit(0);
    }
    fputc('y',fp);
    rewind(fp);
    char ch=getc(fp);
    while(ch!=EOF)
```

```
        {
            printf("读取到的字符为%c\n",ch);
            ch=getc(fp);
        }
        if(fclose(fp)==0)
        {
            printf("文件关闭成功！ \n");
        }
        else
        {
            printf("文件关闭失败！ \n");
        }
        getch();
        return 0;
    }
```

运行程序，输出以下内容：

```
读取到的字符为 y
读取到的字符为 b
读取到的字符为 w
读取到的字符为 d
文件关闭成功！
```

当程序运行完毕后，文件 b.txt 中的内容被修改为 ybwd。

12.3　对目录的基本操作

在 C 语言中，我们不仅可以对文件进行以上操作，还可以对目录进行操作。本节将讲解对目录的基本操作。

12.3.1　创建目录

在计算机中，目录就是各种文件存储路径的集合。创建目录要使用函数 mkdir()来实现。

调用函数 mkdir()的语法如下：

```
mkdir(目录名称);
```

如果创建目录成功，则该函数的返回值为 0；如果创建目录失败，则该函数的返回值为-1。

【示例 12-17】通过函数 mkdir()创建一个“E:\\MyCode”目录。

程序如下：

```
#include <stdio.h>
#include <conio.h>
int main()
{
    mkdir("E:\\MyCode");
    return 0;
}
```

运行程序后，“E:\\MyCode”目录会被创建，如图 12.11 所示。

图 12.11　创建的目录

12.3.2　操作当前工作目录

在 C 语言中，最常用的对当前目录的操作有两种，分别为获取当前工作目录和修改当前工作目录。

1. 获取当前工作目录

函数 getcwd()可以用来将当前工作目录的绝对路径复制到指定的存储空间。

该调用函数 getcwd()的语法如下：

```
getcwd(内存空间,空间大小);
```

如果将当前工作目录的绝对路径复制到指定的存储空间成功，则该函数返回当前工作目录，否则该函数返回 FALSE。

【示例 12-18】通过函数 getcwd()获取当前工作目录。

程序如下：

```
#include <stdio.h>
#include <conio.h>
int main()
{
    char path[100];
    getcwd(path, 100);
    printf("当前工作目录为:\n%s\n", path);
    return 0;
}
```

运行程序，输出以下内容：

```
当前工作目录为:
C:\Users\Admin\source\repos\ConsoleApplication1\ConsoleApplication1
```

2. 修改当前工作目录

函数 chdir()可以来修改当前工作目录。

调用函数 chdir()的语法如下：

```
chdir(当前工作目录);
```

如果修改当前工作目录成功，则该函数返回 0，否则该函数返回-1。

【示例 12-19】通过函数 chdir()将当前工作目录修改为“E:\MyCode”。

程序如下：

```
#include <stdio.h>
#include <conio.h>
int main()
{
    char path[100];
    getcwd(path, 100);
    printf("当前工作目录为:\n%s\n", path);
    if ((chdir("E:\\MyCode")) == 0)
    {
        printf("修改当前目录成功\n");
        getcwd(path, 100);
        printf("当前工作目录为:\n%s\n", path);
    }
    else
    {
        printf("修改当前工作目录失败\n");
        exit(1);
    }
    return 0;
}
```

运行程序，如果修改当前工作目录成功，则输出以下内容：

```
当前工作目录为:
C:\Users\lyy\source\repos\ConsoleApplication1\ConsoleApplication1
修改当前目录成功
当前工作目录为:
E:\MyCode
```

如果修改当前工作目录失败，则输出以下内容：

```
当前工作目录为:
C:\Users\lyy\source\repos\ConsoleApplication1\ConsoleApplication1
修改当前工作目录失败
```

12.3.3　删除目录

为了方便对目录的管理，不再使用的目录要被及时删除。此功能要使用函数 rmdir()来实现。

调用函数 rmdir()的语法如下：

```
rmdir(目录名称);
```

如果成功删除目录，则该函数返回 0，否则该函数返回-1。

【示例 12-20】 通过调用函数 rmdir()，删除“E:\MyCode”目录。

程序如下：

```
#include <stdio.h>
#include <conio.h>
int main()
{
    if ((rmdir("E:\\MyCode")) == 0)
```

```
        {
            printf("删除目录成功\n");
        }
        else
        {
            printf("删除目录失败\n");
        }
        return 0;
}
```

运行程序，如果删除目录成功，则输出以下内容：

```
删除目录成功
```

如果删除目录失败，则输出以下内容：

```
删除目录失败
```

12.4 文件管理

C 语言提供了对文件进行管理的函数，其中包括查找文件、重命名文件及删除文件等。本节将讲解这些函数的使用。

12.4.1 查找文件

当计算机文件很多时，可以使用函数_findfirst()、函数_findnext()和函数_findclose()查找指定的文件。通过这些函数查找文件可以避免大量的无效操作。

（1）函数_findfirst()用来查找与指定的文件名匹配的第一个文件。

调用函数_findfirst()的语法如下：

```
_findfirst(标明文件的字符串,存放文件信息的结构体的指针);
```

其中，标明文件的字符串支持通配符。如果通过函数_findfirst()查找文件成功，则该函数返回一个长整型的查找句柄（就是一个唯一编号）。这个句柄将在函数_findnext()中被使用。如果通过函数_findfirst()查找文件失败，则该函数返回-1。

（2）函数_findnext()用来查找与函数_findfirst()提供的文件名匹配的下一个文件。

调用函数_findnext()的语法如下：

```
_findnext(句柄,存放文件信息的结构体的指针);
```

函数_findnext()中的句柄就是由_findfirst()函数返回来的那个句柄。如果通过函数_findnext()查找文件成功，则该函数返回 0。如果通过函数_findnext()查找文件失败，则该函数返回-1。

（3）函数_findclose()用来释放句柄。如果不用该函数去释放句柄，那么占用句柄的文件将不能被删除，且直到程序关闭该句柄才能被释放。

调用函数_findclose()的语法如下：

```
_findclose(句柄);
```

【示例 12-21】查找 E 盘是否存在后缀名为.txt 类型的文件。如果 E 盘有该类型的文件，则将其全部输出。

程序如下：

```
#include <stdio.h>
#include <conio.h>
#include <io.h>
int main()
{
    long handle;
    struct   _finddata_t fileInfo;
    if ((handle = _findfirst("E:\\*.txt", &fileInfo)) == -1L)
    {
        printf("没有找到匹配的文件\n");
    }
    else
    {
        printf("%s\n", fileInfo.name);
        while (_findnext(handle, &fileInfo) == 0)
            printf("%s\n", fileInfo.name);
        _findclose(handle);
    }
    return 0;
}
```

运行程序，输出以下内容：

```
a.txt
b.txt
c.txt
```

12.4.2　重命名文件

重命名文件是指给文件重新取一个新名字。该功能的实现要使用到函数 rename()。

调用函数 rename()的语法如下：

```
rename(旧文件名,新文件名);
```

如果通过函数 rename()重命名文件成功，则该函数返回 0。如果通过函数 rename()重命名文件失败，则该函数返回-1。

【示例 12-22】使用函数 rename()将 E 盘下 MyCode 文件夹中的 a.txt 文件重命名为 myFile.txt。

程序如下：

```
#include <stdio.h>
#include <conio.h>
#include <io.h>
int main()
{
    char oldname[255] = { "E:\\MyCode\\a.txt" };
    char newname[255] = { "E:\\MyCode\\myFile.txt" };
    if (0 == rename(oldname, newname))
    {
        printf("%s rename %s\n", oldname, newname);
    }
```

```
        else
        {
                printf("rename error\n");
        }
        return 0;
}
```

运行程序，如果重命名文件成功，则输出以下内容：

```
E:\MyCode\a.txt rename E:\MyCode\myFile.txt
```

此时，回到 E 盘下 MyCode 文件夹中，会看到 a.txt 文件变为了 myFile.txt 文件，如图 12.12 所示。

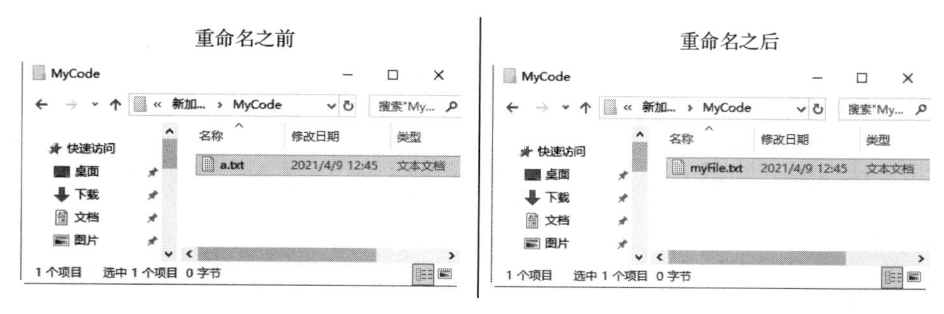

图 12.12　重命名文件

如果重命名文件失败，则输出以下内容：

```
rename error
```

12.4.3　删除文件

为了方便对文件的管理，当有不再使用的文件时，应当将其及时删除。此时，就要使用函数 remove()。

调用函数 remove()的语法如下：

```
remove(文件名);
```

如果通过函数 remove()删除文件成功，则该函数返回 0。如果通过函数 remove()删除文件失败，则该函数返回 0。

【示例 12-23】使用函数 remove()将 E 盘下 MyCode 文件夹中的 a.txt 文件删除。

程序如下：

```
#include <stdio.h>
#include <conio.h>
int main()
{
        char filename[255] = { "E:\\MyCode\\a.txt" };
        if (0 == remove(filename))          //判断是否删除指定文件
        {
                printf("%s file deleted\n", filename);
        }
        else
        {
```

```
            printf("delete %s file error\n", filename);
        }
        return 0;
}
```

运行程序，如果重命名文件成功，则输出以下内容：

```
E:\MyCode\a.txt file deleted
```

如果删除文件失败，则输出以下内容：

```
delete E:\MyCode\a.txt file error
```

12.5 小　　结

通过本章的学习，要掌握以下的内容：

- 在 C 语言中，文件按照内容存储方式可以分为两种，分别为二进制文件和文本文件。
- 存取方式是指对文件数据的存储与获取的方式。文件数据的存储被称为写入文件，文件数据的获取被称为读取文件。文件的存取方式包含两种，即顺序存取和直接存取。
- 文件的读取和写入是对文件的最基本操作。通过读取和写入文件数据，才能完成对文件的读取、写入、修改及存储。

12.6 习　　题

一、填空题

1．文件类型在 C 语言中按照内容存储方式可以分为两种，分别为____文件和____文件。

2．文件的存取方式有两种，分别为____存取和____存取。

3．打开文件要使用到____函数。

4．关闭文件要调用系统的____函数。

二、选择题

1．系统的标准输入设备是指（　　）。

A．键盘　　B．显示器　　C．软盘　　D．硬盘

2．若执行函数 fopen()时发生错误，则函数的返回值是（　　）。

A．地址值　　B．0　　C．1　　D．EOF

3．对下面程序说明正确的是（　　）。

```
FILE *fp;
fseek(fp,0,2);
p=ftell(fp);
prinf("%d",p);
```

A．fp 指向文件的开头　　B．fp 指向文件的当前位置

C．p 指向当前指针位置，为指针类型　　D．p 指向当前指针位置，为整型

4．若要用函数 fopen()打开一个新的二进制文件，且要既能读也能写该文件，则文件方式字符串应是（　　）。

A．"ab+"　　B．"wb+"　　C．"rb+"　　D．"ab"

5．调用函数 fscanf()的正确语法是（　　）。

A．fscanf(fp,格式字符串输出表列)

B．fscanf(格式字符串，输出表列 fp);

C．fscanf(格式字符串,文件指针输出表列);

D．fscanf(文件指针，格式字符串输入表列);

6．下面程序的运行结果是（　　）。

```
#include <stdio.h>
#include <conio.h>
#include <stdlib.h>
int main()
{
	FILE *fp;
	char ch;
	char s[]="C Program!";
	fp=fopen("E:\\c.txt","w");
	fputs(s,fp);
	fclose(fp);
	fp=fopen("E:\\c.txt","r");
	ch=getc(fp);
	while(ch!=EOF)
	{
		printf("%c",ch);
		ch=getc(fp);
	}
	fclose(fp);
	getch();
	return 0;
}
```

A．C　　B．C Program!　　C．Program!　　D．C Program

7．下面程序的功能是（　　）。

```
#include <stdio.h>
#include <conio.h>
#include <stdlib.h>
int main()
{
	FILE* fp;
	char str[] = "Beijing2008";
	fp = fopen("E:\\file.txt","w");
	fputs(str, fp);
	fclose(fp);
	getch();
	return 0;
}
```

A．在屏幕上显示“Beijing2008”　　B．把“Beijing2008”存入 file 文件中

C．在打印机上打印出“Beijing2008”　　D．以上都不对

8．当已经存在一个 file1.txt 文件，执行函数 fopen("file1.txt","r+")的功能是（　　）。

A．打开 file1.txt 文件，清除原有内容

B．打开 file1.txt 文件，只能写入新的内容

C．打开 file1.txt 文件，只能读取原有内容

D．打开 file1.txt 文件，可以读取和写入新的内容

9．下面程序的功能是（　　）。

```
#include<stdio.h>
#include<stdlib.h>
#include<string.h>
int main()
{
    FILE*fp=NULL;
    char str[50];
    int i,len;
    printf("输入一个字符串：\n");
    gets(str);
    len=strlen(str);
    for(i=0;i<len;i++)
    {
        if(str[i]<='z'&&str[i]>='a')
            str[i]-=32;
    }
    if((fp=fopen("test","w"))==NULL)
    {
        printf("error: cannot open file!\n");
        exit(0);
    }
    fprintf(fp,"%s",str);
    fclose(fp);
    system("pause");
    return 0;
}
```

A．从键盘输入一个字符串，将小写字母全部转换成大写字母，然后输出到一个磁盘文件 test 中保存

B．从键盘输入一个字符串，然后输出到一个磁盘文件 test 中保存

C．从键盘输入一个字符串，将小写字母全部转换成大写字母

D．其他

10．下面程序的功能是（　　）。

```
#include<stdio.h>
#include<stdlib.h>
#include<string.h>
int main()
{
    int i,j,k,TLen,PLen,count=0;
    char T[50],P[10];
```

```
    printf("请输入两个字符串，以空格隔开，母串在前，子串在后：\n");
    gets(T);
    gets(P);
    TLen=strlen(T);
    PLen=strlen(P);
    for(i=0;i<=TLen-PLen;i++)
    {
        for(j=0,k=i;j<PLen&&P[j]==T[k];j++,k++);
        if(j==PLen)count++;
    }
    printf("%d\n",count);
    system("pause");
    return 0;
}
```

A．计算字符串中子串出现的次数

B．输出字符串中首个子串出现的位置

C．输出字符串中最后一个子串出现的位置

D．其他

11．下面程序的运行结果是（　　）。

```
#include<stdio.h>
#include<stdlib.h>
#include<string.h>
int main()
{
    int i,n;
    FILE *fp;
    if((fp=fopen("a.txt","w+"))==NULL)
    {
        printf("打开文件出错");
        exit(0);
    }
    for(i=1;i<=10;i++)
    {
        fprintf(fp,"%3d",i);
    }
    fclose(fp);
    if((fp=fopen("a.txt","r"))==NULL)
    {
        printf("打开文件出错");
        exit(0);
    }
    for(i=0;i<5;i++)
    {

        fscanf(fp,"%d",&n);
        printf("%d",n);
    }
```

```
        fclose(fp);
        getch();
       return 0;
}
```

A．12345　　　B．67891　　　C．23456　　　D．其他

三、编程题

在下面横线上填写适当的代码，以实现从键盘输入一些字符，逐个把它们保存到磁盘上，直到输入一个#为止。

```
#include <stdio.h>
#include <conio.h>
#include <stdlib.h>
int main()
{
     FILE*fp=NULL;
    char filename[25];
    char ch;
    printf("输入你要保存到的文件的名称：\n");
    ____;
    if((fp=____)==NULL)
    {
        printf("error: cannot open file!\n");
        exit(0);
    }
    printf("现在你可以输入你要保存的一些字符，以#结束：\n");
    getchar();
    while((ch=getchar())!='#')
     {
        ____;
    }
    fclose(fp);
     getch();
     return 0;
}
```

第 4 篇　高级语法篇

第 13 章　变 量 存 储

在 C 语言中，变量有 4 种存储类型：auto（自动)、register（寄存器)、static（静态）和 extern（外部)。

13.1　存 储 类 型

变量可以被存放在动态存储区（堆栈)、静态存储区、程序代码区这 3 个位置。根据存放的位置不同，变量可以分为 auto 变量、register 变量、静态存储的局部变量及 extern 变量。本节将详细讲解这 4 种变量的相关内容。

13.1.1　auto 变量

auto 变量是指自动类变量，也被称为自动变量。auto 变量是存储在动态存储区中的变量。

声明 auto 变量的语法如下：

```
auto 变量名;
```

声明 auto 变量的语句如下：

```
auto b=10;
auto a;
a=10;
```

通过 auto 关键字可以在声明 auto 变量时不指定变量的类型。auto 变量的类型由赋给 auto 变量的值的数据类型决定。

【示例 13-1】验证在声明 auto 变量时，auto 变量的类型由赋给 auto 变量的值的数据类型决定。

程序如下：

```
#include <stdio.h>
#include <conio.h>
int a=10;
int sum();
int sum2();
int main()
{
	auto a;
	a=10;
	printf("%d\n",a);
	printf("%f",a);
	getch();
```

```
    return 0;
}
```

运行程序，输出以下内容：

```
10
```

从程序运行结果可以看出，auto 变量 a 的类型为整型。该变量的值只有通过%d 的占位符才能被正确输出，如果使用%f 的占位符则无法被正确输出。

当执行函数体或复合语句时，系统会自动为所包含的 auto 变量分配存储空间。当执行完函数体或复合语句后，系统会自动回收 auto 变量所对应的存储空间。对于在函数内部定义的没有声明存储类型的变量，系统都将其默认为 auto 变量。

13.1.2　register 变量

register 变量是指寄存器变量，也属于 auto 变量。register 变量存储在 CPU 的寄存器中，而不是存放在内存中。

声明 register 变量的语法如下：

```
register  变量名;
register  类型名    变量名;
类型名  register  变量名;
```

由于 register 变量也属于 auto 变量，所以除了通过类型名指定 register 变量的数据类型外，还可以通过赋值的方式指定 register 变量的数据类型。

声明 register 变量的语句如下：

```
register int a=100;
int register b=1000;
register int c;
c=10;
```

由于 register 变量都是存放在 CPU 寄存器中的，所以调用 register 变量会比调用存放在内存中的数据更加快速。register 变量适合存放频繁使用的数据，这样将有助于提高程序的运行效率。在使用 register 变量时，要注意以下 3 点。

（1）CPU 的寄存器容量相对于内存的容量小很多，所以只能说明有限的 register 变量。

（2）register 变量由于存放于 CPU 的寄存器中而没有地址，所以无法对这类变量进行地址请求。

（3）尽可能将声明 register 变量的语句放在使用 register 变量语句的地方，在使用完 register 变量后尽快对其进行释放，以便提高寄存器的使用率。

13.1.3　静态存储的局部变量

静态存储的局部变量简称静态局部变量，是指在函数体内使用关键字 static 声明的变量。

声明静态局部变量的语法如下：

```
static  变量名;
static   类型名    变量名;
类型名  static  变量名;
```

静态局部变量存储在静态存储区，并且永久性占据存储空间。所以，静态局部变量的生命周期会持续到整个程序结束，而不是持续到被使用完后。当整个程序结束运行后，静态局部部变量的存储空间会被自动释放出来。

【示例 13-2】验证静态局部变量的存储空间是否会被释放。

程序如下：

```
#include <stdio.h>
#include <conio.h>
int sum()
{
        int a=10;
        static int b=100;
        a=a+1;
        printf("a 的值为%d\n",a);
        b=b+1;
        printf("b 的值为%d\n",b);
        return 0;
}
int main()
{
        sum();
        sum();
        getch();
        return 0;
}
```

运行程序，输出以下内容：

```
a 的值为 11
b 的值为 101
a 的值为 11
b 的值为 102
```

从程序运行结果中可以看出，静态局部变量 b 的值在第 2 次被调用时，会基于第 1 个调用函数的结果进行运算。而普通变量 a，在每次调用函数时，都被重新赋值，然后进行运算。变量 a 的值在每次调用函数时没有被影响。示例 13-2 程序的执行过程如图 13.1 所示。

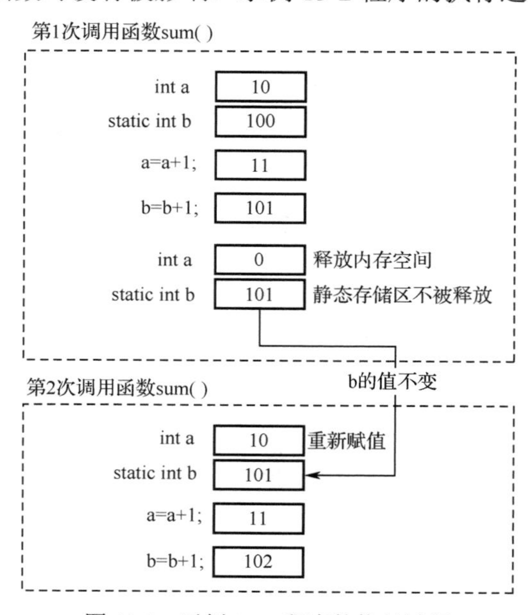

图 13.1　示例 13-2 程序的执行过程

如果在声明静态局部变量时没有为静态局部变量赋初始值，那么系统会自动为静态局部变量赋初始值，且该初始值为 0。

【示例 13-3】输出没有被赋初始值的静态局部变量。

程序如下：

```
#include <stdio.h>
#include <conio.h>
int main()
{
	static int a;
	printf("a 的值为%d\n",a);
	getch();
	return 0;
}
```

运行程序，输出以下内容：

```
a 的值为 0
```

在该程序中，没有为静态局部变量 a 赋初始值，系统会默认为其分配初始值，且该初始值为 0。

13.1.4　extern 变量

extern 变量也被称为外部变量。使用关键字 extern 可以将全局变量的作用域由单个文件扩展到多个文件，这样该全局变量可以在多个文件中被使用。

通过关键字 extern 声明全局变量的语法包含两种形式，即 extern 关键字可以在类型名的左边，也可以在类型名的右边，如下所示：

```
extern 类型名 变量名;
类型名 extern 变量名;
```

【示例 13-4】通过关键字 extern 将全局变量 a 的作用域从源文件 01.c 扩展到源文件 02.c。

在源文件 01.c 中会声明一个全局变量 a，并调用函数 sum()与 sum2()，程序如下：

```
#include <stdio.h>
#include <conio.h>
int a=10;
int sum();
int sum2();
int main()
{
	printf("main 函数 a 的值为%d\n",a);
	sum();
	sum2();
	getch();
	return 0;
}
```

在源文件 02.c 中，会将全局变量 a 的作用域进行扩展，并且定义了函数 sum()与 sum2()，程序如下：

```
#include <stdio.h>
```

```
extern int a;
int sum2()
{
	printf("sum2 函数 a 的值为%d\n",a);
	return 0;
}

int sum()
{
	printf("sum2 函数 a 的值为%d\n",a);
	return 0;
}
```

两个源文件都在项目 01.c 中，如图 13.2 所示。

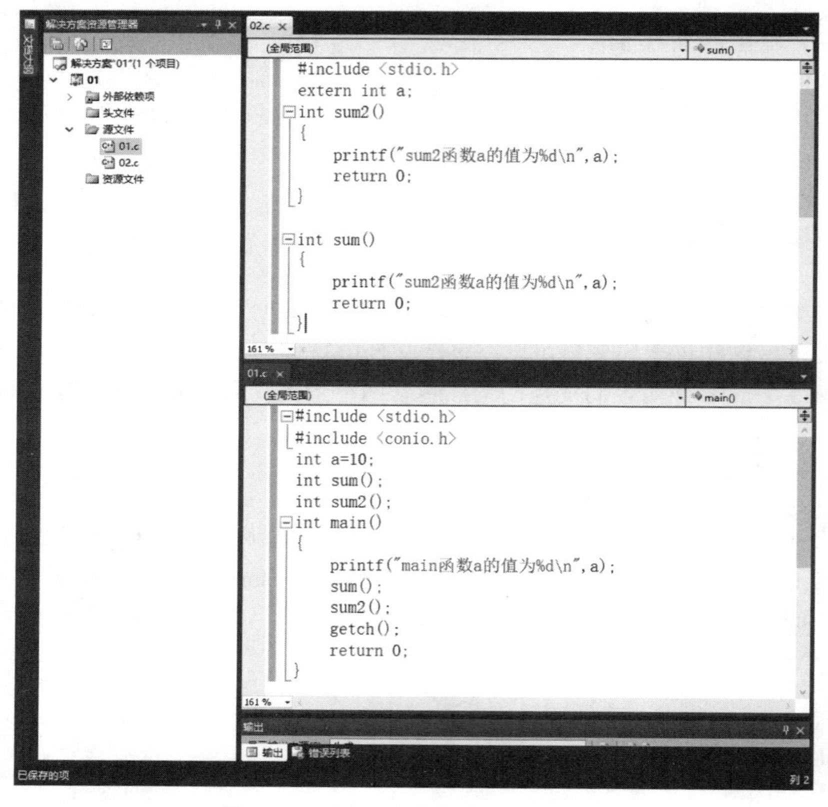

图 13.2　两个源文件都在项目 01.c 中

运行程序，输出以下内容：

```
main 函数 a 的值为 10
sum2 函数 a 的值为 10
sum2 函数 a 的值为 10
```

从程序运行结果可以看出，全局变量 a 的作用域扩展到了源文件 02.c。

通过关键字 extern 扩展全局变量的作用域，不但可以节约内存的存储空间（多个源文件共同使用一个变量的存储空间），而且避免了一个项目中不同源文件的全局变量名相同的冲突错误（多个源文件如果全局变量名相同，则会输出“找到一个或多个多重定义的符号”的错误信息）。

将源文件 02.c 中的语句

```
extern int a;
```

修改为

```
int a=20;
```

运行程序，输出的错误信息如图 13.3 所示：

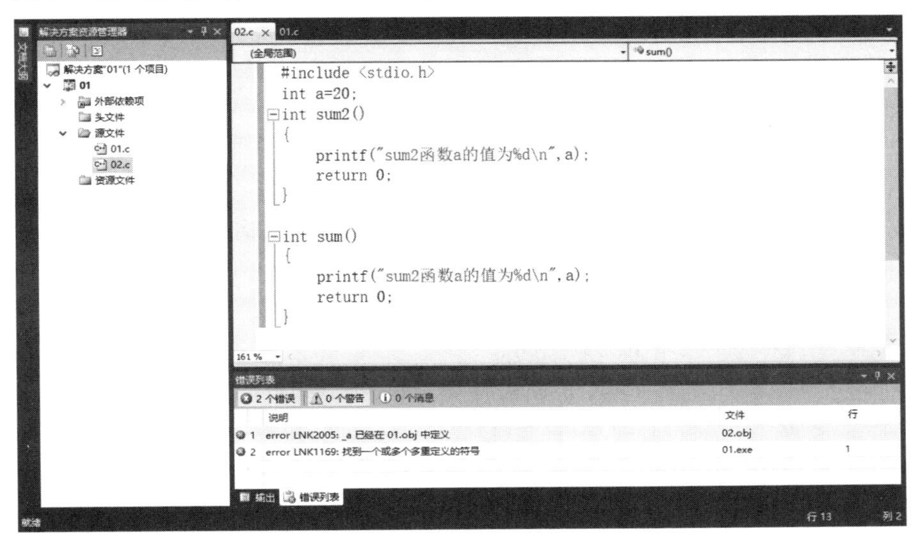

图 13.3　输出的错误信息

13.2　小　　结

通过本章的学习，要掌握以下的内容：

- ❑ 根据存放的位置不同，变量可以分为 auto 变量、register 变量、静态存储的局部变量和 extern 变量。
- ❑ auto 变量是指自动类变量，也被称为自动变量。auto 变量是存储在动态存储区中的变量。
- ❑ register 变量是指寄存器变量。register 变量存储在 CPU 的寄存器中。
- ❑ 静态局部变量存储在静态存储区，并且永久性占据存储空间，直到整个程序结束运行时，该存储空间才能被释放出来。
- ❑ extern 变量也被称为外部变量。

13.3　习　　题

一、填空题

1．变量可以存放在____、____、____3 个地方。

2．根据存放的位置不同，变量可以分为____变量、____变量、静态存储的____变量、____变量。

3．由于 register 变量都是存放在____的寄存器中，在调用 register 变量会比调用存放在内存中的数据更加快速。

4．auto 变量是指自动类变量，也被称为自动变量。auto 变量是存储在____存储区中的变量。

二、选择题

1．在C语言中，表示静态存储类别的关键字是（　　）。

A．auto　　B．register　　C．static　　D．extern

2．未指定存储类别的变量，其隐含的存储类别为（　　）。

A．auto　　B．static　　C．extern　　D．register

3．下面叙述错误的是（　　）。

A．一个变量的作用域的开始位置完全取决于变量定义语句的位置。

B．全局变量可以在函数以外的任何部位被定义。

C．局部变量的“生存期”只限于本次调用函数期间，因此不能将局部变量的运算结果保存至下一次调用函数期间。

D．一个变量被声明为static存储类型是为了限制其他编译单位的引用。

第 14 章　编译预处理

编译预处理是 C 语言编译程序的组成部分，用于解释处理 C 语言程序中的各种预处理指令。这些处理指令形式上都以#开头，但不属于 C 语言中真正的语句，却可以增强 C 语言的开发功能，提升编程效率。本章将讲解编译预处理相关内容。

14.1　宏

宏是一种批量处理数据的定义形式，通过命令完成特定的任务。本节将讲解与宏相关的内容。

14.1.1　预定义宏

ANSI C 定义了许多宏，如表 14.1 所示。在编程中，开发人员可以直接使用这些预定义宏，但是不能修改这些预定义宏。

表 14.1　常用的预定义宏

宏	功　　能
__DATE__	表示当前日期，是一个以“MMM DD YYYY”格式表示的字符常量
__TIME__	表示当前时间，是一个以“HH:MM:SS”格式表示的字符常量
__FILE__	表示当前文件名，是一个字符串常量
__LINE__	表示当前行号，是一个十进制常量

【示例 14-1】对表 14.1 中的预定义宏进行输出。

程序如下：

```
#include <stdio.h>
#include <conio.h>
int main()
{
    printf("File :%s\n", __FILE__);
    printf("Date :%s\n", __DATE__);
    printf("Time :%s\n", __TIME__);
    printf("Line :%d\n", __LINE__);
    return 0;
}
```

运行程序，输出以下内容：

```
File :C:\Users\lyy\source\repos\ConsoleApplication1\ConsoleApplication1\ConsoleApplication1.c
Date :Apr 10 2021
Time :22:36:26
Line :9
```

14.1.2 宏替换

宏替换是指通过定义宏替换指定的文本。宏替换主要有以下两种实现方式。

1. 基本替换

基本替换是指不带参数的宏替换，其语法如下：

```
#define  宏名  替换文本
```

- #define 是关键字，用于定义宏。
- 宏名为宏的名称，指定被替换的内容，要遵循标识符的命名规范。
- 替换文本是指替换后的文本内容。

其中，#define、宏名与替换文本三者之间使用空格分隔，在结尾处不加分号（;）。

【示例 14-2】定义宏，以替换数字 3.1415926。

程序如下：

```
#include <conio.h>
#define PI 3.1415926
int main()
{
        float r=10;
        float s=0;
        s=PI*r*r;
        printf("圆的面积为%f\n",s);
        getch();
        return 0;
}
```

运行程序，输出以下内容：

```
圆的面积为 314.159271
```

代码“#define PI 3.1415926”通过宏替换将程序中的 PI 替换为 3.1415926。在函数 main() 中，直接使用 3.1415926 计算圆的面积。

在使用不带参数的宏替换时，要注意以下几点。

（1）替换文本可以包含已经定义的宏名，例如：

```
#define PI 3.14
#define r (PI +10)
#define s (PI*r*r)
```

其中，定义的宏 r 与 s 都包含了宏 PI。如果表达式为

```
x=s*2;
```

使用宏替换后，表达式为

```
x=3.14*(3.14+10)*(3.14+10);
```

因为要遵循原样替换的原则，替换过程中的小括号不能少。如果在定义宏时没有加小括号，例如：

```
#define PI 3.14
#define r PI+10
#define s PI*r*r
```

使用宏替换表达式 x=s*2 后，表达式变为

```
x=3.14*3.14+10*3.14+10;
```

最后的运算结果是不同的。所以，一定要遵循“原样替换后计算” 的规则。

（2）宏名不得与程序中其他名字相同，否则程序会输出错误信息。

【示例 14-3】验证当宏名与其他标识符同名时，程序会输出错误信息。

程序如下：

```
#include <stdio.h>
#include <conio.h>
#define R 10
int main()
{
    int R=100;
    getch();
    return 0;
}
```

运行程序，输出以下错误信息：

```
语法错误 : 缺少“;”(在“常量”的前面)
“ ”: 没有声明变量时忽略“int”的左侧
“=”: 左操作数必须为左值
```

（3）当替换文本长度过长，要换行书写时，可以使用斜杠（\）标记，如下所示：

```
#include <stdio.h>
#include <conio.h>
#define R 123456\
789
int main()
{
    printf("%d",R);
    getch();
    return 0;
}
```

运行程序，输出以下内容：

```
123456789
```

在使用斜杠（\）后，可以将多行文本合并为一行来进行替换。如果不使用斜杠（\），则会出现以下错误信息：

```
语法错误:“常量
```

（4）同一个宏名不能被重复定义，除非两个定义宏命令行完全相同。

（5）在宏替换时，不能替换双引号中的同名字符串或字符，例如：

```
#include <stdio.h>
#include <conio.h>
#define R 123456
int main()
{
    printf("R 的值为%d",R);
    getch();
    return 0;
}
```

运行程序，输出以下内容：

```
R 的值为 123456
```

从程序运行结果中可以看出，双引号中的 R 不会被替换。

（6）在宏替换时，不能替换标识符中的相同部分，例如：

```
#include <stdio.h>
#include <conio.h>
#define R 123456
int main()
{
    int RD=10;
    printf("RD 的值为%d",RD);
    getch();
    return 0;
}
```

运行程序，输出以下内容：

```
RD 的值为 10
```

在该程序中，宏 R 不会替换整型变量 RD 中的 R。

（7）在宏替换时，宏名一般使用大写字母，但是不是强制规定的，也可以使用小写字符定义宏名。

（8）在 C 语言中，定义宏的位置一般在程序的开头。

2. 包含参数的替换

宏替换的基本替换是指不带参数的宏替换，其语法如下：

```
#define  宏名(形参表)   替换文本
```

- #define 是关键字，用于定义宏。
- 宏名是指宏的名称，用于表示被替换的文本，并要遵循标识符的命名规范。
- 形参表是指宏定义的形参，形参可以为多个，每个形参之间用逗号（,）相隔。对形参的类型没有要求。形参表的一对小括号不可以缺少，并且左侧括号要紧挨宏名（不能有空格）。
- 替换文本是指要替换的文本内容。

其中，#define、宏名(形参表)与替换文本三者之间使用空格分隔，在结尾处不加分号（;）。

【示例 14-4】演示带参宏的使用。

程序如下：

```
#include <conio.h>
#define S(PI,r) PI*r*r
int main()
{
    printf("圆的面积为%f\n",S(3.14,2));
    getch();
    return 0;
}
```

运行程序，输出以下内容：

```
圆的面积为 12.560000
```

在该程序中，使用 3.14 替换 PI，使用 2 替换 r。所以，表达式 S(3.14,2))被替换为 3.14*2*2。如果在定义宏时有小括号参与，例如：

```
#define S(PI,r) PI*(r+r)
```

表达式 S(3.14,2))会被替换为 3.14*(2+2)。表达式 S(3+a,2)会被替换为 3+a*(2+2)。在替换时，也要严格遵守“原样替换然后计算”的规则。

在使用带参宏替换时，要注意以下几点。

（1）宏名不得与程序中其他名字相同，否则程序会输出错误信息。

（2）同一个宏名不能被重复定义，除非两个定义宏命令行完全相同。

（3）在宏替换时，不能替换双引号中的同名字符串或字符。

（4）在宏替换时，宏名一般使用大写字母，但是这不是被强制规定的，也可以使用小写字符定义宏名。

14.1.3　终止宏

终止宏是指通过命令提前终止宏的替换。定义终止宏命令的语法如下：

```
#undef　宏名
```

- #undef 是关键字，用于定义终止宏命令。
- 宏名是指要终止的宏的名称。

【示例 14-5】通过终止宏命令终止宏。

程序如下：

```
#include <stdio.h>
#include <conio.h>
#define S 10
int main()
{
        int a=10;
        a=S+a;
        printf("S 的值为%df\n",a);
        #undef S
        printf("S 的值为%df\n",S);
        getch();
        return 0;
}
```

运行程序，输出以下错误信息：

```
S: 未声明的标识符
```

在该程序中，第 9 行执行了终止宏命令，所以运行程序会出现“S：未声明的标识符”的错误信息。这说明标识符 S 已经不再是一个宏。宏 S 的作用域如图 14.1 所示。

```
             #include <stdio.h>
             #include <conio.h>
            ┌#define S 10
            │int main()
宏S的作用域 <│{
            │        int a=10;
            │        a=S+a;
            └- - - - printf("S的值为%df\n",a);
                     #undef S
                     printf("S的值为%df\n",S);
                     getch();
                     return 0;
             }
```

图 14.1　宏 S 的作用域

14.2 文件包含

文件包含是指在一个文件中嵌入另外一个文件中的所有内容。C 语言使用#include 命令实现文件包含功能。

定义#include 命令的语法如下：

```
#include "文件名"
#include <文件名>
```

- #include 是关键字，用于执行文件包含功能。
- 文件名是要被嵌入的文件名称，一般为程序源文件。
- 双引号将文件名括起来，表示在当前程序所在目录查找该文件。如果找不到文件，再按照系统指定方式在相关目录中查找文件。
- 尖括号将文件名括起来，表示直接按照系统指定方式在相关目录中查找文件。

#includ 命令在程序执行时，会将文件名所指的源文件导入当前的源文件中。被导入的源文件所包含的代码，都可以在现有文件中使用。

将 stdio.h 和 conio.h 文件的内容导入当前源文件中的代码如下：

```
#include <stdio.h>
#include "conio.h"
```

一个程序中可以存在多个文件包含命令。在被包含文件中，一般会保存一些共同使用的#define 命令行、外部说明及函数原型说明等内容。例如，源文件 stdio.h 中的部分内容如图 14.2 所示。

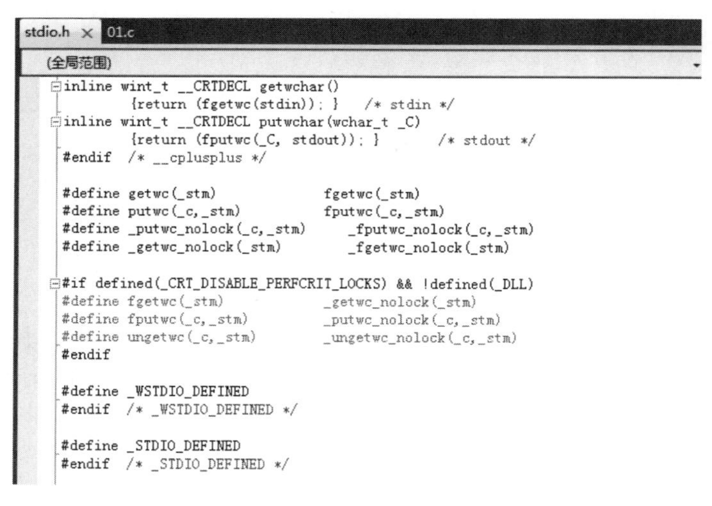

图 14.2　源文件 stdio.h 中的部分内容

【示例 14-6】 在源文件中添加函数的定义语句，然后在程序中使用该函数。

（1）在项目的解决方案窗口中展开外部依赖项文件夹，右击头文件“stdio.h”，在弹出的菜单中单击“打开”命令。

（2）在源文件 stdio.h 的最底端添加函数 f()的定义语句，程序如下：

```
int f()
{
    printf("这里是头文件中定义的函数");
```

```
    return 0;
}
```

添加函数定义语句如图 14.3 所示。

```
stdio.h* × 01.c*
(全局范围)
_Check_return_opt_ _CRT_NONSTDC_DEPRECATE(_fputchar) _CRTIMP int __cdecl fputchar(_In_ int _Ch);
_Check_return_ _CRT_NONSTDC_DEPRECATE(_getw) _CRTIMP int __cdecl getw(_Inout_ FILE * _File);
_Check_return_opt_ _CRT_NONSTDC_DEPRECATE(_putw) _CRTIMP int __cdecl putw(_In_ int _Ch, _Inout_ FILE * _File);
_Check_return_ _CRT_NONSTDC_DEPRECATE(_rmtmp) _CRTIMP int __cdecl rmtmp(void);

#endif  /* __STDC__ */

#ifdef  __cplusplus
}
#endif

#pragma pack(pop)

#endif  /* _INC_STDIO */
int f()
{
    printf("这里是头文件中定义的函数");
    return 0;
}
```

图 14.3　添加函数定义语句

（3）单击“文件”|“保存 stdio.h(s)”命令，保存修改。

（4）源文件保存成功后，源文件 stdio.h 编辑窗口的星号（*）会消失，如图 14.4 所示。

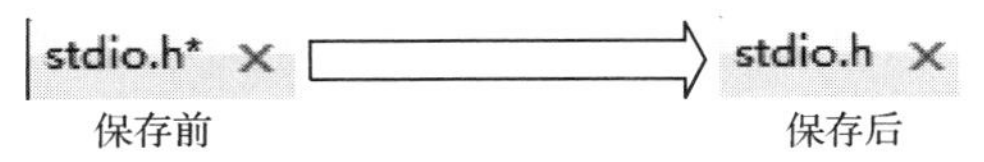

图 14.4　星号消失

（5）在程序中，可以直接调用函数 f()，程序如下：

```
#include <stdio.h>
#include <conio.h>
int main()
{
    f();
    getch();
    return 0;
}
```

运行程序，输出以下内容：

```
这里是头文件中定义的函数
```

从程序运行结果中可以看出，通过#include 命令可以让程序直接使用源文件中定义的函数。

注意：每次对源文件进行编辑后，都要对源文件进行保存，并且对程序进行重新编译。

14.3 条件编译

在一般情况下，源程序中所有的行都参加编译。但是有时希望在满足一定条件时，只对其中一部分内容进行编译，这就是“条件编译”。本节主要讲解条件编译的 3 种形式：#ifdef 命令、#ifndef 命令及#if 命令。

14.3.1　#ifdef 命令

使用#ifdef 命令的语法如下：

```
#ifdef 标识符
  程序段 1
#else
  程序段 2
#endif
```

当标识符已经被定义过(一般是用#define 命令定义的)，则对程序段 1 进行编译，否则编译程序段 2。

【示例 14-7】使用#ifdef 命令。

程序如下：

```
#include <stdio.h>
#include <conio.h>
#define HEHE 123
int main()
{
    #ifdef HEHE
    printf("File :%s\n", __FILE__);
    #else
    printf("Date :%s\n", __DATE__);
    #endif
    printf("Time :%s\n", __TIME__);
    return 0;
}
```

运行程序，输出以下内容：

```
File :C:\Users\lyy\source\repos\ConsoleApplication1\ConsoleApplication1\ConsoleApplication1.c
Time :22:53:02
```

在该程序中，会判断 HEHE 是否被宏定义。如果 HEHE 被宏定义，就输出文件的地址；如果 HEHE 没有被宏定义，就输出日期。当程序做完该判断后，就输出当前日期。

注意：#ifdef 命令中的#else 部分是可以省去不写的，例如:

```
#ifdef 标识符
  程序段 1
#endif
```

【示例 14-8】使用#ifdef 命令，并省去#else。

程序如下：

```
#include <stdio.h>
#include <conio.h>
int main()
{
    #ifdef HEHE
    printf("File :%s\n", __FILE__);
    #endif
    printf("Time :%s\n", __TIME__);
```

```
    return 0;
}
```

运行程序，输出以下内容：

```
Time :10:49:45
```

在该程序中，会判断 HEHE 是否被宏定义。如果 HEHE 被宏定义，就输出文件的地址；如果 HEHE 没有被宏定义，就不输出文件的地址。当程序做完该判断后，就输出当前的时间。

14.3.2 #ifndef 命令

#ifndef 是"if not defined"的简写。

使用#ifndef 命令的语法如下：

```
#ifndef 标识符
  程序段 1
#else
  程序段 2
#endif
```

该命令正好和#ifdef 命令相反，当标识符没有被定义过，则对程序段 1 进行编译，否则编译程序段 2。

注意：#ifndef 也可以省去#else 部分。

【示例 14-9】使用#ifndef 命令。

程序如下：

```
#include <stdio.h>
#include <conio.h>
#define R 3.0
int main()
{
    double s;
    #ifndef R
    s = 4.0 * 4.0 * 3.14;
    printf("R 未定义，s=%lf", s);
    #else
    s = R * R * 3.14;
    printf("R 已定义，s=%lf", s);
    #endif
    return 0;
}
```

运行程序，输出以下内容：

```
R 已定义，s=28.260000
```

在该程序中，会判断 R 是否被宏定义。如果 R 没有被宏定义，就输出“s = 4.0 * 4.0 * 3.14;”的结果；如果 R 被宏定义，就输出“s = R * R * 3.14;”的结果。由于 R 被宏定义，所以输出的结果为 28.26。

14.3.3 #if 命令

使用#if 命令的语法如下：

```
#if 表达式
  程序段 1
#else
  程序段 2
#endif
```

当表达式为真时，就编译程序段 1，否则编译程序段 2。

【示例 14-10】使用#if 命令，将字符串进行大/小写转换。

程序如下：

```
#include <stdio.h>
#include <conio.h>
#define LETTER 1
int main()
{
    char str[20] = "Hello,World";
    char c;
    int i = 0;
    while ((c = str[i]) != '\0')
    {
        i++;
        #if LETTER
        if (c >= 'a' && c <= 'z')
            c = c-32;
        #else
        if (c >= 'A' && c <= 'Z')
            c = c + 32;
        #endif
        printf("%c", c);
    }
    return 0;
}
```

运行程序，输出以下内容：

```
HELLO,WORLD
```

在该程序中，会判断 LETTER 的值是否等于 1，也就是是否为真。如果 LETTER 的值等于 1，表示为真，就输出字符串的大写形式，否则就输出字符串的小写形式。

14.4 小　　结

通过本章的学习，要掌握以下内容：

- 宏是一种批量处理数据的定义形式，通过命令完成特定的任务，属于预处理中的一种“编译预处理”命令。宏替换是指通过定义宏替换指定的文本。
- 文件包含是指一个文件中嵌入另外一个文件中的所有内容。C 语言使用#include 命令实现文件包含功能。
- 在一般情况下，源程序中所有的行都参加编译。但是有时希望在满足一定条件时，只对其中一部分内容进行编译，也就是对一部分内容指定编译的条件，这就是“条件编译”。条件编译的 3 种形式：#ifdef 命令、#ifndef 命令及#if 命令。

14.5　习　　题

一、填空题

1. 宏是一种____处理数据的定义形式，通过____完成特定的任务。
2. C 语言使用____命令实现文件包含功能。
3. 在 C 语言中，条件编译的 3 种形式：____命令、____命令及#if 命令。

二、选择题

1. 以下关于文件包含的说法错误的是（　　）。
   A. 文件包含是指一个源文件可以将另一个源文件的全部内容包含进来
   B. 文件包含处理命令的格式为#include“包含文件名”或#include <包含文件名>
   C. 一条包含命令可以指定多个被包含文件
   D. 文件包含可以嵌套，即被包含文件中又包含另一个文件
2. 在宏定义#define A　(3+5)*2 中，宏名 A 代替的是（　　）。
   A. 3+5　　B. (　　C. 3+5*2　　D. (3+5)*2
3. 下面程序的运行结果是（　　）。

```
#include <stdio.h>
#define H(a,b,c)    a*b-c
int main()
{
        int x = 2, y = 3, z = 5;
        printf("%d", H(x, y + 5, z));
        return 0;
}
```

   A. 1　　B. 5　　C. 6　　D. 7
4. 下面叙述正确的是（　　）。
   A. 预处理命令行必须位于源文件的开头
   B. 在源文件的一行上可以有多条预处理命令
   C. 宏名必须用大写字母表示
   D. 宏替换不占用程序的运行时间
5. 下面程序的运行结果是（　　）。

```
#include <stdio.h>
#define F(x) x*x
int main()
{
        int a = 6;
        printf("%d", F(a + 1));
        return 0;
}
```

   A. 12　　B. 13　　C. 14　　D. 15

6．C 语言的编译系统对宏命令的处理是（　　）。

A．在程序运行时进行的

B．在程序连接时进行的

C．和程序中的其他语句同时进行的

D．在对源程序中其他语句正式编译之前进行的

7．下面程序 for 循环执行的次数为（　　）。

```
#include <stdio.h>
#define x 2
#define y x+1
#define n 2*y+1
int main()
{
    int i;
    for (i = 0;i < n;i++)
        printf("%d", i);
    return 0;
}
```

A．5　　B．6　　C．7　　D．8

8．下面程序的运行结果是（　　）。

```
#include <stdio.h>
#define a 5
#define b a*a-1
int main()
{
    int x, y;
    x = a;
    y = b;
    printf("%d,%d", --x, y);
    return 0;
}
```

A．4,24　　B．4,20　　C．5,24　　D．5,20

9．下面程序的运行结果是（　　）。

```
#include <stdio.h>
#define M(a,b)    a>b?a:b
int main()
{
    int x = 5, y = 4, t;
    t = M(x + 3, y + 5);
    printf("%d", t);
    return 0;
}
```

A．9　　B．10　　C．11　　D．12

10．下面程序的运行结果是（　　）。

```
#include <stdio.h>
#define x 4
```

```
#define y x*x
int main()
{
    int a = 5;
    int b = y;
    printf("%d,%d", a, b);
    return 0;
}
```

A．4,17　　B．4,16　　C．5,17　　D．5,16

11．下面程序的运行结果是（　　）。

```
#include <stdio.h>
#define f(x) x*x
#define s(x) (x)*(x)
int main()
{
    int m = 5;
    int a, b;
    a = f(m - 1);
    b = s(m - 1);
    printf("%d,%d", a, b);
    return 0;
}
```

A．4,17　　B．−1,16　　C．−1,17　　D．4,16

12．下面程序的运行结果是（　　）。

```
#include <stdio.h>
#define x 5
#define f(x) x*x-3
int main()
{
    int y;
    y = f(x);
    printf("%d ", y);
    #undef x
    #define x 6
    y = f(x);
    printf("%d", y);
    return 0;
}
```

A．22 33　　B．21 33　　C．33 22　　D．33 21

13．下面程序的运行结果是（　　）。

```
#include <stdio.h>
#define x 4
#define y 5
int main()
{
    int a = x, b = y;
```

```
        #ifdef x
        printf("%d", a);
        #else
        printf(" % d", b);
        #endif
        return 0;
}
```

A．4　　B．5　　C．6　　D．7

14．下面程序的运行结果是（　　）。

```
#include <stdio.h>
#define S
int main()
{
        int x = 5, y = 4, z;
        z = x - y;
        #ifdef S
        printf("x = %d    ", x);
        #else
        printf("y = %d    ", y);
        #endif
        printf("z = %d", z);
        return 0;
}
```

A．x = 5　y = 4　　B．y = 4　z = 1

C．x = 5　　D．x = 5　z = 1

15．下面程序的运行结果是（　　）。

```
#include <stdio.h>
#define SQR(x) x*x
int main()
{
        int a = 10, k = 2, m = 1;
        a /= SQR(k + m) / SQR(k + m);
        printf(" %d\n", a);
        return 0;
}
```

A．1　　B．2　　C．3　　D．4

16．下面程序的功能是（　　）。

```
#include<stdio.h>
#define swap(a,b) tmp = a;    a = b; b = tmp;
int main(void) {
        int a;
        int b;
        int tmp;
        printf("Please input two integers:");
        scanf("%d%d", &a, &b);
        swap(a, b);
```

```
        printf("交换后的值为：%d，%d\n", a, b);
    return 0;
}
```

A．定义一个带参数的宏，使两个参数的值互换

B．定义一个带参数的宏，使两个参数进行乘法运算

C．定义一个带参数的宏，将两个参数进行加法运算

D．定义一个带参数的宏，将两个参数进行减法运算

17．下面程序的运行结果是（　　）。

```
#include<stdio.h>
#define P printf
int main(void) {
    int x = 5, y = 4;
    P("%d", x + y);
return 0;
}
```

A．7　　B．8　　C．9　　D．10

18．下面程序的功能是（　　）。

```
#include<stdio.h>
#define LEAP_YEAR(y)    (y%400 == 0 || (y%4==0    &&    y%100!=0))
int main(void) {
    int year;
    printf("请输入一个年份：");
    scanf("%d", &year);
    if(LEAP_YEAR(year)){
        printf("%d is a leap year.\n", year);
    }else{
        printf("%d is not a leap year.\n", year);
    }
    return 0;
}
```

A．判断输入的年份是否是闰年　　B．输入年份

C．输入年份，并输出这个年份　　D．其他

19．下面程序的运行结果是（　　）。

```
#include<stdio.h>
#define MAX(a, b)    ((a>b)?a:b)
int main(void) {
    int a, b, c;
    a = 6;
    b = 4;
    c = 2;
    printf("%d\n",MAX(MAX(a, b), c));
    return 0;
}
```

A．6　　B．4　　C．2　　D．其他

三、编程题

1．在下面横线上填写适当的代码，实现定义一个判断字符是大写字母的宏，一个判断字符是小写字母的宏，以及实现大/小写字母相互转换的宏，并将用户输入的一个字符串中的大/小写字母互换。

```
#include <stdio.h>
#define isupper____
#define islower(c) ____
#define tolower(c) ____
#define toupper(c) (islower(c) ? ((c)-('a'-'A')):(c))
int main()
{
        char s[20];
        int i;
        printf("输入字符串:");
        ____;
        for (i = 0;s[i];i++)
                if (isupper(s[i]))
                        s[i] = ____;
                else if (islower(s[i]))
                        s[i] = toupper(s[i]);
        printf("转换的结果:%s\n", s);
        return 0;
}
```

2．在下面横线上填写适当的代码，实现用户输入一个字符串，可以原样输出，也可以逆序输出，并使用条件编译的方法加以控制。

```
#include <stdio.h>
#define CONVERSE
int main()
{
        char str[50], * p = str;
        printf("输入一字符串:");
        ____;
        printf("输出结果:");
        ____
        printf("%s\n", str);
        ____
        while (*p++ != '\0');
        p -= 2;
        while (p >= str)
                printf("%c", *p--);
        printf("\n");
#endif
        return 0;
}
```

第5篇 案 例 篇

第15章 迷 宫 游 戏

迷宫是一种经典的智力游戏。在迷宫中，充满了复杂通道。这使得玩家很难从中找到从入口到出口的路径。在复杂的通道中，玩家要做出选择。本章将讲解如何在C语言中实现迷宫游戏。

15.1 迷宫游戏概述

假设，迷宫是由许多格子组成的矩形。其中，深色的格子表示墙，白色的格子则表示路。走迷宫就是沿上、下、左、右方向走，直到最后走出迷宫。在迷宫中，当沿一个方向不能再走时，将返回上一个格子再走；如果还走不通，就继续向上返回一个格子再走，如图15.1所示。

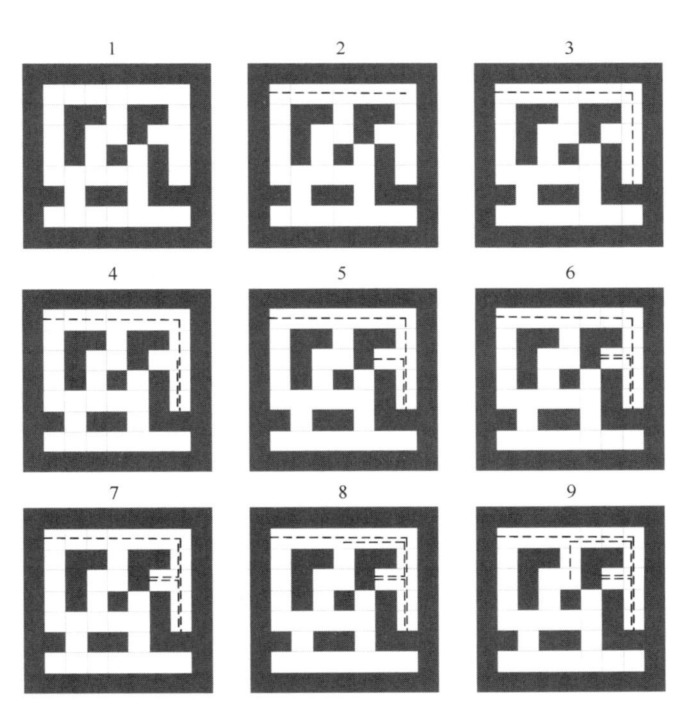

图15.1 走出迷宫的路径

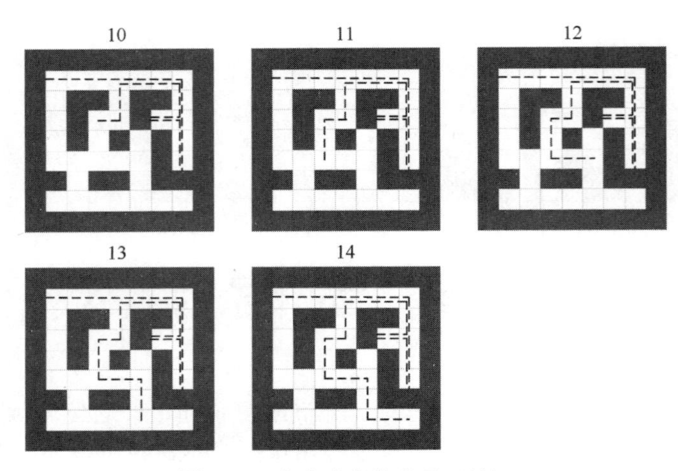

图 15.1　走出迷宫的路径（续）

15.2　实现迷宫游戏的流程图

实现迷宫游戏的流程图如图 15.2 所示。

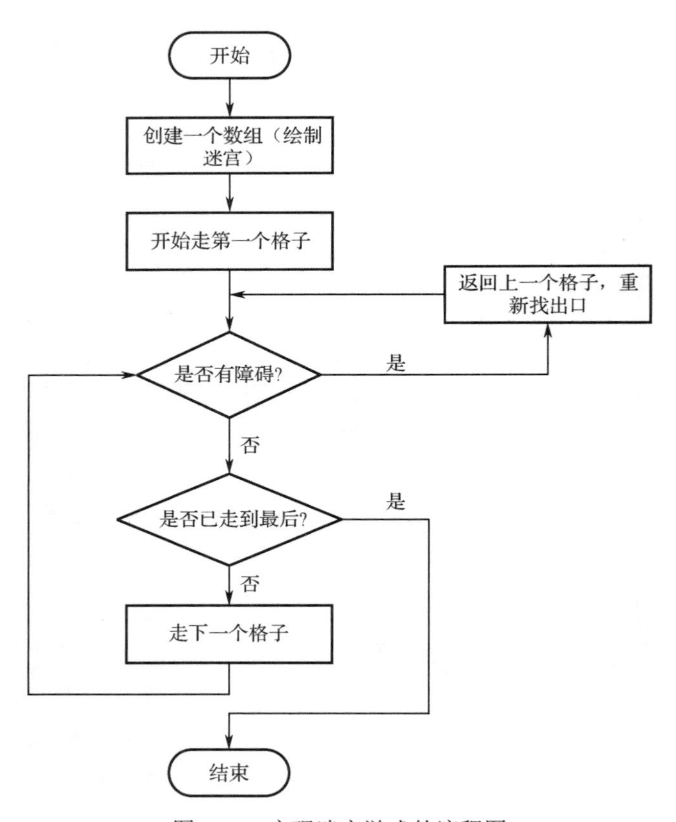

图 15.2　实现迷宫游戏的流程图

15.3　绘制迷宫

在 C 语言中，绘制一个迷宫要使用到数组。在数组中，1 表示迷宫的墙，0 表示迷宫的路，程序如下：

```
#include <stdio.h>
#include <conio.h>
#define MAXROW 9
//创建数组，设置迷宫
int maze[MAXROW][MAXROW] = {
        {1,1,1,1,1,1,1,1,1},
        {1,0,0,0,0,0,0,0,1},
        {1,0,1,1,0,1,1,0,1},
        {1,0,1,0,0,1,0,0,1},
        {1,0,1,0,1,0,1,0,1},
        {1,0,0,0,0,0,1,0,1},
        {1,1,0,1,1,0,1,1,1},
        {1,0,0,0,0,0,0,0,1},
        {1,1,1,1,1,1,1,1,1}
};
\\遍历数组，绘制迷宫
void PrintMaze()
{
        int i, j;
        for (i = 0;i < MAXROW;i++)
        {
                for (j = 0;j < MAXROW;j++)
                {
                        //当数组的中元素为 1 时，为迷宫的墙，输出黑色方块
                        if (maze[i][j] == 1)
                                printf("■");
                        //其他，为迷宫的路，输出两个空格
                        else
                                printf("  ");
                }
                printf("\n");
        }
}
int main()
{
        printf("迷宫:\n");
        PrintMaze();
       return 0;
}
```

运行程序，输出的内容为迷宫，如图 15.3 所示。

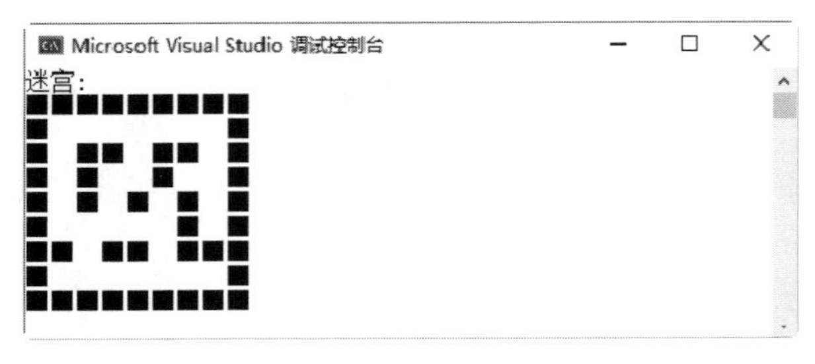

图 15.3　迷宫

15.4　走出迷宫

要走出迷宫，需要变量来存放迷宫的数组，遇到 1 则改变方向，遇到 0 接着向下走，并将走迷宫的路径使用◇表示，程序如下：

```
……
int InX = 1, InY = 1;
int OutX = MAXROW - 2, OutY = MAXROW - 2;
\\遍历数组，绘制迷宫
void PrintMaze()
{
    int i, j;
    for (i = 0;i < MAXROW;i++)
    {
        for (j = 0;j < MAXROW;j++)
        {
            ……
            //输出走迷宫的路径
            else if (maze[i][j] == -1)
                printf("◇");
            ……
        }
        printf("\n");
    }
}
void pass(int x, int y)
{
    int m, n;
    maze[x][y] = -1;
    //判断是否到达终点
    if (x == OutX && y == OutY)
    {
        printf("\n 路径:\n");
        PrintMaze();
    }
    if (maze[x][y + 1] == 0)
        pass(x, y + 1);                                    //递归调用函数 pass()测试右侧
    if (maze[x + 1][y] == 0)
```